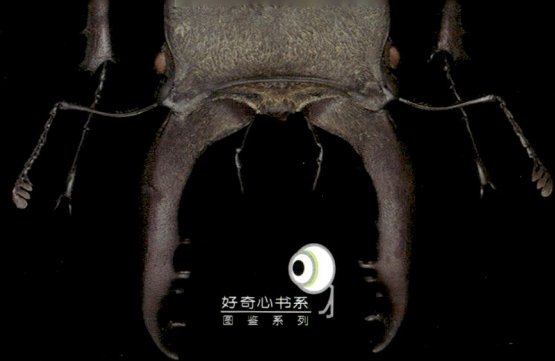

好奇心书系
图鉴系列

CHINESE STAG
BEETLES ILLUSTRATED

中国锹甲
大图鉴

詹志鸿　杨子豪　著

重庆大学出版社

内容提要

本书是一部系统展示中国鞘翅目锹甲科昆虫分类学研究成果的大型彩色图鉴，由我国锹甲学科研究团队原创，专业、全面、系统地反映了中国锹甲科34属369种（不含亚种）的分类研究成果及区分方法，覆盖目前已知中国锹甲科物种的90%以上。

本书在结构上共分为三大部分：第一部分为锹甲的基础知识，系统介绍了锹甲的名称及身体结构，锹甲的生物学习性；第二部分为锹甲的分类系统，介绍了目前锹甲不同亚科之间的关系及分类地位的讨论、有关锹甲"亚种"的研究现状与思考、锹甲的中文名命名建议等；第三部分为中国锹甲的分类概况，分别介绍了锹甲亚科、筒锹甲亚科、纹锹甲亚科共34属369种（不含亚种）在我国的地理分布、雄虫及雌虫形态学特征。

本书出版后可以更好地帮助昆虫爱好者认识锹甲、了解锹甲、热爱锹甲；作为专业性的工具类图鉴，本书也为高校及科研平台提供了快速识别锹甲物种的参考；同时，本书还可为生物多样性保护提供参考依据。

图书在版编目（CIP）数据

中国锹甲大图鉴 / 詹志鸿，杨子豪著. --重庆：
重庆大学出版社，2025.7. --（好奇心书系）.--ISBN
978-7-5689-5003-9

Ⅰ．Q969.48-64

中国国家版本馆CIP数据核字第2025KM2064号

中国锹甲大图鉴
ZHONGGUO QIAOJIA DA TUJIAN

詹志鸿　杨子豪　著
策划编辑：袁文华　梁　涛
策　划：鹿角文化工作室　　MUYE BEETLE 牧野虫社
责任编辑：袁文华　梁　涛　　版式设计：周　娟　娄　悦　刘　玲
责任校对：谢　芳　　　　　　责任印刷：赵　晟

*

重庆大学出版社出版发行
出版人：陈晓阳
社址：重庆市沙坪坝区大学城西路21号
邮编：401331
电话：（023）88617190　88617185（中小学）
传真：（023）88617186　88617166
网址：http://www.cqup.com.cn
邮箱：fxk@cqup.com.cn（营销中心）
全国新华书店经销
重庆亘鑫印务有限公司印刷

*

开本：889mm×1194mm　1/16　印张：47.75　字数：1694千
2025年7月第1版　　2025年7月第1次印刷
ISBN 978-7-5689-5003-9　定价：498.00元

参与编写人员

杨 瑞　杨学彤　刘晏辰　高加俊
齐志浩　孙一凡　朱 创　张 艺

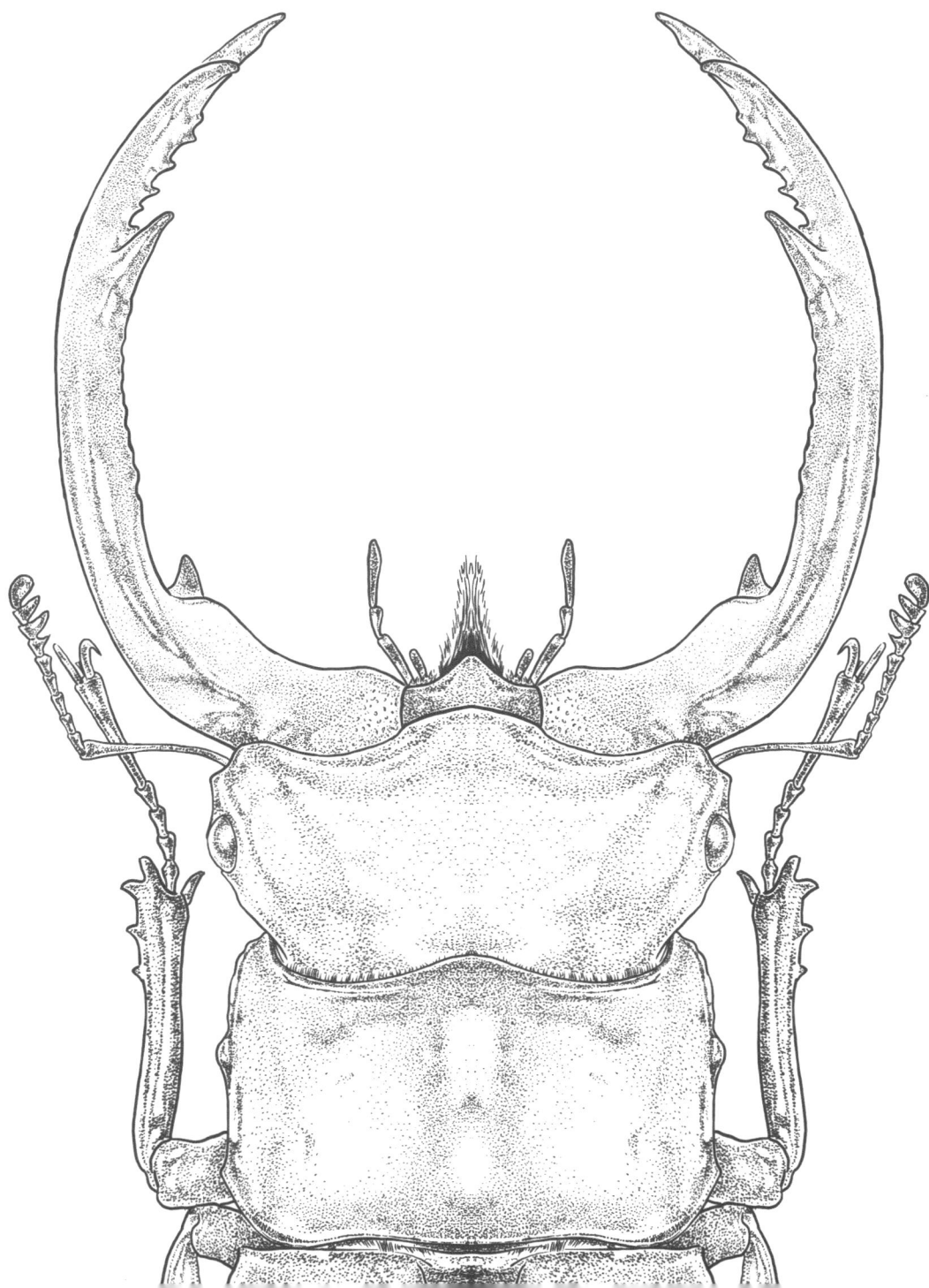

推荐序一

锹甲科（Lucanidae）是鞘翅目中最引人注目和广受欢迎的昆虫类群之一。在全球范围内，锹甲科昆虫有1 500余种，分布于各大洲的温带和热带地区。中国已报道约400种锹甲，占全球总数的近四分之一，是全世界锹甲物种多样性最为丰富的国家。

锹甲不仅因其独特外形和物种多样性受到关注，更因其在生态系统中扮演的重要角色而受到相关学术界的重视。锹甲多为植食性：幼虫通常以白腐菌降解过的腐木为食；成虫则主要以植物汁液为食，有些种类还会取食树液、果实或嫩芽。在物质循环过程中发挥着作用的同时，锹甲种群数量和多样性往往反映了森林生态系统的整体健康状况。因此，锹甲常被生态学家用作生物指示种，用于评估森林生态系统的完整性和可持续性。

中国锹甲早期分类学研究多由外国学者主导，这种情况一直持续到本世纪初，才逐渐有国内学者开始系统性地整理和研究该科昆虫。这一转变和其他多个昆虫门类同步，标志着中国昆虫分类学研究的重要进步。近年来，中国学者在锹甲分类学、生态学和进化生物学等方面取得了显著进展，但市面上缺乏既专业又通俗易懂的锹甲图鉴类书籍，面向大众的科普工作相对滞后。这一现状不仅影响了锹甲知识的大众传播，成为有志于从事锹甲研究的青年学者的入门壁垒，也不利于中国昆虫分类与区系队伍的整体发展。

为了弥补这一空白，作者在广泛收集中国锹甲物种基础信息并亲自拍摄了大量高质量彩色图片的基础上，编写了这本《中国锹甲大图鉴》。本书收录了产于中国的锹甲科昆虫34属369种（不含亚种），提供了每个属和种的主要鉴别特征。这些特征描述既专业又通俗，既能满足专业研究者的需求，又便于业余爱好者理解和使用。此外，本书还包含了每个物种的地理分布信息，有助于读者了解锹甲的生态习性，也为相关生物地理学研究提供了宝贵的数据。

《中国锹甲大图鉴》的出版，具有重要的学术和科普双重意义，将为昆虫分类区系研究、系统发生分析、生物多样性研究和保护等工作提供丰富的基础参考资料，是昆虫学家、生态学家、环境保护工作者以及昆虫爱好者的重要参考书。预期随着研究进一步深入和新物种不断被发现，会有更多关于中国锹甲的新知识涌现。本书的出版，是对过去研究成果的总结，更是未来深入研究的起点，将增进公众对这些"迷人"生物的了解，有望激发更多人对昆虫学的兴趣，提升更广泛的生物多样性保护意识，并鼓励更多青年投身于昆虫学研究。

中国科学院动物研究所研究员
中国昆虫学会昆虫分类区系专业委员会主任
2025年2月

推荐序二

今天，似乎饲养锹甲、把玩锹甲，乃至研究锹甲，已成显学。我在卅余年之科普工作中，深刻地体会到人们，特别是青少年，拥有几只品相极佳的锹甲，抑或经自己之手孵化、养育而成的锹甲，是何等兴奋与荣耀；假若手中拥有几个罕见、稀有种类，足可以令不少人吹一辈子牛啦！

在我看来，"得锹甲者得天下！"无论从人们的精神需求，还是科学家的学术追求，毫无疑问，锹甲在鞘翅目昆虫，乃至整个昆虫世界，其地位都是至高无上的！从文化象征意义而言，锹甲也占有相当重的分量！——过去，只有皇亲国戚、贵族权臣才有资格玩赏锹甲。

锹甲是鞘翅目（俗称甲虫）大家族中备受关注的类群之一，它们广泛分布于世界各地，目前已描述约1 500种。中国是世界上锹甲物种丰富度最高的国家，目前已知的锹甲种类为400余种，约占整个锹甲科物种的四分之一。

与鞘翅目其他类群相比，锹甲具有两个十分特殊的形态特征。

首先，锹甲具有明显的"雌雄性二型"现象，即大多数锹甲物种的雄虫与雌虫模样大相径庭。锹甲的雄虫往往身形高大，具有发达且修长的上颚；雌虫则身形矮小，上颚较短。正是基于这样的特征，酷似日本武士盔甲前额部之前立的"锹形"（叉形）而得名。实际上，锹甲之名源于日语，是近代从日本传入我国的，有的地区也称作"锹形虫"，但和我们平常说的"铁锹"并无关系。

其次，锹甲具有"雄性多型"现象。即便是同种锹甲的雄虫，也会因为幼虫期间所取食的营养物质不同而出现不同体态的表现，且上颚的形状、长度也会发生明显的变化。

这两大特征，虽然造就了锹甲在鞘翅目中备受关注、成为明星类群的地位，但也对锹甲的研究，尤其是基础分类学科的开展造成了较大的困扰。

纵观锹甲的分类学研究进程，我国的锹甲分类工作起步相对较晚，一直到本世纪初才逐渐发展与完善。但毋庸置疑的是，以中国科学院动物研究所陈世骧院士（1905—1988）为第一代的鞘翅目昆虫分类学研究者，及至其弟子杨星科研究员，再及杨先生之弟子白明研究员，均为锹甲分类学研究做出了卓越贡献。锹甲的科普工作是近年来才逐渐兴起的话题，本书之两位作者，甚为年轻有为的詹志鸿博士、杨子豪先生，毫无疑问使锹甲的科普工作迈向了一个新的台阶。

这部《中国锹甲大图鉴》便是近些年我国锹甲研究之重要成果！作者二人通过野外考察、标本制作、标本拍摄等手段，系统性地记录了中国锹甲科物种34属369种。通过对雄虫与雌虫的多角度展示及不同体型雄虫之间的尺寸展示，有效地解决了锹甲科"雌雄二型"与"雄性多型"的难题，将清晰的锹甲形态特征尽可能地向读者呈现出来。

"工欲善其事，必先利其器"，我们有理由相信，《中国锹甲大图鉴》这部图文并茂的锹甲工具书将助力昆虫研究者、爱好者辨识该类群之物种，从而进一步推动学术发展与科学传播。

据我了解，本书作者之一詹志鸿博士是一名出类拔萃的科学传播人、科普工作者！詹博士早年负笈美国威斯康星大学，又至百年历史名校南京农业大学攻读博士学位。值得一提的是，南京农业大学前身实为国立中央大学农学院，再往前追溯就是东南大学，乃至南京高等师范学校；而我国近现代科学启蒙者之一、我国生物学的鼻祖、动物学奠基人、昆虫学奠基人秉志先生（1886—1965）便是该校生物系之创立者。1909年，秉志先生负笈美国康奈尔大学，入其农学院学习昆虫学。作者之二杨子豪先生毕业于福建农林大学，该校前身则是福建协和大学，亦历史悠久。著名昆虫学家赵修复先生（1917—2001）自美国马萨诸塞州立大学获得昆虫学博士学位之后，便执教于斯。从某种意义上讲，学术传承总是在不经意间巡回到原点，或在某处交融与碰撞。

言归正传，詹杨二位作者利用大量时间从事自然教育，特别是昆虫学普及，因此，之于科普教育贡献良多。此外，二位作者将每个物种都进行了认真细致的标本整姿工作，使得这些标本特征清晰、形态优美，同时具备较高的学术性、科普性及艺术性。他们的著作势必会极大提高昆虫爱好者之鉴定水平，提升众人之审美高度。只有越来越多的人认识锹甲、了解锹甲、热爱锹甲，才有可能参与到锹甲的基础研究与生物学探究中来，从而解决众多历史遗留问题。

2021年，我国重新修订了《国家重点保护野生动物名录》，安达大锹甲（*Dorcus antaeus*）和巨叉深山锹甲（*Lucanus hermani*）成为国家二级重点保护野生动物。这也标志着我国昆虫保护，特别是锹甲保护，有了质的提升。此外，由于国内外饲养锹甲者、喜爱收集锹甲者愈来愈多，也使某些种类受到威胁，成为濒危物种，亟待保护。

我相信，《中国锹甲大图鉴》的顺利出版，会吸引更多的锹甲爱好者投身于锹甲的探究工作中；与此同时，我们也将通过认识锹甲、了解锹甲进而保护锹甲。希望广大的读者朋友们，多识于鸟兽草木之名，感悟自然之美，热爱我们的大自然，关爱并尊重周遭一切生命。

是为序。

博士、研究馆员、研究员

中国科学院动物研究所·国家动物博物馆馆长

中国科普作家协会副理事长

2025年4月9日于北京

前　言

　　锹甲是鞘翅目（甲虫）中最引人注目的类群之一。截至2024年，世界范围内共记载、描述的锹甲种类超过1 500种。它们形态各异，广泛分布于除南极洲的各大洲。

　　中国共计有约400种锹甲，约占全世界锹甲种类的四分之一。我国境内地理环境复杂，生态系统完善，锹甲4个亚科中的3个都能在我国的野外观察到它们的踪迹。不论是物种丰富程度还是物种的全面性，中国拥有的锹甲种群都极为丰富。

　　遗憾的是，尽管中国的锹甲资源非常丰富，市面上专门介绍锹甲的科普书籍却很有限。很多昆虫爱好者虽对锹甲怀揣兴趣，但在物种鉴定时总是无从下手。

　　在这样的大环境下，编写一部有关中国锹甲的科普书籍显得十分必要，也正是本着"写一本能让所有爱好者读完便能认识锹甲的书"的初衷，我们开始了有关中国锹甲大图鉴的撰写工作。

　　从计划编著有关锹甲的科普书籍，到开展相关的编写工作，再到《中国锹甲大图鉴》的雏形完成，我们前后花费了约十年的时间。在这十年的时间里，我们行走于山水之间，观察、收集和记录本书中所陈列的锹甲种类。本书一共展现了超过3 500幅精美的锹甲标本图，囊括了我国锹甲种类中的369种（不含亚种）。我们相信本书一定能成为广大昆虫爱好者认识锹甲、了解锹甲、喜爱锹甲必看的书籍。

　　作为一本具备图鉴功能的书籍，本书着重于不同锹甲种类的呈现与相关的形态学展示。在书中，笔者不仅提供了一般分类学者习惯使用的"背面观"，也展现了大多数锹甲的"腹面观"和"侧面观"。我们希望读者们可以从多角度、多方位观察和了解标本的特征，从而掌握相关的锹甲知识。

　　我们希望本书不仅是一本帮助昆虫爱好者了解锹甲的工具书，也是一块激发广大锹甲爱好者参与相关科普图书编写和创作的"敲门砖"。锹甲不仅拥有"帅气"的外表，也是重要的环境指示物种，是大自然生态系统中重要的组成部分。我们希望本书能够帮助广大自然爱好者了解我国的锹甲物种，掌握不同物种之间的鉴定方法，从而对锹甲有更加全面的了解。

本书分为三大部分。第一部分介绍了锹甲的基础知识，如锹甲的名称及身体结构、锹甲的生活史以及锹甲在野外的栖息环境等。第二部分着重强调锹甲的分类系统。第三部分具体展示中国锹甲的种类。本书收录了34属共369种（不含亚种）分布在中国大地的锹甲，囊括了天南地北的几乎能在野外有机会接触、认知的种类，尽可能多地让更多中国的锹甲展示在大家面前。

虽然有些锹甲的栖息地因特殊原因无法前往探秘或采集，我们无法将所有的种类全部囊括进书中，且部分物种雌虫/多型态雄虫暂未检视，部分物种的体长范围仍需讨论，但我们希望读者在读完后，不仅能对我国境内生活的锹甲有所了解，更能学会了解自然、热爱自然、探索自然、敬畏自然。

由于目前锹甲科历史遗留问题较多，加之作者水平有限，难免在编写过程中存在不足之处。如读者发现鉴定以及其他方面等错误，还望及时与我们联系，不吝斧正。同时也希望各位专家、学者多提出宝贵意见，让我们的锹甲图鉴更加完整、精美、翔实。

让我们一起来领略锹甲的风采吧。

詹志鸿　杨子豪

2025年1月

目录 *Contents*

锹甲的基础知识
INTRODUCTION TO LUCANIDAE

锹甲的名称及身体结构

1. 锹甲名称的由来

　　锹甲科（Lucanidae）是鞘翅目（Coleoptera）昆虫中较为独特的一个类群：绝大多数雄虫的上颚结构非常发达，长度通常与头部等长或明显长于头部（不含上颚）；雌虫的上颚通常不发达，体型也显著小于雄虫。这种有趣神奇的"二型现象"引起众多昆虫爱好者的兴趣；锹甲也作为近年来的新奇宠物被不少甲虫发烧友饲养、赏玩、收藏。

弯角大锹甲

孔夫子锯锹甲

　　若从拉丁学名的角度来说，"锹甲"一词似乎和雄虫独特的上颚结构没有多少关联："Luc-"一词在拉丁文中意为"光亮的"，主要形容锹甲科昆虫的鞘翅多半具有明显光泽。该词并没有体现出锹甲科物种独特的外部形态与结构，所以直接翻译拉丁文的行为并不合适。

　　若追根溯源，"锹甲"一词其实最早起源于日本。作为最早接触该类昆虫并开展研究的亚洲国家，日本的很多昆虫研究者都偏向于使用"锹"形容这类外表奇特的甲虫。"锹"字来源于日语片假名"クワガタ"（Kuwagata）——日本平安-镰仓时代武士头盔前端所戴的弯月形前立——一般是用于增加武士威仪，展现战士勇猛。故锹甲在日本也被称为"锹形虫"，即"拥有类似锹形前立的甲虫"。

日本平安-镰仓时代武士头盔前端所戴的弯月形前立

还有一种说法，锹甲鞘翅边缘的形状酷似挖土用的铁锹，所以被称为"锹甲"。但相比于前文提到的说法而言，这种解释也不能很好地体现该类昆虫的独特之处。

我国早期的学者，如尤其伟，便是沿用日语，称该类昆虫为"兜矛虫科"或"锹形虫科"。在1959年前后，萧采瑜等研究学者正式采用了"锹甲科"作为该类昆虫的中文名，并一直沿用至今。

2. 锹甲的身体结构名称

锹甲的身体结构如图所示。

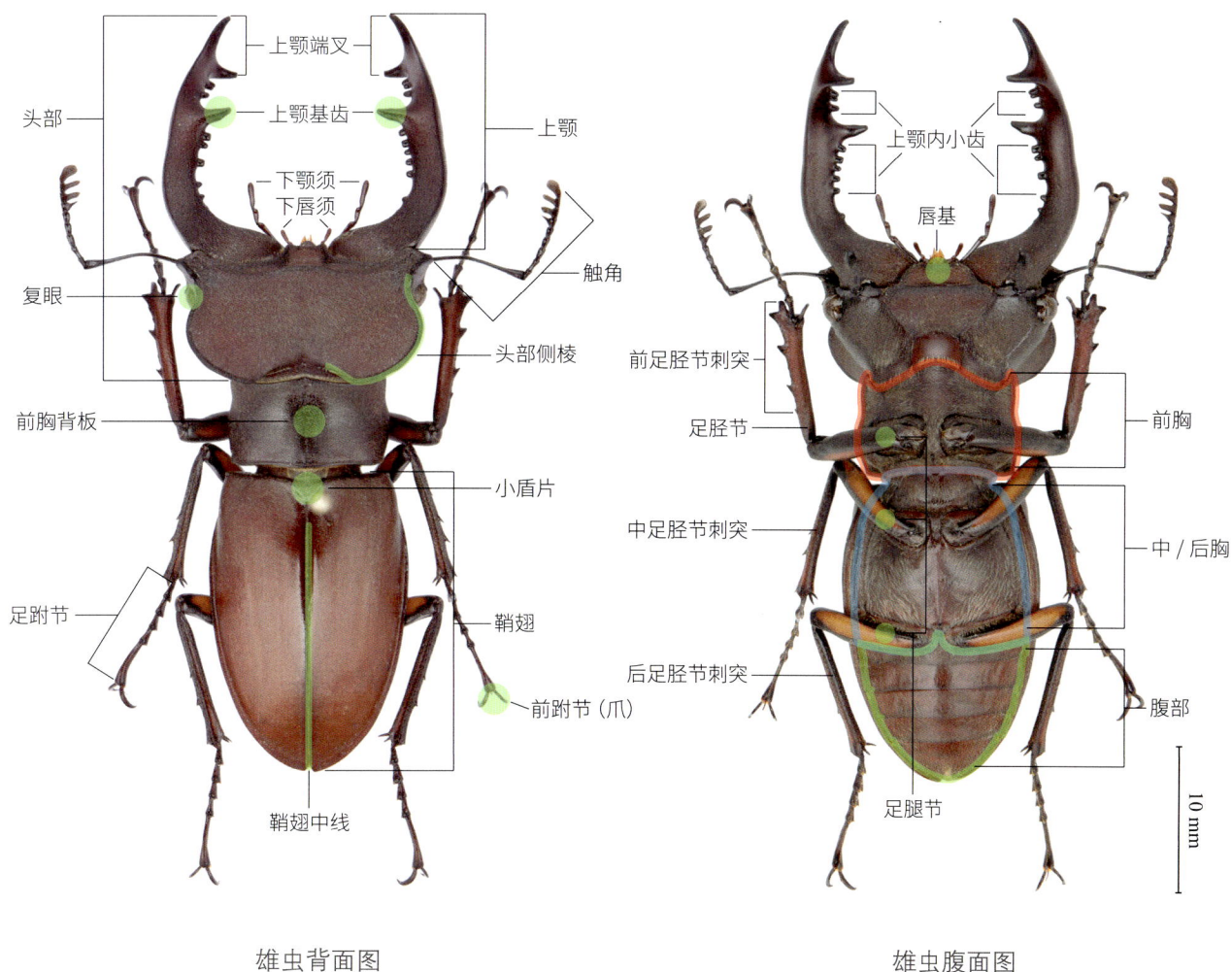

雄虫背面图

雄虫腹面图

幸运深山锹甲雄虫身体结构图

雌虫背面图   雌虫腹面图

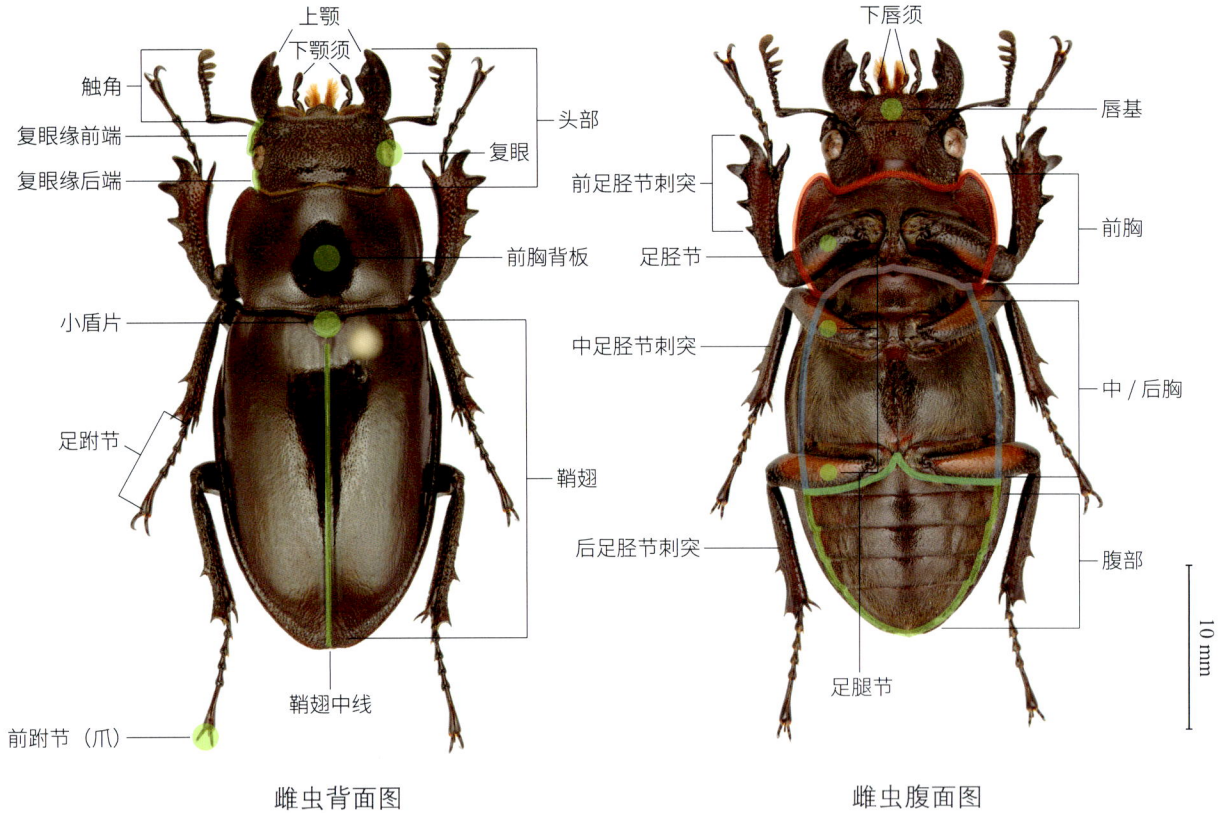

幸运深山锹甲雌虫身体结构图

头部（Head）

上颚（Mandible）

    在雌雄两性差异明显的锹甲类群中，雄性的上颚通常显著长于头部（不含上颚），显得十分夸张，因此也有学者将上颚称为"大颚"。锹甲爱好者则通常习惯用"牙"来形容这一结构。

    雄性锹甲的上颚：绝大部分的雄性锹甲因为体型差异，上颚形状也具有较为明显的差异。通常情况下，具有不同体型差异的雄性锹甲可以大致分为4类：大颚型、中颚型、强颚型、小颚型。

    雌性锹甲的上颚：雌性锹甲的上颚通常不发达，长度显著短于头部；也有一些类群雌雄个体的上颚相差不大（如斑纹锹甲属）；也有部分特殊类群的雌性上颚十分修长发达（如狍锹甲属）。

鹿角锹甲属的雄虫上颚   鹿角锹甲属的雌虫上颚

大颚型（长牙）teleodont/Major male： 此体型的锹甲上颚最为发达，通常具有发达的基齿、端齿和众多小齿。大颚型的锹甲通常也是最有效的种间鉴别个体。

中颚型（中牙）mesodont/ Median male： 此体型的锹甲一般个体稍小于大颚型（有例外），且上颚内侧也具有基齿和小齿，但是一般数量不及大颚型个体。

强颚型（短牙）amphiodont： 介于大颚型（大牙）与中颚型（中牙）之间的个体。此类雄虫不论个体还是上颚的长度都明显较为短小；但体型可能与大颚型相当，且上颚依然有可能具备基齿、端齿和少量小齿。有些锹甲类群中没有此个体的形态出现。

小颚型（小牙）priodont/ Minor male： 最小型的雄性。通常仅有些许小齿结构，或大颚长度明显短于头长。

奥锹甲属大颚型雄虫　　　　奥锹甲属中颚型雄虫　　　　奥锹甲属强颚型雄虫　　　　奥锹甲属小颚型雄虫

唇基（Clypeus）

在多数锹甲中，雌雄头部的唇基、上唇没有或没有完全分开。这种在锹甲上颚之间明显凸起的结构被统称为"唇基"。也有学者使用"颚间凸"或"头盾"来形容这一结构。

多数锹甲种类的唇基具有雌雄差异，通常雄性的唇基较为细长且发达；雌性的唇基短小且较厚，通常呈半圆形或方形。一般情况下，雄性的唇基因为发达且种间差异较为明显稳定，可以用于不同种之间的鉴定。

深山锹甲属的雄虫唇基　　　　大锹甲属的雄虫唇基

复眼（Compound eyes），复眼缘片（Laminae）

锹甲的复眼结构如图所示。

深山锹甲属的复眼	大锹甲属的复眼	拟锹甲属的复眼	喜玛拉雅斑锹甲属的复眼

部分锹甲的头部前端、眼前侧缘外侧部分相连，形成不同形状的复眼缘片，简称"复眼缘"或"眦片"（本书使用"复眼缘"）。在部分锹甲属中，眼缘的形状可以作为稳定的种间参考特征，如圆翅锹甲属 *Neolucanus*、肥角锹甲属 *Aegus*、鬼锹甲属 *Prismognathus* 等。

触角（Antenna）

锹甲的触角结构如图所示。

深山锹甲属的触角	大锹甲属的触角	拟锹甲属的触角	喜玛拉雅斑锹甲属的触角

不同属之间的触角结构往往也不相同，这样的差异主要体现在鞭节形状、长短、数量上。触角作为锹甲身体上较为稳定的特征，往往也被选作重要的分类特征之一，例如触角是否完全为膝状是区分亚科的重要特征。

胸部（Thorax）

前胸背板（Pronotum）

锹甲的前胸背板结构如图所示。

深山锹甲属的前胸背板　　　大锹甲属的前胸背板　　　拟锹甲属的前胸背板　　　喜玛拉雅斑锹甲属的前胸背板

　　锹甲的前胸背板基本上为长方形或隆起呈梯形。其长度往往约等于头部（不含上颚）或略长于头部。前胸背板主要区域分为前胸背板前、侧、后缘及中央区域。锹甲种间前胸背板变异一般较为稳定，故被选作种间分类的形态特征。

胸足（Thoracic legs）

锹甲的胸足结构如图所示。

深山锹甲属的胸足　　　大锹甲属的胸足　　　拟锹甲属的胸足　　　喜玛拉雅斑锹甲属的胸足

　　锹甲的胸足被分为前足、中足、后足三个部分。锹甲的胸足颜色在种间存在一定程度的变异，故颜色不能被选作种间的分类特征。但锹甲胸足胫节的刺突数量和形状的变异程度很小，在一定程度上被选作较大的分类阶元，如组间或属间的分类特征。

鞘翅（前翅）（Elytron）

锹甲的鞘翅结构如图所示。

| 深山锹甲属的鞘翅 | 大锹甲属的鞘翅（雄虫） | 大锹甲属的鞘翅（雌虫） | 拟锹甲属的鞘翅 | 斑锹甲属的鞘翅 |

锹甲的鞘翅形状基本为卵形，少数种类为橄榄形。不同种类的锹甲鞘翅表面会具有不同的特征，包括颜色、是否有鳞毛、鳞毛长短以及鳞毛的颜色、是否光滑或具有明显的沟纹凹陷等。其中，颜色及鳞毛在同种间存在一定程度的变异，且鳞毛会因为成虫在野外活动的磨损而脱落，因此一般这两者不能被选作稳定的分类特征。沟纹的形状相对而言较为稳定，尤其是在大锹甲属 *Dorcus* 雌虫之间存在稳定的差异，因此被选为种间分类特征。

内翅（后翅）（Hind Wing）

锹甲的内翅结构如图所示。

大圆翅锹甲的右后翅

锹甲的内翅变化差异在种间、属间并不明显，仅在不同亚科之间存在一定差异。因此一般不选用内翅作为分类特征。

锹甲的生物学习性

锹甲科与其他鞘翅目昆虫一样，都属于全变态发育的昆虫，大部分种类习性为植食性。锹甲的成虫主要以植物汁液或嫩芽为食，少部分类群具有肉食性，如矮锹甲、角葫芦锹甲、葫芦锹甲等，更有甚者与蚂蚁共生，如中华蚁锹甲。锹甲的幼虫主要以阔叶木朽木的木质纤维为食，部分类群则以腐殖质等为食，如圆翅锹甲、奥锹甲等。

1. 锹甲的繁殖

锹甲的繁殖离不开朽木或腐殖质，通常每个属之间的产卵方式也不相同。大部分锹甲的雌虫通常会在经过白腐菌降解后的湿润朽木中产卵，大体上可分为两类：一类产于朽木表层，一类钻入朽木中产卵。在朽木中产卵的锹甲大部分都会将卵产于朽木表层。产卵时，雌虫会先用上颚在朽木表面咬出一个凹槽，然后将卵产于凹槽中，最后将咬碎的朽木屑填充回凹槽中，将卵埋在其中。钻入朽木产卵的雌虫则是用上颚在朽木中开掘出一个圆柱形洞道，并会用碎木屑填充洞道，而卵也在此时产入碎木屑中，做成一个卵室保护卵粒。

除此之外，还有将卵裹成泥球埋入土里的种类，这类常见于一些小型的圆翅锹甲；也有像犀金龟一样直接产在腐殖质中的种类，这类通常为奥锹甲和部分深山锹

朱氏深山锹甲的卵

甲；还有将卵包裹在腐烂的落叶中的种类，这种产卵方式常见于深山锹甲属的部分物种身上。由于锹甲的物种多样性较高，在相同或不同的环境中会占据不同生态位，因此，也许还有其他特殊的产卵方式与食性是我们并未观察到的，而这些生物学特性也正是在保护锹甲科昆虫上所面临的最大难题与挑战。

2. 锹甲的卵与幼虫

刚产下的卵表皮具有很强的韧性，卵的颜色通常与朽木颜色接近，一般为黄色，少数类群卵粒则是白色。卵粒在产下后会不断吸收周围的水分膨胀，发育的卵会逐渐变得饱满，富有弹性，韧性则会减弱。

卵的大小与种类、雌虫的体型密切相关，小型种类的卵通常都较小，相同种类雌虫的个体越小产下的卵粒也会越小。卵的孵化时间则与温度、种类密切相关，温度越低，所需要的孵化时间则越长，通常情况下孵化时间为3~4周；特殊种类的孵化时间则会越长，特殊种类通常为高海拔的种类，如深山锹甲和拟深山锹甲，其卵期普遍在两个月左右。

锹甲科的幼虫具有三个龄期，幼虫期也与种类相关，有的种类幼虫期仅有四五个月，一年可以发生两代，而有的种类幼虫期则能长达五年之久。刚孵化的幼虫为乳白色，然后头壳会逐渐发育成浅黄色。当然，这也并不是绝对的，少数产于南美洲的种类幼虫头壳会发育成黑褐色，如南美四眼锹甲，但是以目前观察的情况来看，分布于中国的锹甲科幼虫头壳均为黄色。锹甲幼虫为蛴螬型幼虫，在两边体侧都分布有"C"形气孔，通常情况下幼虫会拉伸身体去觅食，但当幼虫受到外部环境干扰刺激后会呈"C"形蜷缩着，有些种类还会通过摩擦第三对足发出"唧唧"声或振动，以此来恐吓侵犯者，这种习性常常会在锯锹甲属上观察到。

锯锹甲幼虫的发育

幼虫在孵化约 24 小时后便会开始取食，由于幼虫的表皮是半透明的，因此可以很明显地观察到幼虫是否取食，吃下去的食物并不会立刻消化掉，而是囤积在腹部慢慢消化。幼虫的糖类来源于纤维素和半纤维素，但昆虫通常是无法直接消化这类高分子糖类的，因此锹甲幼虫体内都具有共生菌辅助幼虫消化，同时上文提到有大部分种类通常是在有白腐菌降解的朽木中产卵，所以幼虫还会摄入一部分白腐菌所提供的营养以及通过白腐菌产生的酶降解纤维素和半纤维素，同时菌丝也会为幼虫提供维生素、蛋白质、菌类多糖等其他营养物质。在幼虫期中，一、二龄所占的时间是很短的，通常仅有不到两个月的时间；三龄的时间则是最长的，这个阶段具有暴食性，特别是在三龄初期，幼虫体内的营养物质基本都是在这一阶段积累，这一时期的发育决定了成虫体型的上限值，三龄中后期基本是为营养物质的转化做准备，三龄中期后幼虫的体重增长速度会明显变缓，三龄后期时体重基本不会发生太大的变化，幼虫最后会寻找一处安稳的位置制作蛹室，并且在其中化蛹羽化。在度过蛰伏期之前幼虫都会躲在蛹室中，野外的蛹室通常是在朽木中较为坚固的位置与相较柔软位置的交界处。人工饲养的幼虫通常是在塑料容器的靠壁的位置制作蛹室，因为它们无法破坏塑料外壳，所以它们会认为这样的环境是安全的。

斑股深山锹甲的蛹室

长颈鹿锯锹甲的蛹室

丫纹锯锹甲的前蛹

3. 锹甲的蛹及羽化

锹甲幼虫在化蛹前有一个停止进食的阶段，称为前蛹。进入前蛹时幼虫会把粪便均匀地涂抹在蛹室上，以加固蛹室，随后便静静地等待化蛹。幼虫的头部具有 3 条明显的凹痕，在化蛹时这 3 条凹痕会首先裂开，随着体液的冲击与幼虫的蠕动，头壳后方的表皮也会裂开一条缝，然后蛹便从其中挤出，随后体液便会冲入上颚、四肢与翅膀中，固定形态，最后完成收腹，尾部在 24 小时内会有多余的体液排出。蛹期通常为 1~2 个月，蛹皮下可见发育的外骨骼，当接近羽化时，皮下的外骨骼颜色会转为红棕色，并可以活动。

双钩锹甲两广亚种的蛹

扁锹甲西南亚种即将羽化的蛹

羽化前，蛹会有一个"翻身"的动作，在发育期间蛹是腹面朝上，当快羽化时则会将背面翻至朝上的位置，并在前胸背板中间的位置裂开一条缝隙，从中羽化出来。羽化时锹甲的内外翅均处于"压缩"的状态，受体液冲击后逐渐展开，伸展开后内翅无法及时收缩，会露出一截在外翅之外，经过几小时的硬化后通过扭动腹部将内翅收回外翅中，这个过程称为"晾翅"，晾翅过程中也会有多余的体液向外排出。

中国大锹甲的羽化过程

由于蛹期锹甲的头部是与前胸背板分离的，因此羽化时锹甲会将其头部弯折进前胸背板（也被称为"抬头"），完成晾翅之后的锹甲此时头部仍然埋在腹部，因此它会将后足固定在蛹室上，前足站立，以便有足够的空间将头部抬起，由于有些锹甲的上颚实在太过于强壮，因此会在上颚中间存在一段白色尚未革化的区域。该区域颜色与鞘翅和腹部一样，具有很强的可塑性，使得其上颚能够弯折，有利于锹甲将头部抬起。

鸡冠环锹甲的抬头过程

4. 锹甲的成虫

　　刚羽化的成虫头部、胸部与四肢为红棕色，鞘翅与腹部为乳白色，部分种类的上颚也会有乳白色部位，此时白色的部位都非常柔软，因此需要经过一个"硬化"的过程。随着时间推移，成虫的外骨骼颜色会不断加深，白色的部位会转为红色，红色的部位会转为黑红色，直到最后外骨骼转变为正常成虫的颜色，这一过程被称为"定色"。定色过程中很多种类的腹部与鞘翅是不贴合的，腹部会突出一块，鞘翅无法完全掩盖腹部，这是因为体液过多，但是通常是不需要干涉的，因为此时仍然会有体液不定时地从成虫体内排出，直到贴合为止，这一过程一般会在两周内完成，最迟也会在度过蛰伏期前完成。

中国大锹甲的定色过程

人工饲养中进食的长颈鹿锯锹甲

　　从羽化完成到可以正常进食活动的这一阶段称为"蛰伏期"。蛰伏期内成虫会完成所有器官的发育，在此之前，不受干扰的情况下它们会不吃不喝不动，静静地趴在蛹室里。能正常活动时称为"出蛰"，出蛰的成虫明显会变得躁动，并在野外找到属于自己的领地，完成觅食、求偶和交配的过程。蛰伏期的长短与种类有关，有些种类的蛰伏期可以长达半年，如非洲的螃蟹锹蛰伏期往往在 4~5 个月，深山锹甲的蛰伏期最长能有 1 年，而有些则仅仅需要 3~4 周，一些小型的锹甲如锯锹甲、鬼锹甲等蛰伏期就不到 1 个月，体型越大的锹甲蛰伏期越长。

野外环境中进食的扁锹甲

　　成虫的寿命既与种类挂钩，也与锹甲的种类分化、生态位的占据有关。甚至同属之间都会存在巨大的差距。如大锹甲属的中国大锹甲成虫寿命就能达到三四年，而一些小型大锹甲寿命只有一年到一年半，寿命最短的则是类似鬼锹甲一类的小型锹甲，一般寿命只有1~3个月。曾经很多人认为深山锹甲的寿命是非常短的，为一两个月，但是后来在个人的饲养中发现，即使除去蛰伏期，深山锹甲的寿命也能超过半年，夏天用于繁殖的深山锹甲雌虫在来年的春节时仍然存活。很多成虫具有"寄主植物"，这里的寄主植物指的是如果某一棵或某一类树是锹甲觅食、休息、求偶的植物，那么这类树一般都具有这样的特点：会散发出气味，也许是花香，也许是树上的流汁发酵的味道，或者是人类无法识别的气味。可能在同一片地区会存在不同的

广东肥角锹甲与其寄主植物

寄主植物、不同地区有不同的寄主植物，甚至相同地区同一种树，仅有几棵植物能吸引锹甲，而其他的却不能吸引锹甲，这为锹甲的采集工作增加了很大的难度，并且有些锹甲会选择趴在植物的叶子上，有些则是在植物的树枝上，或者是在植物的嫩芽上。因此，人们并未对野外锹甲的生活习性完全掌握，这使得目前很多锹甲在人工饲养繁殖上都存在非常多并未被解决的问题，仍需要我们抱着敬畏、谦逊的心去不断探索，揭开它们神秘的面纱。

派瑞深山锹甲与其寄主植物

扁锹甲与其寄主植物

朱氏深山锹甲与其寄主植物

锹甲在野外的栖息环境大致分类

（1）海拔较低的林地或人工种植林、果园等。栖息于此类环境中的锹甲对环境要求较低，也是我们日常生活中最容易观察、接触到的。代表物种有扁锹甲属、奥锹甲属等。

（2）海拔较高，未被人类活动破坏过多的原始山林。栖息于此类环境中的锹甲对气温、湿度较为敏感，日常生活中较难遇见。代表物种有深山锹甲属、琉璃锹甲属等。

（3）倒下的朽木或直径较大的枯木中。栖息于此类环境中的锹甲身型娇小，迁徙能力非常弱，通常终生不会离开自己的栖息地——朽木。代表物种有斑纹锹甲属、斑锹甲属等。

（4）海拔较高，地面较为湿润的地上或落叶层中。栖息于此类环境中的锹甲具有一定的迁徙能力，但通常不喜出现在植物上。有部分种类极爱飞行，也具有一定的日行性。代表物种有阿锹甲属、部分圆翅锹甲属。

（5）海拔较高的草地环境。栖息于此类环境中的锹甲习性较为特殊，喜爱白天出现活动；通常会在草叶间活动，交配。代表物种有少部分深山锹甲属。

人工种植的竹林植被

植被较好的原始山林

朽木中的斑锹甲幼虫

在山间道路上交配的红圆翅锹甲

黄脚深山锹甲在草叶间活动

有关学名的使用

锹甲的中文名长期以来一直较为混乱。虽然相比较于拉丁学名，物种的中文名可以较为随意，但我们仍然希望读者们能从物种的中文名中大致了解该物种具有的特征、分布和命名的原因。

本图鉴对锹甲物种的中文名处理

（1）直接音译拉丁学名。这些物种名多半是锹甲爱好者们较为熟知、已经习惯称呼的名称，如卡氏深山锹甲。

（2）按照外部形态特征命名。这类物种首先必须具备足够稳定且明显的外部特征，其次学名已经被广大爱好者所熟知，如弯角大锹甲。

（3）按照模式标本 / 拉丁学名的地点命名。这类锹甲首先需具备较为准确的模式产地信息，其次地理分布较为局限。如滇东南锯锹甲虽然种名为"*thibeticus*"，但模式产地存疑，故不能称为"西藏锯锹甲"；相反，林芝刀锹甲的模式产地较为准确，故我们选用"林芝"作为该种的中文名。

（4）以人名命名。在分类学研究中，不少分类学者会采用人名命名法，以此纪念他们人生中足够重要之人。近年来这一现象尤为常见。对此，我们基本遵循物种发表时的原文称呼，如派瑞深山锹甲 *Lucanus parryi*。

常见问题

一些最为常见的问题可以在这里获得解答。

（1）如果读者记录到了超过本书中的记录个体锹甲，能说明这是"极限级个体"吗？

答：不能。本图鉴只是收纳、整理锹甲种群较为常见的个体区间。观察或捕捉到超过图鉴数据的锹甲个体不能代表整个种群的数据。实际上，我们不提倡锹甲或昆虫爱好者以任何形式、任何方法过分地追求所谓的"极限级个体"。此行为不但会刺激部分昆虫商贩变本加厉地滥采、盗采，对爱好者自身的财产也是一种损失。在野外，每隔一段时间一定会有更大、更威武的锹甲被观察或记录到。盲目地崇拜，追求极限级个体，不仅会对环境造成破坏，也会影响自己的幸福生活。

（2）书中所记录的锹甲产地是全面的吗？

答：大部分是的。但是我们需要明白，种群并不是绝对静止的。物种的分布会随着时间、环境等因素的变化而发生改变。本图鉴中的锹甲分布是较为准确的，但不能排除以下原因导致记录不全：① 锹甲种群发生了扩散；② 有些非常偏远的地区由于环境因素我们无法探寻和确认；③ 锹甲的模式产地存在疑问或种群分布存疑。本书所涵盖的锹甲种类均只介绍其在国内的分布情况，信息通常精确到省级。

（3）图鉴中每个物种的样本是全面的吗？

答：绝大部分是。锹甲属于较为典型的雌雄二型、雄性多态昆虫。我们在图鉴中所展示的背面观标本通常会采用"三雄一雌"的方式，即"大型、中型、小型雄虫各一只，雌虫一只"。部分类群的锹甲雄性形态差异不大，我们会使用"两只或一只雄虫和一只雌虫"的方式向读者展示。极少部分锹甲因为雌虫难以获得，暂时无法检视到标本，我们会专门在"物种描述"栏加以说明。个别种类的锹甲因为采集极其困难，但形态非常特殊，我们则会采用手绘的方式为大家呈现。

锹甲的分类系统

SYSTEMATIC OF LUCANIDAE

1. 锹甲科的分类系统

分类系统是探究物种与种群关系的重要方法。除了我们平日里常见的"界门纲目科属种"外，仍然有许多细微的分类单位存在。我们将每个单独列出的分类标准称为"阶元"。

"阶元"即"阶状分类单元"。在一套完整的分类系统中，每一个分类标准都按照从左到右、从大到小的顺序由高向低依次排列。这些不同的阶元共同组成了物种的种群。

关于锹甲科的高级阶元分类目前尚有争议：研究学者提出的锹甲亚科分类系统数量由 3 个到多达 10 个不等。目前较为广泛被接受的分类系统有 Benesh（1960）提出的 8 亚科分类、Lawrence & Newton（1995）提出的 6 亚科分类、Bartolozzi & Sprecher（2006）提出的 6 亚科分类以及 Holloway（2007）提出的 4 亚科分类。本书采用 Holloway（2007）分类系统，将中国的锹甲科分为 3 个亚科，即锹甲亚科（Lucaninae）、纹锹甲亚科（斑锹甲亚科）（Asealini）、筒锹甲亚科（拟锹甲亚科）（Sinodenrini）。

锹甲亚科的代表物种

宽叉深山锹甲

库奥锹甲中华亚种

铜色琉璃锹甲

剑齿肥角锹甲

中国大锹甲

亮环锹甲

锈矮锹甲

纹锹甲亚科的代表物种

佐藤氏斑锹甲

云南拟锹甲

黑铠锹甲

本书所采用的锹甲科分类系统阶元

科 Family

亚科 Subfamily

族 Tribe

属 Genus

种 Species

亚种 Subspecies

2. 一些分类上的问题

1）大锹甲属 *Dorcus* MacLeay, 1819 及其近缘属的分类

大锹甲属 *Dorcus* MacLeay 是锹甲科中涵盖面较广、物种丰富程度较高的属。大锹甲属和其近缘属的分类关系长期以来一直是锹甲科分类学上最为复杂的问题之一。在锹甲科的研究历史上，不同的分类学者对该属的定义和划分有着不同的认知和理解。

中国境内关于大锹属的分类讨论主要以其中几个属展开：*Hemisodorcus*（刀锹甲属）、*Serrognathus*（扁锹甲属）、*Digonophorus*（怪刀锹甲属）和 *Falcicornis*（小刀锹甲属）。

多数欧洲学者赞成以上 4 属分别为有效的独立属；而日本学者则认为只有 *Digonophorus* 是独立属，其余都应该作为 *Dorcus* 的内涵范围。中国的锹甲研究者，有的认为 *Hemisodorcus* 和 *Digonophorus* 应该作为 *Dorcus* 的亚属，*Serrognathus* 和 *Falcicornis* 应该为有效的独立属；有的则认为 *Digonophorus* 应该作为 *Dorcus* 的亚属处理，*Falcicornis* 不具备有效性，应该被拆分并入其余属中。

本书对大锹甲属及其近缘属的处理如下：

Serrognathus（扁锹甲属）和 *Falcicornis*（小刀锹甲属）为有效的独立属，*Digonophorus*（怪刀锹甲属）、*Hemisodorcus*（刀锹甲属）合并入大锹甲属中。

2）圆翅锹甲属 *Neolucanus* Thomson, 1862 的分类

圆翅锹甲属作为我国锹甲科物种丰富度较高的属之一，其内部分类极其混乱。虽然此前有欧洲、日本学者开展过相关研究，并发表了不少新物种，但很多均为无效种。其中最为著名的例子便是中华圆翅锹甲 *Neolucanus sinicus* 种团的分类：日本学者根据外部形态，将其分为 6 个不同的亚种。但这些所谓的"亚种"有些不符合界定的"三原则"（见下文），故实则很多为无效亚种。事实上，圆翅锹甲由于习性较为活跃，在野外各种群之间经常发生基因交流的情况，哪怕是依据外部形态分类也很难厘定其种、亚种间关系。现在任何形式的关于圆翅锹甲属单纯的外部形态学研究，都会存在一定的历史问题。

根据德国学者申克（Schenk）、中国学者万霞等关于圆翅锹甲属的物种名录，我们整理出了一份较为准确的中国圆翅锹甲属名录，共计 33 种。其中仍然有一些从分子角度梳理"无效"的类群——比如中国台湾地区的红圆翅锹甲及其近缘种。虽然从分子角度解释均为同一个物种，但同时需要注意，现在关于锹甲科的物种鉴定还停留在浅显的短片段分析层面。由于选取的直同源基因可能较为保守，故将不同物种处理成同一物种的结论是可能的。为了方便大家鉴定，我们决定暂时遵循传统分类学的标准，将它们作为不同种处理。

3）锹甲的亚种界定

亚种（Subspecies）是目前分类系统中的最小单位，也是目前最具有争议性的单位。当两个种群之间彼此已经逐渐产生一定的差异，而这种差异尚不能够达到不同种（Species）之间的差异时，研究学者会引用"亚种"作为两个种群的区分标准。

在锹甲科的研究分类中，亚种现象十分常见。比如深山锹甲属 *Lucanus* 中记录 60 余种，其中需要引入亚种概念的就超过 20 种。但锹甲科中亚种的界定一直是个令人头疼的问题：哪怕是在同种、同地、同时间采集到的锹甲标本，它们的鞘翅光泽和颜色差异，雄虫上颚形状、个体大小都有明显的变化幅度。因此，只依循外部形态特征对锹甲科亚种进行界定是不准确的。对于锹甲中的亚种界定，我们提倡大家遵守以下三原则：

（1）异域分布　每个亚种的分布中心都是不相同的。

（2）形态差异　各个亚种之间的种群中一定要有超过 75% 的个体不同于同种其他亚种的外部形态。

（3）生殖不隔离　同种不同亚种之间杂交的后代具有生育能力。

只有全都满足以上最基本的三原则，"亚种"的概念才是有效的。然而，自 1974 年以来锹甲的亚种数量猛增，其中有超过 95% 的亚种是由日本学者和锹甲爱好者命名的。其中，更多标本信息的来源是标本商贩，让这些标本的有效性、真实性大打折扣。对于锹甲亚种，我们不仅需要结合并严格遵守以上三原则，更应该结合地理学、生物学等多方面因素来考虑。

中国锹甲的分类概况
SPECIES OF CHINESE LUCANIDAE

锹甲亚科 锹甲族

深山锹甲属
Lucanus Scopoli, 1763

陈氏深山锹甲
Lucanus cheni Huang, 2011

深山锹甲属　本属简介
Lucanus Scopoli, 1763

　　本属（*Lucanus*）是锹甲科的模式属，中文名又称"锹甲属"。其拉丁文"*Luc-*"意为"光亮的"，指深山锹甲的体泽多彩、雄性身材俊美。

　　本属更广泛的中文名为"深山锹甲"，代表本属主要生活在海拔较高的森林或山脉中，但也有部分本属物种演化出了日行性，且以草地、灌木等作为主要的栖息地。

　　本书记录中国深山锹甲属 69 种。

深山锹甲的外部形态特点

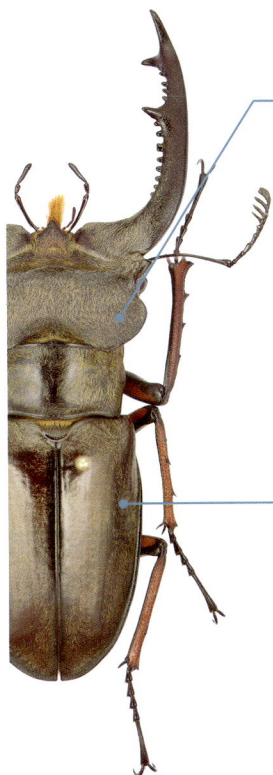

❶ 雄虫头部后方或多或少地有一个凸起状结构，这个结构的主要功能在于存储更多的肌肉组织，有利于雄虫争斗。在个体较小的雄虫中，这个结构消减或退化。

❷ 雄虫体表多覆盖一层鳞毛，颜色主要为黄色、白色或淡黄色。

❶ 雌虫上颚较为发达，呈片状。

❷ 雌虫眼缘片结构往往呈方形。

❸ 雌虫前足胫节顶端明显膨大，第 1、第 2 根刺突结构呈尖锐三角形。

10 mm

斑股深山锹甲
Lucanus dybowski Parry, 1873

Lucanus dybowski dybowski Parry, 1873 原名亚种

分布	黑龙江、内蒙古、辽宁、吉林、北京、天津、河北、河南、山西、安徽、福建、重庆、湖北、甘肃、陕西、四川等
体长	32 ~ 77.5 mm（雄），28 ~ 43.2 mm（雌）
词源	拉丁学名源于俄罗斯动物学家 B. Dybowski；中文名源于雄虫鞘翅的鳞毛常被磨损成斑块状

物种描述

雄虫

背面观：上颚较直，基齿位于上颚基部，小齿分立，端齿分叉较大。全身覆盖一层明显的黄色鳞毛；唇基略呈五边形。

侧面观：复眼基本完整裸露，复眼缘仅略着于复眼上端。前胸足胫节具 4 ~ 7 枚明显的刺突。

腹面观：后胸表面黄色鳞毛明显；胸足腿节具明显的黄色斑块。

雌虫

背面观：体泽黑色或棕色。唇基呈三角形；复眼缘覆盖眼约 1/2；前胸背板后端显著宽于前端，前胸足胫节具 6 ~ 7 枚明显的刺突；中胸足约具 3 枚明显刺突，后胸足仅具 1 枚明显刺突。

腹面观：后胸表面黄色鳞毛明显；胸足腿节具明显的黄色或暗红色斑块。

图片展示

雄虫 - 侧面

雄虫 - 腹面

雌虫 - 背面

雌虫 - 腹面

其他态展示

微齿型雄虫

尺寸展示

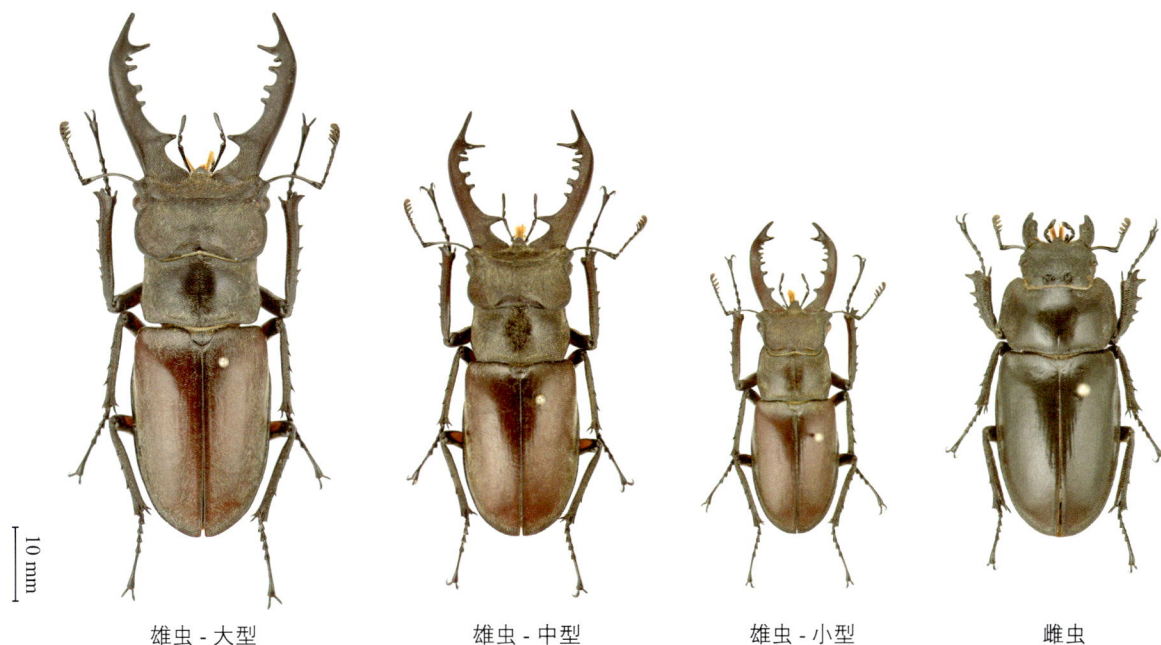

10 mm

雄虫 - 大型   雄虫 - 中型   雄虫 - 小型   雌虫

10 mm

Lucanus dybowski taiwanus Miwa, 1936 台湾亚种

别名：高砂深山锹甲

分布	台湾
体长	33 ~ 89 mm（雄），27 ~ 50 mm（雌）
词源	拉丁学名源于其模式产地台湾

物种描述

雄虫

背面观：上颚较弯曲，基齿位于上颚基部，不发达，小齿分立，端齿分叉较大。全身覆盖一层不明显的黄色鳞毛；唇基呈四边形。

侧面观：复眼基本完整裸露，复眼缘仅略着于复眼上端。前胸足胫节约具 7 枚明显的刺突。

腹面观：后胸表面黄色鳞毛明显；胸足腿节具明显的黄色斑块。

雌虫

背面观：体泽黑色。唇基呈三角形；复眼缘覆盖眼超过 1/2；前胸背板后端显著宽于前端，前胸足胫节具 5 ~ 6 枚明显的刺突；中胸足约具 3 枚明显刺突，后胸足具 2 ~ 3 枚明显刺突。

腹面观：后胸表面黄色鳞毛明显；胸足腿节呈黑色。

图片展示

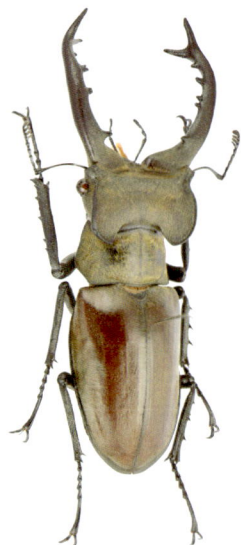

雄虫 - 侧面　　　　　　雄虫 - 腹面　　　　　　雌虫 - 背面　　　　　　雌虫 - 腹面

尺寸展示

10 mm

雄虫 - 大型　　　　　　雄虫 - 中型　　　　　　雄虫 - 小型　　　　　　雌虫

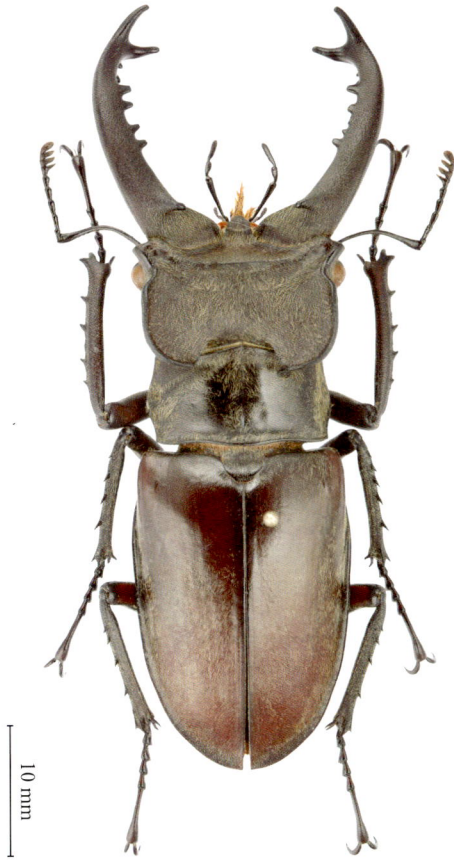

10 mm

Lucanus dybowski lhasaensis Schenk, 2006 四川亚种

分布	四川
体长	31 ~ 70.2 mm（雄），32 ~ 40.1 mm（雌）
词源	拉丁学名源于其模式产地"拉萨"，但目前的调查发现本亚种仅分布于四川

物种描述

雄虫

背面观：上颚在端部弯曲，基齿位于上颚基部，不发达，小齿分立，端齿分叉较大。全身覆盖一层不明显的黄色鳞毛；唇基略呈半圆形。

侧面观：复眼完整裸露，复眼缘不易观察。前胸足胫节具 8 ~ 9 枚明显的刺突。

腹面观：后胸表面黄色鳞毛明显；胸足腿节具明显的红色斑块。

雌虫

背面观：体泽黑色。唇基呈三角形；复眼缘覆盖眼超过 1/2；前胸背板后端显著宽于前端，前胸足胫节具 5 ~ 6 枚明显的刺突；中胸足约具 3 枚明显刺突，后胸足具 2 ~ 3 枚明显刺突。

腹面观：后胸表面黄色鳞毛明显；胸足腿节具不明显的暗红色斑块。

图片展示

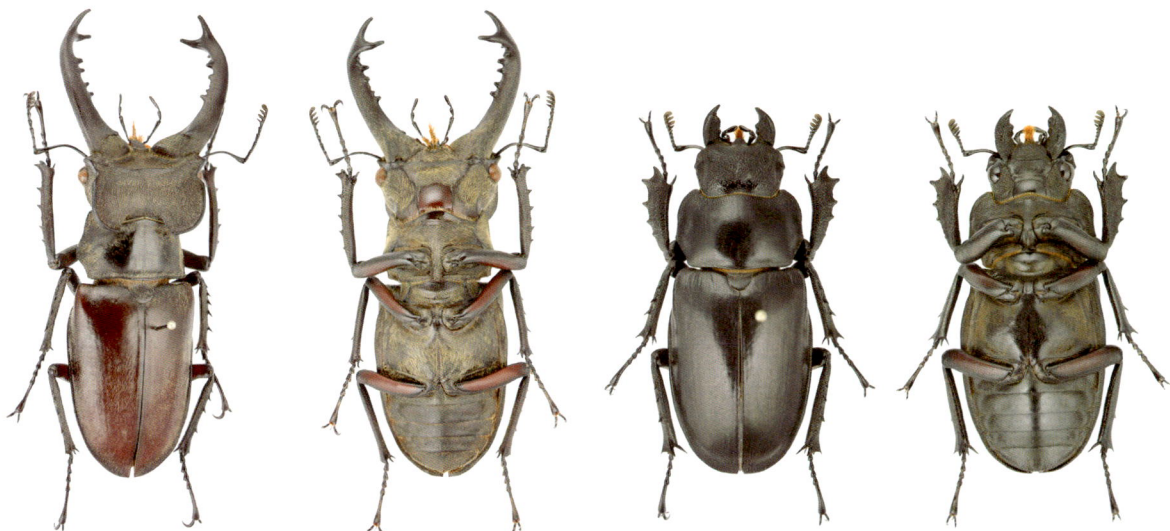

雄虫 - 侧面　　　　雄虫 - 腹面　　　　雌虫 - 背面　　　　雌虫 - 腹面

尺寸展示

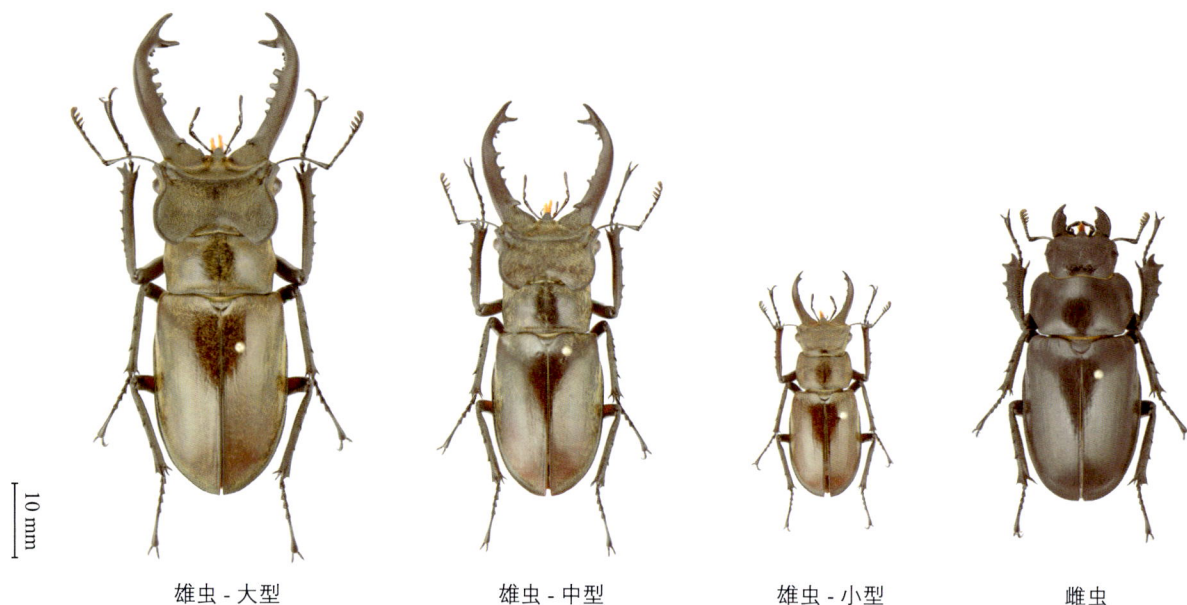

10 mm

雄虫 - 大型   雄虫 - 中型   雄虫 - 小型   雌虫

10 mm

梵净深山锹甲
Lucanus fanjingshanus Huang & Chen, 2010

分布	贵州、四川、湖南、湖北
体长	47 ~ 73.5 mm（雄），34.0 ~ 38.5 mm（雌）
词源	拉丁学名源于其模式产地梵净山

物种描述

雄虫

背面观： 上颚较直，基齿位于上颚基部，不发达或消失，小齿成对分立，端齿分叉较小。全身覆盖一层明显的黄色鳞毛；唇基呈四边形。

侧面观： 复眼仅 1/2 裸露，复眼缘略着于复眼上下两侧。前胸足胫节具 6 ~ 7 枚明显的刺突。

腹面观： 后胸表面黄色鳞毛明显；胸足腿节、胫节均呈明显的红色或黑色。

雌虫

背面观： 体泽黑色。唇基呈尖锐突起；复眼缘覆盖眼超过 1/2 且复眼较小；前胸背板后端几乎与前端等宽，前胸足胫节具 5 ~ 6 枚明显的刺突；中胸足约具 3 枚明显刺突，后胸足具 2 ~ 3 枚明显刺突。

腹面观： 后胸表面黄色鳞毛不明显；胸足腿节呈黑色。

图片展示

雄虫 - 侧面

雄虫 - 腹面

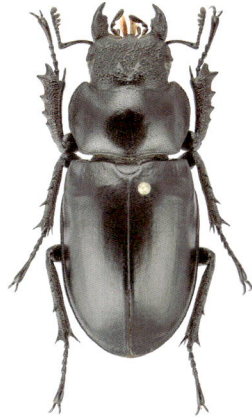

雌虫 - 背面

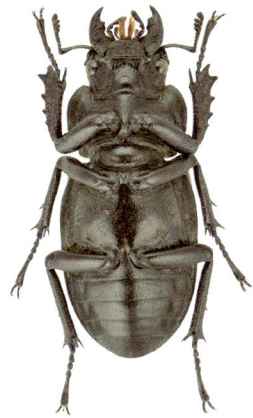

雌虫 - 腹面

尺寸展示

雄虫 - 大型

雄虫 - 中型

雄虫 - 小型

雌虫

10 mm

10 mm

黄胫深山锹甲

Lucanus boileaui Planet, 1897

分布	四川
体长	34 ~ 68.7 mm（雄），28.4 ~ 35.4 mm（雌）
词源	拉丁学名源于标本提供者 Boileau；中文名源于雄虫亮黄色的胫节

物种描述

雄虫

背面观： 上颚较弯曲，基齿位于上颚基部，略呈双分叉状，发达且分立；小齿分立，端齿分叉较小。全身覆盖一层不明显的黄色鳞毛；唇基呈三角形。

侧面观： 复眼基本完整裸露，复眼缘仅略着于复眼上端。前胸足胫节具 8 ~ 9 枚明显的刺突，胸足胫节均呈黄色，少有个体为黑色。

腹面观： 后胸表面黄色鳞毛明显；胸足腿节为亮黄色。

雌虫

背面观： 体泽黑色。唇基呈四边形；复眼缘不与复眼接触，仅位于复眼前端；前胸背板形状扁窄，后端显著宽于前端，前胸足胫节具 4 ~ 5 枚明显的刺突；中胸足约具 3 枚明显刺突，后胸足具 1 ~ 2 枚明显刺突。

腹面观： 后胸表面黄色鳞毛明显；中、后胸足腿节常具明显的黄色斑块。

图片展示

雄虫 - 侧面

雄虫 - 腹面

雌虫 - 背面

雌虫 - 腹面

尺寸展示

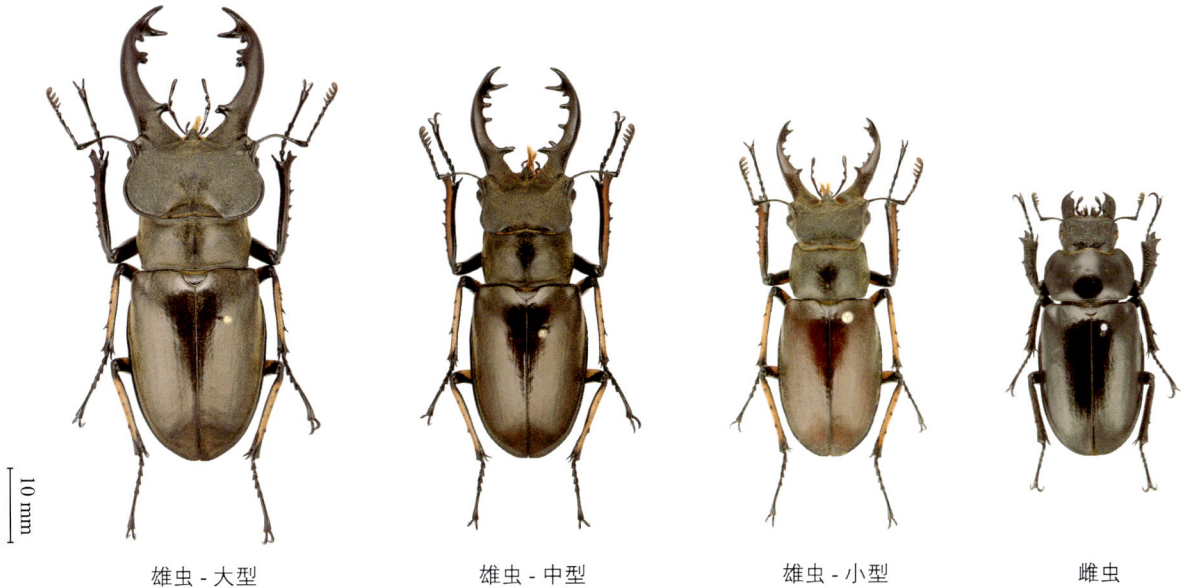

10 mm

雄虫 - 大型　　　　雄虫 - 中型　　　　雄虫 - 小型　　　　雌虫

10 mm

路氏深山锹甲
Lucanus ludivinae Boucher, 1998

分布	云南（贡山）
体长	28 ~ 45 mm（雄），27 ~ 32.5 mm（雌）
词源	拉丁学名源于法国 Ludivine Bousquet 女士；中文名源于音译拉丁文 "*lu-*" 并赋氏

物种描述

雄虫

背面观： 上颚较弯曲，无明显的基齿，小齿连续，端齿分叉微小。全身无黄色鳞毛；唇基呈三角形。

侧面观： 复眼基本完整裸露，复眼缘仅略着于复眼上端。前胸足胫节约具 5 枚明显的刺突。

腹面观： 后胸表面黄色鳞毛不明显；后胸足腿节略呈红褐色、胸足胫节前端略呈红褐色。

雌虫

背面观： 体泽黑色。唇基呈三角形；复眼缘前端具 1 枚明显的三角形凸起；前胸背板后端约与前端等宽，前胸足胫节约具 5 枚明显的刺突；中胸足具 3 ~ 4 枚明显刺突，后胸足具 1 ~ 2 枚明显刺突。

腹面观： 后胸表面黄色鳞毛明显；胸足腿节均呈黑色。

图片展示

雄虫 - 侧面　　　　　雄虫 - 腹面　　　　　雌虫 - 背面　　　　　雌虫 - 腹面

尺寸展示

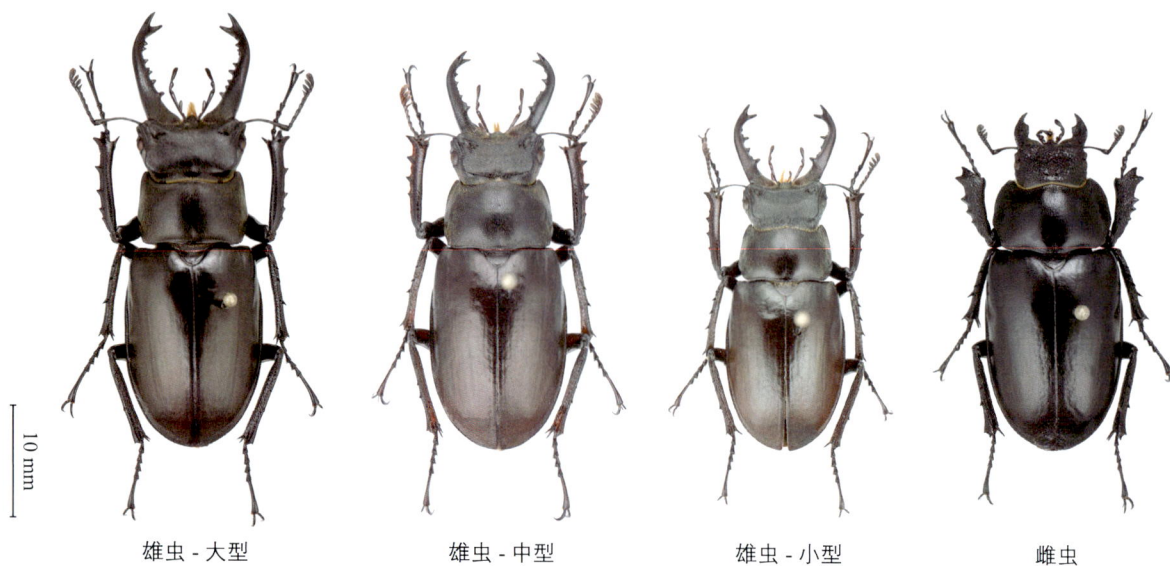

10 mm

雄虫 - 大型　　　　　雄虫 - 中型　　　　　雄虫 - 小型　　　　　雌虫

10 mm

轿子深山锹甲
Lucanus jiaozishanus Qi, He, Su & Song, 2023

分布	云南
体长	27 ~ 36 mm（雄），24.8 ~ 29 mm（雌）
词源	拉丁学名源于其模式产地轿子山

物种描述

雄虫

背面观： 上颚在端部略微弯曲，基齿位于上颚中部，内侧具 2 ~ 3 枚小齿，端齿分叉微小。体泽褐色；唇基不发达。

侧面观： 复眼基本完整裸露，复眼缘仅略着于复眼上端。前胸足胫节具大于 7 枚明显的刺突。

腹面观： 后胸表面黄色鳞毛不明显；胸足胫节、腿节均呈黑色。

雌虫

背面观： 体泽黑色。唇基略呈梯形；复眼缘前端不发达；前胸背板后端明显宽于前端，前胸足胫节约具 4 枚明显的刺突；中胸足具 2 ~ 3 枚明显刺突，后胸足具 1 ~ 2 枚明显刺突。

腹面观： 后胸表面黄色鳞毛明显；中、后胸足腿节均呈黑色。

图片展示

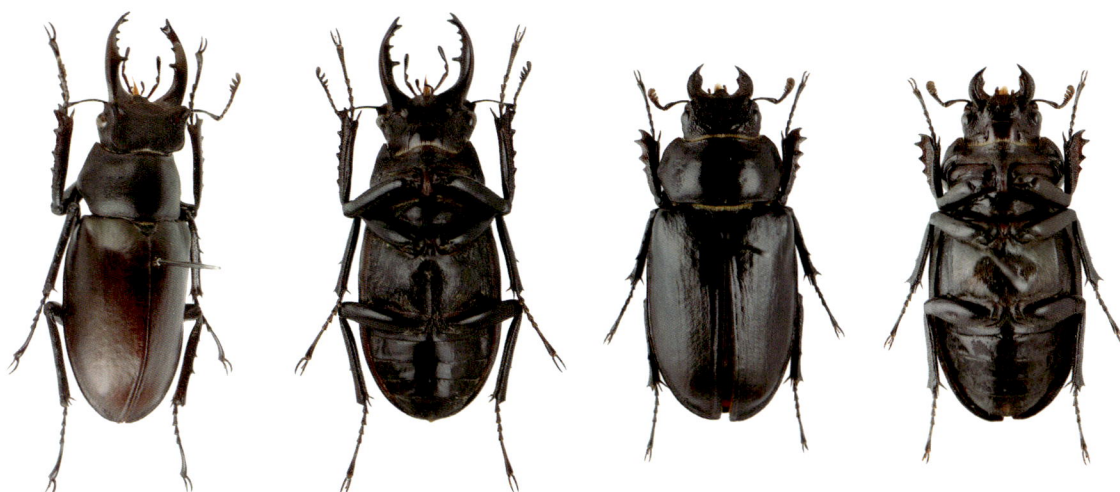

雄虫 - 侧面   雄虫 - 腹面   雌虫 - 背面   雌虫 - 腹面

尺寸展示

| 雄虫 - 大型 | 雄虫 - 中型 | 雄虫 - 小型 | 雌虫 |

栗色深山锹甲
Lucanus kanoi Kurosawa, 1966

Lucanus kanoi kanoi Kurosawa, 1966 **原名亚种**

分布	台湾
体长	28 ~ 65 mm（雄），21 ~ 43 mm（雌）
词源	拉丁学名源于日本地理学家、昆虫学家 T. Kano；中文名来源于雄虫体表呈栗色

物种描述

雄虫

背面观： 上颚较直，在端部弯曲，基齿位于上颚中部、不发达；小齿分立，端齿分叉较小。体泽暗红色或黑栗色；唇基略呈四边形。

侧面观： 复眼基本完整裸露，复眼缘仅略着于复眼上、下端。前胸足胫节具 3 ~ 5 枚明显的刺突，胸足胫节均呈黑色。

腹面观： 后胸表面黄色鳞毛明显；胸足腿节仅具小面积黄色斑块。

雌虫

背面观： 体泽黑色。唇基呈三角形；复眼缘覆盖眼 1/2；前胸背板后端显著宽于前端，前胸足胫节约具 5 枚明显的刺突；中胸足具 2 ~ 3 枚明显刺突，后胸足具 3 枚明显刺突。

腹面观： 后胸表面黄色鳞毛明显；中、后胸足腿节具小面积的黄色斑块。

图片展示

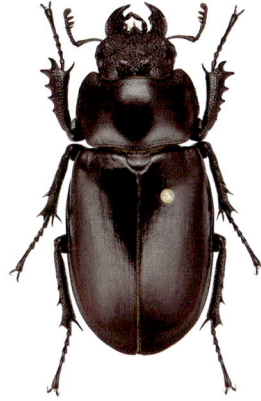
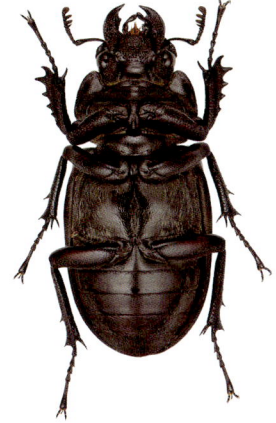

雄虫 - 侧面　　　　　　雄虫 - 腹面　　　　　　雌虫 - 背面　　　　　　雌虫 - 腹面

尺寸展示

10 mm

雄虫 - 大型　　　　　　雄虫 - 中型　　　　　　雄虫 - 小型　　　　　　雌虫

10 mm

Lucanus kanoi piceus Kurosawa, 1966 北部亚种

分布	台湾
体长	28.2 ~ 55 mm（雄），21 ~ 35 mm（雌）
词源	拉丁学名源于成虫棕色的体泽；中文名源于其主要分布于台湾北部

物种描述

雄虫

背面观： 上颚前端弯曲，基齿位于上颚中下部、较发达；小齿分立，端齿分叉较小。体泽黑色；唇基不发达。

侧面观： 复眼基本裸露，复眼缘略着于复眼上、下端。前胸足胫节约具5枚明显的刺突，胸足胫节均呈黑色。

腹面观： 后胸表面黄色鳞毛较少；胸足腿节均呈黑色。

雌虫

背面观： 体泽黑色。唇基呈三角形；复眼缘覆盖眼 1/2；前胸背板后端略宽于前端，前胸足胫节约具4枚明显的刺突；中胸足具 2 ~ 3 枚明显刺突，后胸足具 2 ~ 3 枚明显刺突。

腹面观： 后胸表面黄色鳞毛稀少；胸足腿节均呈黑色。

图片展示

雄虫 - 侧面

雄虫 - 腹面

雌虫 - 背面

雌虫 - 腹面

尺寸展示

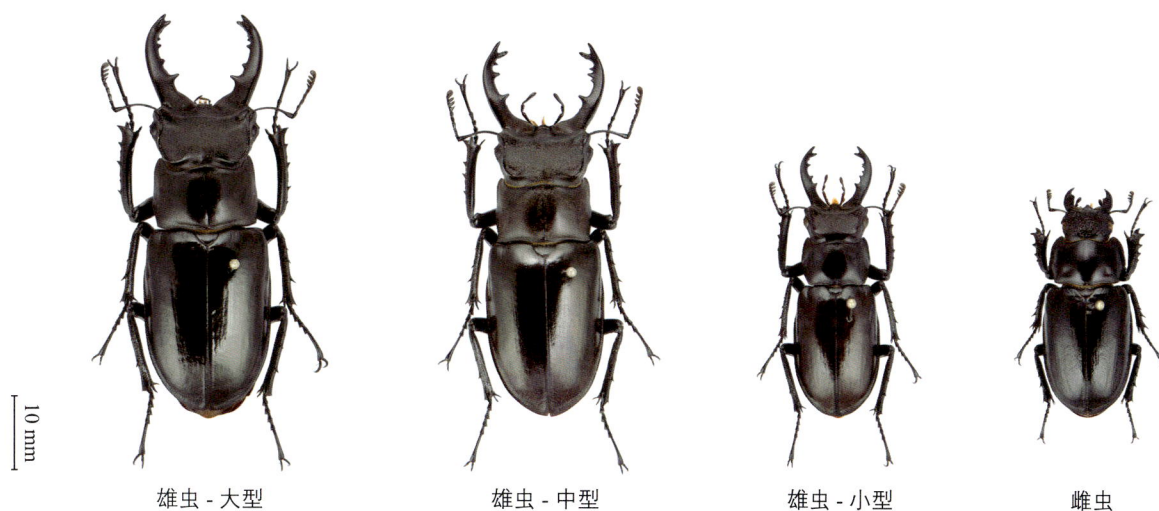

10 mm

雄虫 - 大型　　　　雄虫 - 中型　　　　雄虫 - 小型　　　　雌虫

10 mm

黑脚深山锹甲
Lucanus ogakii Imanishi, 1990

分布	台湾
体长	26 ~ 50 mm（雄），21 ~ 34 mm（雌）
词源	拉丁学名源于日本昆虫学家 M. Ogaki；中文名源于其雌雄胸足颜色为黑色

物种描述

雄虫

背面观：上颚较直，基齿位于上颚中部、不发达；小齿分立，端齿分叉较小。体泽暗红色或黑栗色；唇基不发达。

侧面观：复眼基本完整裸露，复眼缘仅略着于复眼上、下端。前胸足胫节约具 5 枚明显的刺突，胸足胫节均呈黑色。

腹面观：后胸表面具稀少白色鳞毛；胸足腿节均呈黑色。

雌虫

背面观：体泽黑色。唇基呈三角形；复眼缘覆盖眼超过 1/2；前胸背板后端显著宽于前端，前胸足胫节约具 5 枚明显的刺突；中胸足具 2 ~ 3 枚明显刺突，后胸足具 3 枚明显刺突。

腹面观：后胸表面具稀少黄色鳞毛；前、后胸足腿节具小面积明显的黄色斑块。

图片展示

雄虫 - 侧面　　　　雄虫 - 腹面　　　　雌虫 - 背面　　　　雌虫 - 腹面

尺寸展示

10 mm

雄虫 - 大型　　　　雄虫 - 中型　　　　雄虫 - 小型　　　　雌虫

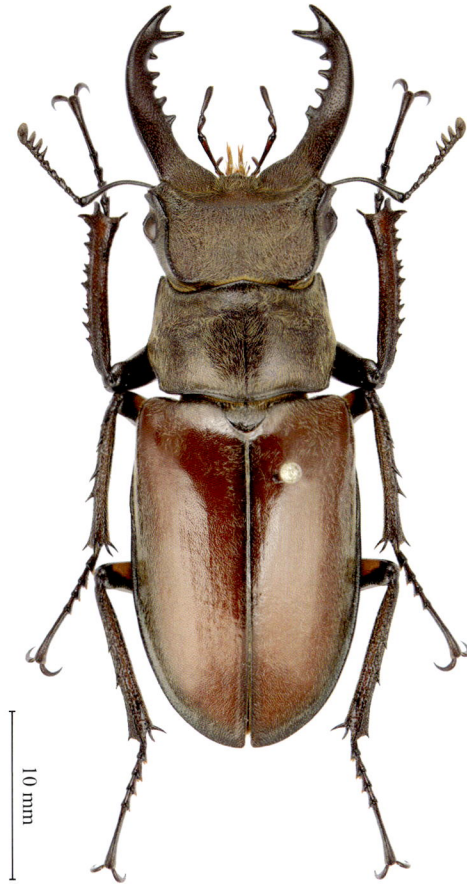

10 mm

蓬莱深山锹甲

Lucanus kurosawai Sakaino, 1995

别名：毛栗深山锹甲、黑泽深山锹甲

分布	台湾
体长	25 ~ 53 mm（雄），23 ~ 28.3 mm（雌）
词源	拉丁学名源于日本昆虫学家 Y. Kurosawa；中文名源于该种生活在深山中，好似传说中的蓬莱仙人

物种描述

雄虫

背面观：上颚较圆润，基齿消失；小齿分立，端齿分叉较小。体泽暗红色或黑栗色且密布明显的黄色鳞毛；唇基略微隆起，不发达。

侧面观：复眼基本完整裸露，复眼缘仅略着于复眼上端。前胸足胫节密布明显刺突，胸足胫节呈棕色或黄色。

腹面观：后胸表面具密集黄色鳞毛；胸足腿节有明显的黄色斑块；前胸足胫节腹面呈明显的黄色。

雌虫

背面观：体泽黑色。唇基呈四边形；复眼缘覆盖眼超过 1/2 且后侧明显凸起；前胸背板后端略宽于前端；前胸背板宽度窄于鞘翅，前胸足胫节约具 5 枚明显的刺突；中胸足具 2 ~ 3 枚明显刺突，后胸足具 2 枚明显刺突。

腹面观：后胸表面具明显厚重的黄色鳞毛；前胸足腿节具不明显的黄色斑块。

图片展示

雄虫 - 侧面

雄虫 - 腹面

雌虫 - 背面

雌虫 - 腹面

尺寸展示

10 mm

| 雄虫 - 大型 | 雄虫 - 中型 | 雄虫 - 小型 | 雌虫 |

10 mm

大凉深山锹甲
Lucanus takeoi Adachi, 2020

别名：武雄深山锹甲

分布	四川
体长	29.2 ~ 47.5 mm（雄），30.4 ~ 33.5 mm（雌）
词源	拉丁学名源于原始文献发表者的父亲 Takeo；中文名源于其模式产地大凉山

物种描述

雄虫

背面观： 上颚笔直，基齿不发达，位于上颚基部；小齿分立，端齿分叉较大。体泽褐色或黑色；体表无明显鳞毛；唇基略微隆起，不发达，两端呈点状凸起。

侧面观： 复眼基本完整裸露，复眼缘仅略着于复眼上端。前胸足胫节密布明显刺突，胸足胫节呈黑色。

腹面观： 后胸表面具黄色鳞毛；胸足胫节、腿节表面均呈黑色。

雌虫

背面观： 体泽黑色。唇基呈梯形；复眼缘覆盖眼超过 1/2 且后侧明显凸起；前胸背板后端略宽于前端；前胸背板宽度窄于鞘翅，前胸足胫节约具 4 枚明显的刺突；中胸足具 2 枚明显刺突，后胸足具 1 枚明显刺突。

腹面观： 后胸表面具明显黄色鳞毛；胸足腿节表面具细腻的黄色鳞毛。

图片展示

其他态展示

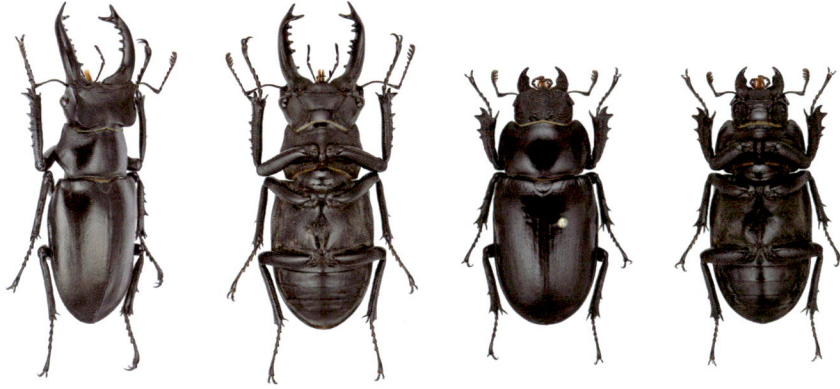

| 雄虫 - 侧面 | 雄虫 - 腹面 | 雌虫 - 背面 | 雌虫 - 腹面 | 褐色型雄虫 |

尺寸展示

10 mm

雄虫 - 大型　　　　　雄虫 - 中型　　　　　雄虫 - 小型　　　　　雌虫

幸运深山锹甲
Lucanus fortunei Saunders, 1854

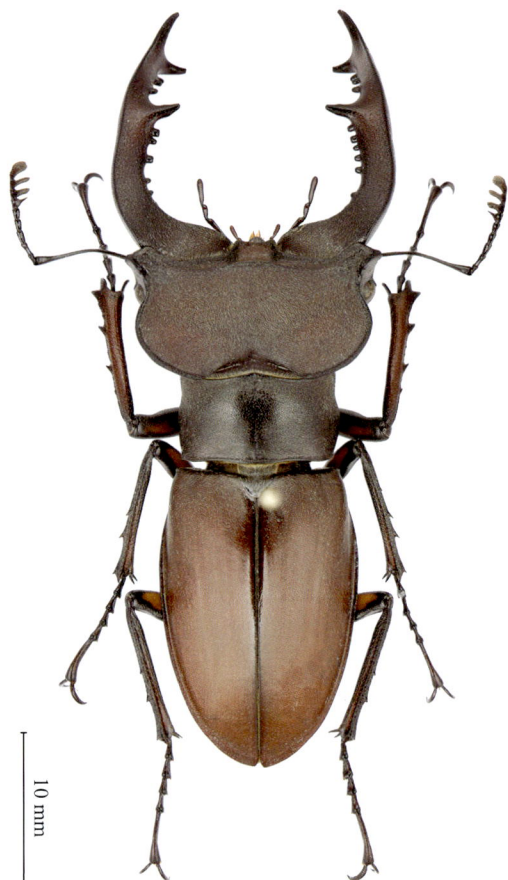

10 mm

分布	安徽、浙江、江西、福建、湖南、广东等
体长	25 ~ 58 mm（雄），18 ~ 28 mm（雌）
词源	拉丁学名源于英国茶叶商人 F. Fortune；中文名源于拉丁文 "*fortune*"，直译成 "幸运"

物种描述

雄虫

背面观： 上颚在基部 1/3 处弯曲，基齿位于上颚中上端；小齿分立，均匀分布于基齿上下，端齿分叉较大。体泽暗红色或黑色，鳞毛不明显；唇基前端明显凸起，呈三角形。

侧面观： 复眼基本完整裸露，复眼缘着于复眼上端。前胸足胫节具 3 枚明显刺突，胸足胫节呈红色或黑色。

腹面观： 后胸表面具黄色鳞毛；胸足腿节具明显的黄色斑块。

雌虫

背面观： 体泽黑色或棕色。唇基呈三角形；眼缘略覆盖复眼；前胸背板后端略宽于前端，前胸足胫节约具 4 枚明显的刺突且端部膨大；中胸足约具 2 枚明显刺突，后胸足具 1 枚明显刺突。

腹面观： 后胸表面具明显黄色鳞毛；胸足腿节略具黄色斑块。

图片展示

| 雄虫 - 侧面 | 雄虫 - 腹面 | 雌虫 - 背面 | 雌虫 - 腹面 |

尺寸展示

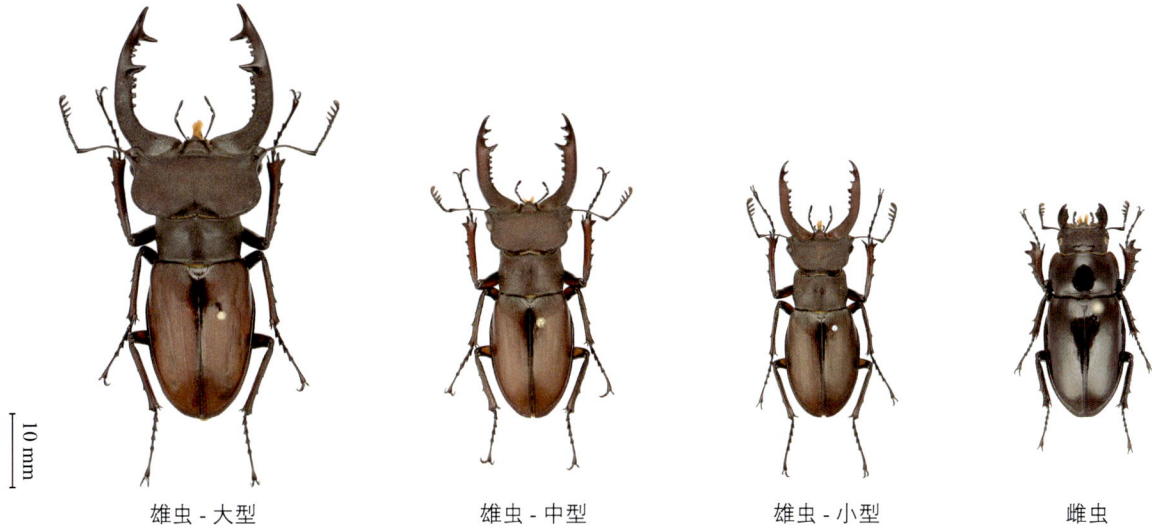

| 10 mm | 雄虫 - 大型 | 雄虫 - 中型 | 雄虫 - 小型 | 雌虫 |

武夷深山锹甲
Lucanus wuyishanensis Schenk, 1999

分布	浙江、江西、福建、湖南、湖北、重庆、贵州、广西、四川
体长	25 ～ 53.2 mm（雄），22 ～ 30 mm（雌）
词源	拉丁学名源于其模式产地福建武夷山

物种描述

雄虫

背面观： 上颚在接近端部 2/3 处弯曲，基齿位于上颚中上端；小齿分立，均匀分布于基齿上下，端齿分叉较大。体泽暗红色或棕色，鳞毛较为明显；唇基前端平钝，仅前端略微凸起。

侧面观： 复眼基本完整裸露，复眼缘着于复眼上端。前胸足胫节具 3 枚明显刺突，胸足胫节呈红色或黑色。

腹面观： 后胸表面具黄色鳞毛；胸足腿节具明显的黄色斑块。

雌虫

背面观： 体泽棕红色。唇基呈三角形；眼缘前端略覆盖复眼；前胸背板后端略宽于前端，前胸足胫节约具 4 枚明显的刺突且端部膨大；中胸足约具 2 枚明显刺突，后胸足具 1 枚明显刺突；体覆一层明显的鳞毛。

腹面观： 后胸表面具明显黄色鳞毛；前胸足腿节覆有鳞毛，胸足呈黑色。

图片展示

雄虫 - 侧面　　　　　雄虫 - 腹面　　　　　雌虫 - 背面　　　　　雌虫 - 腹面

尺寸展示

10 mm

雄虫 - 大型　　　　雄虫 - 中型　　　　雄虫 - 小型　　　　雌虫

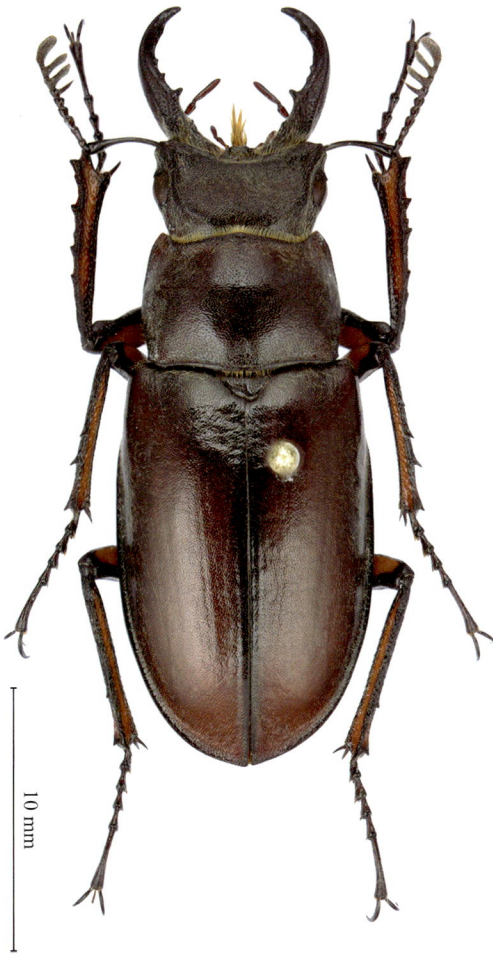

10 mm

黄脚深山锹甲
Lucanus miwai Kurosawa, 1966

分布	台湾
体长	23 ～ 34 mm（雄），22.5 ～ 29 mm（雌）
词源	拉丁学名源于日本昆虫学家三轮勇次郎；中文名源于雌雄腿节呈明显的亮黄色

物种描述

雄虫

背面观： 上颚在端部 1/3 处弯曲，基齿消失；小齿连续均匀分布，无端齿分叉。体泽暗红色或棕色；唇基前端平钝，触角腮片明显膨大。

侧面观： 复眼约裸露 1/2，眼缘着于复眼上、下端。前胸足胫节具超过 6 枚明显刺突，胸足胫节呈亮黄色。

腹面观： 后胸表面具厚重黄色鳞毛；胸足腿节、胫节具明显的黄色斑块。

雌虫

背面观： 体泽棕色。唇基较为平钝；眼缘略覆盖复眼；前胸背板前后宽度一致，前胸足胫节约具 4 枚明显的刺突且端部膨大；中胸足约具 2 枚明显刺突，后胸足具 1 ～ 2 枚明显刺突。

腹面观： 后胸表面具厚重黄色鳞毛；胸足腿节略具橘色斑块。

图片展示

雄虫 - 侧面

雄虫 - 腹面

雌虫 - 背面

雌虫 - 腹面

其他态展示

褐色型雄虫

尺寸展示

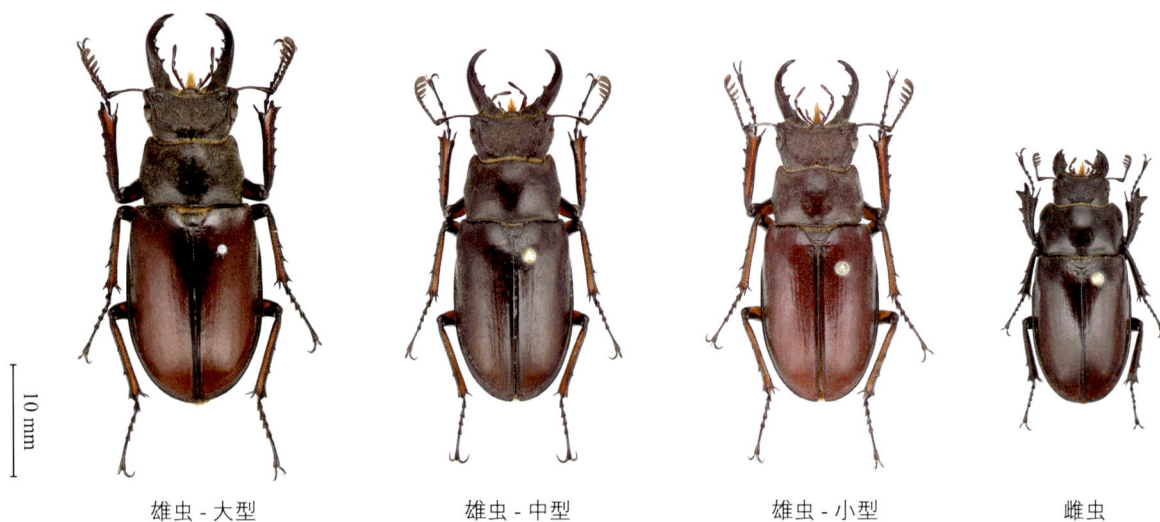

雄虫 - 大型　　　　雄虫 - 中型　　　　雄虫 - 小型　　　　雌虫

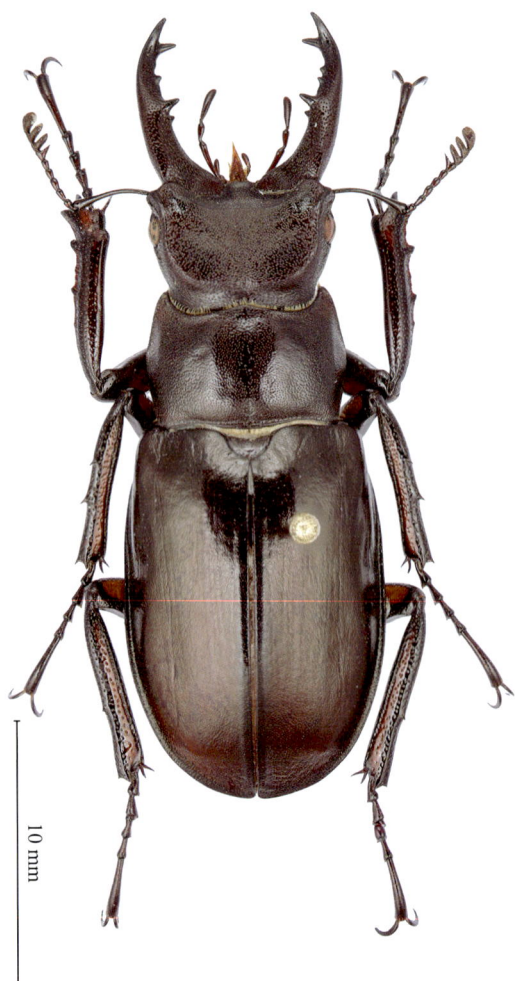

莫氏深山锹甲
Lucanus moae Qi, 2021

分布	四川
体长	22 ~ 35 mm（雄），18 ~ 25 mm（雌）
词源	拉丁学名源于原始文献发表者的母亲莫小菁的姓氏

物种描述

雄虫

背面观： 上颚在顶端弯曲，基齿位于上颚中部；小齿分布于基齿上下，端齿较小。体泽棕红色，无鳞毛；唇基较平钝。

侧面观： 复眼基本完整裸露，复眼缘略覆盖复眼上端。前胸足胫节略具 3 ~ 4 枚刺突，胸足胫节呈红褐色。

腹面观： 后胸具明显黄色鳞毛；腿节具黄色斑块；胫节呈红色。

雌虫

背面观： 体泽棕红色，体表光滑无鳞毛。唇基呈三角形；眼缘不发达，略具凸起；前胸中端较宽，前胸足胫节具 5 枚刺突；中胸足具 2 枚刺突，后胸足具 1 枚刺突。

腹面观： 后胸、腿节具鳞毛；胫节呈黑色，腿节具明显的黄色斑块。

图片展示

| 雄虫 - 侧面 | 雄虫 - 腹面 | 雌虫 - 背面 | 雌虫 - 腹面 |

其他态展示

褐色型雄虫

尺寸展示

10 mm

| 雄虫 - 大型 | 雄虫 - 中型 | 雄虫 - 小型 | 雌虫 |

10 mm

宇老深山锹甲
Lucanus yulaoensis Lin, 2021

分布	台湾
体长	26.5 ~ 32.6 mm（雄），24.5 ~ 28.0 mm（雌）
词源	拉丁学名源于其模式产地台湾宇老

物种描述

雄虫

背面观： 上颚在中段弯曲，无基齿；上颚具小齿凸起，端齿较小。体泽棕色或黑色，无鳞毛；唇基较平钝。

侧面观： 复眼基本完整裸露，复眼缘着于复眼上端。前胸足胫节刺突数超过 5 枚，胸足胫节呈红褐色。

腹面观： 后胸具明显黄色鳞毛；腿节具黄色斑块、胫节呈黄色。

雌虫

背面观： 体泽棕色，体表光滑无鳞毛。唇基呈三角形；眼缘略覆盖复眼前端，不发达；前胸前端较宽，前胸足胫节具 4 枚刺突；中胸足具 2 枚刺突，后胸足具 2 枚刺突。

腹面观： 中胸表面具明显黄色鳞毛；胸足胫节呈黑色，腿节具明显黄色斑块。

图片展示

雄虫 - 侧面

雄虫 - 腹面

雌虫 - 背面

雌虫 - 腹面

尺寸展示

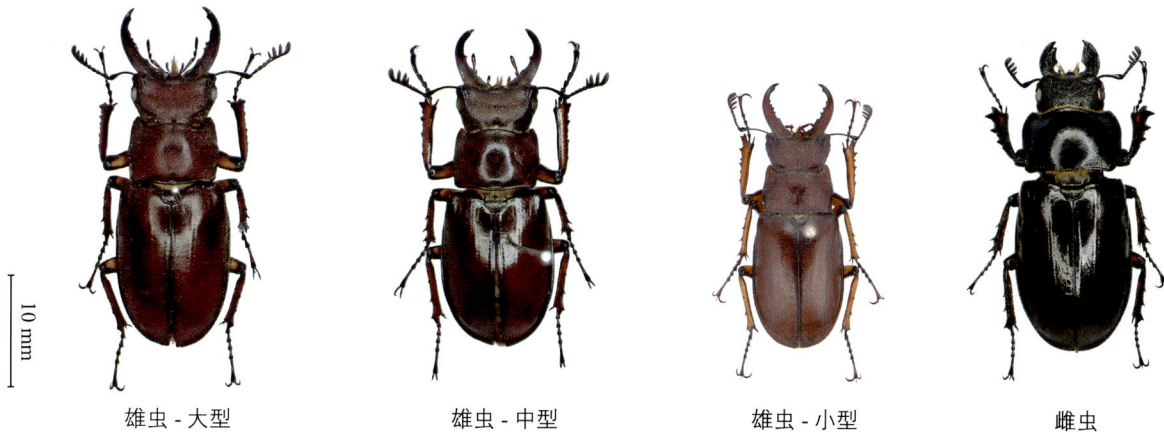

10 mm

| 雄虫 - 大型 | 雄虫 - 中型 | 雄虫 - 小型 | 雌虫 |

卡氏深山锹甲
Lucanus klapperichi Bomans, 1989

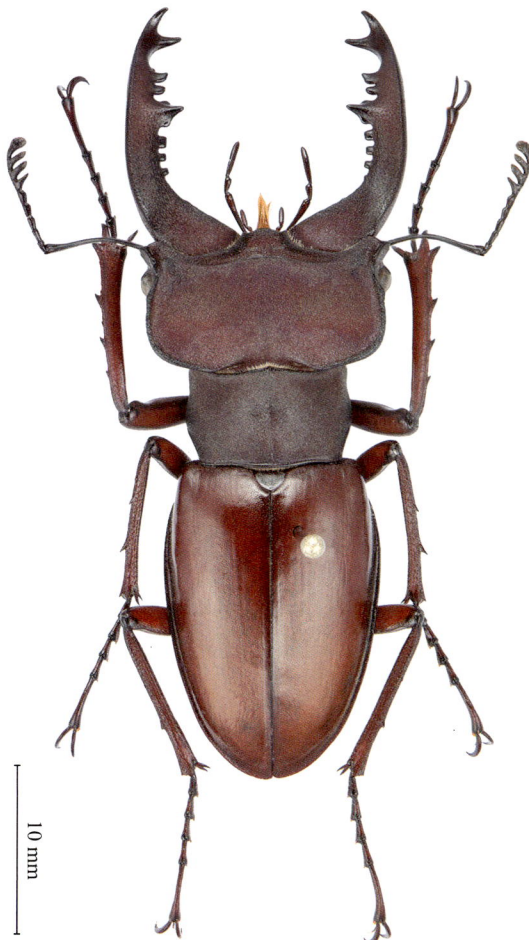

10 mm

分布	浙江、江西、福建、广东
体长	25 ~ 52 mm（雄），21 ~ 28 mm（雌）
词源	拉丁学名源于标本提供者 Klapperich；中文名源于取自拉丁文 "*kla-*" 翻译并赋氏

物种描述

雄虫

背面观：上颚在中部 1/3 处弯曲，基齿五边形，位于上颚中上端；小齿连续分布于基齿上下，端齿分叉较小。体泽暗红色或黑色，无鳞毛；唇基前端略微凸起，呈三角形。

侧面观：复眼基本完整裸露，复眼缘着于复眼上端。前胸足胫节具 3 枚明显刺突，胸足胫节呈红色或黑色。

腹面观：后胸表面具白色鳞毛；前胸足腿节略具暗红色斑块或呈黑色。

雌虫

背面观：体泽褐色。唇基呈三角形；眼缘略覆盖复眼；前胸背板后端略宽于前端，前胸背板较为细长，前胸足胫节约具 5 枚明显的刺突且端部膨大；中胸足约具 2 枚明显刺突，后胸足具 1 枚明显刺突。

腹面观：后胸表面具明显白色鳞毛；胸足腿节略呈暗红色。

图片展示

其他态展示

雄虫 - 侧面　　　　雄虫 - 腹面　　　　雌虫 - 背面　　　　雌虫 - 腹面

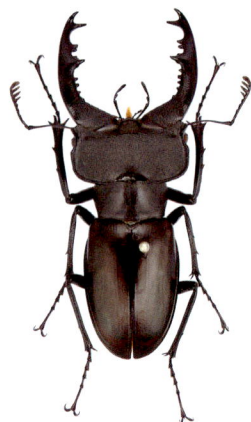

黑色型雄虫

尺寸展示

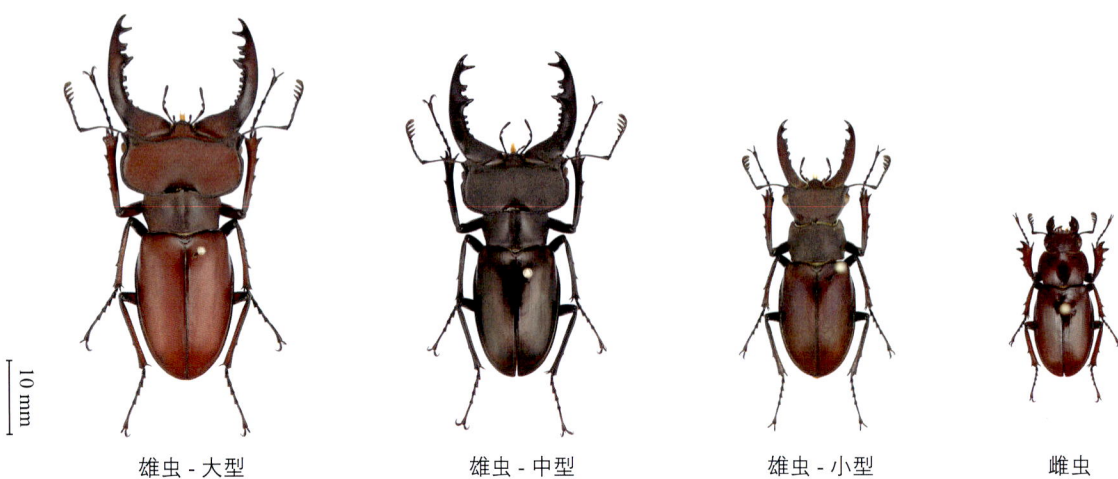

雄虫 - 大型　　　　雄虫 - 中型　　　　雄虫 - 小型　　　　雌虫

10 mm

10 mm

微齿姬深山锹甲
Lucanus fujianensis Schenk, 2008

分布	福建、广东
体长	35 ~ 56 mm（雄），21 ~ 28 mm（雌）
词源	拉丁学名源于其模式产地福建；中文名源于雄虫上颚基齿不发达，仅呈点状

物种描述

雄虫

背面观： 上颚在基部 1/3 处弯曲，基齿位于上颚基部，不发达；小齿分立均匀分布于基齿上方，端齿分叉较大。体泽暗红色或黑色，无鳞毛；唇基前端呈尖锐三角形。

侧面观： 复眼基本完整裸露，复眼缘着于复眼上端。前胸足胫节具 4 枚明显刺突，胸足胫节呈红色或黑色。

腹面观： 后胸表面具不明显黄色鳞毛；胸足腿节、胫节具明显的黄色斑块。

雌虫

背面观： 体泽棕色或黑色。唇基呈三角形；眼缘略覆盖复眼；前胸背板后端略宽于前端，表面密布小坑，前胸足胫节约具 5 枚明显的刺突且端部膨大；中胸足约具 2 枚明显刺突，后胸足具 2 枚明显刺突。

腹面观： 后胸表面被毛较少；胸足腿节具明显的黄色斑块，且附着少量鳞毛。

图片展示

雄虫 - 侧面

雄虫 - 腹面

雌虫 - 背面

雌虫 - 腹面

尺寸展示

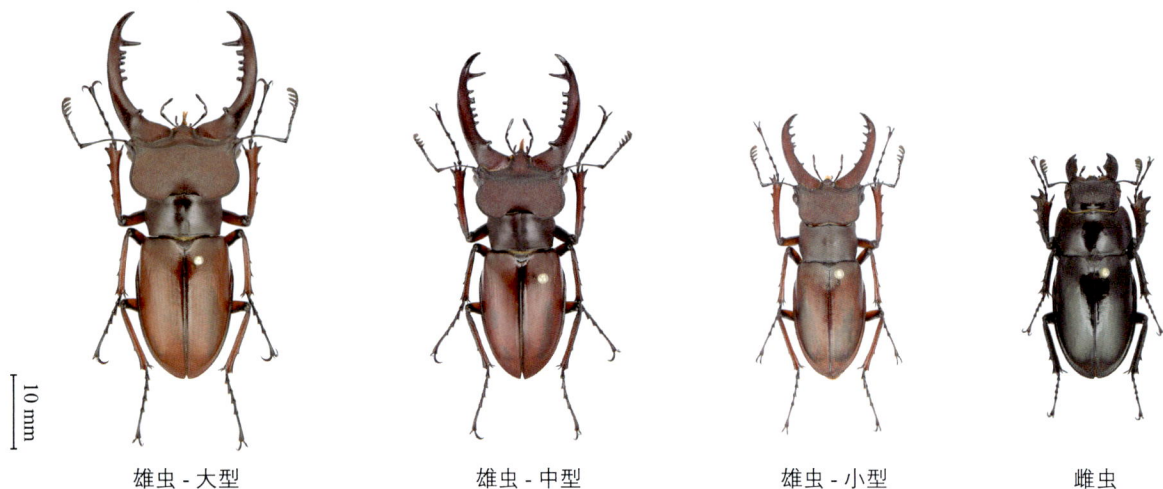

10 mm

雄虫 - 大型　　　　雄虫 - 中型　　　　雄虫 - 小型　　　　雌虫

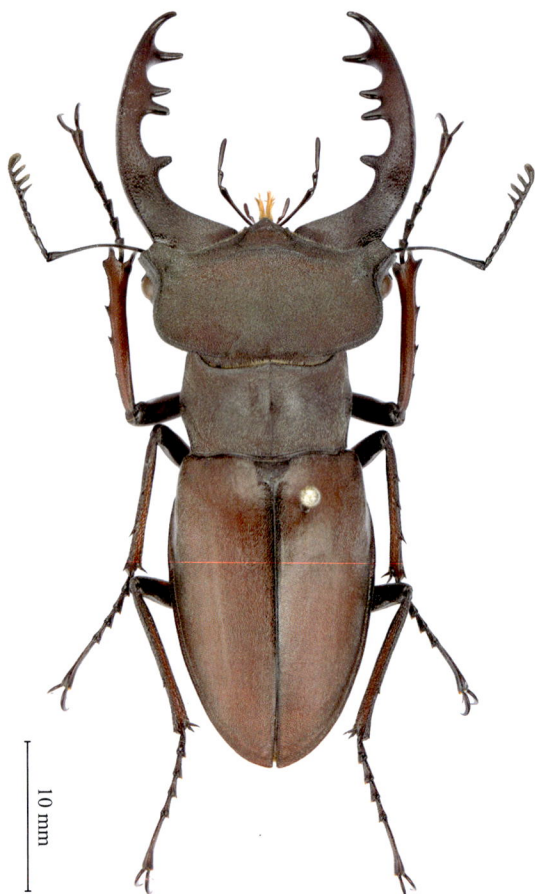

10 mm

均齿深山锹甲

Lucanus kirchneri Zilioli, 1999

分布	福建
体长	28 ~ 56.4 mm（雄），21 ~ 28 mm（雌）
词源	拉丁学名源于奥地利昆虫学家 L. A. Kirchner；中文名源于雄虫上颚内齿呈均匀对称的形状

物种描述

雄虫

背面观： 上颚在中部 1/2 处弯曲，基齿位于上颚中下部，不发达；小齿成对，均匀分布于基齿上方，端齿分叉较大。体泽暗红色或黑色，覆盖少量鳞毛；唇基前端凸起不明显。

侧面观： 复眼基本完整裸露，复眼缘着于复眼上端。前胸足胫节具 4 枚明显刺突，胸足胫节呈红色或黑色。

腹面观： 后胸表面黄色鳞毛不明显；胸足腿节、胫节具明显的黄色斑块。

雌虫

背面观： 体泽棕色。唇基呈三角形；眼缘略覆盖复眼；前胸背板后端略宽于前端，有明显的黄色鳞毛，前胸足胫节约具 5 枚明显的刺突且端部膨大；中胸足约具 2 枚明显刺突，后胸足具 1 枚明显刺突。

腹面观： 后胸表面被毛较少；胸足腿节、胫节具黄色或暗红色斑块。

图片展示

其他态展示

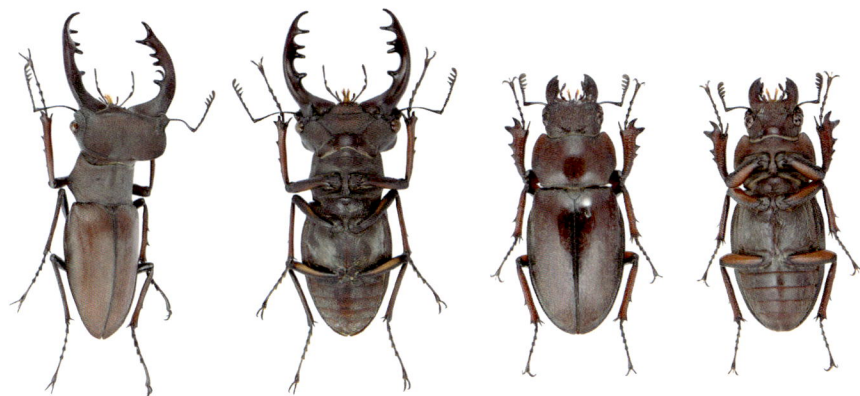

雄虫 - 侧面　　　　雄虫 - 腹面　　　　雌虫 - 背面　　　　雌虫 - 腹面

黑色型雄虫

尺寸展示

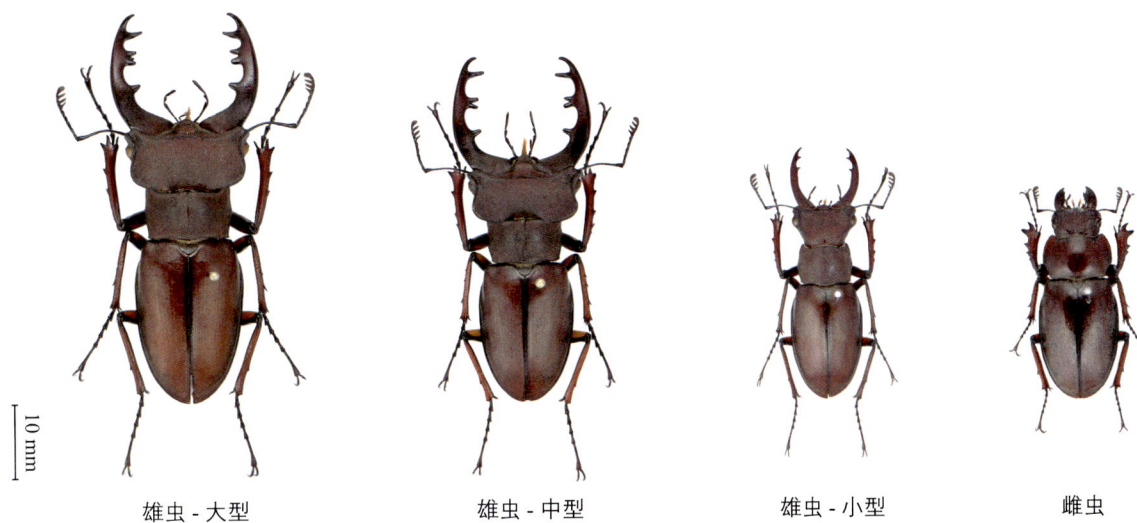

雄虫 - 大型　　　　　雄虫 - 中型　　　　　雄虫 - 小型　　　　　雌虫

10 mm

德兰深山锹甲

Lucanus derani Nagai, 2000

分布	云南
体长	25 ~ 51 mm（雄），22 ~ 28.5 mm（雌）
词源	拉丁学名源于标本提供者 Deran；中文名源于音译拉丁学名

物种描述

雄虫

背面观： 上颚在基部 1/3 处弯曲，基齿位于上颚中部；小齿连续分布于基齿上、下方，端齿分叉较大。体泽褐黄色，具明显黄色鳞毛；唇基前端平钝，仅 1 个点状凸起。

侧面观： 复眼基本完整裸露，复眼缘着于复眼上端。前胸足胫节具 4 枚明显刺突，胸足胫节呈黄色。

腹面观： 后胸表面具厚重黄色鳞毛；胸足腿节、胫节具明显的黄色斑块。

雌虫

背面观： 体泽棕色。唇基呈三角形；眼缘略覆盖复眼；前胸背板后端略宽于前端，体具厚重黄色鳞毛，前胸足胫节具 4 ~ 5 枚明显的刺突且端部膨大；中胸足约具 1 枚明显刺突，后胸足具 1 枚明显刺突。

腹面观： 后胸表面具厚重黄色鳞毛；胸足腿节、胫节呈黄色。

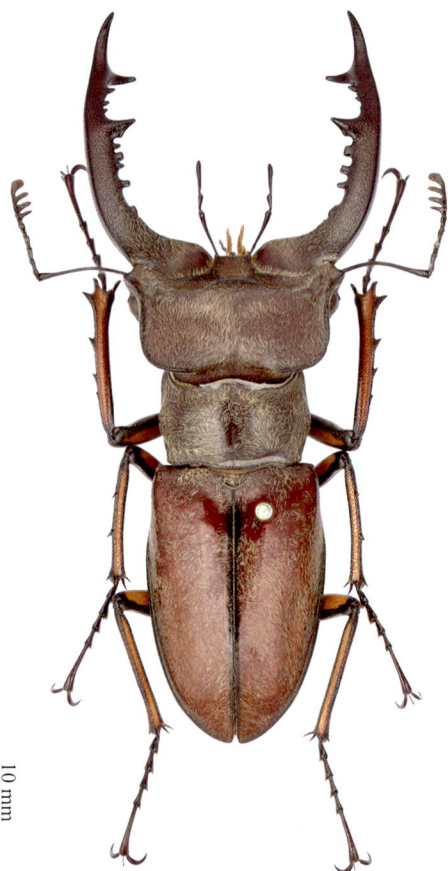

10 mm

图片展示

雄虫 - 侧面

雄虫 - 腹面

雌虫 - 背面

雌虫 - 腹面

尺寸展示

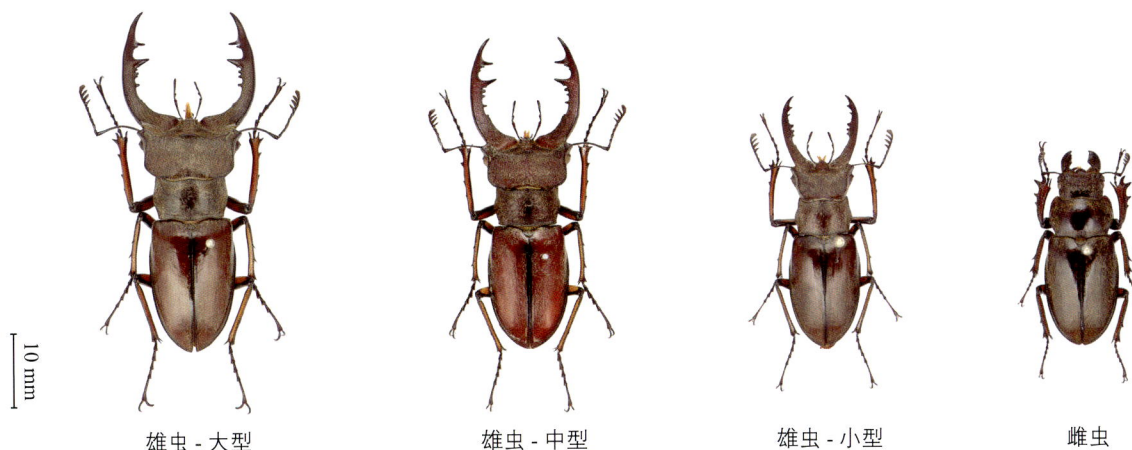

| 雄虫 - 大型 | 雄虫 - 中型 | 雄虫 - 小型 | 雌虫 |

黄毛深山锹甲

Lucanus fukinukiae Katsura & Giang, 2002

分布	云南
体长	28 ~ 58 mm（雄），23 ~ 30.4 mm（雌）
词源	拉丁学名原文未明确指出；中文名源于成虫体表具明显厚重的黄色鳞毛

物种描述

雄虫

背面观： 上颚在端部 1/3 处弯曲，基齿位于上颚中上部，三角形；小齿分立，均匀分布于基齿上、下方，端齿分叉较大。体泽棕色，具厚重黄色鳞毛；唇基前端呈三角形。

侧面观： 复眼基本完整裸露，复眼缘几乎不与眼部接触。前胸足胫节具 4 枚明显刺突，胸足胫节呈黄或黑色。

腹面观： 后胸表面具明显黄色鳞毛；胸足腿节、胫节具明显的黄色斑块。

雌虫

背面观： 体泽棕色。唇基较为平钝；眼缘略覆盖复眼；前胸背板后端略宽于前端，表面具厚重黄色鳞毛，前胸足胫节约具 5 枚明显的刺突且端部膨大；中胸足约具 2 枚明显刺突，后胸足具 1 枚明显刺突。

腹面观： 后胸表面具厚重黄色鳞毛；胸足腿节、胫节具黄色斑块。

图片展示

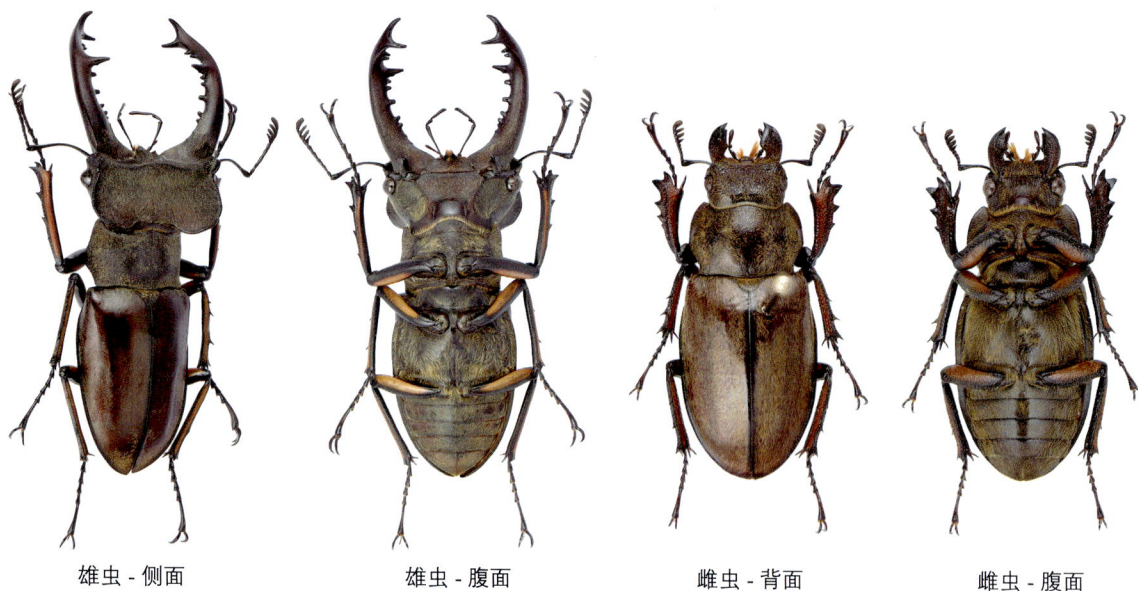

雄虫 - 侧面　　　　雄虫 - 腹面　　　　雌虫 - 背面　　　　雌虫 - 腹面

尺寸展示

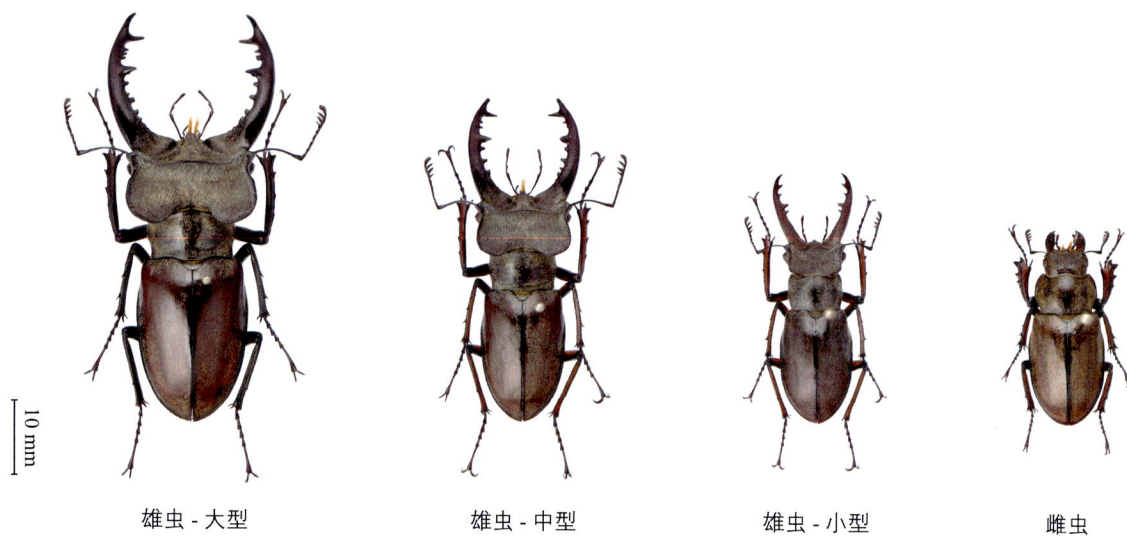

10 mm

雄虫 - 大型　　　　雄虫 - 中型　　　　雄虫 - 小型　　　　雌虫

10 mm

佩氏深山锹甲

Lucanus pesarinii Zilioli, 1998

分布	云南
体长	34.7 ~ 60.7 mm（雄），雌虫未检视
词源	拉丁学名源于标本提供者 Pesarini；中文名源于翻译人名并赋氏

物种描述

雄虫

背面观：上颚在基部 1/3 处弯曲，基齿位于上颚近端部；小齿连续分布于基齿上、下方，端齿分叉较大。体泽褐色，鞘翅表面具明显的黄色短鳞毛；唇基不发达，前端呈三角形。

侧面观：复眼基本完整裸露，复眼缘着于复眼上端。前胸足胫节具 3 ~ 4 枚明显刺突，胸足胫节呈褐色。

腹面观：后胸表面具明显黄色鳞毛；胸足腿节上端具明显的黄色斑块。

图片展示

雄虫 - 侧面

雄虫 - 腹面

10 mm

姬深山锹甲
Lucanus swinhoei Parry, 1874

Lucanus swinhoei swinhoei Parry, 1874 **原名亚种**

分布	台湾
体长	28 ～ 58 mm（雄），20 ～ 31 mm（雌）
词源	拉丁学名源于英国昆虫学家 R. Swinhoe；中文名源于此种深山雄虫与斑股深山台湾亚种、台湾深山相比，体型相对较小

物种描述

雄虫

背面观： 上颚形状较直，基齿位于上颚基部，三角形；小齿分立，均匀分布于基齿上方，端齿分叉很大。体泽暗红色或黑色，无鳞毛；唇基前端呈尖锐三角形。

侧面观： 复眼基本完整裸露，复眼缘着于复眼上端。前胸足胫节具 3 ～ 4 枚较小刺突，胸足胫节呈红色。

腹面观： 后胸表面黄色鳞毛不明显；胸足腿节、胫节具明显的黄色斑块。

雌虫

背面观： 体泽暗红色。唇基呈三角形；眼缘略覆盖复眼；前胸背板后端略宽于前端，体泽非常光滑，前胸足胫节约具 4 枚明显的刺突且端部膨大；中胸足约具 1 枚明显刺突，后胸足具 1 枚明显刺突。

腹面观： 后胸表面被毛较少；胸足腿节、胫节具明显的黄色斑块。

图片展示

雄虫 - 侧面

雄虫 - 腹面

雌虫 - 背面

雌虫 - 腹面

尺寸展示

雄虫 - 大型   雄虫 - 中型   雄虫 - 小型   雌虫

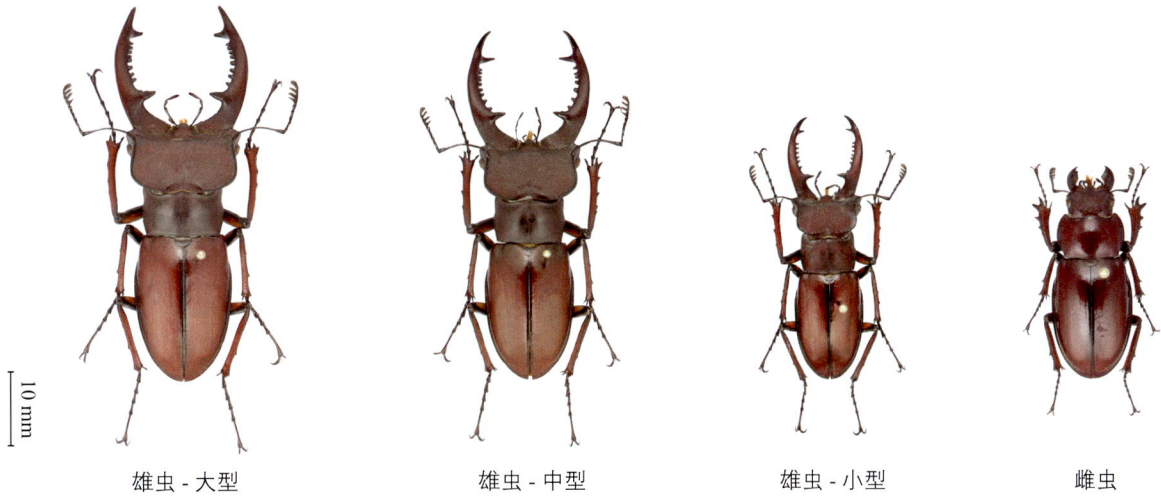

Lucanus swinhoei continentalis Zilioli, 1998 **华东亚种**

分布	浙江、福建、江西、广东、广西
体长	25 ~ 59.5 mm（雄），21 ~ 28.3 mm（雌）
词源	拉丁学名源于其分布在大陆地区；中文名源于其分布在华东地区

物种描述

雄虫

背面观： 上颚在基部 1/3 处弯曲，基齿位于上颚基部，三角形；小齿分立，均匀分布于基齿上方，偶有情况会附着在基齿上，端齿分叉较大。体泽暗红色或黑色，鳞毛不明显；唇基前端呈三角形。

侧面观： 复眼基本完整裸露，复眼缘着于复眼上端。前胸足胫节具 4 枚明显刺突，胸足胫节呈红色。

腹面观： 后胸表面鳞毛不明显；胸足腿节、胫节具明显的黄色斑块。

雌虫

背面观： 体泽棕色。唇基呈三角形；眼缘略覆盖复眼；前胸背板后端略宽于前端，体泽较为光滑，前胸足胫节约具 4 枚明显的刺突且端部膨大；中胸足约具 1 枚明显刺突，后胸足具 1 枚明显刺突。

腹面观： 后胸表面被毛较少；中、后胸足腿节具黄色斑块。

图片展示

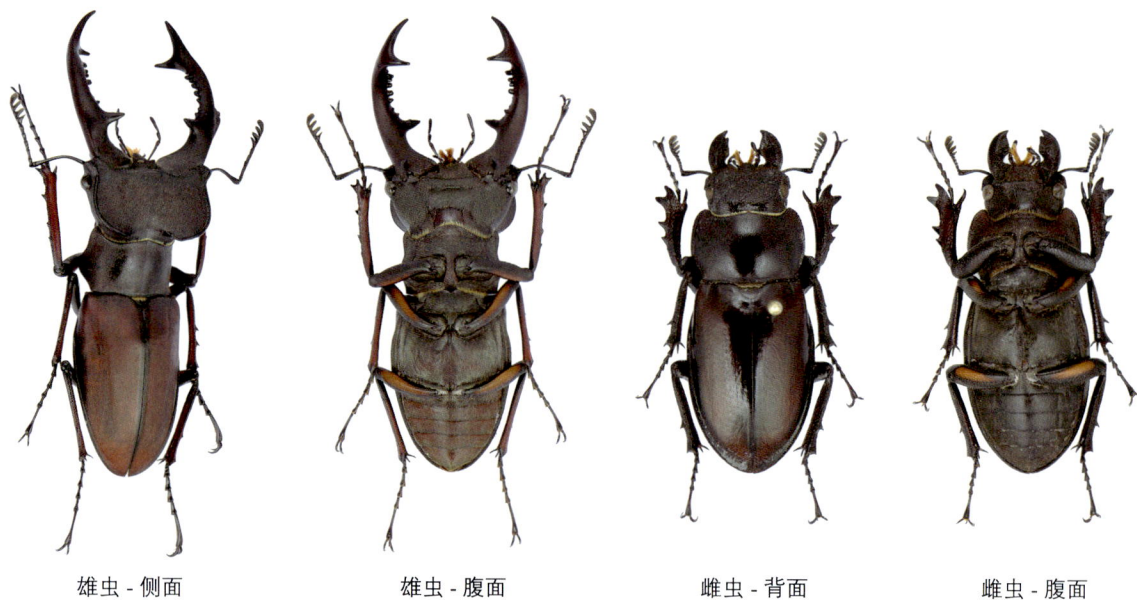

| 雄虫 - 侧面 | 雄虫 - 腹面 | 雌虫 - 背面 | 雌虫 - 腹面 |

尺寸展示

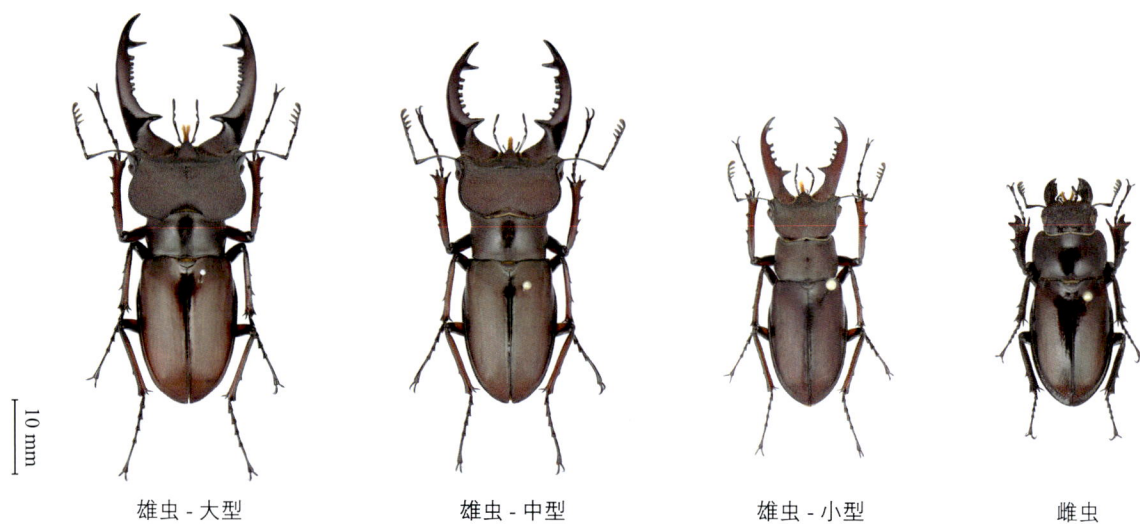

10 mm

| 雄虫 - 大型 | 雄虫 - 中型 | 雄虫 - 小型 | 雌虫 |

10 mm

大屯姬深山锹甲
Lucanus datunensis Hashimoto, 1984

分布	台湾
体长	21 ~ 36 mm（雄），23 ~ 27 mm（雌）
词源	拉丁学名源于其模式产地大屯山

物种描述

雄虫

背面观： 上颚在端部 1/3 处弯曲，基齿消失；小齿分立于上颚中上端，偶有情况并连在一起，端齿分叉微小。体泽棕色或黑色，鳞毛不明显；唇基前端平钝、不突出。

侧面观： 复眼基本完整裸露，复眼缘与复眼齐平。前胸足胫节具 5 枚明显刺突，胸足胫节呈红色。

腹面观： 后胸表面具黄色鳞毛；胸足腿节、胫节具明显的黄色斑块。

雌虫

背面观： 体泽棕色。唇基不发达；眼缘略覆盖复眼；前胸背板后端略宽于前端，体泽较光滑。前胸足胫节约具 4 根明显的刺突且端部膨大；中胸足约具 2 根明显刺突，后胸足具 2 ~ 3 根明显刺突。

腹面观： 后胸表面被毛明显；胸足腿节具黄色斑块。

图片展示

雄虫 - 侧面

雄虫 - 腹面

雌虫 - 背面

雌虫 - 腹面

其他态展示

褐色型雄虫

尺寸展示

雄虫 - 大型　　　　　雄虫 - 中型　　　　　雄虫 - 小型　　　　　雌虫

刘鹏宇深山锹甲

Lucanus liupengyui Huang & Chen, 2017

分布	西藏
体长	28 ~ 48.5 mm（雄），28 ~ 32 mm（雌）
词源	拉丁学名源于昆虫爱好者刘鹏宇

物种描述

雄虫

背面观： 上颚在基部 1/3 处弯曲，基齿位于上颚中上端，三角形；小齿连续分布于基齿上下两侧，偶有情况会附着于基齿上，端齿分叉较小。体泽黑色且具金属光泽，一般具明显的黄色鳞毛；唇基前端呈三角形。

侧面观： 复眼基本完整裸露，复眼缘着于复眼上端。前胸足胫节具 5 枚明显刺突，胸足胫节呈红色或橘黄色。

腹面观： 后胸表面具明显淡黄色鳞毛；胸足腿节、胫节具明显黄色斑块。

雌虫

背面观： 体泽黑色。唇基呈三角形；眼缘略覆盖复眼且前端突出；前胸背板后端明显宽于前端，体被黄色鳞毛；前胸足胫节约具 4 枚明显的刺突且端部膨大；中胸足约具 2 枚明显刺突，后胸足具 1 枚明显刺突。

腹面观： 后胸表面具明显黄色鳞毛；胸足腿节呈黑色且覆盖鳞毛。

图片展示

雄虫 - 侧面　　　　雄虫 - 腹面　　　　雌虫 - 背面　　　　雌虫 - 腹面

尺寸展示

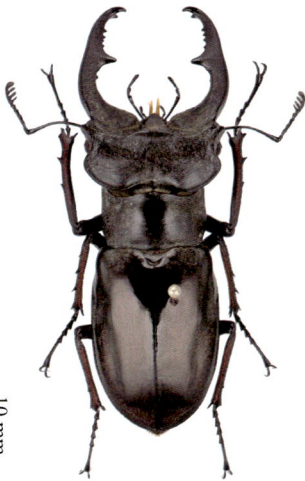

10 mm

雄虫 - 大型　　　　雄虫 - 中型　　　　雄虫 - 小型　　　　雌虫

卞氏深山锹甲

Lucanus shulini Bian & Zhan, 2021

分布	西藏
体长	29.8 ～ 38.7 mm（雄），23.8 ～ 28.9 mm（雌）
词源	拉丁学名源于发表原始文献第一作者的祖父的名字

物种描述

雄虫

背面观： 上颚在中部弯曲，基齿位于上颚近端，分叉状；上颚无小齿凸起，无端齿。体泽棕色，具黄色鳞毛；唇基呈三角形。

侧面观： 复眼基本完整裸露，复眼缘着于复眼上端。前胸足胫节具 5 枚刺突，胸足胫节呈红褐色。

腹面观： 后胸具明显黄色鳞毛；腿节、胫节均具黄色斑块。

雌虫

背面观： 体泽黑色，具明显鳞毛。唇基呈三角形；眼缘略覆盖复眼前端，略具棱突；前胸前端较窄，前胸足胫节具 5 枚刺突；中胸足 3 枚刺突，后胸足具 2 枚刺突。

腹面观： 后胸、腿节具黄色鳞毛；胫节、腿节均呈黑色。

图片展示

雄虫 - 侧面

雄虫 - 腹面

雌虫 - 背面

雌虫 - 腹面

尺寸展示

雄虫 - 大型　　　　雄虫 - 中型　　　　雄虫 - 小型　　　　雌虫

黄鞘深山锹甲
Lucanus delavayi Fairmaire, 1887

分布	四川、贵州、云南
体长	25 ~ 58 mm（雄），18 ~ 30 mm（雌）
词源	拉丁学名原文未明确说明；中文名源于雌雄鞘翅表面呈黄色

物种描述

雄虫

背面观： 上颚在基部 1/4 处弯曲，基齿位于上颚中上部，四边形；小齿分立，均匀分布于基齿上、下方；端齿分叉较大；鞘翅亮黄色，头、胸具黄色鳞毛；唇基前端呈三角形。

侧面观： 复眼基本完整裸露，复眼缘着于复眼上端；前胸足胫节刺突数量大于 5 枚，胸足胫节呈黄色。

腹面观： 后胸表面具明显黄色鳞毛；胸足腿节、胫节具明显的黄色斑块。

雌虫

背面观： 唇基呈三角形；眼缘略覆盖复眼；前胸背板后端与前端基本等宽，鞘翅有时呈黑色；前胸足胫节具 4 枚明显的刺突且端部膨大；中胸足约具 2 枚明显刺突，后胸足具 2 枚明显刺突。

腹面观： 后胸表面具较厚重黄色鳞毛；胸足腿节、胫节被毛且具黄色斑块。

图片展示

  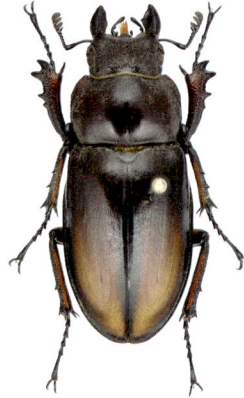 

雄虫 - 侧面 雄虫 - 腹面 雌虫 - 背面 雌虫 - 腹面

尺寸展示

 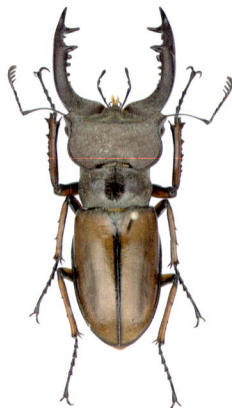  

10 mm

雄虫 - 大型 雄虫 - 中型 雄虫 - 小型 雌虫

东部型

派瑞深山锹甲

Lucanus parryi Boileau, 1899

分布	福建、浙江、江西、湖南、湖北、四川、重庆、河南、贵州
体长	26 ~ 59.4 mm（雄），24 ~ 30.2 mm（雌）
词源	拉丁学名源于英国昆虫学家 F. Parry

物种描述

雄虫

背面观： 上颚形状较直，基齿位于上颚中上部，三角形；小齿分立，均匀分布于基齿上、下方，端齿分叉较小；鞘翅亮黄色，头、胸无黄色鳞毛；唇基前端较为平钝。

侧面观： 复眼基本完整裸露，复眼缘着于复眼上端；前胸足胫节刺突数量大于 5 枚，胸足胫节呈黑色或红色。

腹面观： 后胸表面无鳞毛；胸足、胫节均呈黑色，腿节呈红色。

雌虫

背面观： 体泽光滑。唇基呈三角形；眼缘略覆盖复眼；前胸背板后端与前端基本等宽，鞘翅呈黑色或鞘翅具黄色斑块；前胸足胫节具 5 枚明显的刺突且端部膨大；中胸足刺突数量超过 5 枚，后胸足具 2 枚明显刺突。

腹面观： 后胸表面较光滑；胸足腿节、胫节呈黑色或略具红色斑块。

西部型

不同地域型之间的差异：

本种主要分为东部型与西部型。东部型雄虫头、前胸背板以黑色为主，雌虫鞘翅常具明显黄色斑块。西部型雄虫头、前胸背板以红色为主，雌虫鞘翅常呈黑色。但两个地理型之间也存在明显互相变异的情况。

图片展示（东部型）

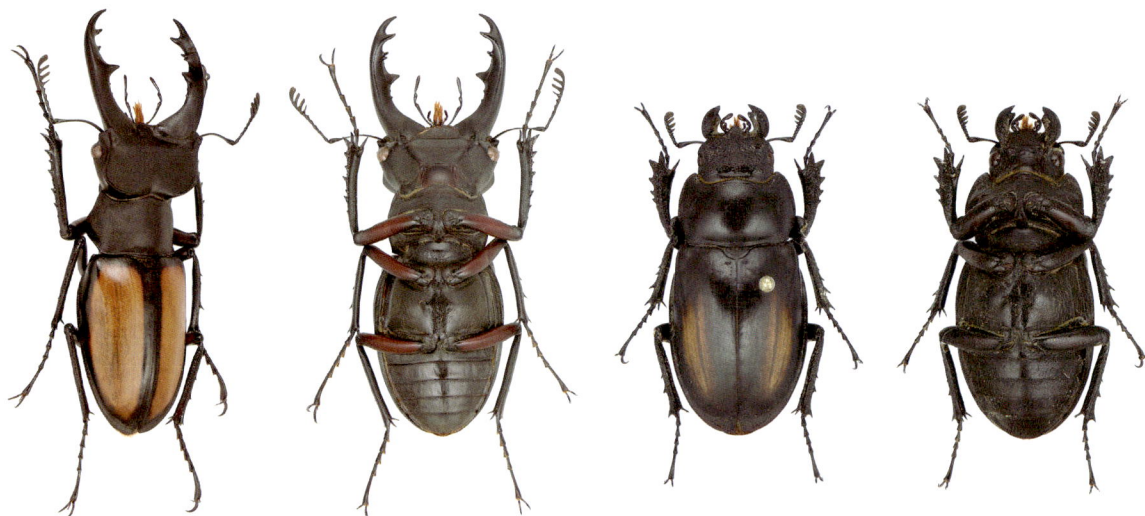

| 雄虫 - 侧面 | 雄虫 - 腹面 | 雌虫 - 背面 | 雌虫 - 腹面 |

尺寸展示（东部型）

| 雄虫 - 大型 | 雄虫 - 中型 | 雄虫 - 小型 | 雌虫 |

图片展示（西部型）

雄虫 - 侧面　　　　　　雄虫 - 腹面　　　　　　雌虫 - 背面　　　　　　雌虫 - 腹面

尺寸展示（西部型）

 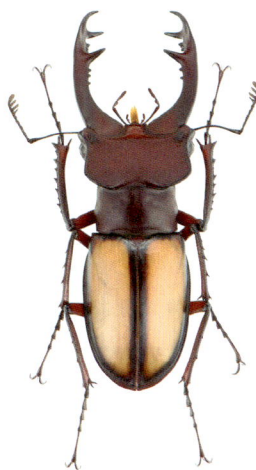  

10 mm

雄虫 - 大型　　　　　　雄虫 - 中型　　　　　　雄虫 - 小型　　　　　　雌虫

10 mm

布氏深山锹甲
Lucanus brivioi Zilioli, 2003

分布	福建、广西、湖南、江西
体长	30 ~ 68.5 mm（雄），25 ~ 36.3 mm（雌）
词源	拉丁学名源于意大利昆虫收藏者 C. Brivio

物种描述

雄虫

背面观： 上颚细长且在基部弯曲，基齿位于上颚中上部；小齿分立，均匀分布于基齿上、下方，端齿分叉较小。体表光滑；唇基呈三角形。

侧面观： 复眼基本完整裸露，复眼缘着于复眼上端。前胸足胫节刺突数量大于 5 枚，胸足胫节呈红色。

腹面观： 后胸表面较为光滑；胸足腿节、胫节具明显的红色斑块。

雌虫

背面观： 体表光滑且呈黑色。唇基呈三角形；眼缘略覆盖复眼；前胸背板后端与前端基本等宽，前胸足胫节具 5 枚刺突且端部膨大；中胸足具 2 枚刺突，后胸足具 1 枚明显刺突。

腹面观： 后胸表面较为光滑；胸足腿节、胫节呈黑色。

图片展示

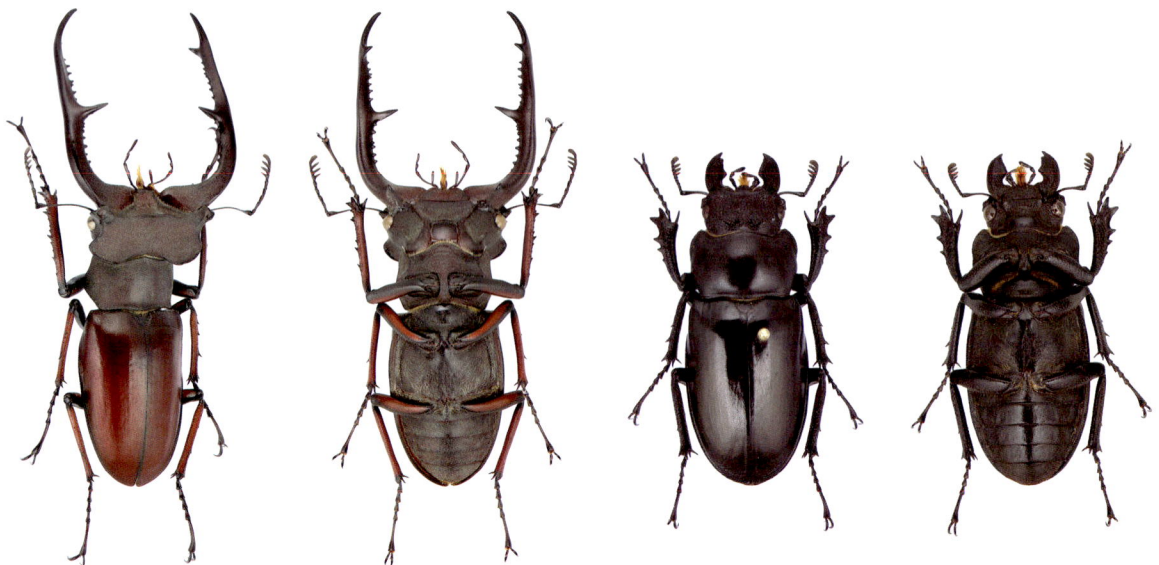

| 雄虫 - 侧面 | 雄虫 - 腹面 | 雌虫 - 背面 | 雌虫 - 腹面 |

尺寸展示

10 mm

雄虫 - 大型　　　　雄虫 - 中型　　　　雄虫 - 小型　　　　雌虫

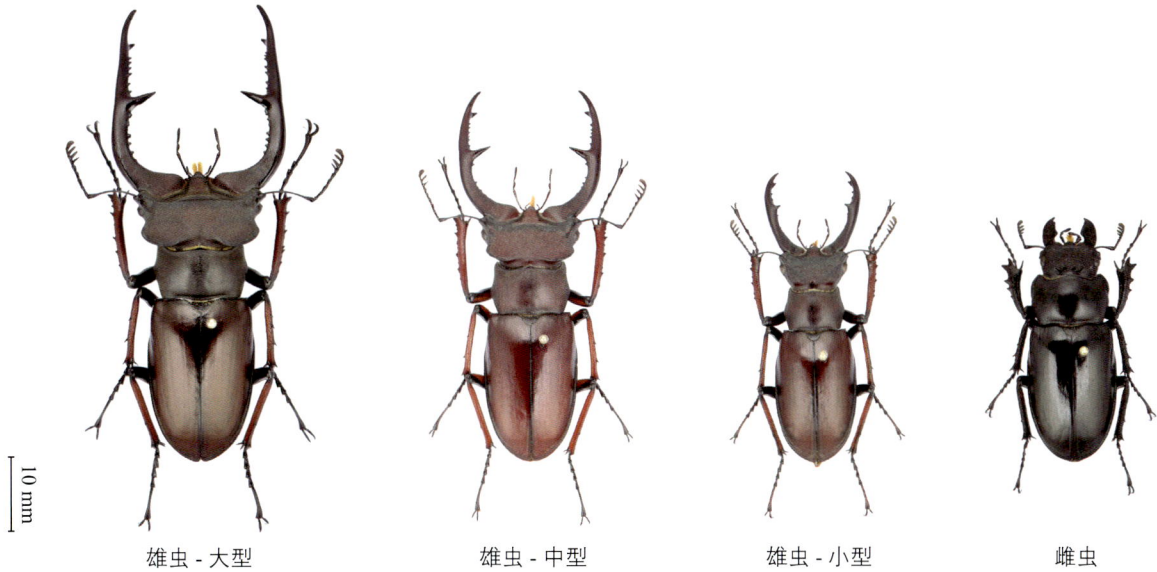

宽叉深山锹甲
Lucanus fonti Zilioli, 2005

10 mm

分布	安徽、浙江、福建、湖北
体长	26.5 ~ 68.7 mm（雄），25 ~ 30.2 mm（雌）
词源	拉丁学名源于标本采集者 Font；中文名源于雄虫上颚端部宽大的分叉

物种描述

雄虫

背面观： 上颚于基部 1/3 处弯曲，基齿位于上颚中上部；小齿连续均匀分布于基齿上、下方，端齿分叉很大。体泽棕色且略有鳞毛；唇基呈三角形。

侧面观： 复眼基本完整裸露，复眼缘着于复眼上端。前胸足胫节刺突数量大于 5 枚，胸足胫节呈亮黄色。

腹面观： 后胸表面鳞毛较为明显；胸足腿节、胫节具明显的黄色斑块。

雌虫

背面观： 体泽黑色且略有鳞毛。唇基呈三角形；眼缘略覆盖复眼前端；前胸背板前端明显宽于后端，前胸足胫节具 5 枚刺突且端部膨大；中胸足具 2 枚刺突，后胸足具 2 枚明显刺突。

腹面观： 后胸表面略有鳞毛；胸足腿节具黄色斑块。

图片展示

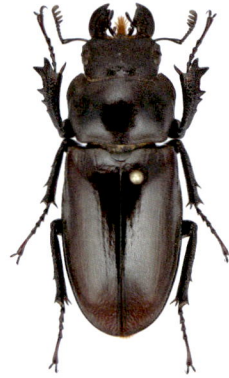

雄虫 - 侧面　　　　　雄虫 - 腹面　　　　　雌虫 - 背面　　　　　雌虫 - 腹面

尺寸展示

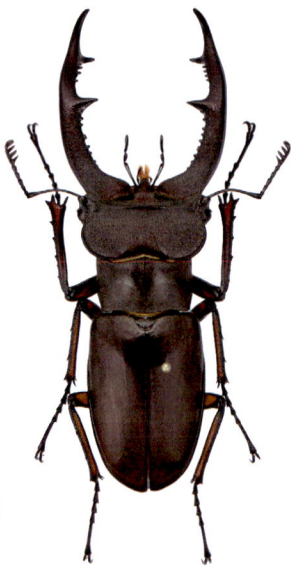

10 mm

雄虫 - 大型　　　　　雄虫 - 中型　　　　　雄虫 - 小型　　　　　雌虫

10 mm

大明山深山锹甲

Lucanus deuveianus Boucher, 1998

分布	广西
体长	35 ~ 77.8 mm（雄），35 ~ 42 mm（雌）
词源	拉丁学名源于法国昆虫学家 T. Deuve；中文名源于其模式产地大明山

物种描述

雄虫

背面观： 上颚在基部 1/3 处弯曲，基齿位于上颚中部、向上翘起；小齿分立，均匀分布于基齿上、下方，总是接触到上颚底端，端齿分叉较大。体泽棕色且略有鳞毛；唇基呈三角形。

侧面观： 复眼基本完整裸露，复眼缘着于复眼上端。前胸足胫节刺突数量大于 5 枚，胸足胫节呈暗红色。

腹面观： 后胸表面鳞毛较为明显；胸足腿节具明显的黄色斑块；胸足胫节呈褐色。

雌虫

背面观： 体泽黑色、光滑闪亮。唇基呈三角形；眼缘略覆盖复眼前端；前胸背板前端明显宽于后端，前胸足胫节具 6 枚刺突且端部膨大；中胸足具 2 枚刺突，后胸足具 1 枚明显刺突。

腹面观： 后胸表面具明显鳞毛；胸足腿节、胫节均呈黑色。

图片展示

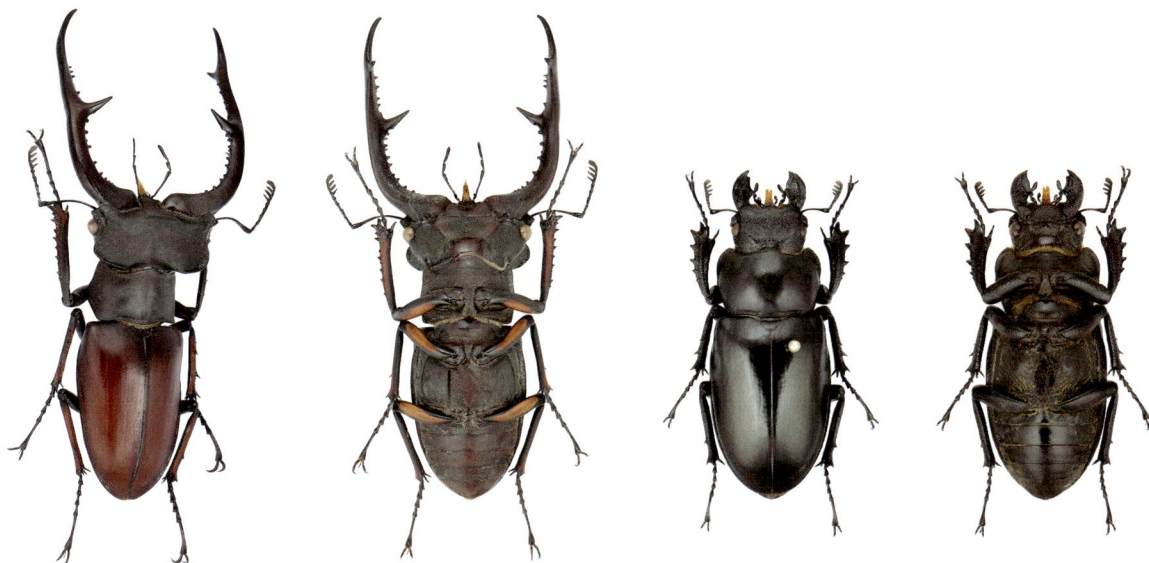

雄虫 - 侧面　　　　雄虫 - 腹面　　　　雌虫 - 背面　　　　雌虫 - 腹面

尺寸展示

10 mm

| 雄虫 - 大型 | 雄虫 - 中型 | 雄虫 - 小型 | 雌虫 |

10 mm

何氏深山锹甲
Lucanus hewenjiae Huang & Chen, 2013

分布	广西
体长	45 ~ 68 mm（雄），31 ~ 34.6 mm（雌）
词源	拉丁学名源于采集者何文嘉

物种描述

雄虫

背面观： 上颚在基部 1/3 处弯曲，基齿位于上颚中上部；小齿连续均匀分布于基齿上、下方，但距离基齿略有距离，端齿分叉较小。体泽棕色且略有鳞毛；唇基呈三角形。

侧面观： 复眼基本完整裸露，复眼缘着于复眼上端。前胸足胫节刺突数量大于 5 枚，胸足胫节呈褐色。

腹面观： 后胸表面鳞毛较为明显；胸足腿节、胫节具明显的褐色斑块。

雌虫

背面观： 体泽黑色且体表光滑。唇基呈三角形；眼缘略覆盖复眼前端；前胸背板前端明显宽于后端，前胸足胫节具 6 ~ 7 枚刺突且端部膨大；中胸足具 2 枚刺突，后胸足具 1 枚明显刺突。

腹面观： 后胸表面略具鳞毛；胸足腿节呈黑色。

图片展示

雄虫 - 侧面　　　　　　雄虫 - 腹面　　　　　　雌虫 - 背面　　　　　　雌虫 - 腹面

尺寸展示

10 mm

雄虫 - 大型　　　　　　雄虫 - 中型　　　　　　雄虫 - 小型　　　　　　雌虫

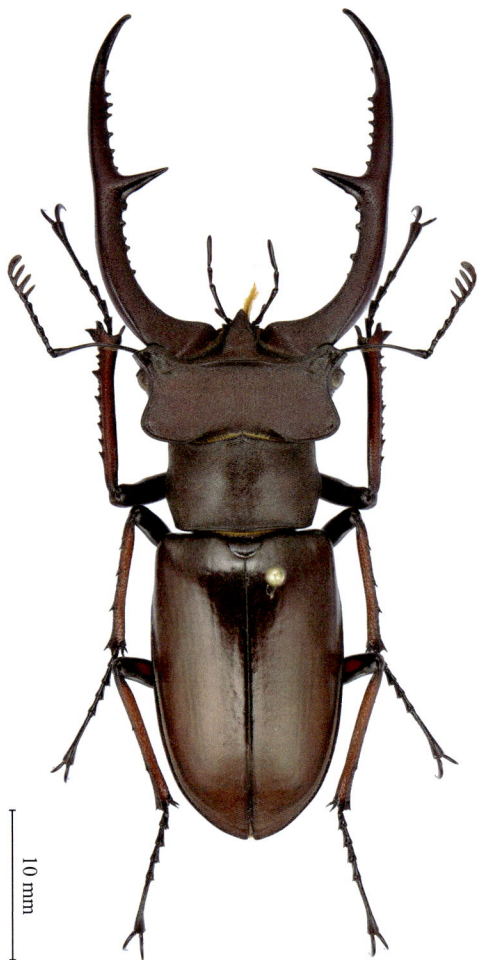

詹氏深山锹甲

Lucanus zhanbishengi Wang & Zhu, 2017

分布	江西、湖南、广西、广东
体长	42 ~ 68.7 mm（雄），32.1 ~ 35.4 mm（雌）
词源	拉丁学名源于标本采集者詹毕晟

物种描述

雄虫

背面观：上颚在基部 1/3 处弯曲，基齿位于上颚中上部；小齿连续均匀分布于基齿上、下方且每个小齿间距离较大，端齿分叉微小。体泽棕色且略有鳞毛；唇基呈三角形。

侧面观：复眼基本完整裸露，复眼缘着于复眼上端。前胸足胫节刺突数量大于 5 枚，胸足胫节呈棕色或黑色。

腹面观：后胸表面较为光滑；胸足腿节、胫节均呈暗红色。

雌虫

背面观：体泽黑色且略有鳞毛。唇基呈三角形；眼缘略覆盖复眼前端；前胸背板前端与后端基本等宽，前胸足胫节具 6 ~ 7 枚刺突且端部膨大；中胸足具 3 枚刺突，后胸足具 2 枚明显刺突。

腹面观：后胸表面略具鳞毛；胸足腿节、胫节均呈黑色。

图片展示

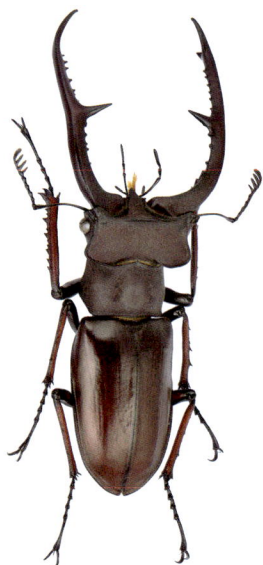

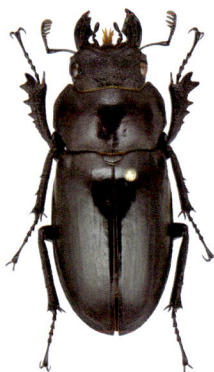

雄虫 - 侧面　　　　　　雄虫 - 腹面　　　　　　雌虫 - 背面　　　　　　雌虫 - 腹面

尺寸展示

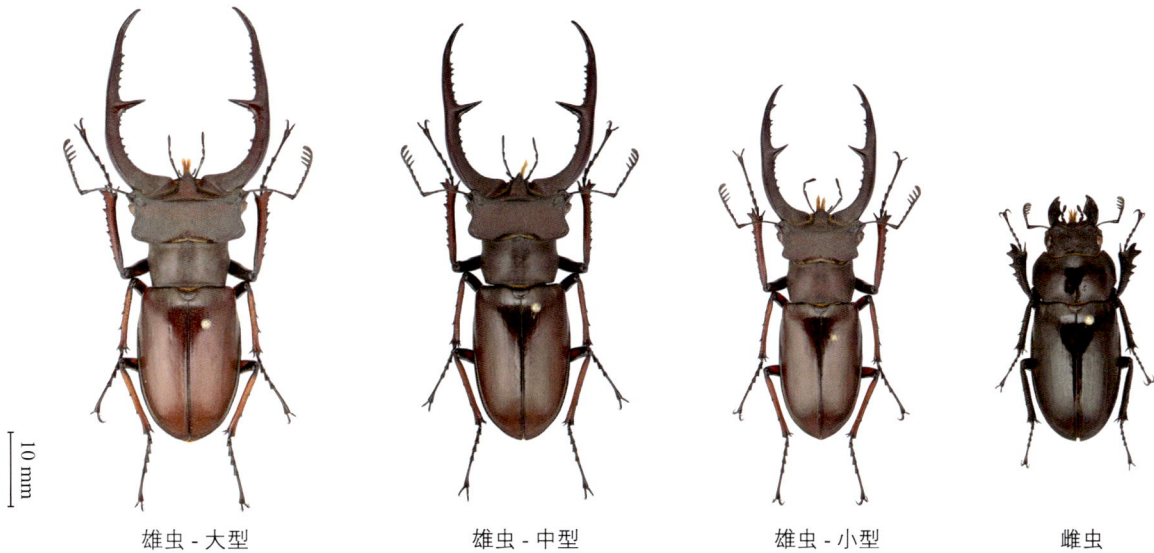

10 mm

雄虫 - 大型　　　　雄虫 - 中型　　　　雄虫 - 小型　　　　雌虫

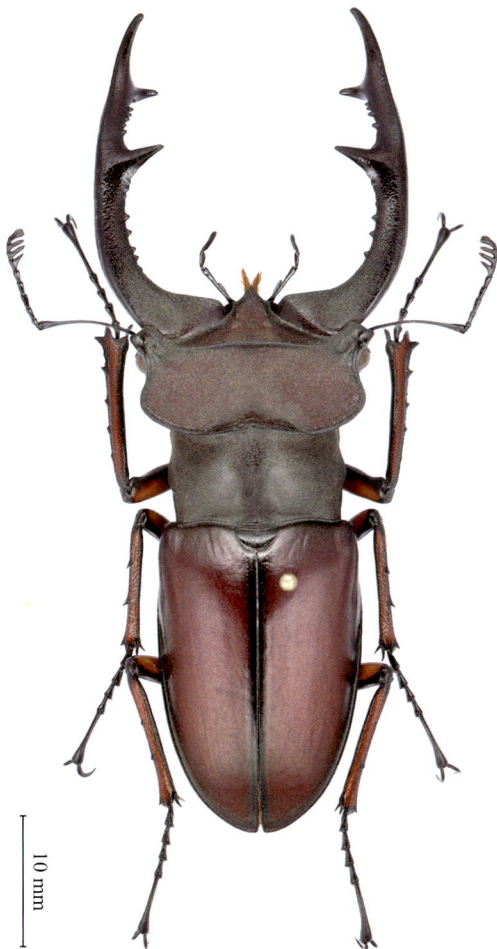

10 mm

朱氏深山锹甲
Lucanus zhuxiangi Wang & Zhan, 2018

分布	广东、湖南
体长	30 ~ 68.3 mm（雄），22 ~ 32.3 mm（雌）
词源	拉丁学名源于标本采集者朱翔

物种描述

雄虫

背面观： 上颚在基部 1/3 处弯曲，基齿位于上颚中上部、略向前倾；小齿连续均匀分布于基齿上，端齿分叉很大。体泽棕色且略有鳞毛；唇基前端呈三角形，后端左右明显凸起。

侧面观： 复眼基本完整裸露，复眼缘着于复眼上端。前胸足胫节刺突数量小于 5 枚，胸足胫节呈黄色。

腹面观： 后胸表面较为光滑；胸足腿节、胫节均呈黄色。

雌虫

背面观： 体泽黑色且较为光滑。唇基呈三角形；眼缘略覆盖复眼前端；前胸背板前端与后端基本等宽，前胸足胫节具 5 ~ 6 枚刺突且端部膨大；中胸足具 2 枚刺突，后胸足具 1 枚明显刺突。

腹面观： 后胸表面鳞毛较为明显；胸足腿节上具黄色斑块。

图片展示

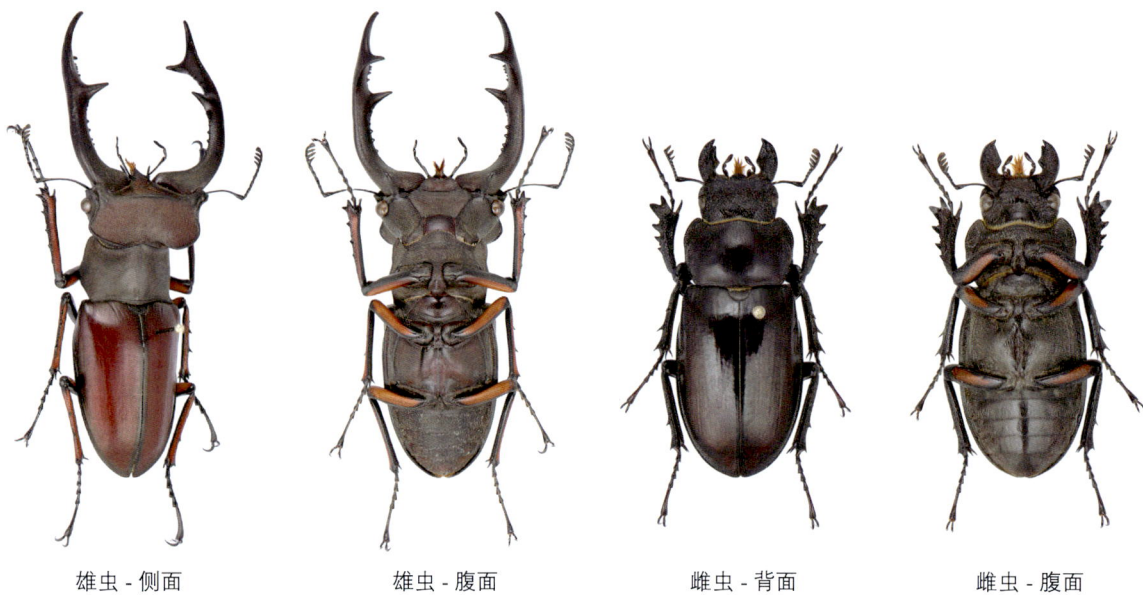

雄虫 - 侧面   雄虫 - 腹面   雌虫 - 背面   雌虫 - 腹面

尺寸展示

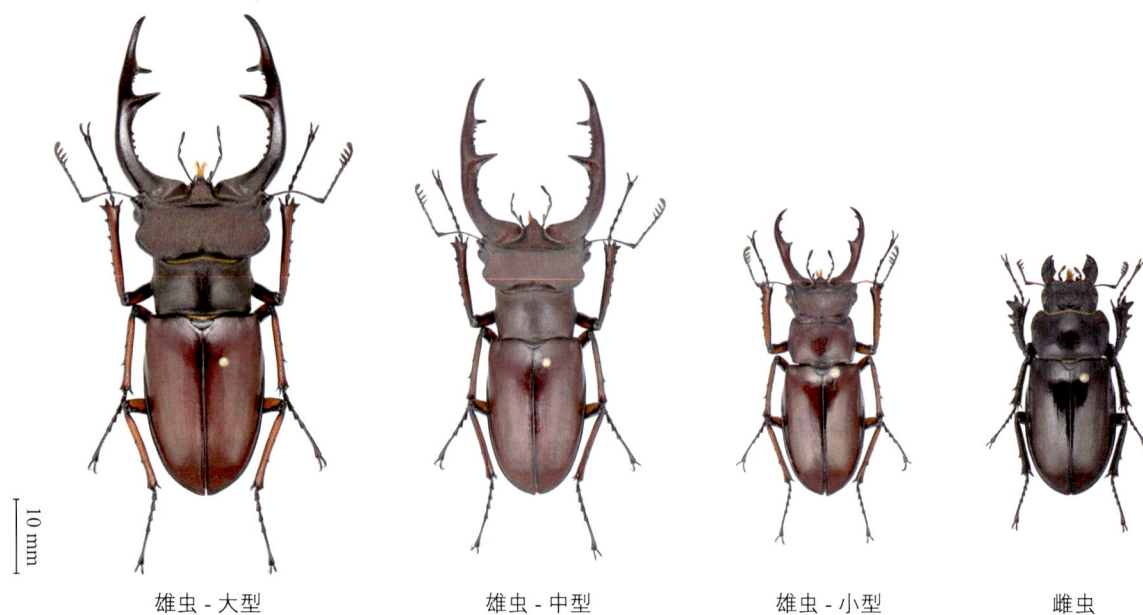

10 mm

雄虫 - 大型   雄虫 - 中型   雄虫 - 小型   雌虫

岑王老山深山锹甲

Lucanus cenwanglaoshanus Huang & Chen, 2020

分布	广西
体长	45 ~ 67 mm（雄），33.6 ~ 36.0 mm（雌）
词源	拉丁学名源于其模式产地岑王老山

物种描述

雄虫

背面观： 上颚在基部 1/4 处弯曲，基齿位于上颚中部；小齿连续均匀分布于基齿上、下方，端齿分叉较大。体泽棕色且有鳞毛；唇基呈三角形。

侧面观： 复眼基本完整裸露，复眼缘着于复眼上端。前胸足胫节刺突数量大于 5 枚，胸足胫节呈褐色。

腹面观： 后胸表面鳞毛较厚；胸足腿节、胫节均呈橘红色。

雌虫

背面观： 体泽黑色且略具鳞毛。唇基呈三角形；眼缘略覆盖复眼前端；前胸背板前端与后端基本等宽，前胸足胫节具 5 枚刺突且端部膨大；中胸足具 2 枚刺突，后胸足具 1 枚明显刺突。

腹面观： 后胸表面略具淡黄色鳞毛；胸足腿节、胫节均呈黑色。

10 mm

图片展示

雄虫 - 侧面　　　　雄虫 - 腹面　　　　雌虫 - 背面　　　　雌虫 - 腹面

尺寸展示

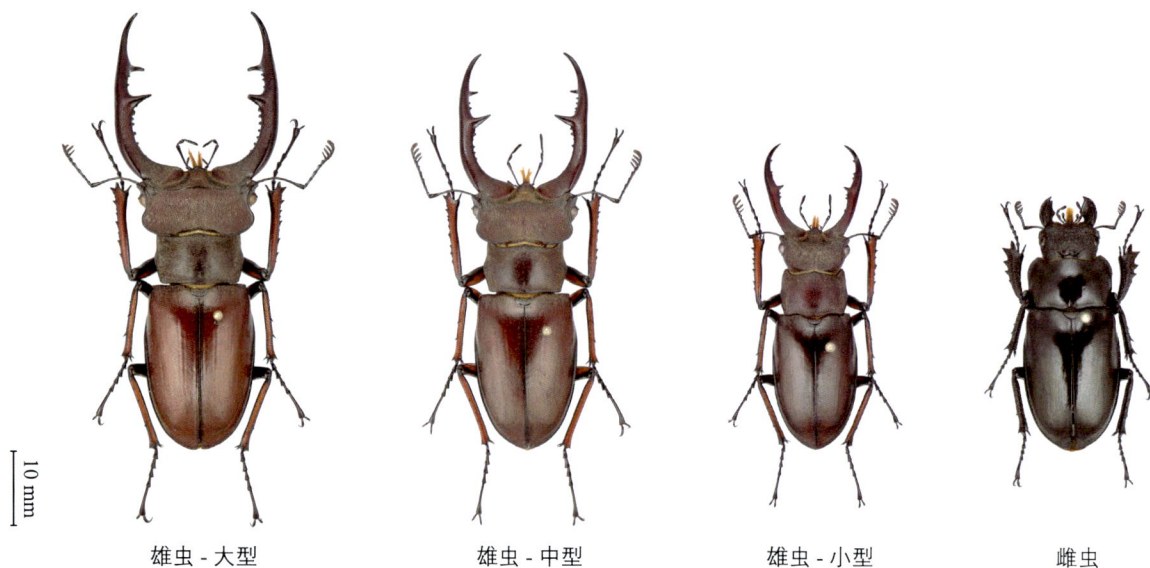

| 雄虫 - 大型 | 雄虫 - 中型 | 雄虫 - 小型 | 雌虫 |

阔头深山锹甲
Lucanus kraatzi Nagel, 1926

Lucanus kraatzi kraatzi Nagel, 1926 原名亚种

分布	四川、贵州、云南
体长	30 ~ 76 mm（雄），33 ~ 40 mm（雌）
词源	拉丁学名源于德国昆虫学家 E. G. Kraatz；中文名源于本种雄虫头后端极为宽阔

物种描述

雄虫

背面观：上颚在基部 1/4 处弯曲，基齿位于上颚中部；小齿连续均匀分布于基齿上、下方，端齿几乎无分叉。体泽黑色且有鳞毛；唇基呈三角形。

侧面观：复眼基本完整裸露，复眼缘着于复眼上端。前胸足胫节刺突数量大于 5 枚，胸足胫节呈棕色；头部后端显著突出。

腹面观：后胸表面具明显黄色鳞毛；胸足腿节、胫节均呈褐色。

雌虫

背面观：体泽黑色且略有鳞毛。唇基不明显；眼缘略覆盖复眼前端；前胸背板前端与后端基本等宽，前胸足胫节具 3 ~ 4 枚刺突且端部膨大；中胸足具 2 枚刺突，后胸足具 1 枚明显刺突。

腹面观：后胸表面略具黄色鳞毛；胸足腿节、胫节均呈黑色。

图片展示

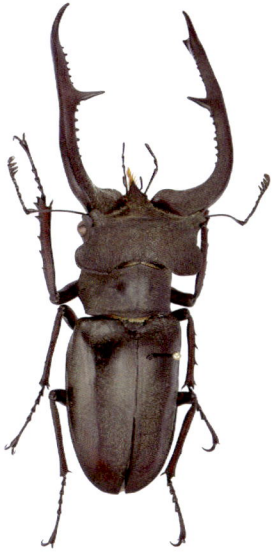

雄虫 - 侧面　　　　　雄虫 - 腹面　　　　　雌虫 - 背面　　　　　雌虫 - 腹面

尺寸展示

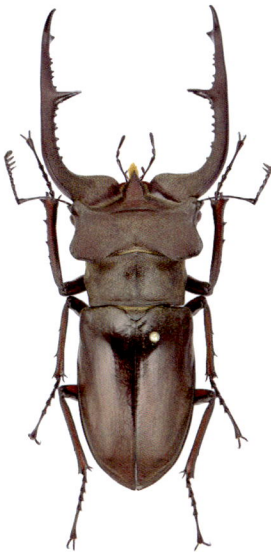

10 mm

雄虫 - 大型　　　　　雄虫 - 中型　　　　　雄虫 - 小型　　　　　雌虫

四川深山锹甲

Lucanus fairmairei Planet, 1897

10 mm

分布	四川、重庆、贵州
体长	31 ~ 65 mm（雄），26 ~ 35 mm（雌）
词源	拉丁学名源于法国昆虫学家 L. Fairmaire；中文名源于本种主要分布于四川

物种描述

雄虫

背面观： 上颚在基部 1/4 处弯曲，基齿位于上颚中上部；小齿连续均匀分布于基齿上、下方，端齿分叉较大。体泽棕色或黑色，体表鳞毛较少；唇基呈三角形且基部凸出。

侧面观： 复眼基本完整裸露，复眼缘着于复眼上端。前胸足胫节刺突数量大于 5 枚，胸足胫节呈棕色或黄色。

腹面观： 后胸表面鳞毛较明显；胸足腿节、胫节均呈亮黄色。

雌虫

背面观： 体泽黑色且光滑。唇基呈梯形；眼缘略覆盖复眼前端；前胸背板中段稍有凹陷，前胸足胫节具 4 枚刺突且端部膨大；中胸足具 2 枚刺突，后胸足具 1 枚或无刺突。

腹面观： 后胸表面略具鳞毛；胸足腿节、胫节均呈黑色。

图片展示

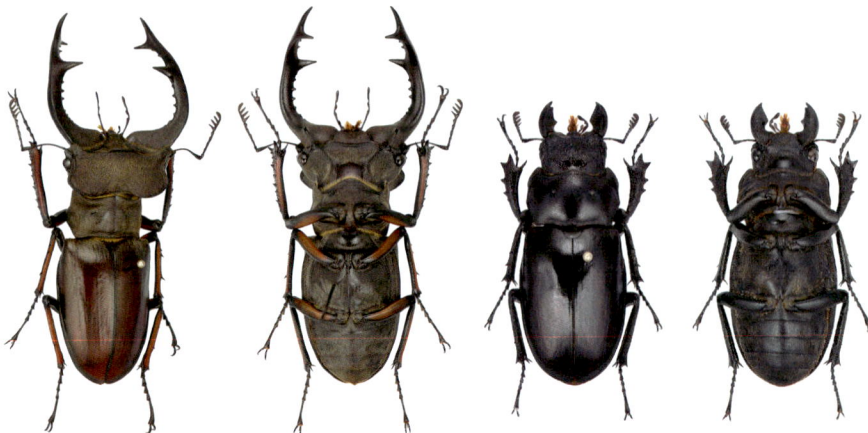

雄虫 - 侧面　　　　雄虫 - 腹面　　　　雌虫 - 背面　　　　雌虫 - 腹面

其他态展示

黑色型雄虫

不同地域型之间的差异：

本种在贵州的种群呈现出较小的体型和纯黑的体泽。

尺寸展示

| 雄虫 - 大型 | 雄虫 - 中型 | 雄虫 - 小型 | 雌虫 |

10 mm

华中深山锹甲

Lucanus szetschuanicus Hanus, 1932

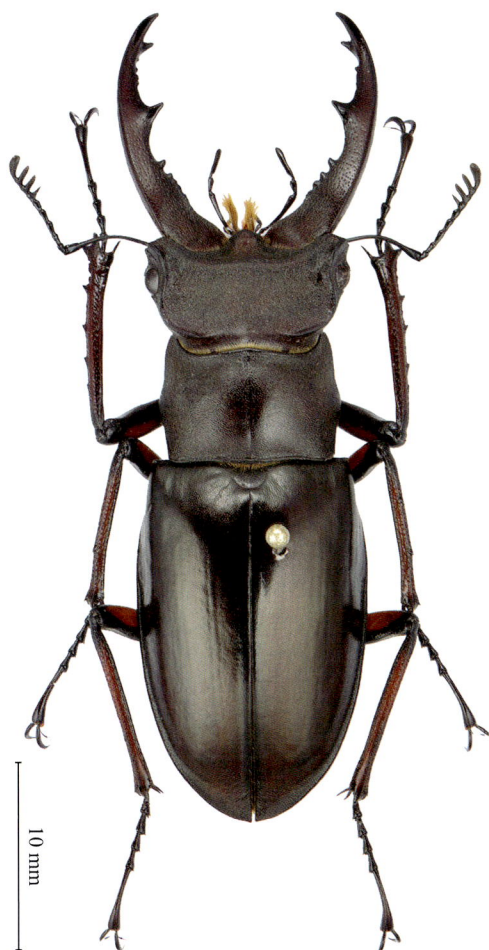

10 mm

分布	重庆、湖南
体长	34 ~ 54.5 mm（雄），28.3 ~ 31.1 mm（雌）
词源	拉丁学名源于其模式产地"四川"；中文名源于目前仅被发现于我国华中地区

物种描述

雄虫

背面观： 上颚在基部 1/3 处弯曲，基齿位于上颚中上部，呈三角形且向上翘起；小齿连续分布于基齿上、下方，但基齿下方具一小段明显的空隙或凹陷，端齿分叉小。体泽棕色或黑色，鳞毛较少；唇基不发达，大致为三角形。

侧面观： 复眼完整裸露，复眼缘着于复眼上端；前胸足胫节刺突数量大于 5 枚，胸足胫节呈棕色或黑色。

腹面观： 后胸略具鳞毛覆盖；胸足腿节、胫节均具黄色斑块。

雌虫

背面观： 体泽黑色，体表略具刻点结构。唇基呈梯形；眼缘略覆盖复眼前端；前胸背板中段有明显凹陷，前胸足胫节具 4 ~ 5 枚刺突且端部膨大；中胸足具 2 枚刺突，后胸足具 1 枚刺突。

腹面观： 后胸表面略具鳞毛；胸足腿节表面具不明显的褐色斑块。

图片展示

雄虫 - 侧面　　　　　　雄虫 - 腹面　　　　　　雌虫 - 背面　　　　　　雌虫 - 腹面

尺寸展示

10 mm

雄虫 - 大型　　　　　　雄虫 - 中型　　　　　　雄虫 - 小型　　　　　　雌虫

刘玮深山锹甲

Lucanus liuweii Huang & Chen, 2019

分布	安徽、浙江、福建
体长	39.4 ~ 58.2 mm（雄），29.7 ~ 32.2 mm（雌）
词源	拉丁学名源于标本采集者刘玮

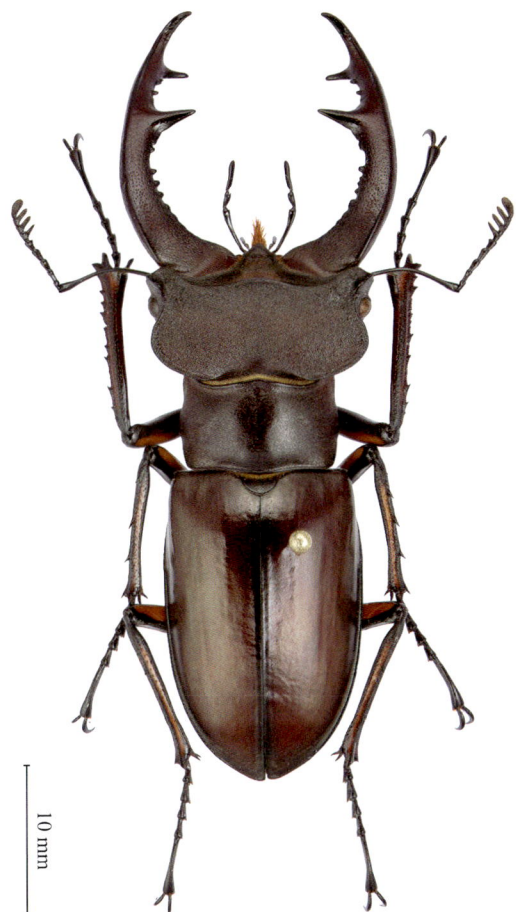

10 mm

物种描述

雄虫

背面观： 上颚在基部 1/3 处弯曲，基齿位于上颚中上部，呈较为粗壮的三角形；小齿连续分布于基齿上、下方，但基齿下方具一小段明显的空隙；端齿分叉较大。体泽棕色，少有鳞毛；唇基呈三角形。

侧面观： 复眼基本完整裸露，复眼缘着于复眼上端；前胸足胫节刺突数量大于 5 枚，胸足胫节呈亮黄色。

腹面观： 后胸略具鳞毛覆盖；胸足腿节、胫节均具明显的黄色斑块。

雌虫

背面观： 体泽棕色或黑色，前胸背板表面略具刻点结构。唇基呈梯形；眼缘略覆盖复眼前端；前胸背板前端较宽，与后端几乎等宽。前胸足胫节具 5 枚刺突且端部膨大；中胸足具 2 枚刺突，后胸足具 1 ~ 2 枚刺突。

腹面观： 后胸表面略具鳞毛；中、后胸足腿节表面具不明显的棕色斑块。

图片展示

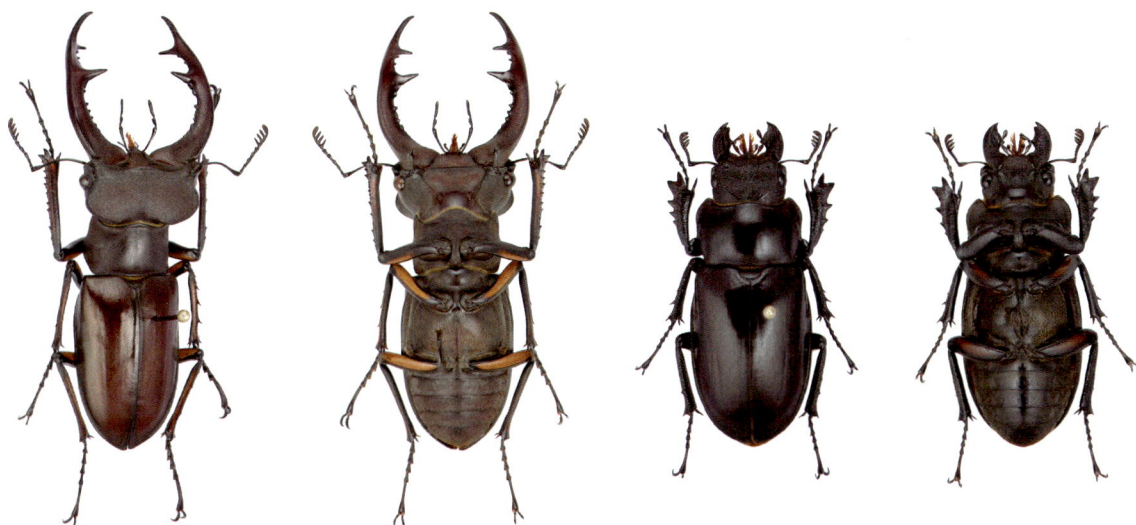

| 雄虫 - 侧面 | 雄虫 - 腹面 | 雌虫 - 背面 | 雌虫 - 腹面 |

尺寸展示

雄虫 - 大型   雄虫 - 中型   雄虫 - 小型   雌虫

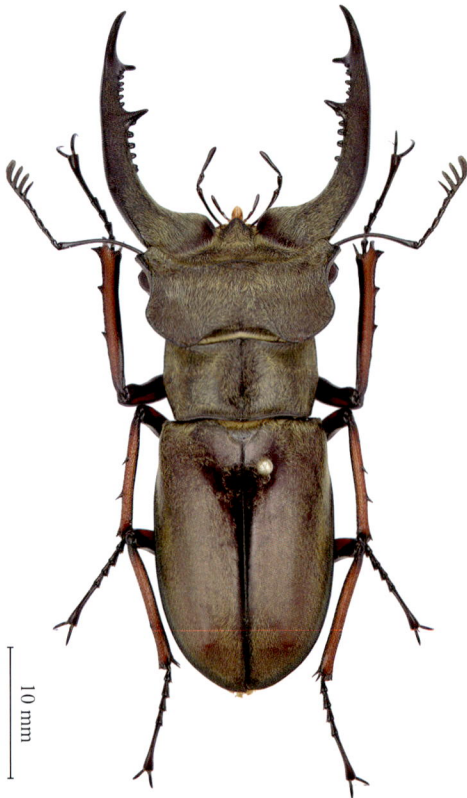

大理深山锹甲
Lucanus dirki Schenk, 2002

分布	云南
体长	28 ~ 62.3 mm（雄），25 ~ 32.7 mm（雌）
词源	拉丁学名源于标本提供者 Dirk；中文名源于其模式产地为云南大理

物种描述

雄虫

背面观： 上颚在基部 1/4 处弯曲，基齿位于上颚中上部；小齿密集分布于基齿上、下方，端齿分叉较小。体泽棕色且有鳞毛；唇基呈三角形。

侧面观： 复眼基本完整裸露，复眼缘着于复眼上端。前胸足胫节刺突数 4 枚，胸足胫节呈黄色。

腹面观： 后胸表面鳞毛较厚；胸足腿节、胫节均呈橘红色。

雌虫

背面观： 体泽黑色且略具鳞毛。唇基基本消失；眼缘略覆盖复眼前端；前胸背板后端略宽于前端，前胸足胫节具 4 枚刺突且端部膨大；中胸足具 2 枚刺突，后胸足具 1 枚或无明显刺突。

腹面观： 后胸表面具明显的黄色鳞毛；胸足腿节、胫节均呈黑色。

图片展示

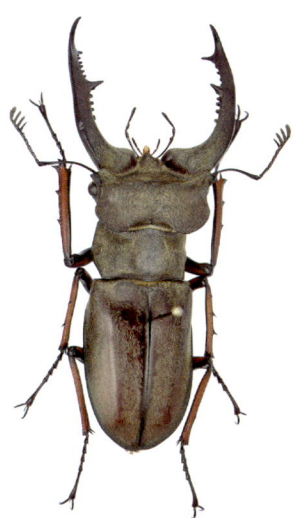

雄虫 - 侧面　　　　　　　　雄虫 - 腹面　　　　　　　　雌虫 - 背面　　　　　　　　雌虫 - 腹面

尺寸展示

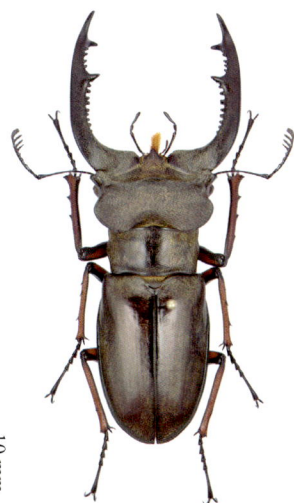

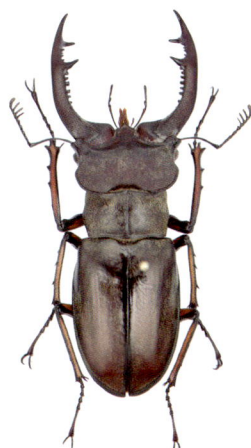

雄虫 - 大型　　　　　　　　雄虫 - 中型　　　　　　　　雄虫 - 小型　　　　　　　　雌虫

雅深山锹甲

Lucanus nobilis Didier, 1925

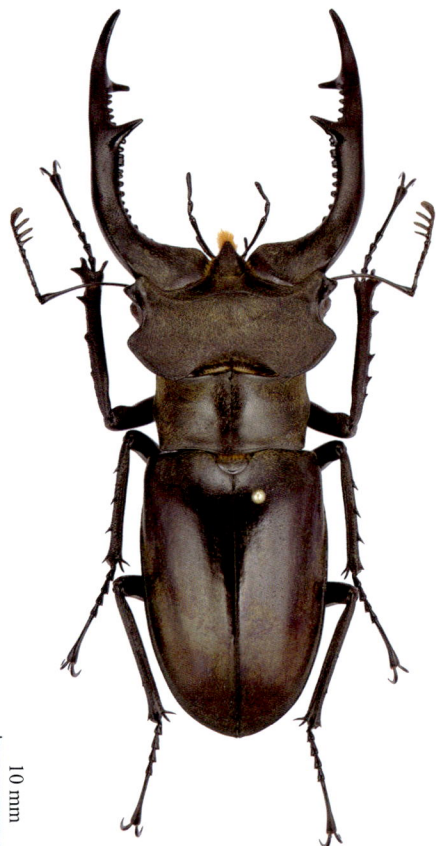

10 mm

分布	云南
体长	34 ～ 70.5 mm（雄），32 ～ 36.9 mm（雌）
词源	种名源于拉丁文"*nobilis*"，译为"高雅的"

物种描述

雄虫

背面观：上颚在基部 1/3 处弯曲，基齿位于上颚中上部；小齿连续均匀分布于基齿上、下方，端齿分叉较大。体泽黑色且有鳞毛；唇基呈三角形。

侧面观：复眼基本完整裸露，复眼缘着于复眼上端。前胸足胫节刺突数量约 4 枚，胸足胫节呈黑色。

腹面观：后胸表面覆盖一层较厚的黄色鳞毛；胸足腿节、胫节均呈黑色。

雌虫

背面观：体泽黑色且较为光亮。唇基呈三角形、上颚较长；眼缘略覆盖复眼前端；前胸背板后端宽于前端，前胸足胫节具 4 枚刺突且端部膨大；中胸足具 3 枚刺突，后胸足具 1 枚明显刺突。

腹面观：后胸表面具明显厚重的黄色鳞毛；胸足基节窝处具簇状鳞毛，胫节呈黑色。

图片展示

雄虫 - 侧面　　　　　　雄虫 - 腹面　　　　　　雌虫 - 背面　　　　　　雌虫 - 腹面

尺寸展示

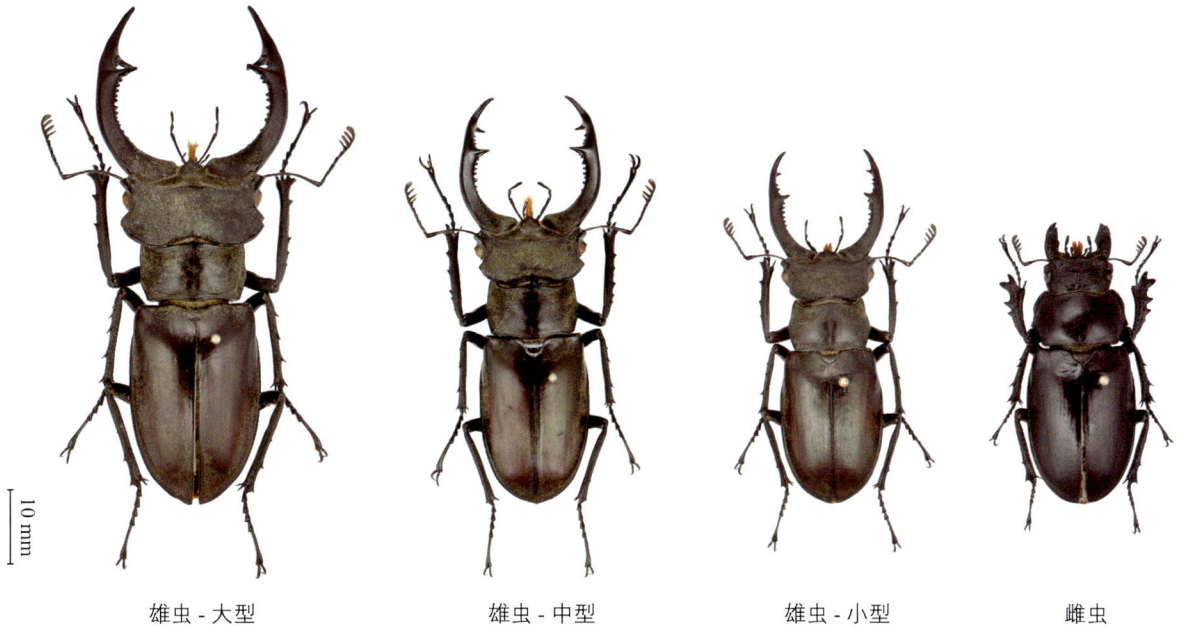

| 雄虫 - 大型 | 雄虫 - 中型 | 雄虫 - 小型 | 雌虫 |

10 mm

普氏深山锹甲
Lucanus prossi Zilioli, 2000

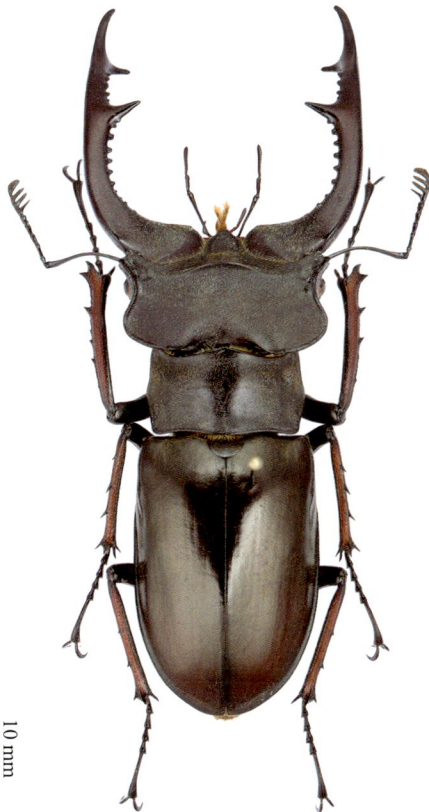

10 mm

分布	云南
体长	34 ~ 68.7 mm（雄），29 ~ 34.2 mm（雌）
词源	拉丁学名源于标本提供者 Pross；中文名源于音译拉丁学名

物种描述

雄虫

背面观： 上颚在基部 1/3 处弯曲，基齿位于上颚中上部；小齿连续均匀分布于基齿上、下方，端齿分叉较大。体泽黑色或棕色，具少量鳞毛；唇基呈三角形。

侧面观： 复眼基本完整裸露，复眼缘着于复眼上端。前胸足胫节刺突数量约 5 枚，胸足胫节呈暗红色。

腹面观： 后胸鳞毛较厚；腿节、胫节呈红褐色。

雌虫

背面观： 体泽黑色，体表光滑。唇基略凸起、上颚较长；眼缘略覆盖复眼前端；前胸背板后端宽于前端，前胸足胫节具 5 枚刺突且端部膨大；中胸足具 2 枚刺突，后胸足具 1 枚明显刺突。

腹面观： 后胸及腹部具明显黄色鳞毛；腿节、胫节均呈黑色。

图片展示

雄虫 - 侧面   雄虫 - 腹面   雌虫 - 背面   雌虫 - 腹面

尺寸展示

10 mm

雄虫 - 大型   雄虫 - 中型   雄虫 - 小型   雌虫

10 mm

北越深山锹甲

Lucanus fujitai Katsura & Giang, 2002

分布	云南
体长	38 ~ 66.5 mm（雄），雌虫未检视
词源	拉丁学名源于日本昆虫学家 Y. Fujita；中文名源于其主要分布在越南北部地区

物种描述

雄虫

背面观： 上颚在基部 1/3 处弯曲，基齿位于上颚中部；小齿连续分布于基齿上、下方，端齿分叉较小。体泽棕色，具少量鳞毛；唇基呈三角形。

侧面观： 复眼基本完整裸露，复眼缘着于复眼上端。前胸足胫节刺突数量约 6 枚，胸足胫节呈黄色。

腹面观： 后胸鳞毛明显；腿节、胫节呈黄色。

图片展示

雄虫 - 侧面

雄虫 - 腹面

尺寸展示

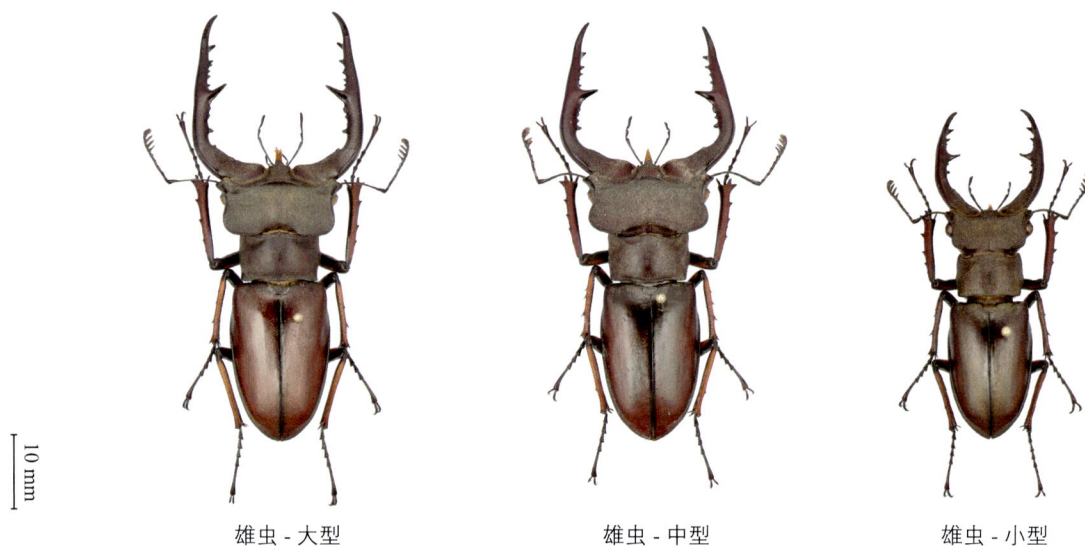

10 mm

雄虫 - 大型　　　　雄虫 - 中型　　　　雄虫 - 小型

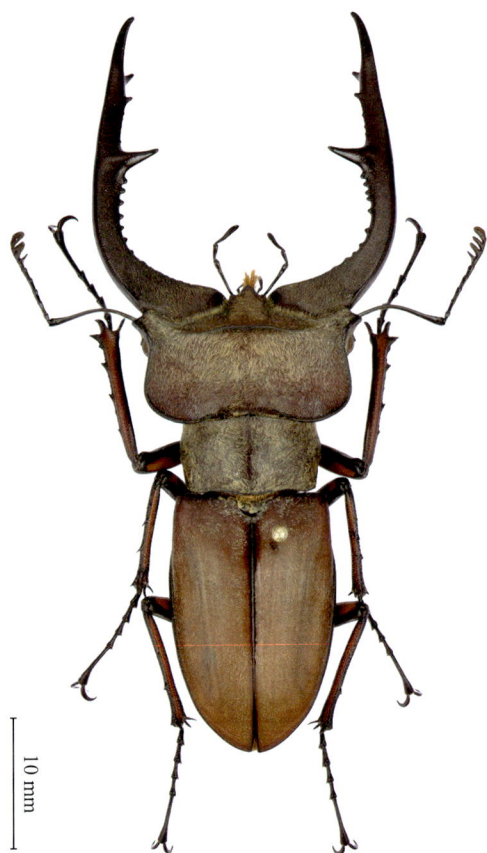

10 mm

橙深山锹甲
Lucanus formosus Didier, 1925

分布	云南
体长	25.2 ~ 58.4 mm（雄），22.1 ~ 27.3 mm（雌）
词源	拉丁学名源于本种雄虫俊美的外型；中文名源于其成虫体色主要为橙色

物种描述

雄虫

背面观： 上颚在基部 1/3 处弯曲，基齿位于上颚中部；小齿连续均匀分布于基齿下方，上方小齿不明显，端齿分叉较小。体泽橙色，具明显的鳞毛；唇基呈三角形。

侧面观： 复眼基本完整裸露，复眼缘着于复眼上端。前胸足胫节刺突数量大于 5 枚，胸足胫节呈橙色。

腹面观： 后胸鳞毛明显；腿节、胫节呈褐色。

雌虫

背面观： 体泽棕色，体表具少量鳞毛。唇基呈梯形；眼缘略覆盖复眼前端；前胸背板后端与前端等宽，前胸足胫节具 4 枚刺突且端部膨大；中胸足具 2 枚刺突，后胸足具 1 枚明显刺突。

腹面观： 后胸与腿节上均具明显黄色鳞毛；腿节、胫节具明显的黄色斑块。

图片展示

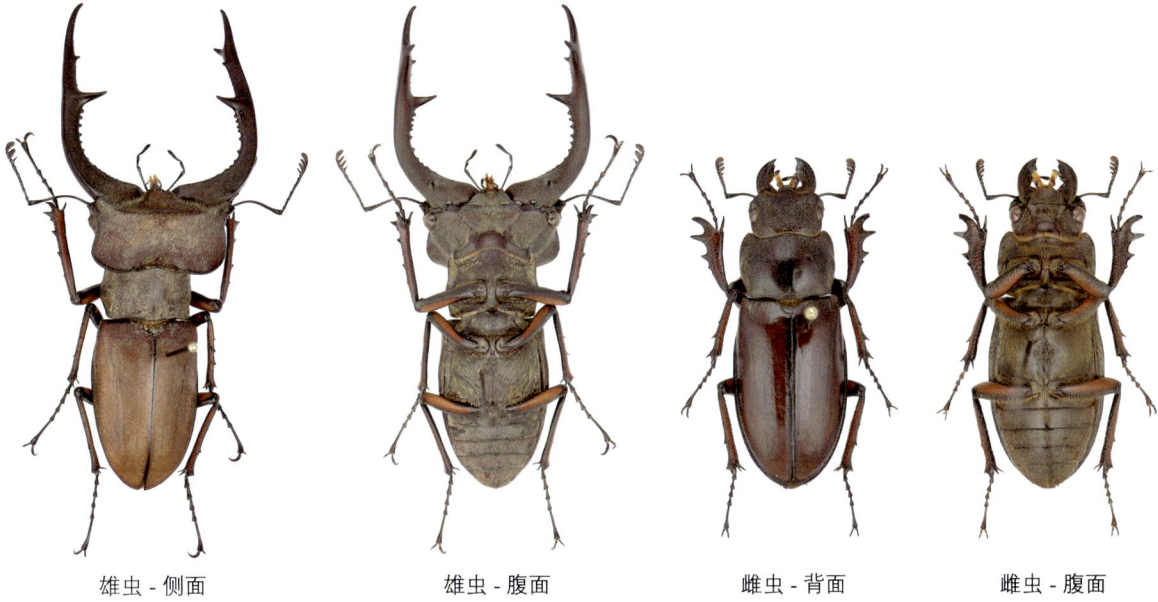

雄虫 - 侧面   雄虫 - 腹面   雌虫 - 背面   雌虫 - 腹面

尺寸展示

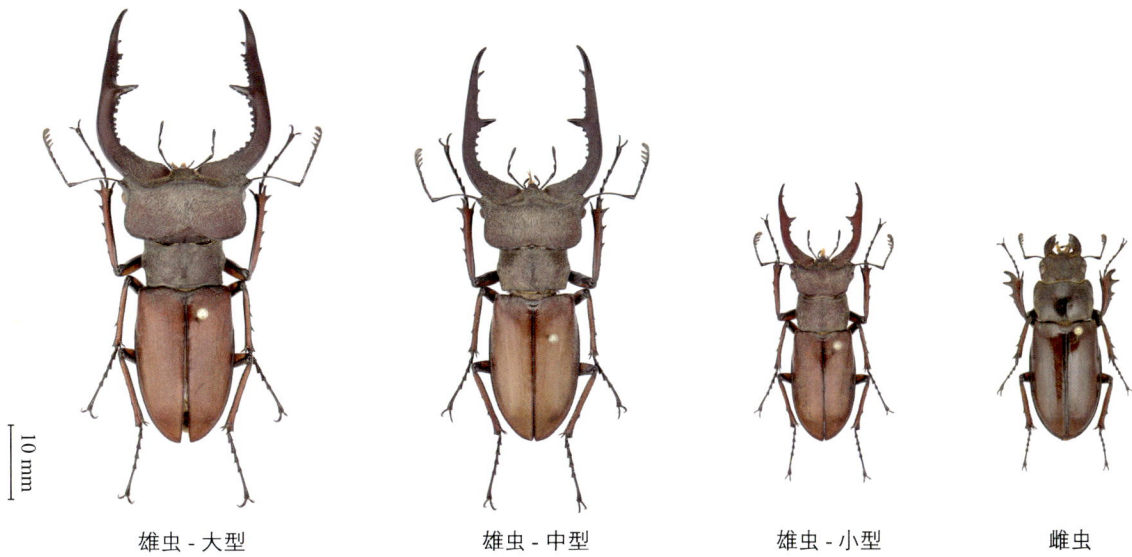

10 mm

雄虫 - 大型   雄虫 - 中型   雄虫 - 小型   雌虫

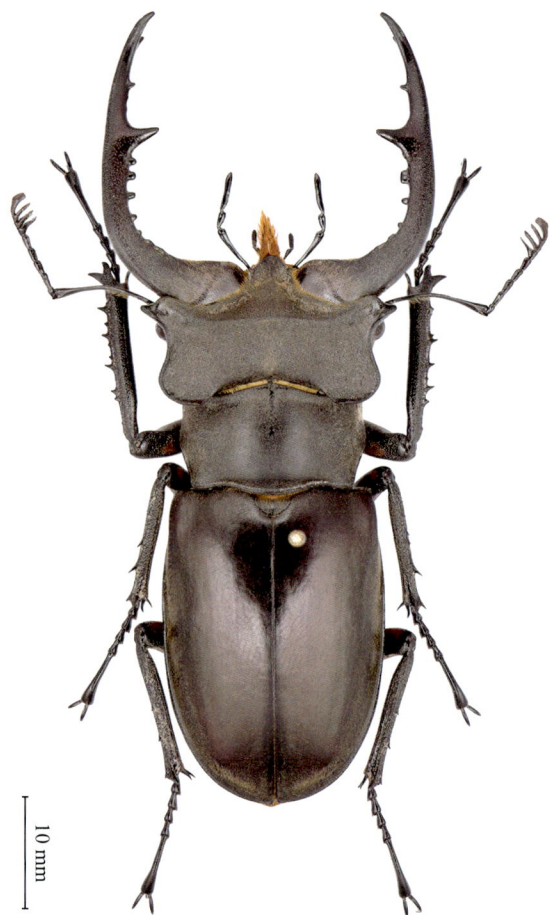

10 mm

康托深山锹甲
Lucanus cantori Hope, 1842

Lucanus cantori cantori Hope, 1842 **原名亚种**

分布	西藏
体长	47.8 ~ 90 mm（雄），雌虫未检视
词源	拉丁学名原文未明确指出，但可能源于英国的蜘蛛学者 Cantor；中文名源于音译拉丁学名

物种描述

雄虫

背面观： 上颚在基部弯曲，基齿位于上颚中上部；小齿连续均匀分布于基齿下方；上方仅具 1 ~ 2 枚小齿，端齿分叉微弱。体泽黑色或棕色，鳞毛不明显；唇基呈三角形。

侧面观： 复眼基本完整裸露，复眼缘着于复眼上端。前胸足胫节刺突数量大于 5 枚，胸足胫节呈黑色。

腹面观： 后胸鳞毛明显；腿节具黄色斑块。

图片展示

雄虫 - 侧面

雄虫 - 腹面

尺寸展示

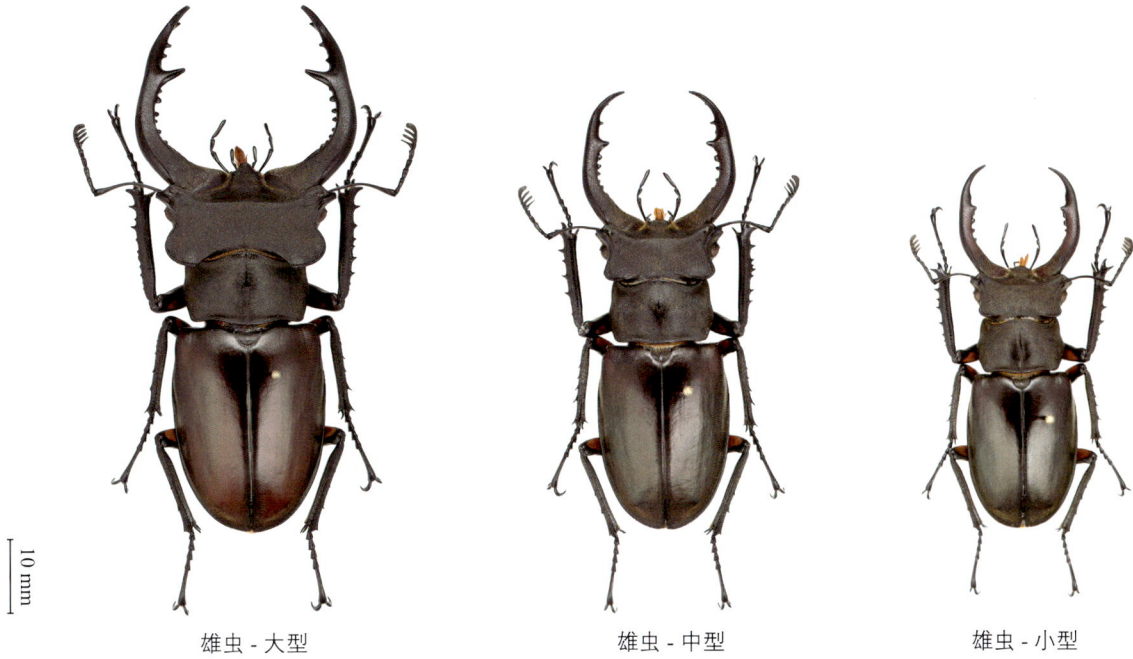

| 雄虫 - 大型 | 雄虫 - 中型 | 雄虫 - 小型 |

Lucanus cantori colasi Lacroix, 1967 滇缅亚种

分布	云南
体长	40 ～ 83 mm（雄），32 ～ 47.5 mm（雌）
词源	拉丁学名原文未明确指出，但可能源于作者的好友 G. Colas，本亚种拉丁学名中文亚种名源于其分布于缅甸和我国云南

物种描述

雄虫

背面观： 上颚在基部 1/3 处弯曲，基齿位于上颚中部，呈较粗壮的三角形且明显上翘；小齿连续均匀分布于基齿上、下方，端齿分叉微弱。体泽黑色，体表鳞毛不明显；唇基不发达。

侧面观： 复眼基本完整裸露，复眼缘着于复眼上端。前胸足胫节刺突数量大于 5 枚，胸足胫节呈黑色。

腹面观： 后胸鳞毛明显；腿节具黄色斑块。

雌虫

背面观： 体泽黑色，鞘翅两侧具少量鳞毛。上颚在端部明显弯曲，内齿呈三角形；唇基略呈五边形；眼缘略覆盖复眼前端；前胸背板后端与前端等宽，前胸足胫节具 5 ～ 7 枚刺突且端部膨大；中胸足具 4 ～ 5 枚刺突，后胸足具 2 ～ 3 枚明显刺突。

腹面观： 后胸与腿节上均具明显黄色鳞毛；中、后足腿节具黄色斑块。

图片展示

雄虫 - 侧面　　　　　　雄虫 - 腹面　　　　　　雌虫 - 背面　　　　　　雌虫 - 腹面

尺寸展示

10 mm

雄虫 - 大型　　　　　　雄虫 - 中型　　　　　　雄虫 - 小型　　　　　　雌虫

藏深山锹甲
Lucanus thibetanus Planet, 1898

Lucanus thibetanus thibetanus Planet, 1898 **原名亚种**

10 mm

分布	四川、湖南、贵州
体长	34 ~ 82.5 mm（雄），25 ~ 45 mm（雌）
词源	拉丁学名源于其模式产地"Siao-lou"，为现在的四川省成都市小楼镇

物种描述

雄虫

背面观： 上颚在基部 1/3 处弯曲，基齿位于上颚中上部；小齿均匀分布于基齿上方，上颚基部具 3 ~ 4 枚小齿突，端齿分叉较大。体泽棕色，全身覆盖明显黄色鳞毛；唇基分叉，向上翘起。

侧面观： 复眼基本完整裸露，复眼缘着于复眼上端。前胸足胫节刺突数量大于 5 枚，胸足胫节呈黑色、红色或棕色。

腹面观： 后胸鳞毛明显；腿节、胫节有时呈棕色。

雌虫

背面观： 体泽棕色，体表具少量鳞毛。唇基呈三角形；眼缘略覆盖复眼前端；前胸背板前端较窄，前胸足胫节具 5 枚刺突；中胸足具 3 枚刺突，后胸足具 2 枚明显刺突。

腹面观： 后胸与腿节上均具明显黄色鳞毛；腿节、胫节均呈棕色。

图片展示 其他态展示

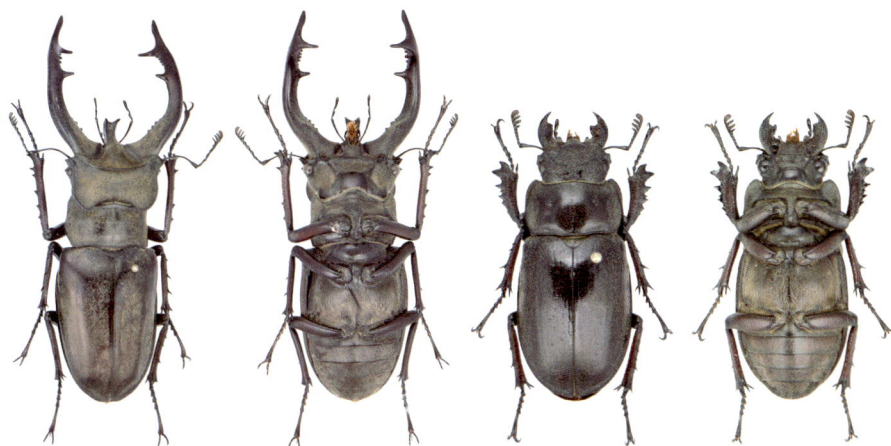

雄虫 - 侧面　　雄虫 - 腹面　　雌虫 - 背面　　雌虫 - 腹面

红色胫节型雄虫

尺寸展示

雄虫 - 大型　　雄虫 - 中型　　雄虫 - 小型　　雌虫

10 mm

10 mm

Lucanus thibetanus furcifer Arrow, 1950 云南亚种

分布	云南
体长	45 ~ 87.5 mm（雄），32.5 ~ 45.4 mm（雌）
词源	拉丁学名源于雄虫唇基处的分叉状凸起；中文名源于其主要分布于云南

物种描述

雄虫

背面观： 上颚在基部 1/3 处弯曲，基齿位于上颚中部；小齿连续均匀分布于基齿上方，下方无明显小齿，整个上颚较为纤细，端齿分叉较小。体泽黑色，具明显的鳞毛；唇基分叉较大。

侧面观： 复眼基本完整裸露，复眼缘着于复眼上端。前胸足胫节刺突数量大于 5 枚，胸足胫节均呈黑色。

腹面观： 后胸鳞毛明显；腿节、胫节均呈黑色。

雌虫

背面观： 体泽黑色，体表具黄色鳞毛。唇基呈三角形；眼缘略覆盖复眼前端；前胸前端较为圆润，前胸足胫节具 4 枚刺突；中胸足具 2 枚刺突，后胸足具 2 枚明显刺突。

腹面观： 后胸与腿节上均具明显黄色鳞毛；腿节、胫节呈红褐色。

图片展示

雄虫 - 侧面　　　　雄虫 - 腹面　　　　雌虫 - 背面　　　　雌虫 - 腹面

尺寸展示

10 mm

雄虫 - 大型　　　　雄虫 - 中型　　　　雄虫 - 小型　　　　雌虫

10 mm

Lucanus thibetanus singularis Planet, 1900 怒江亚种

分布	云南
体长	37 ~ 86.5 mm（雄），33.5 ~ 48 mm（雌）
词源	拉丁学名源于发表时仅有一头雌虫作为模式标本；中文名源于其主要分布在云南怒江地区

物种描述

雄虫

背面观： 上颚在中部弯曲，基齿位于中上部，略微翘起；小齿连续均匀分布于基齿上方，上颚基部具较多连续小齿，整个上颚弯曲度较大，端齿分叉较大。体泽黑色，具明显的鳞毛；唇基前端膨大，分叉较小。

侧面观： 复眼基本完整裸露，复眼缘着于复眼上端。前胸足胫节刺突数量大于 5 枚，胸足胫节呈黑色，偶有红色。

腹面观： 后胸鳞毛明显；腿节、胫节均呈黑色，偶有红色斑块。

雌虫

背面观： 体泽黑色，无明显鳞毛。唇基呈三角形；眼缘略覆盖复眼前端；前胸前端较为圆润，后端凹陷较浅，前胸足胫节具 6 枚刺突；中胸足具 3 枚刺突，后胸足具 2 枚明显刺突。

腹面观： 后胸具明显黄色鳞毛；腿节、胫节呈黑色。

图片展示

雄虫 - 侧面   雄虫 - 腹面   雌虫 - 背面   雌虫 - 腹面

尺寸展示

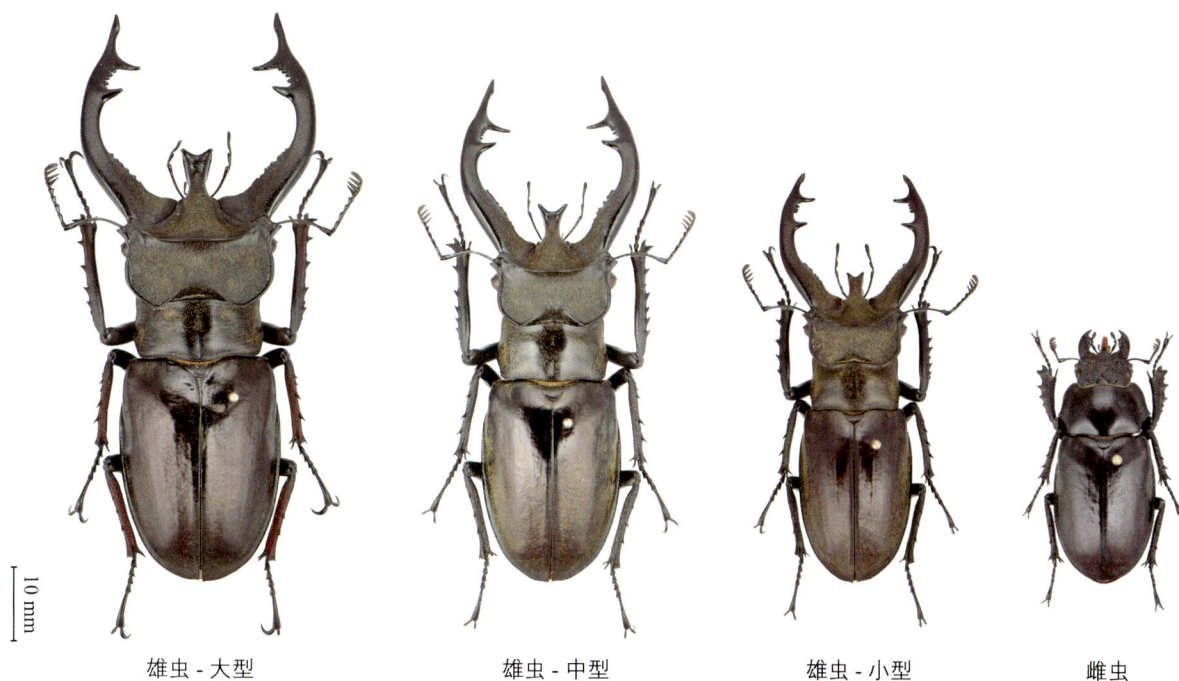

雄虫 - 大型　　　　雄虫 - 中型　　　　雄虫 - 小型　　　　雌虫

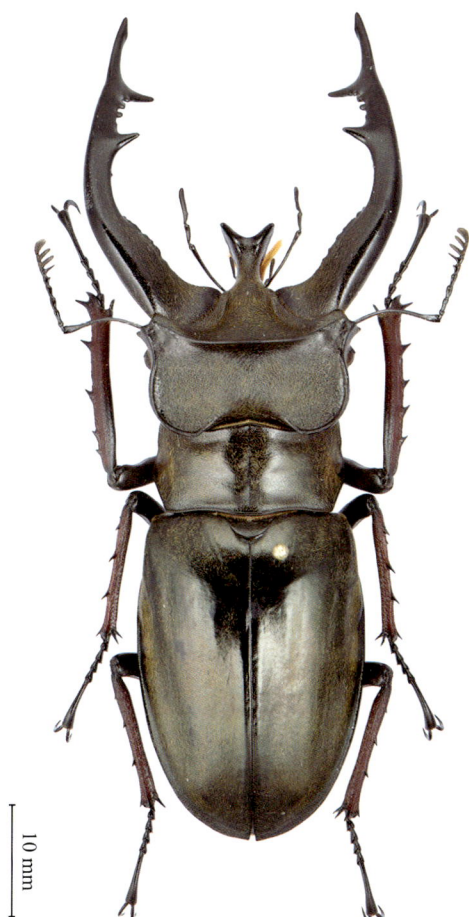

Lucanus thibetanus isaki Nagai, 2000 独龙江亚种

分布	云南
体长	35 ~ 80 mm（雄），32.4 ~ 41.4 mm（雌）
词源	拉丁学名源于标本采集者 Isak；中文名源于本亚种在我国主要分布于独龙江一带

物种描述

雄虫

背面观： 上颚在中上部弯曲，基齿接近上颚顶端，略微翘起；小齿连续均匀分布于基齿上方，上颚基部具模糊的小齿状凸起，整个上颚仅在中间弯曲度较大；端齿分叉较大，上端齿长伴随 1 枚明显的凸起。体泽黑色，具明显的黄棕色鳞毛；唇基前端膨大，分叉中间凹陷较大。

侧面观： 复眼基本完整裸露，复眼缘着于复眼上端。前胸足胫节刺突约 5 枚，胸足胫节呈红色。

腹面观： 后胸鳞毛明显；胸足胫节呈红色。

雌虫

背面观： 体泽黑色，略具黄色鳞毛。唇基呈梯形；眼缘略覆盖复眼前端；前胸前端呈梯形，后端角较钝，前胸足胫节凸起不规律；中胸足具 2 枚刺突，后胸足具 2 枚明显刺突。

腹面观： 后胸具明显黄色鳞毛；胫节呈褐色。

图片展示

| 雄虫 - 侧面 | 雄虫 - 腹面 | 雌虫 - 背面 | 雌虫 - 腹面 |

尺寸展示

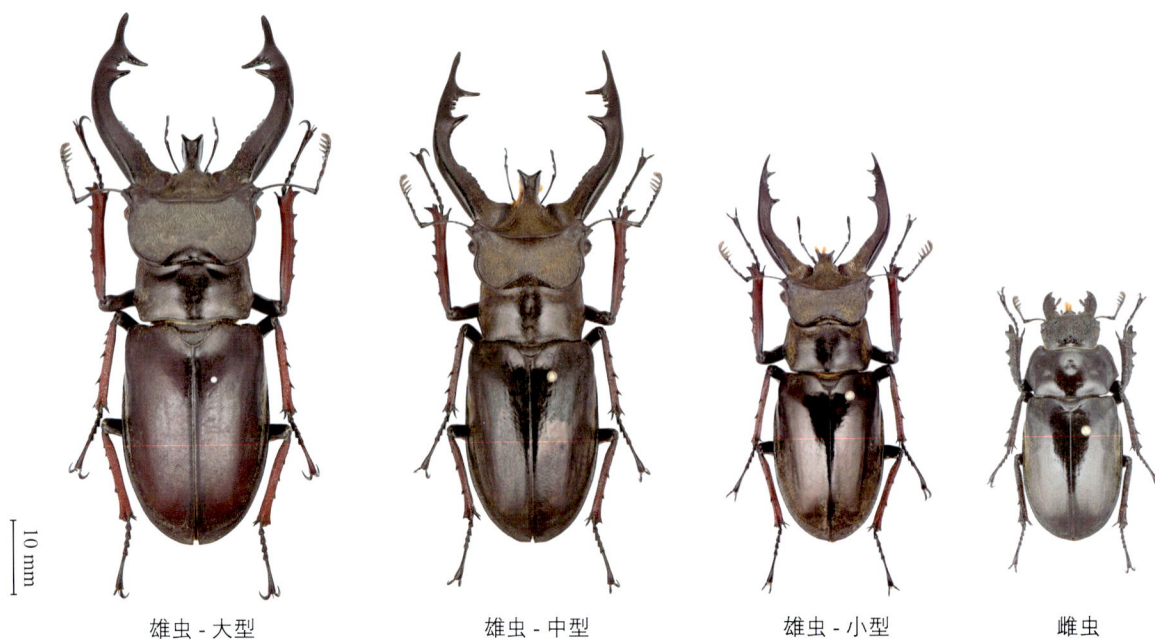

10 mm

| 雄虫 - 大型 | 雄虫 - 中型 | 雄虫 - 小型 | 雌虫 |

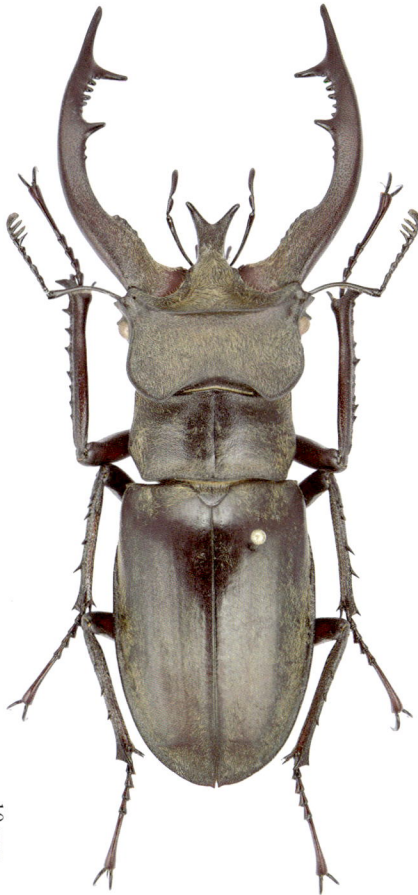

10 mm

Lucanus thibetanus ssp. 1 贵州亚种

分布	贵州
体长	53.7 ~ 81 mm（雄），37.6 ~ 42 mm（雌）
词源	中文名源于其主要分布于贵州

物种描述

雄虫

背面观： 上颚在中部弯曲，基齿位于中上部；小齿连续均匀分布于基齿上、下方，整个上颚弯曲度较大，端齿分叉较大。体泽黑色，具明显的黄色鳞毛；唇基前端膨大，分叉大于原名亚种。

侧面观： 复眼基本完整裸露，复眼缘着于复眼上端。前胸足胫节刺突数量大于 5 枚，胸足胫节呈黑色。

腹面观： 后胸鳞毛较明显；前胸足腿节呈红褐色。

雌虫

背面观： 体泽黑色，体表无明显鳞毛。唇基呈三角形；眼缘略覆盖复眼前端；前胸前端非常圆润，后端凹陷较浅，前胸足胫节具 4 ~ 5 枚刺突；中胸足具 2 枚刺突，后胸足具 2 枚明显刺突。

腹面观： 后胸具明显黄色鳞毛；腿节、胫节呈棕色。

图片展示

雄虫 - 侧面

雄虫 - 腹面

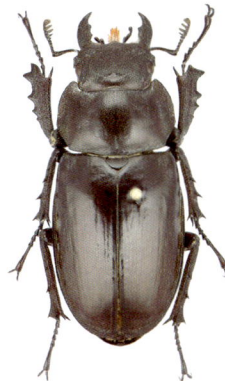

雌虫 - 背面

雌虫 - 腹面

尺寸展示

10 mm

雄虫 - 大型   雄虫 - 中型   雄虫 - 小型   雌虫

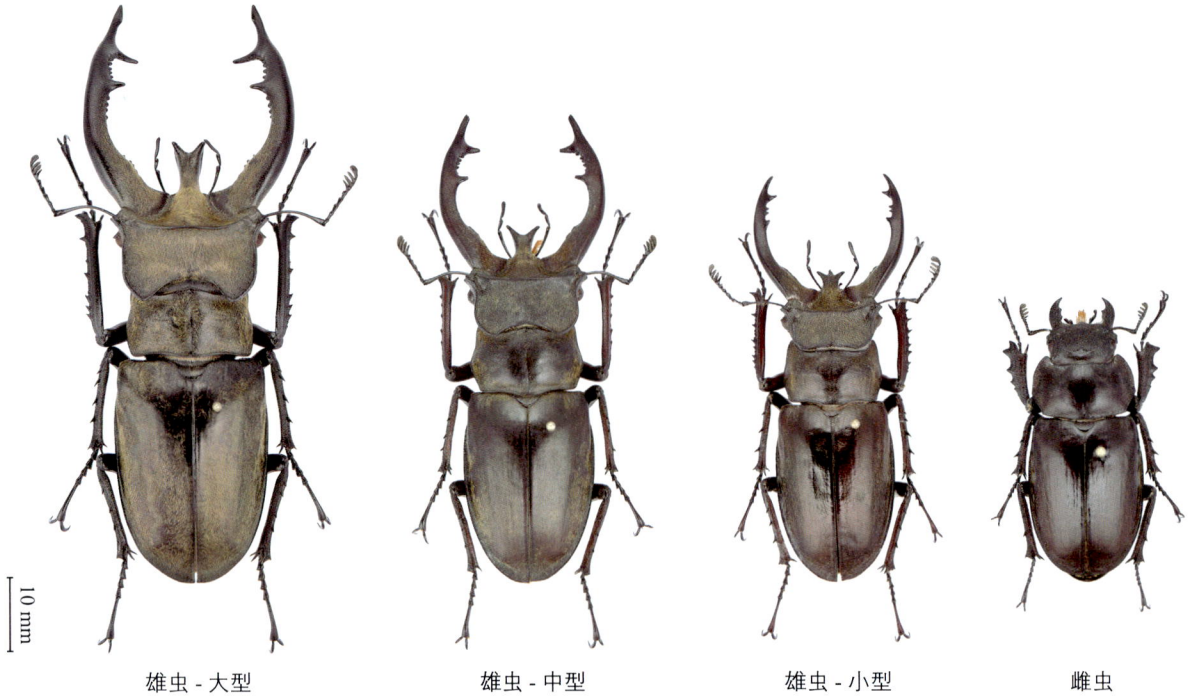

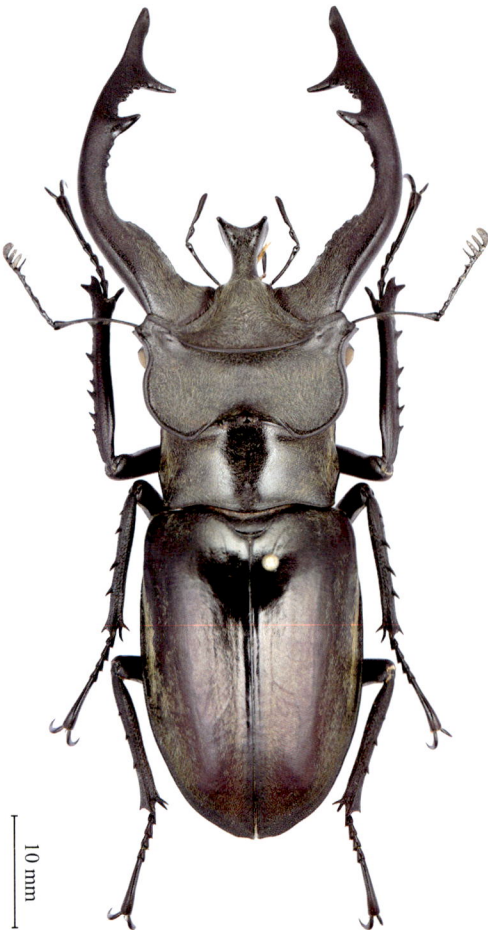

Lucanus thibetanus ssp. 2 **片马亚种**

分布	云南
体长	45 ~ 82 mm（雄），35 ~ 48 mm（雌）
词源	中文名源于其主要分布在云南片马

物种描述

雄虫

背面观： 上颚在中部弯曲，基齿位于上部，略微翘起；小齿连续均匀分布于基齿上、下方，上颚基部具凸起状结构，上颚强烈弯曲，端齿分叉较大。体泽黑色，具明显的鳞毛；唇基前端明显膨大，分叉状。

侧面观： 复眼基本完整裸露，复眼缘着于复眼上端。前胸足胫节刺突数量大于 5 枚，胸足胫节呈黑色。

腹面观： 后胸鳞毛明显；腿节、胫节均呈黑色。

雌虫

背面观： 体泽黑色，无明显鳞毛。唇基呈四边形；眼缘略覆盖复眼前端；前胸背板呈梯形。前胸足胫节具 4 ~ 5 根刺突；中胸足具 2 根刺突，后胸足具 2 根明显刺突。

腹面观： 后胸具明显黄色鳞毛；腿节、胫节呈黑色。

10 mm

图片展示

其他态展示

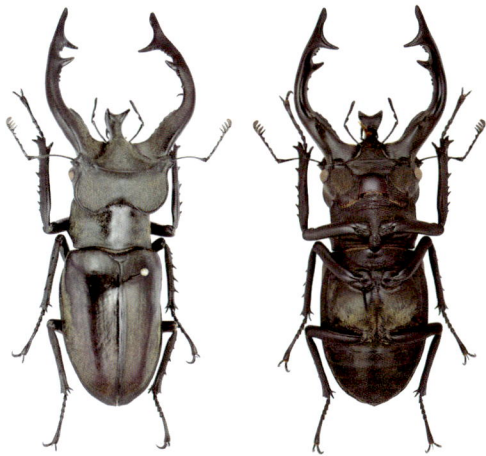

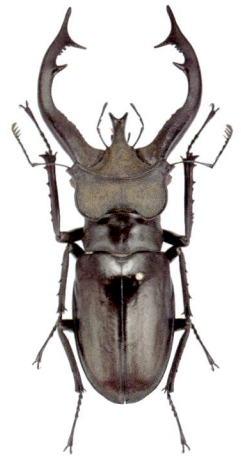

| 雄虫 - 侧面 | 雄虫 - 腹面 | 雌虫 - 背面 | 雌虫 - 腹面 | 弯颚型雄虫 |

尺寸展示

10 mm

| 雄虫 - 大型 | 雄虫 - 中型 | 雌虫 |

10 mm

藏南深山锹甲

Lucanus lunifer Westwood, 1839

Lucanus lunifer franciscae Lacroix, 1971 **东部亚种**

分布	西藏
体长	55 ～ 78 mm（雄），30 ～ 41.5 mm（雌）
词源	拉丁学名源于本种雄虫唇基形状类似"半月状"；中文名源于本种在我国主要分布于西藏南部

物种描述

雄虫

背面观： 上颚在近端部弯曲，基齿位于中上部，略微凸起；小齿连续均匀分布于基齿上方，整个上颚无明显的弯曲，端齿分叉较大。体泽黑色，具明显的黄色鳞毛；唇基前端非常发达，分叉呈新月状。

侧面观： 复眼基本完整裸露，复眼缘着于复眼上端。前胸足胫节具 6 枚刺突，胸足胫节呈红色。

腹面观： 后胸鳞毛明显；腿节、胫节均呈红色。

雌虫

背面观： 体泽黑色，具明显黄色鳞毛。唇基呈三角形；眼缘略覆盖复眼前端且具棱状凸起；前胸前端较为圆润，前胸足胫节具 6 枚刺突；中胸足具 3 枚刺突，后胸足具 2 枚明显刺突；所有刺突均发达，尖锐。

腹面观： 后胸与腿节上均具明显黄色鳞毛；腿节、胫节呈黑色。

图片展示

雄虫 - 侧面

雄虫 - 腹面

雌虫 - 背面

雌虫 - 腹面

尺寸展示

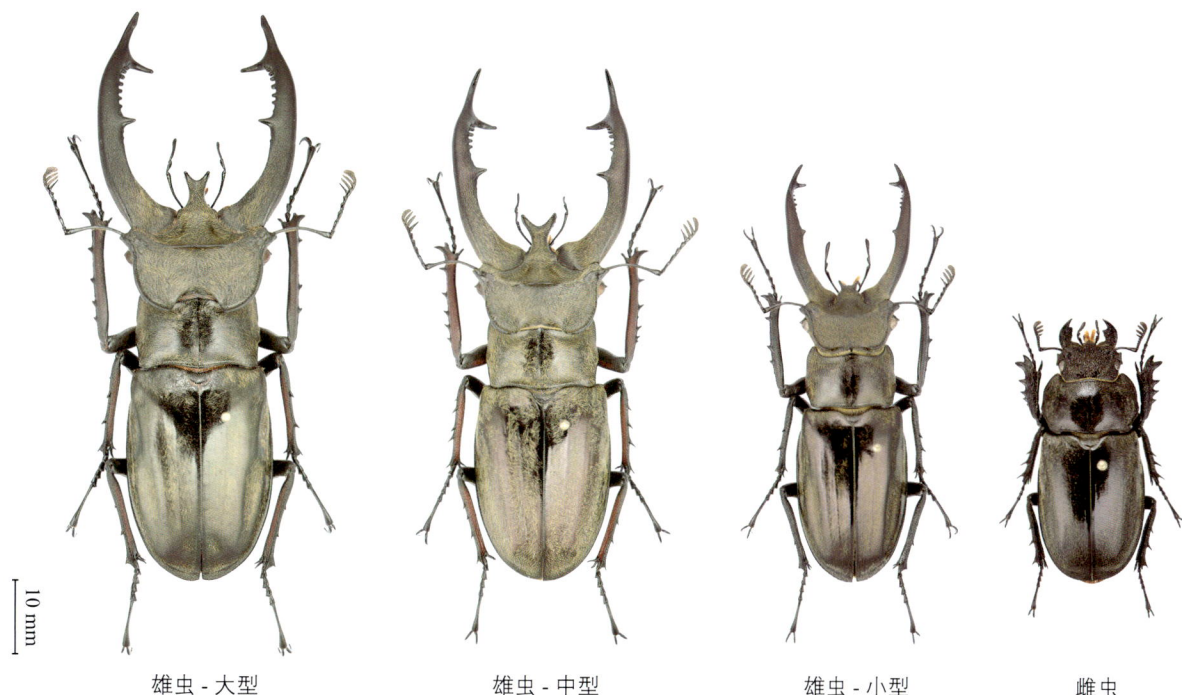

雄虫 - 大型	雄虫 - 中型	雄虫 - 小型	雌虫

10 mm

10 mm

弗瑞深山锹甲
Lucanus fryi Boileau, 1911

分布	云南、西藏
体长	31.2 ~ 82.4 mm（雄），33 ~ 45.6 mm（雌）
词源	拉丁学名源于本种在 Fry 的收藏中被发现；中文名源于音译拉丁学名

物种描述

雄虫

背面观： 上颚在中部弯曲，基齿位于中上部，略微凸起；小齿连续均匀分布于基齿上、下方，端齿分叉较大。体泽棕色，无鳞毛；唇基前端不发达，分叉微小。

侧面观： 复眼基本完整裸露，复眼缘着于复眼上端。前胸足胫节具 4 枚刺突，胸足胫节呈红色。

腹面观： 后胸略具黄色鳞毛；腿节、胫节均呈黑色或红色。

雌虫

背面观： 体泽黑色，无鳞毛。唇基仅略微凸起；眼缘略覆盖复眼前端且具棱状凸起；前胸前端较为圆润，前胸足胫节具 4 枚刺突；中胸足具 3 枚刺突，后胸足具 3 枚明显刺突。

腹面观： 后胸具明显黄色鳞毛；腿节、胫节呈黑色或棕色。

图片展示

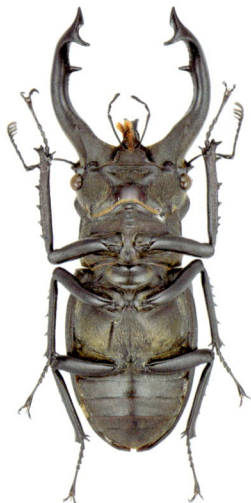

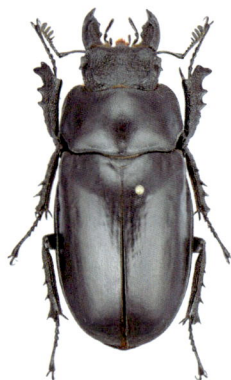

雄虫 - 侧面　　　　雄虫 - 腹面　　　　雌虫 - 背面　　　　雌虫 - 腹面

尺寸展示

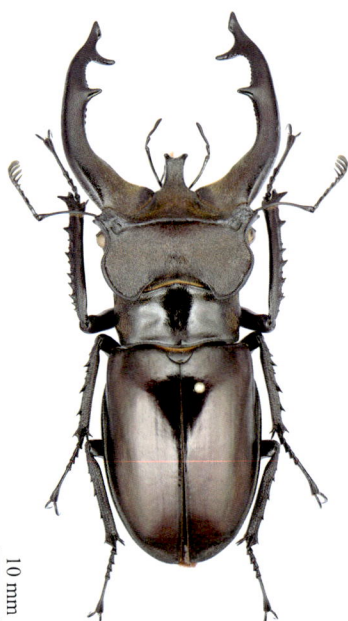

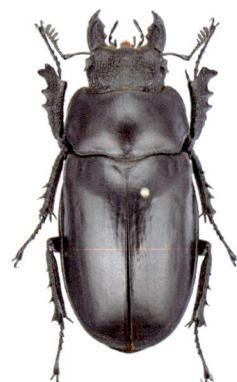

10 mm

雄虫 - 大型　　　　雄虫 - 中型　　　　雄虫 - 小型　　　　雌虫

10 mm

微叉深山锹甲
Lucanus villosus Hope, 1831

分布	西藏
体长	63.4 mm（雄），48.5 mm（雌）
词源	拉丁学名源于雄虫与雌虫体表具明显黄色鳞毛；中文名源于雄虫唇基不发达，仅呈点状凸起

物种描述

雄虫

背面观： 上颚在端部弯曲，基齿位于近端部，较为发达；基齿下方具 2 ~ 3 枚小齿；基齿上方具连续的小齿分布，端齿分叉较大。体泽棕色，具明显黄色鳞毛；唇基前端不发达，分叉微小。

侧面观： 复眼基本完整裸露，复眼缘着于复眼上端。前胸足胫节具 4 ~ 6 枚刺突，胸足胫节呈红色。

腹面观： 后胸略具黄色鳞毛；腿节、胫节均呈红色。

雌虫

背面观： 体泽棕色，鞘翅表面具不明显的鳞毛。唇基仅略微凸起；眼缘略覆盖复眼前端且具棱状凸起；前胸前端较为圆润，前胸足胫节具 3 枚刺突；中胸足具 2 枚刺突，后胸足具 3 枚明显刺突。

腹面观： 后胸具较厚重的黄色鳞毛；腿节呈棕色，胫节呈黑色。

图片展示

雄虫 - 侧面

雄虫 - 腹面

雌虫 - 背面

雌虫 - 腹面

尺寸展示

雄虫

雌虫

10 mm

陈氏深山锹甲
Lucanus cheni Huang, 2011

10 mm

分布	西藏
体长	35 ~ 86.5 mm（雄），28 ~ 41.5 mm（雌）
词源	拉丁学名源于昆虫收藏者陈常卿

物种描述

雄虫

背面观： 上颚在基部 1/3 处弯曲，基齿位于上部；小齿连续均匀分布于基齿上、下方，端齿分叉非常大。体泽黑色，具明显的黄色鳞毛；唇基前端非常发达，前端明显膨大。

侧面观： 复眼基本完整裸露，复眼缘着于复眼上端。前胸足胫节具 6 ~ 7 枚刺突，胸足胫节呈红色。

腹面观： 后胸鳞毛明显；胫节呈红色。

雌虫

背面观： 体泽黑色，无鳞毛。唇基呈三角形；眼缘略覆盖复眼前端且具棱状凸起；前胸前端较为圆润，前胸足胫节具 4 枚刺突；中胸足具 2 枚刺突，后胸足具 2 枚明显刺突。

腹面观： 后胸与腿节上均具明显黄色鳞毛；胸足胫节呈红色。

图片展示   其他态展示

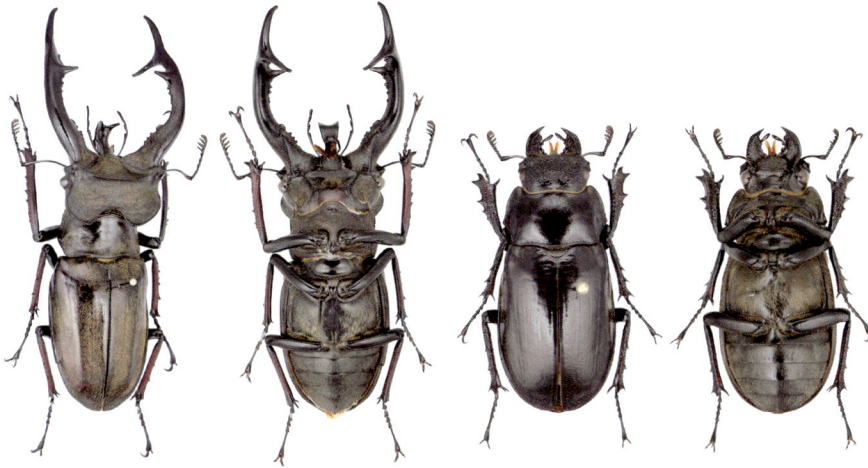

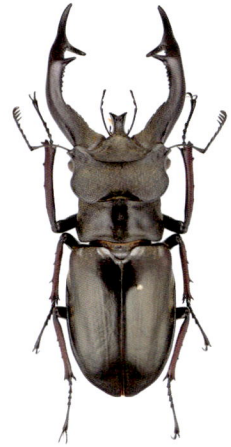

| 雄虫 - 侧面 | 雄虫 - 腹面 | 雌虫 - 背面 | 雌虫 - 腹面 | 西部型雄虫 |

不同地域型之间的差异：

本种分为东部型与西部型。在体型相近的大型雄虫中，东部型雄虫上颚端叉极为发达，西部型雄虫上颚端叉分叉较小。

尺寸展示

10 mm

| 雄虫 - 大型 | 雄虫 - 中型 | 雄虫 - 小型 | 雌虫 |

10 mm

盈江深山锹甲
Lucanus victorius Zilioli, 2002

分布	云南（盈江）
体长	32 ~ 72.5 mm（雄），28 ~ 41.6 mm（雌）
词源	拉丁学名源于原始文献发表者的父亲 Vittorio；中文名源于本种分布于云南盈江

物种描述

雄虫

背面观： 上颚无明显弯曲，基齿位于上部，不发达；小齿连续均匀分布于基齿下方，端齿分叉较小。体泽棕色，具明显黄色鳞毛；唇基非常发达。

侧面观： 复眼基本完整裸露，复眼缘着于复眼上端。前胸足胫节刺突大于 5 枚，胸足胫节呈红色。

腹面观： 后胸鳞毛明显；腿节、胫节均呈棕色。

雌虫

背面观： 体泽黑色，具明显黄色鳞毛。唇基不发达；眼缘略覆盖复眼前端且具棱状凸起；前胸前端宽阔且圆润，前胸足胫节具 5 枚刺突；中胸足具 2 枚刺突，后胸足具 2 枚明显刺突；所有刺突均发达，尖锐。

腹面观： 后胸与腿节上均具明显黄色鳞毛；腿节、胫节呈黑色。

图片展示

雄虫 - 侧面　　　　雄虫 - 腹面　　　　雌虫 - 背面　　　　雌虫 - 腹面

尺寸展示

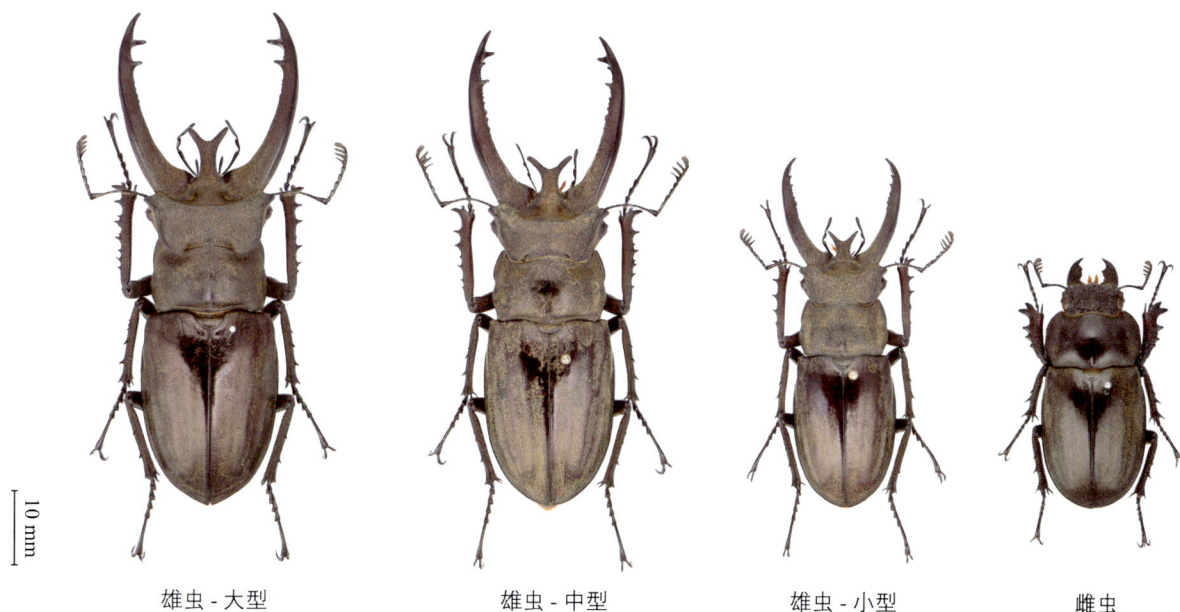

10 mm

雄虫 - 大型   雄虫 - 中型   雄虫 - 小型   雌虫

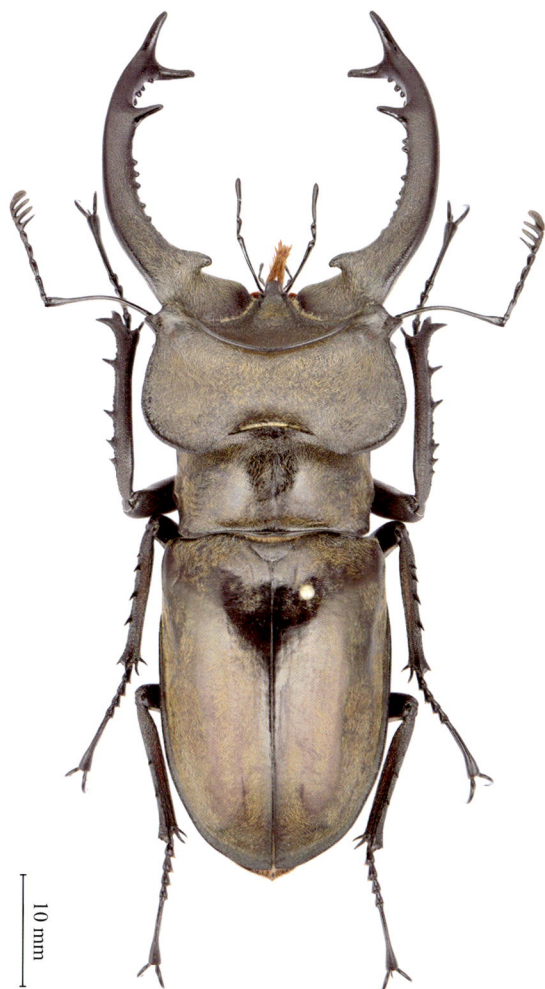

10 mm

瑟深山锹甲
Lucanus sericeus Didier, 1925

分布	云南
体长	34 ~ 79.5 mm（雄），32.5 ~ 42.5 mm（雌）
词源	拉丁学名源于雄虫鞘翅上黄色鳞毛的特征；中文名源于音译拉丁文 "*se-*" 一词

物种描述

雄虫

背面观： 上颚在中部弯曲，基齿位于上部；小齿连续均匀分布于基齿上、下方，端齿分叉较大。体泽棕色，具明显黄色鳞毛；唇基呈三角形。

侧面观： 复眼基本完整裸露，复眼缘着于复眼上端。前胸足胫节具 5 枚刺突，胸足胫节呈黑色或红色。

腹面观： 后胸鳞毛明显；腿节、胫节均呈黑色。

雌虫

背面观： 体泽黑色，无鳞毛。唇基不发达；眼缘略覆盖复眼前端且具棱状凸起；前胸前端宽阔且圆润，前胸足胫节具 5 枚刺突；中胸足 2 枚刺突，后胸足具 2 枚明显刺突。

腹面观： 后胸鳞毛呈橘黄色；腿节、胫节呈黑色。

图片展示

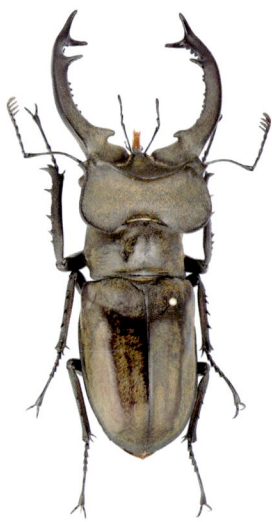

雄虫 - 侧面　　　　　　　　雄虫 - 腹面　　　　　　　　雌虫 - 背面　　　　　　　　雌虫 - 腹面

尺寸展示

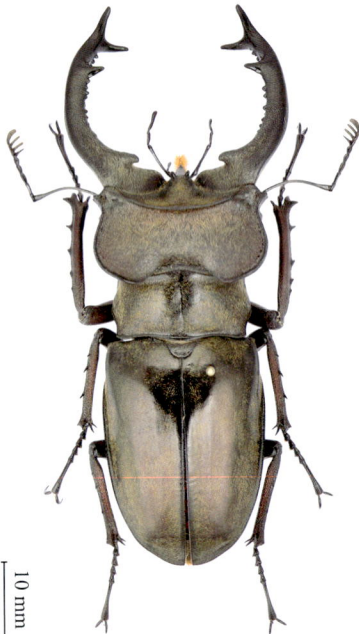

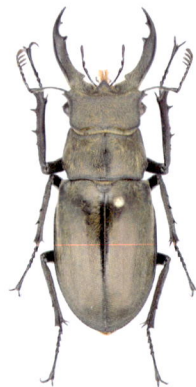

10 mm

雄虫 - 大型　　　　　　　　雄虫 - 中型　　　　　　　　雄虫 - 小型　　　　　　　　雌虫

10 mm

南山深山锹甲

Lucanus nangsarae Nagai, 2000

分布	云南
体长	45.8 ~ 78.5 mm（雄），34 ~ 45.1 mm（雌）
词源	拉丁学名源于标本采集者 Nang Sara；中文名源于本种在我国主要分布于高黎贡山以南

物种描述

雄虫

背面观： 上颚在中部弯曲，基齿位于上部且向下弯曲；上颚无明显的小齿凸起，端齿分叉较大。体泽棕色，具明显黄色鳞毛；唇基呈三角形。

侧面观： 复眼基本完整裸露，复眼缘着于复眼上端。前胸足胫节具 5 枚刺突，胸足胫节呈黑色。

腹面观： 后胸鳞毛明显；腿节、胫节均呈黑色。

雌虫

背面观： 体泽黑色，无鳞毛。唇基不发达；眼缘略覆盖复眼前端且具棱状凸起；前胸前端圆润，后端角向外转折度较大，前胸足胫节刺突数量超过 5 枚；中胸足具 3 枚刺突，后胸足具 2 枚明显刺突。

腹面观： 后胸鳞毛呈橘黄色；腿节、胫节呈黑色。

图片展示

| 雄虫 - 侧面 | 雄虫 - 腹面 | 雌虫 - 背面 | 雌虫 - 腹面 |

尺寸展示

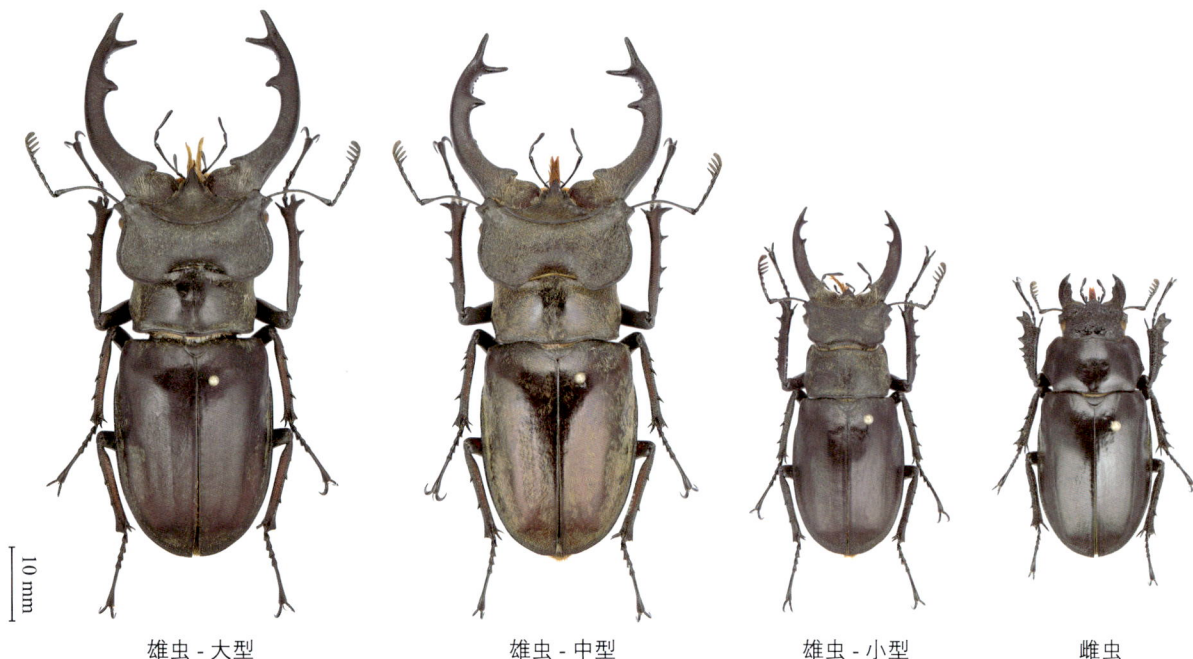

| 雄虫 - 大型 | 雄虫 - 中型 | 雄虫 - 小型 | 雌虫 |

10 mm

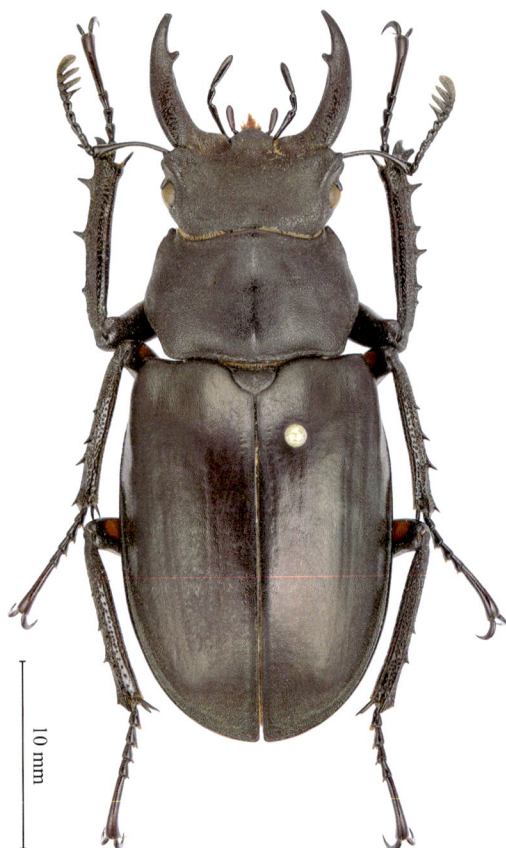

10 mm

简颚深山锹甲
Lucanus didieri Planet, 1927

分布	云南
体长	35 ~ 39 mm（雄），雌虫未知
词源	拉丁学名源于法国昆虫学家 R. Didider；中文名源于其雄虫上颚内齿的特征

物种描述

雄虫

背面观：上颚在基部弯曲，基齿位于上部，仅呈点状凸起；上颚无小齿，无端齿结构。体泽棕色或黑色，无鳞毛；唇基呈盾状。

侧面观：复眼基本完整裸露，复眼缘着于复眼上端。前胸足胫节刺突数量超过 5 枚，胸足胫节呈黑色。

腹面观：后胸鳞毛明显；腿节上具黄色斑块。

图片展示

雄虫 - 侧面

雄虫 - 腹面

郎深山锹甲

Lucanus langi Huang, He & Shi, 2011

分布	西藏
体长	25 ~ 68.3 mm（雄），28 ~ 39.5 mm（雌）
词源	拉丁学名源于昆虫学家郎嵩云

物种描述

雄虫

背面观： 上颚在基部 1/3 处弯曲，基齿位于上部；小齿分立于基齿上下侧，端齿分叉较大。体泽棕色或黑色，头、前胸背板具明显黄色鳞毛；唇基略分叉。

侧面观： 复眼基本完整裸露，复眼缘着于复眼上端。前胸足胫节具 4 ~ 5 枚刺突，胸足胫节呈红色或黑色。

腹面观： 后胸鳞毛明显；胫节呈红色或黑色。

雌虫

背面观： 体泽黑色，无鳞毛。唇基呈梯形；眼缘略覆盖复眼前端且具棱状凸起；前胸前端与后端均较为圆润，前胸足胫节具 4 ~ 5 枚刺突；中胸足具 2 枚刺突，后胸足具 2 枚明显刺突。

腹面观： 后胸具簇状黄色鳞毛；腿节、胫节呈黑色。

图片展示

雄虫 - 侧面　　　　　　　　雄虫 - 腹面　　　　　　　　雌虫 - 背面　　　　　　　　雌虫 - 腹面

尺寸展示

10 mm

雄虫 - 大型　　　　　　　　雄虫 - 中型　　　　　　　　雄虫 - 小型　　　　　　　　雌虫

10 mm

察隅深山锹甲
Lucanus choui Huang & Chen, 2013

分布	西藏
体长	32 ~ 68 mm（雄），34.3 ~ 39.1 mm（雌）
词源	中文名源于其模式产地西藏察隅

物种描述

雄虫

背面观： 上颚在基部 1/3 处弯曲，基齿位于上部；上颚无明显小齿，端齿分叉较小。体泽棕色，具明显黄色鳞毛；唇基略分叉，不发达。

侧面观： 复眼基本完整裸露，复眼缘着于复眼上端。前胸足胫节具 4 枚刺突，胸足胫节呈红褐色。

腹面观： 后胸具淡黄色鳞毛；腿节呈黑色，胫节略显红褐色。

雌虫

背面观： 体泽黑色，无鳞毛。唇基略呈三角形；眼缘略覆盖复眼前端，略呈半圆；前胸前端明显窄于后端，前胸足胫节具 4 枚刺突状隆起；中胸足具 3 枚刺突，后胸足具 2 枚明显刺突。

腹面观： 后胸具黄色鳞毛；腿节、胫节呈黑色。

图片展示

雄虫 - 侧面

雄虫 - 腹面

雌虫 - 背面

雌虫 - 腹面

尺寸展示

雄虫 - 大型　　　　　　雄虫 - 中型　　　　　　雄虫 - 小型　　　　　　雌虫

短颚深山锹甲
Lucanus imitator (Boucher & Huang, 1991)

分布	西藏
体长	32 ~ 50 mm（雄），28 ~ 32.9 mm（雌）
词源	拉丁学名源于本种与其近缘种外观相近；中文名源于雄虫上颚长度较短

物种描述

雄虫

背面观： 上颚在中部弯曲，基齿位于上部且向上翘起；基齿下方常伴 1 枚小齿，端齿分叉较小。体泽棕色，具明显黄色鳞毛；唇基平坦，不发达。

侧面观： 复眼基本完整裸露，复眼缘着于复眼上端。前胸足胫节刺突超过 5 枚，胸足胫节呈红褐色。

腹面观： 后胸具淡黄色鳞毛；腿节呈黑色，胫节呈红褐色。

雌虫

背面观： 体泽红棕色，无鳞毛。唇基略隆起；眼缘略覆盖复眼前端，具棱状凸起；前胸前端与后端等宽，前胸足胫节具 4 枚刺突状隆起；中胸足具 3 枚刺突，后胸足具 2 枚明显刺突。

腹面观： 后胸具黄色鳞毛；胫节呈红色。

图片展示

雄虫 - 侧面　　　　　　雄虫 - 腹面　　　　　　雌虫 - 背面　　　　　　雌虫 - 腹面

尺寸展示

10 mm

雄虫 - 大型　　　　　　雄虫 - 中型　　　　　　雄虫 - 小型　　　　　　雌虫

10 mm

阿深山锹甲

Lucanus atratus Hope, 1831

分布	西藏
体长	28 ~ 35 mm（雄），雌虫未检视
词源	拉丁学名源于本种雄虫体表为黑色；中文名源于音译拉丁学名

物种描述

雄虫

背面观： 上颚在中部弯曲，无基齿、小齿；无端齿结构。体泽黑色，无鳞毛；唇基不发达，略微隆起。

侧面观： 复眼基本完整裸露，复眼缘着于复眼上端。前胸足胫节刺突超过 5 枚，胸足胫节呈黑色。

腹面观： 后胸具淡黄色鳞毛；腿节、胫节均呈黑色。

图片展示

雄虫 - 侧面

雄虫 - 腹面

10 mm

直颚深山锹甲
Lucanus hayashii Nagai, 2000

分布	西藏、云南
体长	34 ~ 72.5 mm（雄），34.2 ~ 41.5 mm（雌）
词源	拉丁学名源于日本昆虫学家林氏（Hayashi, N.）；中文名源于雄虫上颚形状较为笔直

物种描述

雄虫

背面观： 上颚在端部弯曲，基齿位于中部；上颚仅具 1 枚小齿，端齿较小。体泽棕色或黑色，具明显黄色鳞毛；唇基呈三角形。

侧面观： 复眼基本完整裸露，复眼缘着于复眼上端。前胸足胫节具刺突 5 枚，胸足胫节呈红褐色。

腹面观： 后胸具黄色鳞毛；腿节呈褐色，胫节呈红褐色。

雌虫

背面观： 体泽黑色，无鳞毛。唇基略呈三角形；眼缘略覆盖复眼前端且有明显侧棱；前胸背板中端较宽，前胸足胫节具 5 枚刺突状隆起；中胸足具 2 枚刺突，后胸足具 3 枚明显刺突。

腹面观： 后胸具黄色鳞毛；腿节、胫节呈黑色。

图片展示

雄虫 - 侧面

雄虫 - 腹面

雌虫 - 背面

雌虫 - 腹面

尺寸展示

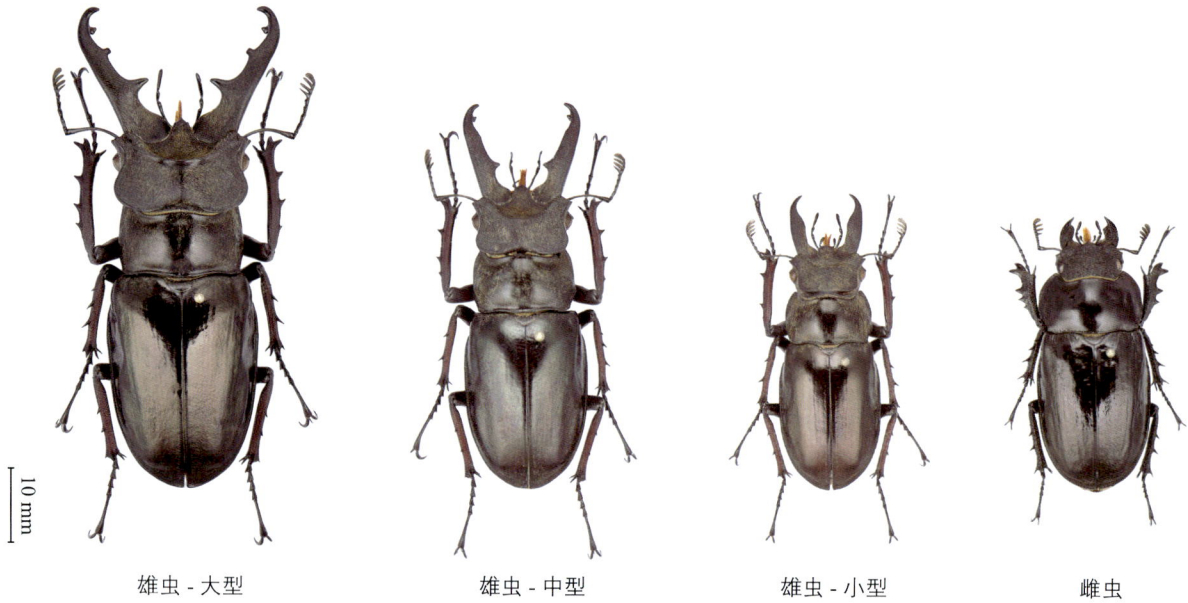

10 mm

雄虫 - 大型   雄虫 - 中型   雄虫 - 小型   雌虫

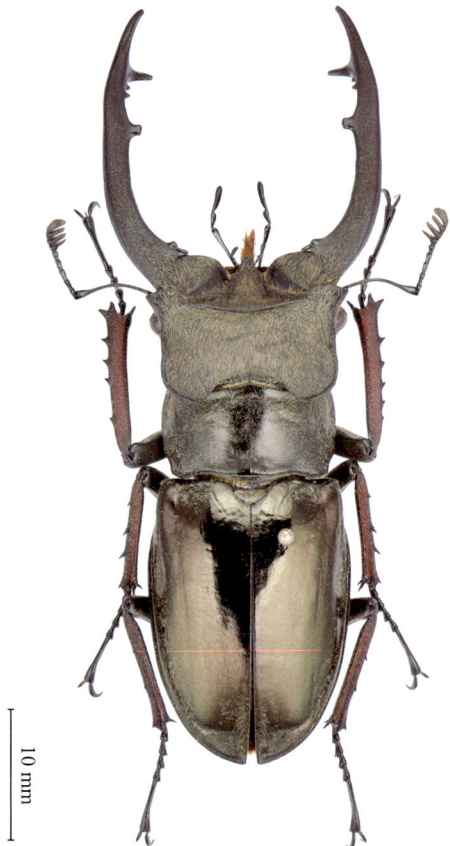

10 mm

金属深山锹甲
Lucanus mearesii Hope, 1842

别名：古铜深山锹甲

分布	西藏
体长	38.1 ～ 77.4 mm（雄），32.0 ～ 37.4 mm（雌）
词源	拉丁学名源于标本采集者 Mears；中文名源于成虫体表呈金属光泽

物种描述

雄虫

背面观： 上颚在基部 1/3 处弯曲，无基齿；上颚中上端具 1 ～ 2 枚小齿，端齿较大。体泽黑色且明显反光，具淡黄色鳞毛；唇基呈三角形。

侧面观： 复眼基本完整裸露，复眼缘着于复眼上端。前胸足胫节刺突大于 5 枚，胸足胫节呈红褐色。

腹面观： 后胸具黄色鳞毛；腿节、胫节均呈褐色。

雌虫

背面观： 体泽黑色，无鳞毛。唇基略呈三角形；眼缘略覆盖复眼前端，有明显的棱突；前胸中端较宽且呈方形，前胸足胫节具 5 枚刺突状隆起；中胸足具 2 枚刺突，后胸足具 2 枚明显刺突。

腹面观： 后胸具黄色鳞毛；腿节、胫节呈黑色。

图片展示

雄虫 - 侧面　　　　　　　　雄虫 - 腹面　　　　　　　　雌虫 - 背面　　　　　　　　雌虫 - 腹面

尺寸展示

10 mm

雄虫 - 大型　　　　　　　　雄虫 - 中型　　　　　　　　雄虫 - 小型　　　　　　　　雌虫

10 mm

鬼深山锹甲
Lucanus wemckeni Schenk, 2006

分布	西藏
体长	31 ~ 62 mm（雄），28 ~ 35.6 mm（雌）
词源	拉丁学名源于作者的好友 R. Wemcken；中文名源于雄虫上颚内齿夸张的形状酷似鬼面

物种描述

雄虫

背面观： 上颚在中段弯曲，基齿分叉状；上颚中上端具 1 ~ 2 枚小齿，端齿较小。体泽金属色且明显反光，具淡黄色鳞毛；唇基呈三角形。

侧面观： 复眼基本完整裸露，复眼缘着于复眼上端。前胸足胫节具 5 枚刺突，胸足胫节呈红褐色。

腹面观： 后胸具黄色鳞毛；腿节、胫节呈红褐色。

雌虫

背面观： 体泽黑色，鳞毛不明显。唇基略呈三角形；眼缘略覆盖复眼前端，具明显的棱突；前胸前端较圆润，前胸足胫节具 5 枚刺突状隆起；中胸足具 2 枚刺突，后胸足具 1 枚刺突。

腹面观： 后胸、腿节具黄色鳞毛；胫节略呈暗红色。

图片展示

雄虫 - 侧面

雄虫 - 腹面

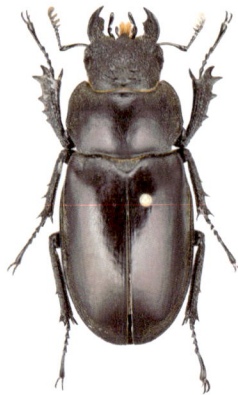

雌虫 - 背面

雌虫 - 腹面

尺寸展示

| 雄虫 - 大型 | 雄虫 - 中型 | 雄虫 - 小型 | 雌虫 |

双齿深山锹甲
Lucanus nyishwini Nagai, 2000

Lucanus nyishwini bretschneideri Schenk, 2008 墨脱亚种

分布	西藏
体长	22.0 ~ 39.5 mm（雄），雌虫未检视
词源	拉丁学名源于其模式标本的采集者 G. Bretschneider；中文名源于本种雄虫上颚有两枚基齿，亚种中文名源于本亚种主要分布于西藏墨脱

物种描述

雄虫

背面观：上颚在近端部弯曲，基齿位于上颚基部、近端部；端齿下具 3 ~ 4 枚小齿，端齿较大。体泽黑色且明显反光，具淡黄色鳞毛；唇基略呈四边形。

侧面观：复眼基本完整裸露，复眼缘着于复眼上端。前胸足胫节刺突大于 5 枚，胸足胫节均呈黑色。

腹面观：后胸具黄色鳞毛；腿节、胫节均呈黑色。

图片展示

雄虫 - 侧面

雄虫 - 腹面

错颚深山锹甲
Lucanus nosei Nagai, 2000

分布	云南 * 本种在中国的分布暂且存疑
体长	25.6 ~ 40.5 mm（雄），雌虫未检视
词源	拉丁学名源于标本提供者野濑幸信；中文名源于雄虫上颚基齿不对称的特征

物种描述

雄虫

背面观： 上颚在近端部强烈弯曲，基齿位于上颚基部，且左侧基齿明显高于右侧；基齿上方具 1 枚尖锐小齿。体泽黑色且明显反光，前胸背板具淡黄色鳞毛；唇基呈三角形。

侧面观： 复眼基本完整裸露，复眼缘着于复眼上端。前胸足具 4 枚刺突，胸足胫节均呈黑色。

腹面观： 后胸具黄色鳞毛；胫节呈黑色；中、后胸足上侧具黄色斑块。

10 mm

图片展示

雄虫 - 侧面

雄虫 - 腹面

巨叉深山锹甲

Lucanus hermani de Lisle, 1973

别名： 赫曼深山锹甲

保护级别：国家二级保护动物

分布	安徽、浙江、福建、江西、广东、广西、海南、云南、贵州、四川、湖南、湖北等
体长	45 ~ 92 mm（雄），35 ~ 40.1 mm（雌）
词源	拉丁学名源于标本采集者 Herman；中文名源于雄虫个体较大且具分叉明显的唇基

物种描述

雄虫

背面观： 上颚在中段弯曲，2 枚基齿分立于上颚中部；基齿上方具小齿凸起，端齿较小。体泽红棕色，无明显鳞毛；唇基较细长，顶端呈分叉状。

侧面观： 复眼基本完整裸露，复眼缘着于复眼上端。前胸足胫节刺突数超过 5 枚，胸足胫节呈红褐色。

腹面观： 鳞毛不明显；腿节具大面积黄色斑块。

雌虫

背面观： 体泽黑色，无鳞毛。唇基呈三角形；眼缘略覆盖复眼前端，具明显的棱突且中间凹陷；前胸前端较圆润，前胸足胫节刺突数超过 5 枚；中胸足具 3 枚刺突，后胸足具 2 枚刺突。

腹面观： 后胸具黄色鳞毛；腿节具明显黄色斑块。

10 mm

图片展示

雄虫 - 侧面　　　　雄虫 - 腹面　　　　雌虫 - 背面　　　　雌虫 - 腹面

尺寸展示

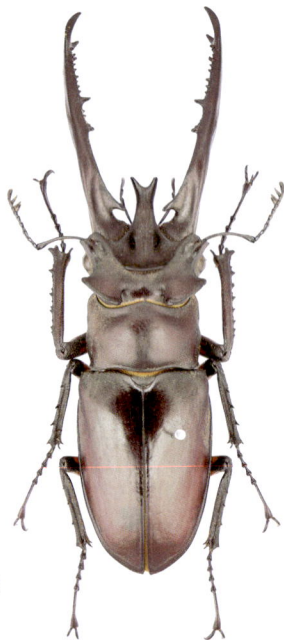

10 mm

雄虫 - 大型　　　　雄虫 - 中型　　　　雄虫 - 小型　　　　雌虫

台湾深山锹甲
Lucanus formosanus Planet, 1899

分布	台湾
体长	42 ~ 87 mm（雄），33.8 ~ 39.6 mm（雌）
词源	拉丁学名源于其模式产地台湾

物种描述

雄虫

背面观： 上颚在中段弯曲，2 枚基齿分立于上颚中部、上方基齿总是明显大于下方；基齿上方具小齿凸起，端齿较大。体泽红棕色或黑色，无明显鳞毛；唇基较细短，顶端呈分叉状。

侧面观： 复眼基本完整裸露，复眼缘着于复眼上端。前胸足胫节刺突数超过 5 枚，胸足胫节呈红褐色或黑色。

腹面观： 鳞毛不明显；腿节具小面积黄色斑块。

雌虫

背面观： 体泽黑色，无鳞毛。唇基呈三角形；眼缘略覆盖复眼前端，具明显的棱突且中间凹陷；前胸前端较窄，前胸足胫节具 5 枚刺突；中胸足具 2 枚刺突，后胸足具 1 枚刺突。

腹面观： 后胸具黄色鳞毛；胫节呈黑色，无明显黄色斑块。

10 mm

图片展示

| 雄虫 - 侧面 | 雄虫 - 腹面 | 雌虫 - 背面 | 雌虫 - 腹面 |

其他态展示

北部型雄虫　　　　　中部型雄虫　　　　　南部型雄虫　　　　　东部型雄虫

不同地域型之间的差异：

本种雄虫根据地理分布可分为北部型、中部型、南部型和东部型。北部型雄虫上颚相对较为笔直，中部型雄虫上颚较为修长弯曲，南部与东部型雄虫上颚与体型则相对较为短粗。

尺寸展示

10 mm

雄虫 - 大型　　　　　雄虫 - 中型　　　　　雄虫 - 小型　　　　　雌虫

10 mm

普叉深山锹甲
Lucanus planeti Planet, 1899

Lucanus planeti planeti Planet, 1899 **原名亚种**

分布	云南、贵州
体长	45 ～ 93.5 mm（雄），32.1 ～ 44.5 mm（雌）
词源	拉丁学名原文未明确指出；中文名源于音译拉丁文"*planet-*"一词

物种描述

雄虫

背面观： 上颚在中段弯曲，2 枚基齿分立于上颚中部、不发达；基齿上、下方具小齿凸起，端齿较小。体泽红棕色，具明显鳞毛；唇基较短粗，顶端分叉较大。

侧面观： 复眼基本完整裸露，复眼缘着于复眼上端。前胸足胫节刺突数超过 5 枚，胸足胫节呈红褐色。

腹面观： 后胸具明显黄色鳞毛；腿节、胫节具明显红色斑块。

雌虫

背面观： 体泽黑色，略具鳞毛。唇基呈三角形；眼缘略覆盖复眼前端，无明显的棱突；前胸前端较窄，前胸足胫节具 6 枚刺突；中胸足具 3 枚刺突，后胸足具 1 ～ 3 枚刺突。

腹面观： 后胸具黄色鳞毛；胫节、腿节均呈黑色。

图片展示

雄虫 - 侧面

雄虫 - 腹面

雌虫 - 背面

雌虫 - 腹面

尺寸展示

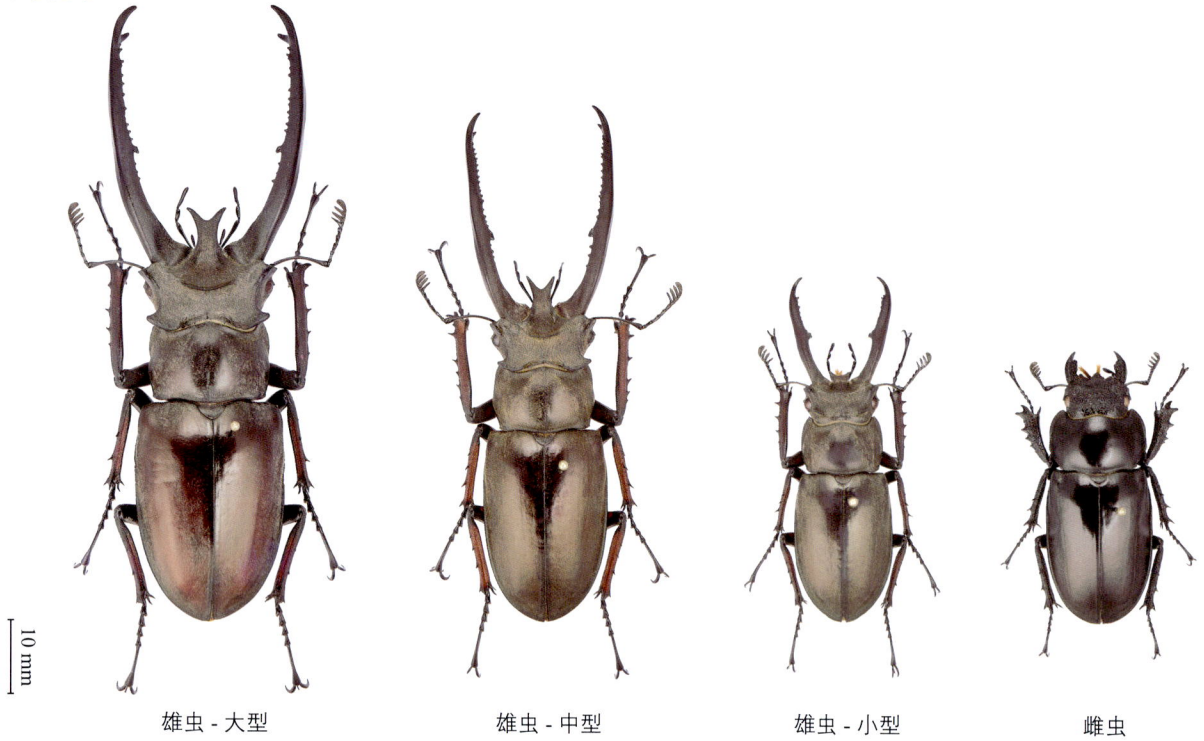

| 雄虫 - 大型 | 雄虫 - 中型 | 雄虫 - 小型 | 雌虫 |

Lucanus planeti dayaoshanensis Schenk, 2011 广西亚种

分布	广西
体长	55 ~ 88 mm（雄），30 ~ 44.8 mm（雌）
词源	拉丁学名源于其模式产地大瑶山；中文名源于其主要分布于广西

物种描述

雄虫

背面观： 上颚在中段弯曲，2 枚基齿分立于上颚中部、下方齿略大于上方；基齿上、下方具小齿凸起，端齿较小。体泽红棕色，无鳞毛；唇基较细长，顶端分叉较大。

侧面观： 复眼基本完整裸露，复眼缘着于复眼上端。前胸足胫节刺突数超过 5 枚，胸足胫节呈红褐色。

腹面观： 后胸具明显黄色鳞毛；腿节、胫节均呈红色。

雌虫

背面观： 体泽黑色，无鳞毛。唇基呈三角形；眼缘略覆盖复眼前端，略具棱突；前胸前端较窄，前胸足胫节具 5 枚刺突；中胸足具 3 枚刺突，后胸足具 2 枚刺突。

腹面观： 后胸无黄色鳞毛；胫节、腿节均呈黑色。

图片展示

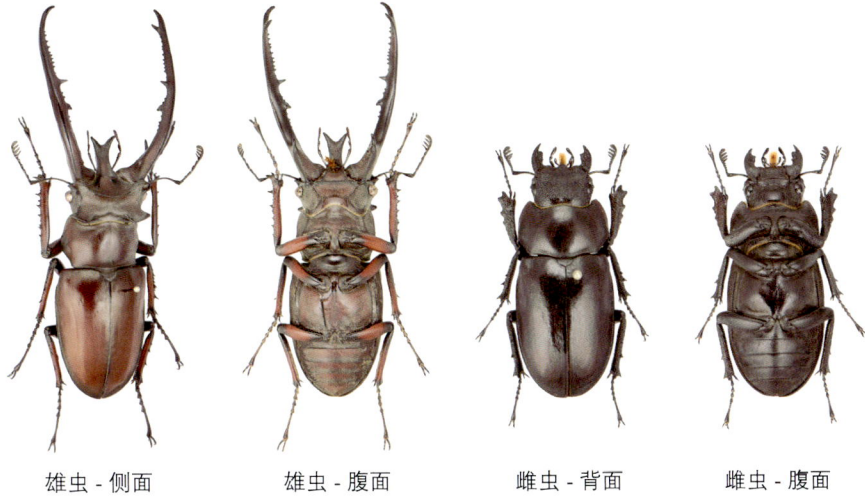

雄虫 - 侧面

雄虫 - 腹面

雌虫 - 背面

雌虫 - 腹面

其他态展示

褐色型雄虫

尺寸展示

10 mm

雄虫 - 大型

雄虫 - 中型

雌虫

10 mm

拉叉深山锹甲

Lucanus laminifer Waterhouse, 1890

分布	云南
体长	35 ~ 88 mm（雄），31.5 ~ 40.2 mm（雌）
词源	拉丁学名源于拉丁文"*lamina*"，原文描述本种头部上方具一块横向的薄板片；中文名源于音译拉丁文"*la-*"一词

物种描述

雄虫

背面观： 上颚在中段弯曲，无基齿；上颚具连续且密集的小齿凸起，端齿较小。体泽棕色，具淡黄色鳞毛；唇基呈三角形。

侧面观： 复眼基本完整裸露，复眼缘着于复眼上端。前胸足胫节刺突数超过 5 枚，胸足胫节呈红褐色。

腹面观： 后胸具明显黄色鳞毛；腿节、胫节均呈红色。

雌虫

背面观： 体泽黑色，无鳞毛。唇基呈三角形；眼缘略覆盖复眼前端，略具棱突；前胸前端较窄，前胸足胫节具 5 枚刺突；中胸足具 3 枚刺突，后胸足具 2 枚刺突。

腹面观： 后胸、腿节具黄色鳞毛；胫节、腿节均呈黑色。

图片展示

雄虫 - 侧面

雄虫 - 腹面

雌虫 - 背面

雌虫 - 腹面

尺寸展示

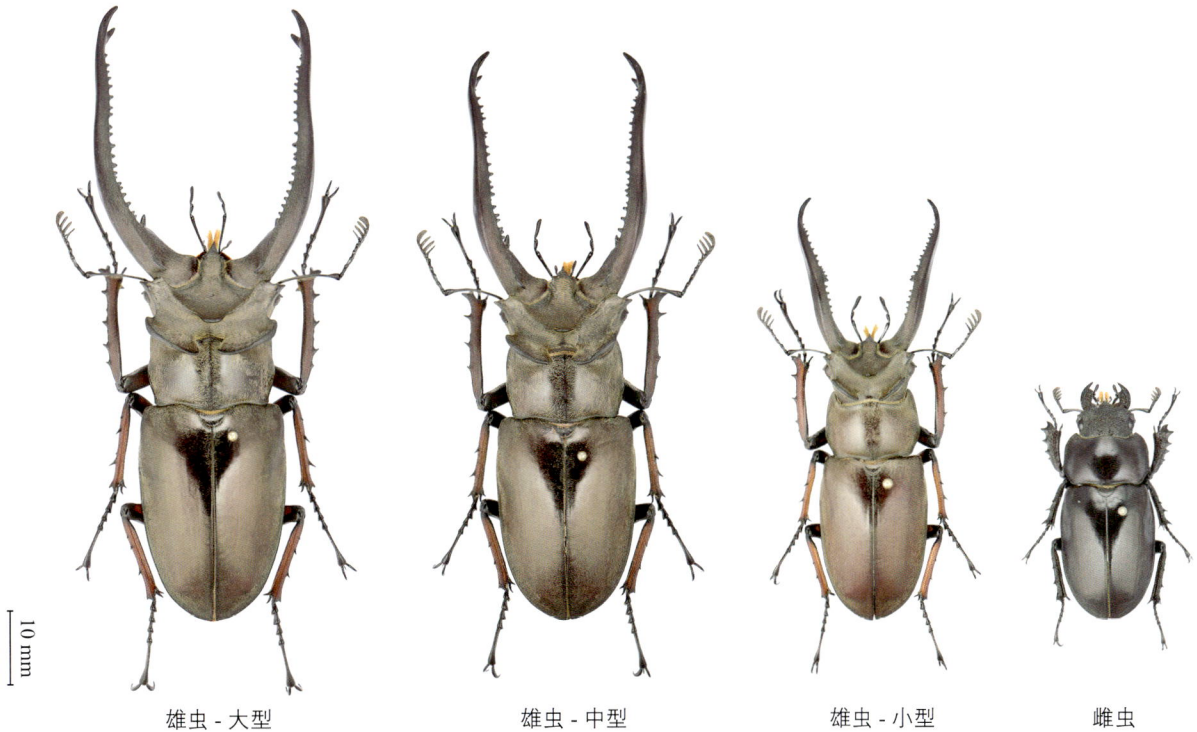

10 mm

雄虫 - 大型　　　　雄虫 - 中型　　　　雄虫 - 小型　　　　雌虫

10 mm

维叉深山锹甲

Lucanus vitalisi Pouillaude, 1913

分布	云南
体长	35 ~ 82.5 mm（雄），30 ~ 39.1 mm（雌）
词源	拉丁学名源于标本采集者 R. Vitalis de Salvaza；中文名源于音译拉丁文 "*vi-*" 一词

物种描述

雄虫

背面观： 上颚在中段弯曲，基齿位于上颚上端；基齿上、下方具小齿凸起且在靠近基部处呈坡状隆起，端齿微小。体泽黑色，具黄色鳞毛；唇基较平钝。

侧面观： 复眼基本完整裸露，复眼缘着于复眼上端。前胸足胫节刺突数超过 5 枚，胸足胫节呈红褐色。

腹面观： 后胸具明显黄色鳞毛；腿节、胫节均呈红色。

雌虫

背面观： 体泽黑色，无鳞毛。唇基呈三角形；眼缘略覆盖复眼前端，后端明显宽于前端；前胸背板形状较圆润，前胸足胫节具 5 枚刺突；中胸足具 3 ~ 4 枚刺突，后胸足具 1 枚刺突。

腹面观： 后胸、腿节具少量黄色鳞毛；胫节、腿节均呈黑色。

图片展示

雄虫 - 侧面　　　　　雄虫 - 腹面　　　　　雌虫 - 背面　　　　　雌虫 - 腹面

尺寸展示

10 mm

雄虫 - 大型　　　　　雄虫 - 中型　　　　　雄虫 - 小型　　　　　雌虫

10 mm

弯叉深山锹甲

Lucanus angusticornis Didier, 1925

Lucanus angusticornis inclinatus Schenk, 2008 **中国亚种**

分布	云南
体长	35 ~ 58 mm（雄），32.4 ~ 36.8 mm（雌）
词源	拉丁学名源于雄虫弯折的上颚；中文名源于分布于云南

物种描述

雄虫

背面观： 上颚在基部弯曲，基齿位于上颚近端；上颚具小齿凸起。端齿较大，体泽棕色，鳞毛不明显；唇基略呈三角形。

侧面观： 复眼基本完整裸露，复眼缘着于复眼上端。前胸足胫节刺突数超过 5 枚，胸足胫节呈红褐色。

腹面观： 后胸具明显黄色鳞毛；腿节、胫节均呈黄色。

雌虫

背面观： 体泽黑色，无鳞毛。唇基呈三角形；眼缘略覆盖复眼前端，略具棱突；前胸前端较窄，前胸足胫节具 5 枚刺突；中胸足具 3 枚刺突，后胸足具 2 枚刺突。

腹面观： 后胸、腿节具黄色鳞毛；胫节呈黑色，腿节具黄色斑块。

图片展示

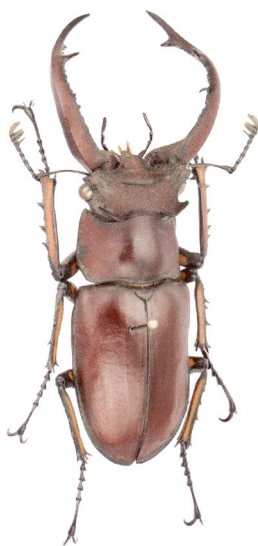

雄虫 - 侧面

雄虫 - 腹面

雌虫 - 背面

雌虫 - 腹面

尺寸展示

雄虫

雌虫

10 mm

10 mm

承远深山锹甲

手绘图

Lucanus chengyuani Wang & Ko, 2018

分布	台湾
体长	22.8 ~ 31.5 mm（雄），雌虫未知
词源	拉丁学名源于标本采集者吴承远

物种描述

雄虫

背面观： 上颚在中部，基齿位于上颚基部约 2/3 处；上颚内侧具密集的小齿分布。体泽黑色，体表光滑无鳞毛；唇基呈梯形。复眼基本完整裸露，复眼缘着于复眼上端。前胸足胫节具 3 ~ 4 枚刺突，胸足胫节呈红褐色。

10 mm

玲珑深山锹甲
Lucanus pulchellus Didier, 1925

分布	广西、云南（中国新纪录） * 本种主要产地为越南北部，近期发现分布于中国境内，为中国新纪录物种。
体长	34.6 ~ 50.5 mm（雄），25.6 ~ 30 mm（雌）
词源	拉丁学名源于拉丁文 "*pulcher-*"，意为 "美丽"，"*-ellus*" 则为 "较小的"；中文名源于翻译拉丁学名

物种描述

雄虫

背面观： 上颚在接近端部 2/3 处弯曲，基齿位于上颚中上端，呈三角形；小齿分立均匀分布于基齿上下，端齿分叉较大。体泽棕色，体表具明显的黄色鳞毛；唇基前端平钝，仅前端略微凸起。

侧面观： 复眼基本完整裸露，复眼缘着于复眼上端。前胸足胫节具 3 ~ 4 枚明显刺突，胸足胫节呈黑色。

腹面观： 后胸表面具较短的黄色鳞毛；胸足腿节、胫节具明显的黄色斑块。

雌虫

背面观： 体泽黑色。唇基不发达；眼缘前端略覆盖复眼；前胸背板后端明显宽于前端，前胸足胫节约具 4 枚明显的刺突且端部膨大；中胸足约具 2 枚明显刺突，后胸足具 2 枚明显刺突；体覆较短黄色鳞毛。

腹面观： 后胸表面具明显黄色鳞毛；胸足腿节具明显的褐色斑块。

图片展示

雄虫 - 侧面

雄虫 - 腹面

雌虫 - 背面

雌虫 - 腹面

尺寸展示

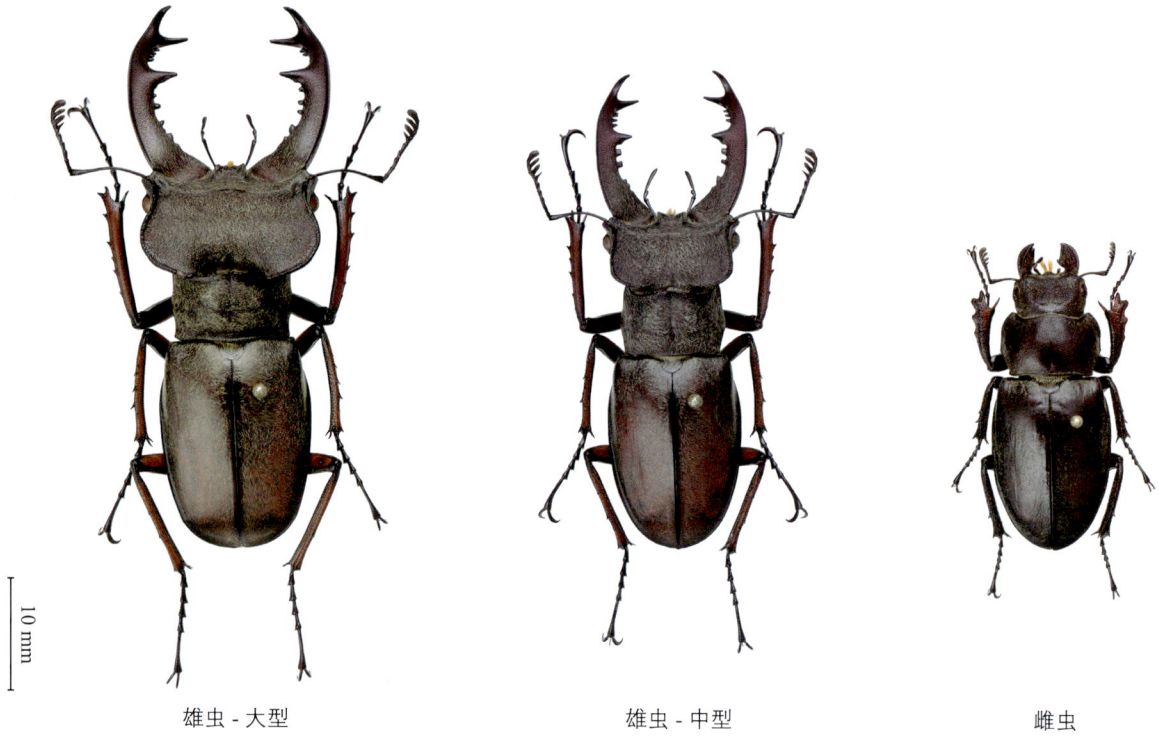

10 mm

雄虫 - 大型   雄虫 - 中型   雌虫

大卫拟深山锹甲
Eolucanus davidis (Deyrolle, 1878)

拟深山锹甲属
Eolucanus Kurosawa, 1970

本属简介

　　本属的外部形态特征和习性与深山锹甲属十分接近，因此分类地位尚有争议。国内主流的分类学观点是将其作为独立属；本书也依然延续这种分类方法，将其作为深山锹甲属的近缘属对待。

　　本属主要分布于我国西南高海拔地区，且成虫活跃的时间仅有1～3周。拟深山锹甲具较强的趋光性，故可经常在产地路灯下观察到活动的成虫。

本书记录拟深山锹甲属8种，除大卫拟深山锹甲外，其余7种均分布于云南和西藏。

拟深山锹甲的外部形态特点

❶ 雄虫前胸足明显长于头部与上颚。

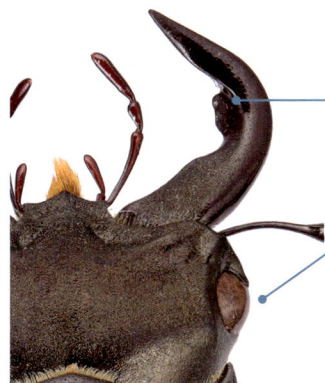

❷ 雄虫上颚内侧基齿不发达。

❸ 雄虫和雌虫复眼较大；前端被眼缘片明显分为上下两部分。

10 mm

大卫拟深山锹甲

Eolucanus davidis (Deyrolle, 1878)

分布	陕西、四川、重庆、贵州、云南、甘肃
体长	28 ~ 36.5 mm（雄），22 ~ 32.9 mm（雌）
词源	拉丁学名源于传教士 David；中文名源于直译拉丁学名

物种描述

雄虫

背面观： 上颚在中段弯曲，略等于头长；上颚内侧仅具 1 枚端齿凸起。体泽黑色或棕红色；唇基略呈较平坦的三角形。

侧面观： 复眼约 1/2 裸露，前端被眼缘片分割成上下两部分。前胸足胫节刺突数量超过 5 枚，中足和后足具 1 ~ 2 枚小刺突。

腹面观： 中胸具明显白色鳞毛；头部与前胸背板、前后胸连接处具明显黄色鳞毛；胸足基节窝处具簇状黄色鳞毛。

雌虫

背面观： 体泽黑色或棕色。唇基呈较狭窄的三角形；复眼缘略微覆盖整个眼部；前胸背板在中间略微凸起，前胸足胫节约具 5 枚明显的刺突；中胸足约具 2 枚明显刺突，后胸足仅具 1 枚明显刺突。

腹面观： 中胸具明显白色鳞毛；头部与前胸背板、前后胸连接处具明显黄色鳞毛；胸足基节窝处具簇状黄色鳞毛。

图片展示

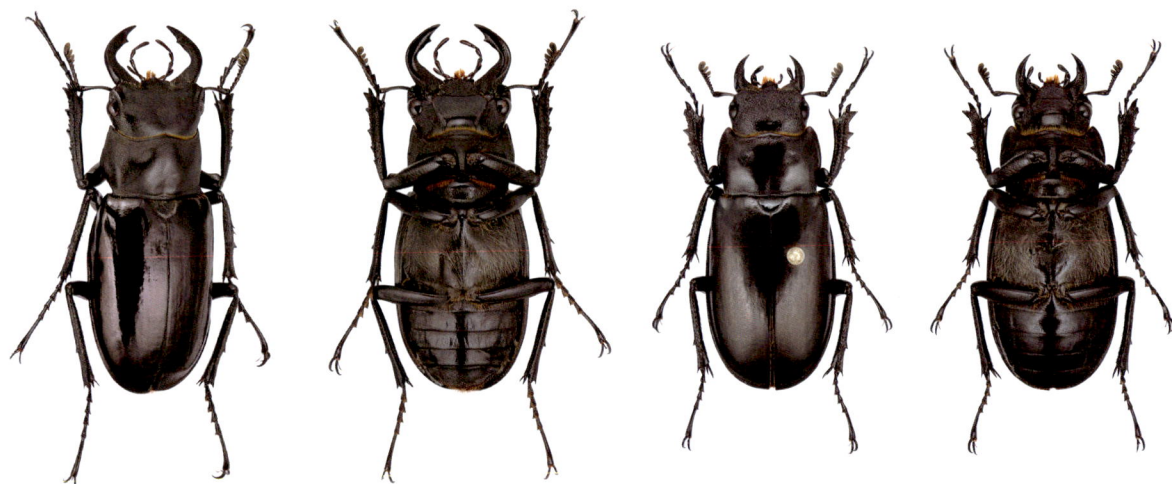

| 雄虫 - 侧面 | 雄虫 - 腹面 | 雌虫 - 背面 | 雌虫 - 腹面 |

尺寸展示

10 mm

雄虫   雌虫

10 mm

尖齿拟深山锹甲
Eolucanus lesnei (Planet, 1905)

分布	云南
体长	28.2 ~ 38.3 mm（雄），24 ~ 33 mm（雌）
词源	拉丁学名源于法国昆虫学家 P. Lesne；中文名源于雄虫基齿尖锐的形状

物种描述

雄虫

背面观： 上颚在中段弯曲，略等于头长；上颚内侧具 1 枚尖锐基齿凸起。体泽墨绿色，强烈反光；唇基略呈较狭窄的三角形。

侧面观： 复眼约 1/2 处裸露，前端被眼缘片分割成上下两部分。前胸足胫节刺突数量超过 5 枚，中足和后足具 2 ~ 3 枚小刺突。

腹面观： 中胸具明显白色鳞毛；头部与前胸背板、前后胸连接处具明显黄色鳞毛；胸足基节窝处、腿节上均密布白色鳞毛。

雌虫

背面观： 体泽墨绿色且强烈反光。唇基呈较狭窄的三角形凸起；复眼缘略微覆盖整个眼部；前胸背板在后侧明显凸起，前胸足胫节约具 5 枚明显的刺突；中胸足约具 3 枚明显刺突，后胸足仅具 1 枚明显刺突。

腹面观： 中胸具明显白色鳞毛；头部与前胸背板、前后胸连接处具明显黄色鳞毛；胸足基节窝处、腿节上均密布白色鳞毛；胸足腿节、胫节略呈棕红色。

图片展示

雄虫 - 侧面　　　　雄虫 - 腹面　　　　雌虫 - 背面　　　　雌虫 - 腹面

尺寸展示

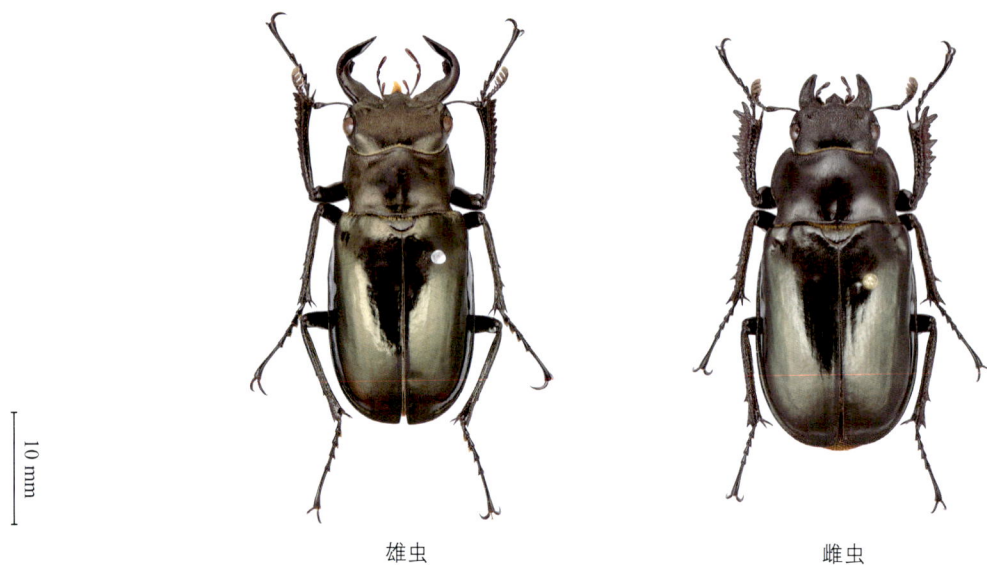

10 mm

雄虫　　　　　　　　雌虫

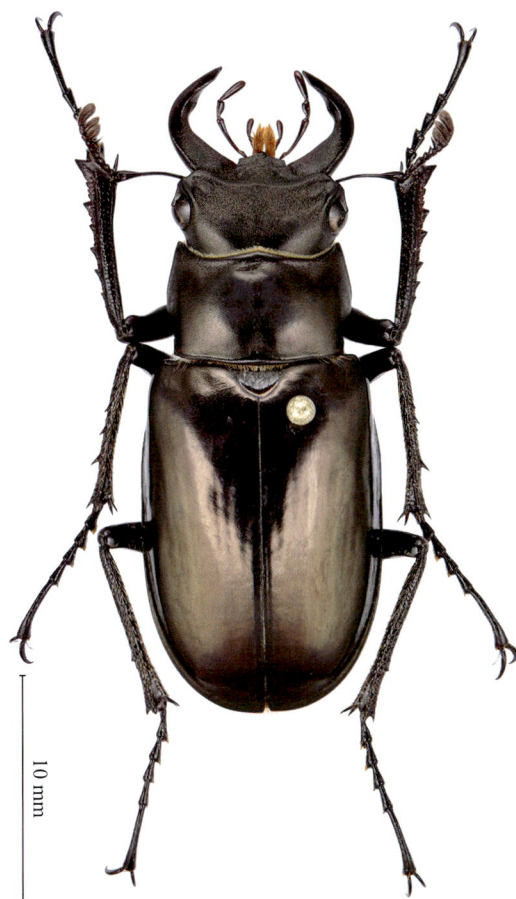

10 mm

圆齿拟深山锹甲
Eolucanus mingyiae (Huang, 2006)

分布	云南
体长	26 ~ 35mm（雄），27 ~ 32 mm（雌）
词源	拉丁学名源于原始文献发表者的妻子名；中文名源于雄虫上颚基齿略圆润的形状

物种描述

雄虫

背面观： 上颚在中上段弯曲，略长于头部；上颚内侧略具 1 枚基齿凸起。体泽墨绿色，反光不强烈；唇基略呈较平坦的三角形。

侧面观： 复眼约 1/2 裸露，前端被眼缘片分割成上下两部分。前胸足胫节刺突数量超过 5 枚，中足和后足具 1 ~ 3 枚小刺突。

腹面观： 中胸具明显白色鳞毛；头部与前胸背板、前后胸连接处具明显黄色鳞毛；胸足基节窝处、腿节上均密布白色鳞毛。

雌虫

背面观： 体泽黑色。唇基呈较狭窄的三角形凸起；复眼缘略微覆盖整个眼部；前胸背板在中段凸起，前胸足胫节约具 5 枚明显的刺突；中胸足约具 3 枚明显刺突，后胸足仅具 1 枚明显刺突。

腹面观： 中胸具明显白色鳞毛；头部与前胸背板、前后胸连接处具明显黄色鳞毛。

图片展示

雄虫 - 侧面

雄虫 - 腹面

雌虫 - 背面

雌虫 - 腹面

尺寸展示

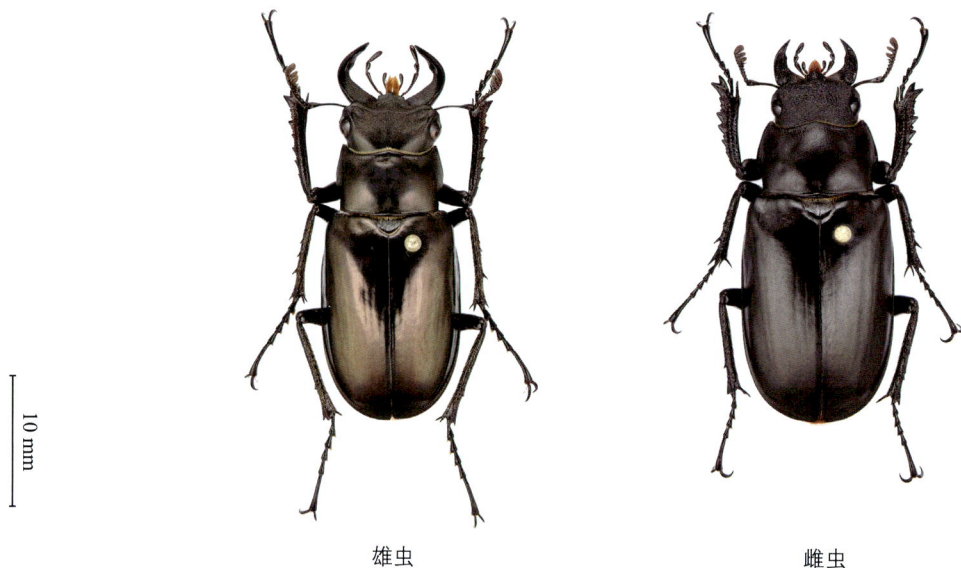

10 mm

雄虫　　　　　　　　　　　雌虫

10 mm

普氏拟深山锹甲

Eolucanus prometheus (Boucher & Huang, 1991)

分布	西藏
体长	28 ~ 36.5 mm（雄），27 ~ 36.2 mm（雌）
词源	拉丁学名源于古希腊神话中的普罗米修斯

物种描述

雄虫

背面观： 上颚在中上端弯曲，与头部等长；上颚内无基齿凸起。体泽棕红色，反光较强；唇基略呈较平坦的三角形。

侧面观： 复眼约 1/2 处裸露，前端被眼缘片分割成上下两部分。前胸足胫节刺突数量超过 5 枚，中足和后足具 2 ~ 3 枚小刺突。

腹面观： 中胸具明显橘黄色鳞毛；头部与前胸背板、前后胸连接处具明显黄色鳞毛；中、后胸足基节窝处、腿节上略具鳞毛。

雌虫

背面观： 体泽黑色。唇基较平钝；复眼缘略微覆盖整个眼部；前胸背板在中段凸起，前胸足胫节无非常明显的刺突；中胸足约具 2 枚明显刺突，后胸足仅具 1 枚明显刺突。

腹面观： 中胸具明显橘黄色鳞毛；头部与前胸背板、前后胸连接处具明显黄色鳞毛；中、后胸足基节窝处、腿节上略具鳞毛。

图片展示

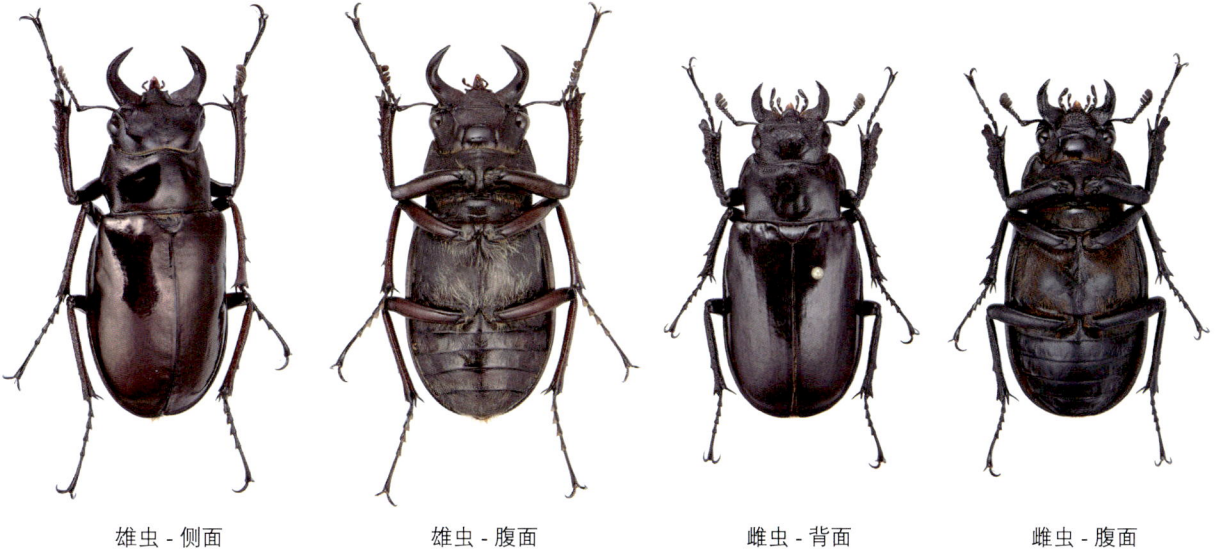

雄虫 - 侧面　　　　雄虫 - 腹面　　　　雌虫 - 背面　　　　雌虫 - 腹面

尺寸展示

10 mm

雄虫　　　　　　　　　　雌虫

潘氏拟深山锹甲

Eolucanus pani (Huang, 2006)

10 mm

分布	西藏
体长	27 ~ 39.2 mm（雄），21.0 ~ 34.2 mm（雌）
词源	拉丁学名源于标本采集者潘朝晖

物种描述

雄虫

背面观： 上颚在中段弯曲，略等于头长；上颚内侧无端齿结构，仅在顶端略微凸起。体泽黑色或棕红色；唇基较平坦，中间略微凸起。

侧面观： 复眼约 1/2 裸露，前端被眼缘片分割成上下两部分。前胸足胫节刺突数量超过 5 枚，中足和后足具 1 ~ 2 枚小刺突。

腹面观： 中胸具明显黄色鳞毛；前后胸连接处具明显黄色鳞毛；胸足基节窝处具簇状黄色鳞毛。

雌虫

背面观： 体泽棕色。唇基呈较狭窄的三角形；复眼缘略微覆盖整个眼部的 1/2；前胸背板在中后段略微凸起，前胸足胫节约具 5 枚明显的刺突；中胸足约具 2 枚明显刺突，后胸足具 1 ~ 3 枚明显刺突。

腹面观： 中胸具明显黄色鳞毛；头部与前胸背板、前后胸连接处具明显黄色鳞毛。

图片展示

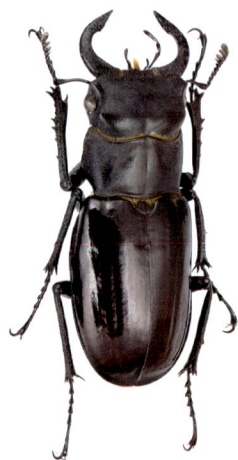

雄虫 - 侧面

雄虫 - 腹面

雌虫 - 背面

雌虫 - 腹面

尺寸展示

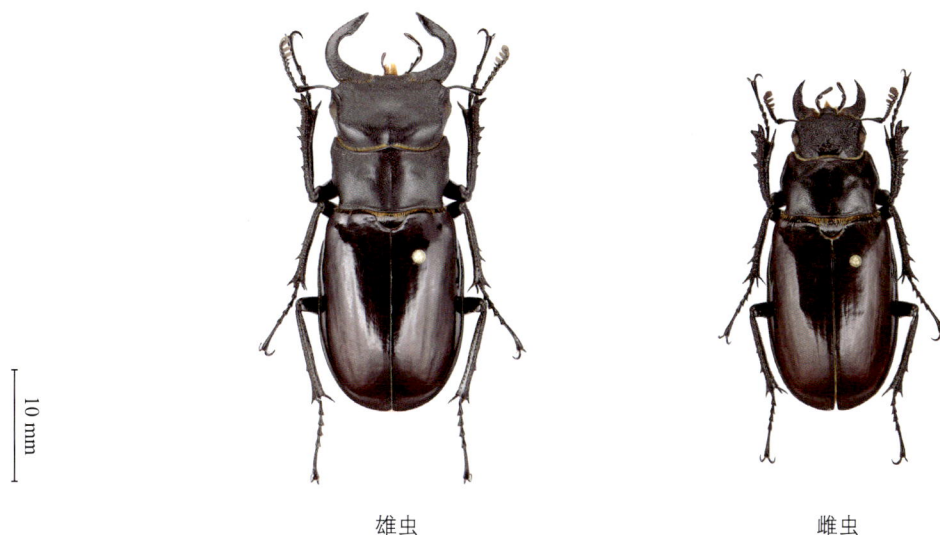

10 mm

雄虫   雌虫

10 mm

短颚拟深山锹甲

Eolucanus gracilis (Albers, 1889)

分布	西藏
体长	23 ~ 33.5 mm（雄），26 ~ 31.4 mm（雌）
词源	拉丁学名源于本物种纤细的体型；中文名源于雄虫较短的上颚特征

物种描述

雄虫

背面观： 上颚不弯曲，略短于头长；上颚内侧仅具 1 枚凸起基齿。体泽黑色或略带墨绿色；唇基略呈较尖锐的三角形。

侧面观： 复眼约 1/2 裸露，前端被眼缘片分割成上下两部分。前胸足胫节刺突数量超过 5 枚，中足和后足具 1 ~ 2 枚小刺突。

腹面观： 中胸具明显淡黄色鳞毛；头部与前胸背板、前后胸连接处具明显黄色鳞毛；胸足基节窝处具簇状黄色鳞毛。

雌虫

背面观： 体泽黑色。唇基呈较尖锐的三角形；复眼缘略微覆盖整个眼部；前胸背板在中间略微凸起，前胸足胫节刺突数大于 5 枚；中胸足具 2 ~ 3 枚明显刺突，后胸足仅具 1 枚明显刺突。

腹面观： 中胸具明显淡黄色鳞毛；头部与前胸背板、前后胸连接处具明显黄色鳞毛；胸足基节窝处具簇状黄色鳞毛。

图片展示

雄虫 - 侧面　　　　雄虫 - 腹面　　　　雌虫 - 背面　　　　雌虫 - 腹面

尺寸展示

10 mm

雄虫　　　　　　　　雌虫

欧氏拟深山锹甲
Eolucanus oberthuri (Planet, 1896)

分布	西藏
体长	27.9 ~ 40.9 mm（雄），26.3 ~ 32.9 mm（雌）
词源	拉丁学名源于标本提供者 R. Oberthür

物种描述

雄虫

背面观： 上颚在中段弯曲，略长于头部；上颚内侧无明显基齿凸起。体泽黑色且略带光泽；唇基非常平坦，无凸起。

侧面观： 复眼约 1/2 裸露，前端被眼缘片分割成上下两部分。前胸足胫节刺突数量超过 5 枚，中足和后足具 1 ~ 2 枚小刺突。

腹面观： 中胸具明显黄色鳞毛；头部与前胸背板、前后胸连接处具明显黄色鳞毛；胸足基节窝处具簇状黄色鳞毛。

雌虫

背面观： 体泽黑色。唇基呈较平坦的梯形；复眼缘略微覆盖整个眼部；前胸背板在中间略微凸起，前胸足胫节刺突数大于 5 枚；中胸足具 2 ~ 3 枚明显刺突，后胸足仅具 1 枚明显刺突。

腹面观： 中胸具明显黄色鳞毛；头部与前胸背板、前后胸连接处具明显黄色鳞毛；胸足基节窝处具簇状黄色鳞毛。

10 mm

图片展示

雄虫 - 侧面

雄虫 - 腹面

雌虫 - 背面

雌虫 - 腹面

尺寸展示

10 mm

雄虫

雌虫

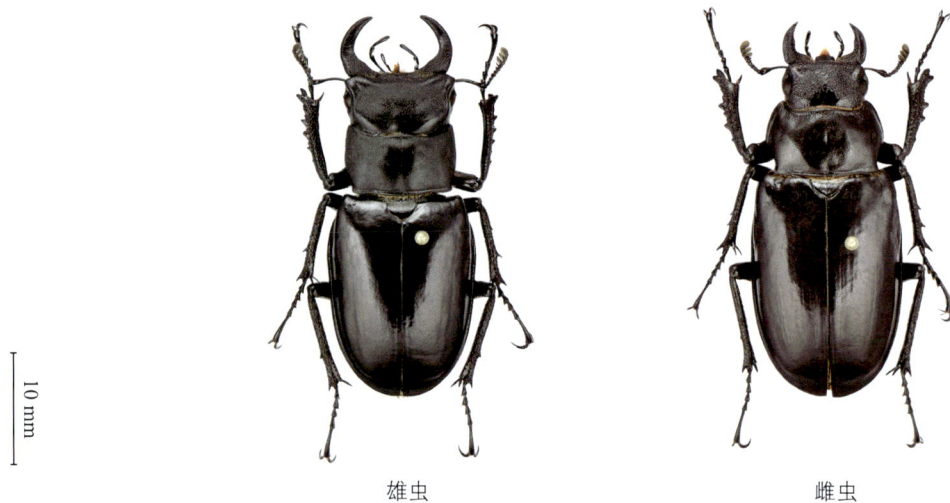

阿迪拟深山锹甲
Eolucanus adi (Okuda & Maeda, 2016)

分布	西藏
体长	26 ~ 38.9 mm（雄），雌虫未检视
词源	拉丁学名源于其模式产地印度阿迪地区

物种描述

雄虫

背面观： 上颚在基部弯曲，略等于头长；上颚内侧无基齿凸起。体泽棕色且极具金属光泽；唇基略呈较明显的三角形。

侧面观： 复眼约 1/2 处裸露，前端被眼缘片分割成上下两部分。前胸足胫节刺突数量超过 5 枚，中足具 1 ~ 2 枚小刺突；后足无明显刺突。

腹面观： 中胸具明显白色鳞毛；头部与前胸背板、前后胸连接处具明显黄色鳞毛；胸足基节窝处具簇状白色鳞毛。

10 mm

图片展示

雄虫 - 侧面

雄虫 - 腹面

鬼锹甲属

Prismognathus Motschulsky, 1860

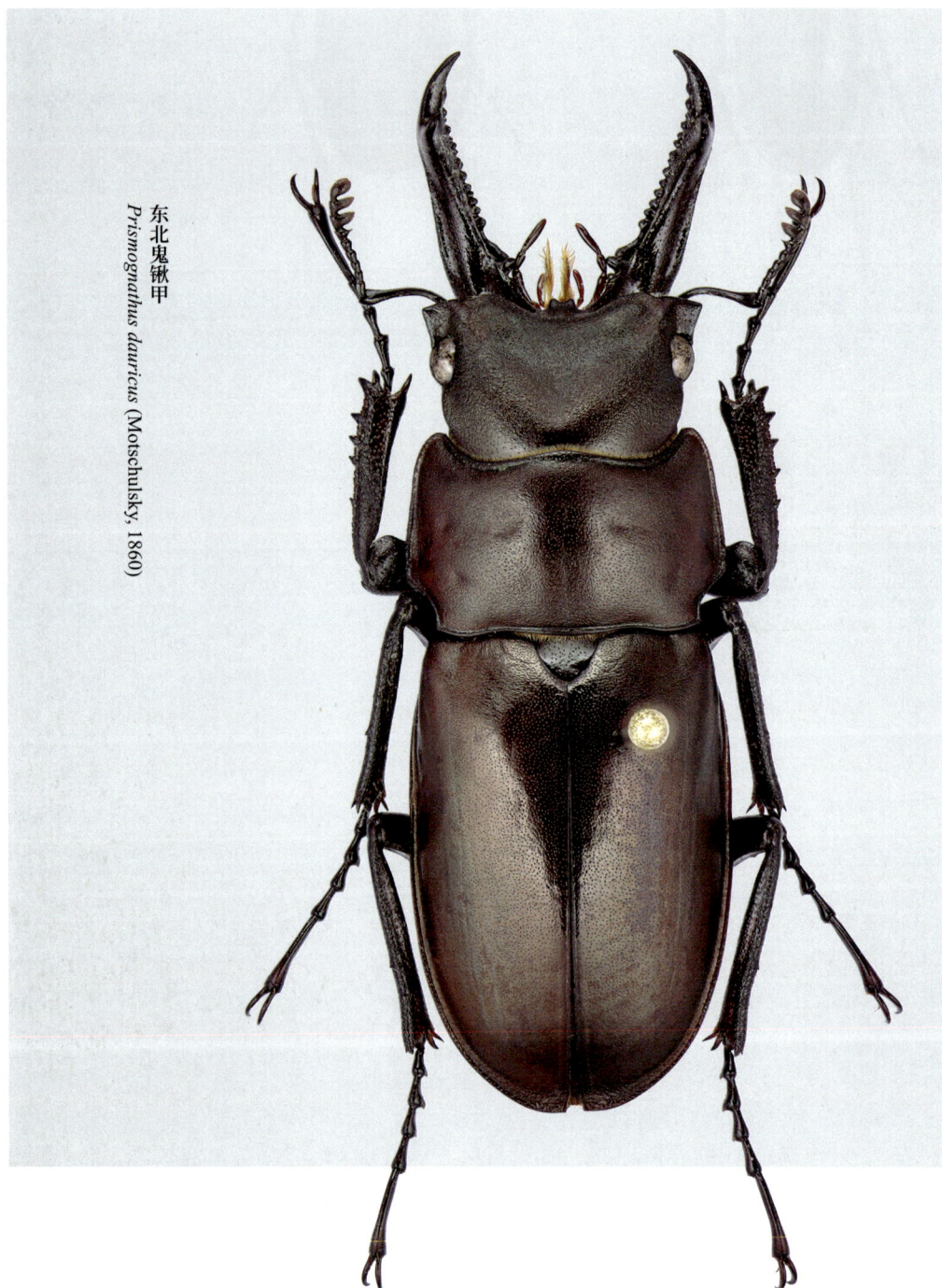

东北鬼锹甲
Prismognathus dauricus (Motschulsky, 1860)

鬼锹甲属 **本属简介**
Prismognathus Motschulsky, 1860

本属因拉丁学名"*Prism-*"意为"棱柱",也被称为"柱锹甲属"。"*gnathus*"一词意为"上颚",表明本属雄虫大颚短厚,内侧小齿结构较为发达且形状多为棱柱状。因广大锹甲爱好者基本沿用我国台湾地区的名称"鬼锹甲形虫"(主要形容本属雄虫头部上颚、复眼缘夸张翘起),本书将"鬼锹甲"作为本属的中文名。

本属成员广泛分布于我国华北、华东和华南地区,且均生活在海拔较高的山间林地。成虫一般发生季在 7 月中至 8 月末,相比于其他锹甲而言季节较晚。成虫夜间非常活跃,有较强的趋光性,故可在人造光源下观察到它们的踪迹。

本书记录鬼锹甲属 26 种。

鬼锹甲的外部形态特点

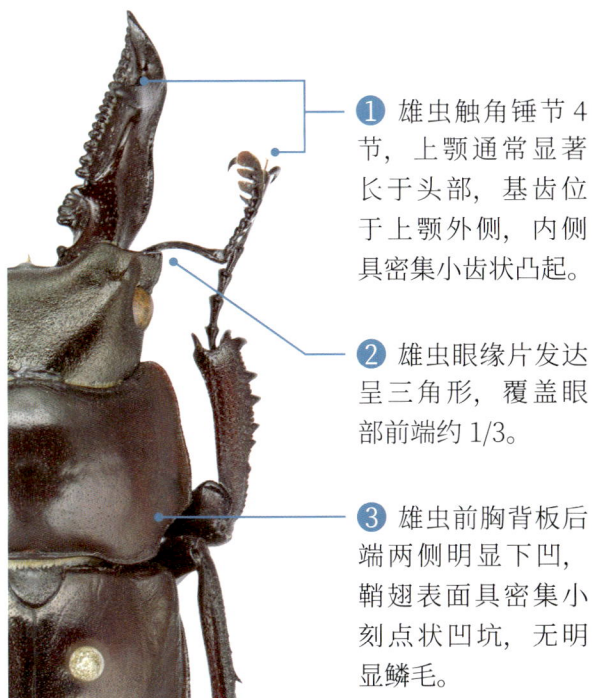

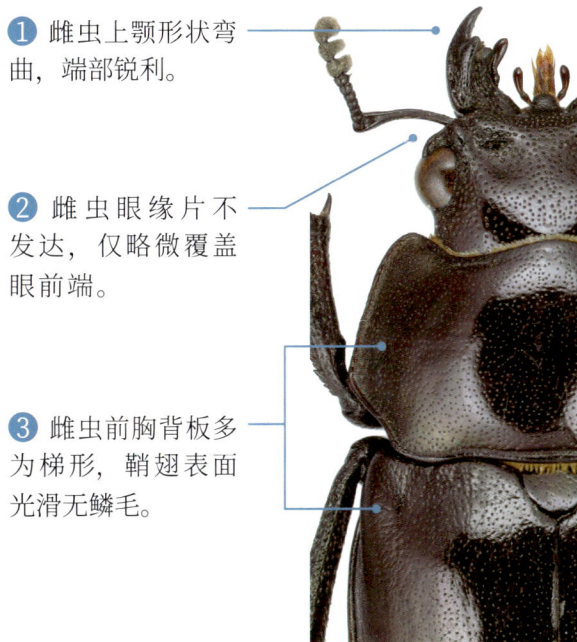

① 雄虫触角锤节 4 节,上颚通常显著长于头部,基齿位于上颚外侧,内侧具密集小齿状凸起。

② 雄虫眼缘片发达呈三角形,覆盖眼部前端约 1/3。

③ 雄虫前胸背板后端两侧明显下凹,鞘翅表面具密集小刻点状凹坑,无明显鳞毛。

① 雌虫上颚形状弯曲,端部锐利。

② 雌虫眼缘片不发达,仅略微覆盖眼前端。

③ 雌虫前胸背板多为梯形,鞘翅表面光滑无鳞毛。

10 mm

欧氏枝角鬼锹甲
Prismognathus oberthueri (Houlbert, 1912)

分布	云南
体长	16.5 ~ 23 mm（雄），15 ~ 20 mm（雌）
词源	拉丁学名源于法国昆虫学家 M. René Oberthür

物种描述

雄虫

背面观：上颚较短，形状笔直。上颚内侧无明显基齿凸，具 3 ~ 4 枚连续的小齿凸起。前胸背板呈梯形；复眼背面观较小，触角第 3、第 4 锤节合并在一起但可清晰分辨。

侧面观：复眼缘呈方形，略微覆盖眼部前端。前胸足胫节表面具数枚尖锐刺突；中胸足胫节表面具 1 枚明显刺突；后胸足胫节表面光滑。

腹面观：后胸覆一层白色鳞毛，腹部光滑。

雌虫

背面观：上颚弯曲，端部尖锐。前胸背板呈梯形，表面可见明显刻点状结构；复眼缘不发达，复眼背面观较大。鞘翅表面较为光滑；前胸足胫节表面具数枚尖锐的刺突；中、后胸足胫节表面具 2 ~ 3 枚明显刺突。

腹面观：后胸表面较为光滑，中、后胸足腿节下端具明显的黄色短鳞毛。

图片展示

雄虫 - 侧面

雄虫 - 腹面

雌虫 - 背面

雌虫 - 腹面

尺寸展示

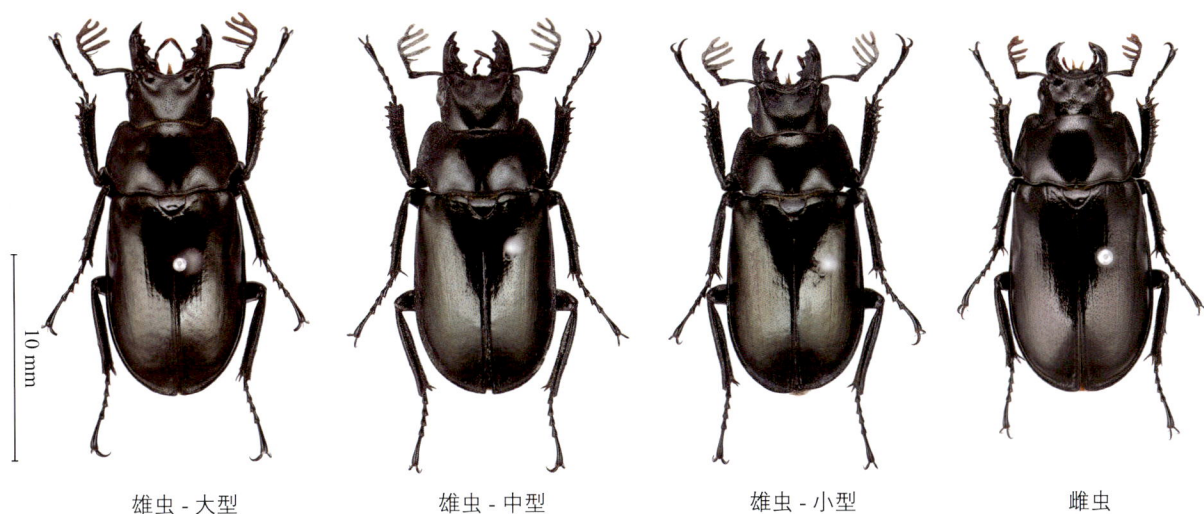

雄虫 - 大型   雄虫 - 中型   雄虫 - 小型   雌虫

布氏枝角鬼锹甲
Prismognathus bousqueti (Boucher, 1996)

分布	云南
体长	17 ～ 22.5 mm（雄），雌虫未检视
词源	拉丁学名源于标本采集者 Bousquet

物种描述

雄虫

背面观： 上颚较短，形状笔直。上颚内侧无明显基齿突，具 3 ～ 4 枚连续的齿突；上颚基部具 1 枚明显的三角状独立齿突。前胸背板呈狭窄梯形；复眼背面观较大，触角第 3、第 4 锤节合并在一起且无法分辨。

侧面观： 复眼缘上端略尖锐，覆盖眼部前端约 1/2。前胸足胫节表面具数枚尖锐刺突；中胸足胫节表面具 1 枚明显刺突；后胸足胫节表面光滑。

腹面观： 腹部光滑，胸足腿节呈褐色。

图片展示

雄虫 - 侧面

雄虫 - 腹面

尺寸展示

10 mm

雄虫 - 大型

雄虫 - 小型

10 mm

宫下氏鬼锹甲

Prismognathus miyashitai Ikeda, 1997

分布	云南、西藏
体长	18 ~ 36.5 mm（雄），16 ~ 22.3 mm（雌）
词源	拉丁学名源于标本提供者宫下氏（Miyashita）

物种描述

雄虫

背面观： 上颚细长，在端部略微弯曲。基齿位于上颚近端部，内侧表面具连续密集的小齿状凸起。唇基方形。前胸背板呈梯形；复眼背面观较大，头部后端略微向内收缩。

侧面观： 复眼缘中间向内凹陷，覆盖眼部前端。前胸足胫节前端表面具 3 ~ 5 枚尖锐刺突；中胸足胫节表面具 1 枚明显刺突；后胸足胫节表面光滑。

腹面观： 中、后胸足基节窝具簇状黄色鳞毛，腿节、中胸与前胸背板呈黄色。

雌虫

背面观： 上颚较短，端部圆润。前胸背板呈梯形，两侧各具 1 枚清晰的黑色斑块；复眼缘不发达，复眼背面观较大。鞘翅表面较为光滑；前胸足胫节表面具数枚尖锐的刺突；中、后胸足胫节表面具 1 枚明显刺突。

腹面观： 中、后胸足基节窝具簇状黄色鳞毛，腿节呈黄色。

图片展示

雄虫 - 侧面

雄虫 - 腹面

雌虫 - 背面

雌虫 - 腹面

尺寸展示

| 雄虫 - 大型 | 雄虫 - 中型 | 雄虫 - 小型 | 雌虫 |

10 mm

方颚鬼锹甲

Prismognathus nosei Nagai, 2000

10 mm

分布	西藏、云南
体长	18 ~ 28.4 mm（雄），20.7 ~ 24.3 mm（雌）
词源	拉丁学名源于标本采集者野濑幸信；中文名源于雄虫呈方形的眼前缘形状

物种描述

雄虫

背面观： 上颚呈钳形，在中部向内凹陷。基齿位于上颚外侧近端部，内侧表面具连续的小齿状凸起。唇基不发达，中间明显凹陷。前胸背板中间明显凹陷；复眼背面观较大，眼缘片呈尖锐三角形，前端两侧各具 1 枚明显的黑色斑块。

侧面观： 复眼缘呈三角形，覆盖眼部前端。前胸足胫节前端表面具 2 ~ 4 枚尖锐刺突；中、后胸足胫节表面光滑。

腹面观： 腹部光滑，胸足腿节、胫节、中胸、前胸背板和头部均呈黄色。

雌虫

背面观： 上颚弯曲，内侧无明显小齿结构。前胸背板呈梯形，两侧各具 1 枚清晰的黑色斑块；复眼缘不发达，复眼背面观较大。鞘翅表面较光滑；前胸足胫节表面具数枚尖锐的刺突；中胸足胫节具 1 枚明显刺突，后胸足胫节表面光滑。

腹面观： 腹部光滑，胸足腿节、胫节、中胸、前胸背板和头部均呈黄色。

图片展示

雄虫 - 侧面   雄虫 - 腹面   雌虫 - 背面   雌虫 - 腹面

尺寸展示

10 mm

雄虫   雌虫

红鬼锹甲

Prismognathus subnitens (Parry, 1862)

分布	西藏
体长	15.5 ～ 29.5 mm（雄），15 ～ 18.3 mm（雌）
词源	拉丁学名源于本物种暗淡的体色；中文名源于成虫体色为红色

物种描述

雄虫

背面观： 上颚细长，在近端部向内弯折。基齿位于上颚中部，内侧表面具连续密集的小齿。唇基呈方形，中间略微凹陷。前胸背板呈梯形；复眼背面观较大，头部后端具三角状凸起。

侧面观： 复眼缘呈方形，覆盖眼部前端。前胸足胫节前端表面具数枚尖锐刺突；中、后胸足胫节表面光滑。

腹面观： 腹部光滑，胸足腿节、胫节、中胸、前胸背板和头部均呈褐色。

雌虫

背面观： 体泽红色。上颚弯曲，内侧无明显小齿结构。前胸背板呈梯形，两侧各具 1 枚不清晰黑色斑块；复眼缘不发达，复眼背面观较大。鞘翅表面较光滑；前胸足胫节表面具数枚尖锐的刺突；中胸足胫节具 1 枚明显刺突，后胸足胫节表面光滑。

腹面观： 腹部光滑，胸足腿节、胫节、中胸、前胸背板和头部均呈红色。

10 mm

图片展示

雄虫 - 侧面

雄虫 - 腹面

雌虫 - 背面

雌虫 - 腹面

尺寸展示

雄虫 - 大型　　　　雄虫 - 中型　　　　雄虫 - 小型　　　　雌虫

宇堂鬼锹甲
Prismognathus yutangi Huang & Chen, 2018

分布	云南
体长	19.2 ~ 32 mm（雄），18.2 ~ 23.4 mm（雌）
词源	拉丁学名源于标本采集者王宇堂

物种描述

雄虫

背面观：上颚弯曲明显，呈弧形。基齿位于上颚中部，内侧光滑无明显小齿状凸起。唇基不发达。前胸背板呈梯形；复眼背面观较大。

侧面观：复眼缘不发达，仅略微接触复眼前端。前胸足胫节前端表面具数枚尖锐刺突；中胸足胫节表面具 1 枚刺突，后胸足胫节表面光滑。

腹面观：腹部光滑，胸足基节窝处具簇状黄色鳞毛。

雌虫

背面观：上颚在端部弯曲，端部锐利。基部具 1 枚明显的齿状凸起。前胸背板较宽，后侧呈四边形；复眼缘不发达，复眼背面观较大。鞘翅表面较光滑；前胸足胫节表面具数枚尖锐的刺突；中胸足胫节具 1 ~ 2 枚明显刺突，后胸足胫节表面具 1 枚刺突。

腹面观：腹部光滑，胸足腿节下方具明显黄色鳞毛。

图片展示

| 雄虫 - 侧面 | 雄虫 - 腹面 | 雌虫 - 背面 | 雌虫 - 腹面 |

尺寸展示

10 mm

| 雄虫 - 大型 | 雄虫 - 小型 | 雌虫 |

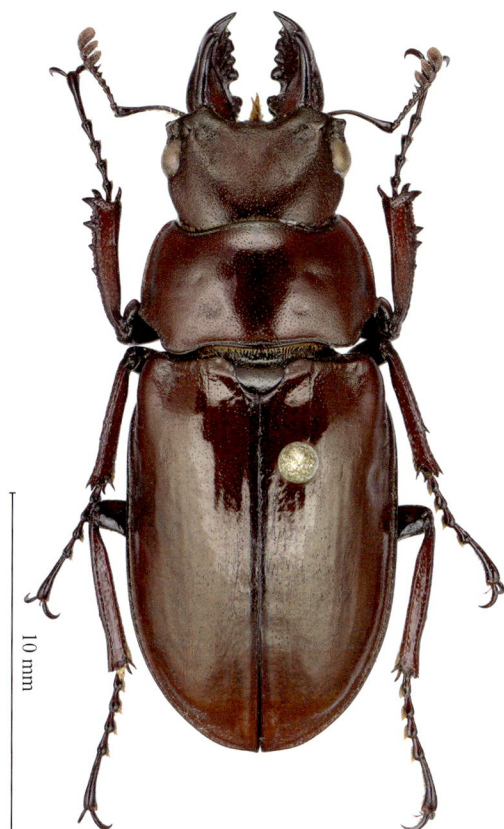

钳口鬼锹甲

Prismognathus yukinobui Nagai, 2005

分布	云南
体长	21.8 ~ 27.5 mm（雄），雌虫未检视
词源	拉丁学名源于日本昆虫学家 N. Yukinobu；中文名源于雄虫呈钳状的上颚

物种描述

雄虫

背面观： 上颚钳形，顶端锐利。基齿位于上颚外侧近端部，内侧具 3 ~ 4 枚粗壮连续齿突。唇基不发达。前胸背板呈半圆形；复眼背面观较大。

侧面观： 复眼缘呈方形，仅略微接触复眼前端。前胸足胫节前端表面刺突稀疏不发达；中胸、后胸足胫节表面光滑。

腹面观： 腹部光滑，胸足基节窝处具簇状黄色鳞毛。胸足腿节、胫节呈褐色。

10 mm

图片展示

雄虫 - 侧面

雄虫 - 腹面

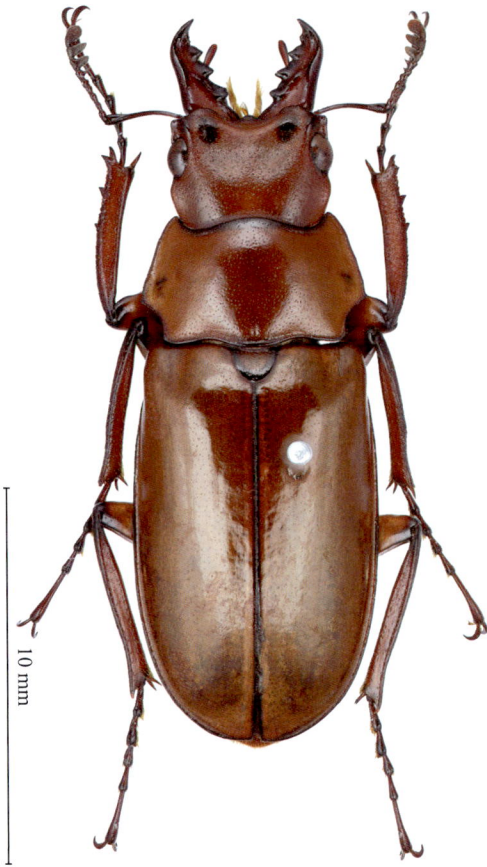

10 mm

小头鬼锹甲
Prismognathus castaneus (Didier, 1926)

别名：螃蟹鬼锹甲

分布	云南、西藏
体长	16 ~ 32.1 mm（雄），15 ~ 20 mm（雌）
词源	拉丁学名源于成虫橙黄色的体色；中文名源于雄虫头部较窄小

物种描述

雄虫

背面观：上颚呈钳形。无明显基齿结构，内侧具 4 ~ 5 枚粗壮小齿状凸起，基部具 1 双并立的齿突。唇基呈点状。前胸背板呈梯形；复眼背面观较大。头部顶端、前胸背板两侧各具 1 枚清晰的黑色斑块。

侧面观：复眼缘呈方形，略微接触复眼前端。前胸足胫节前端表面刺突稀疏不发达；中、后胸足胫节表面光滑。

腹面观：腹部光滑，胸足基节窝处具簇状黄色鳞毛。胸足胫节末端，跗节表面具明显鳞毛刷。

雌虫

背面观：上颚较短，端部弯曲。基齿位于上颚中部。前胸背板呈梯形，两侧各具 1 枚清晰的黑色斑块；复眼缘不发达，复眼背面观较大。鞘翅表面较光滑；前胸足胫节表面具数枚尖锐的刺突；中、后胸足胫节表面各具 1 枚刺突。

腹面观：腹部光滑。胸足跗节表面具明显鳞毛刷。

图片展示

雄虫 - 侧面

雄虫 腹面

雌虫 - 背面

雌虫 - 腹面

尺寸展示

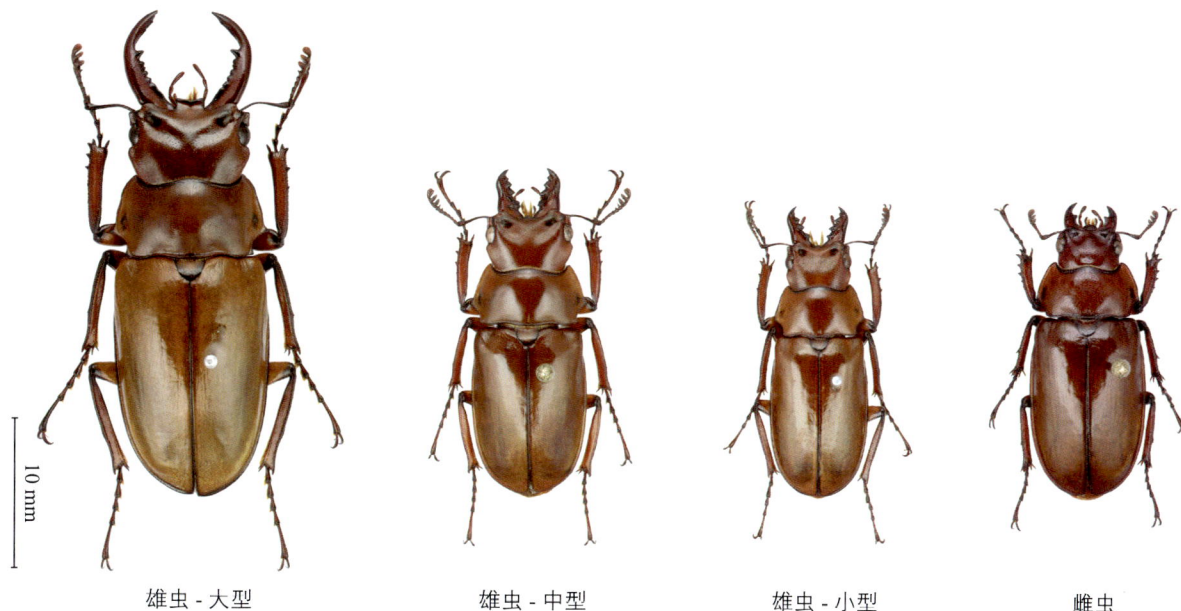

雄虫 - 大型　　　　　雄虫 - 中型　　　　　雄虫 - 小型　　　　　雌虫

尼泊尔鬼锹甲

Prismognathus delislei Endrödi, 1971

分布	西藏
体长	17 ~ 23.6 mm（雄），16.8 ~ 18.5 mm（雌）
词源	拉丁学名源于法国昆虫学家 L.V. de Lisle；中文名源于其模式产地为尼泊尔

物种描述

雄虫

背面观： 上颚笔直。无明显基齿结构，内侧具 3 ~ 4 枚粗壮小齿状凸起，基部具 1 枚点状齿突。唇基不发达。前胸背板呈梯形；复眼背面观较大。头部后端明显收缩。

侧面观： 复眼缘呈方形，略微接触复眼前端。前胸足胫节前端表面具数枚尖锐刺突；中胸足胫节表面具 1 ~ 2 枚刺突；后胸足胫节表面光滑。

腹面观： 腹部光滑，胸足基节窝处具簇状黄色鳞毛。中胸足腿节下端具明显的黄色鳞毛。

雌虫

背面观： 上颚较短，端部呈方形。基齿位于上颚中部。前胸背板呈梯形，表面光滑；复眼缘不发达，复眼背面观较大。鞘翅表面较光滑；前胸足胫节表面具数枚尖锐的小刺突；中、后胸足胫节表面各具 1 枚小刺突。

腹面观： 腹部光滑，整体呈褐色。

图片展示

雄虫 - 侧面　　　　　雄虫 - 腹面　　　　　雌虫 - 背面　　　　　雌虫 - 腹面

尺寸展示

10 mm

雄虫 - 大型　　　　　　雄虫 - 小型　　　　　　雌虫

东北鬼锹甲

Prismognathus dauricus (Motschulsky, 1860)

10 mm

分布	辽宁、山东、吉林、黑龙江
体长	17 ~ 37.4 mm（雄），18 ~ 26 mm（雌）
词源	拉丁学名源于其模式产地达乌尔地区（今我国东北与俄罗斯远东）；中文名源于其主要分布于我国东北地区

物种描述

雄虫

背面观： 上颚修长，端部向外翻折。基齿背面观不明显，内侧具密集连续的小齿结构，基部具 1 枚点状齿突。唇基呈梯形。前胸背板呈方形；复眼背面观较大。头部后端略收缩。

侧面观： 复眼缘呈三角形，覆盖复眼前端约 1/2。前胸足胫节前端表面具数枚尖锐刺突；中、后胸足胫节表面具 1 枚刺突。基齿位于上颚近端部，向上翘起。上颚端部尖锐。

腹面观： 腹部光滑，胸足腿节、中、后胸足胫节呈褐色。

雌虫

背面观： 上颚端部尖锐。基齿位于上颚中部。前胸背板呈梯形；复眼缘不发达，复眼背面观较大。鞘翅表面较光滑；前胸足胫节表面具数枚尖锐的刺突；中胸足胫节表面具 2 枚刺突，后胸足胫节表面具 1 枚刺突。

腹面观： 腹部光滑。

图片展示

雄虫 - 侧面

雄虫 - 腹面

雌虫 - 背面

雌虫 - 腹面

尺寸展示

10 mm

雄虫 - 大型　　　　　　雄虫 - 中型　　　　　　雄虫 - 小型　　　　　　雌虫

10 mm

大卫鬼锹甲

Prismognathus davidis Deyrolle, 1878

Prismognathus davidis davidis Deyrolle, 1878 **原名亚种**

分布	北京、河北、陕西、甘肃、河南、湖北、四川、重庆、贵州等
体长	20 ~ 36.2 mm（雄），18 ~ 24.3 mm（雌）
词源	拉丁学名源于传教士 David；中文名源于翻译拉丁学名

物种描述

雄虫

背面观：上颚粗壮，基部至中部宽厚。基齿背面观不明显，内侧具密集连续的小齿结构，基部具 2 枚并立的齿突。唇基不发达。前胸背板略呈方形；复眼背面观较大。体泽褐色，鞘翅表面光滑。

侧面观：复眼缘呈三角形，稍微覆盖复眼前端。前胸足胫节前端表面具数枚发达刺突；中、后胸足胫节表面具 1 枚刺突。基齿位于上颚近端部，略指向后方。上颚端部尖锐。

腹面观：腹部光滑，胸足腿节及中、后胸足胫节呈褐色。

雌虫

背面观：上颚端部尖锐。基齿位于上颚前端。前胸背板前、中部较宽；复眼缘不发达，复眼背面观较大。鞘翅表面较光滑；前胸足胫节表面具数枚尖锐的刺突；中、后胸足胫节表面具 1 枚刺突。

腹面观：腹部光滑。胸足腿节呈褐色。

图片展示

雄虫 - 侧面　　　　　雄虫 - 腹面　　　　　雌虫 - 背面　　　　　雌虫 - 腹面

尺寸展示

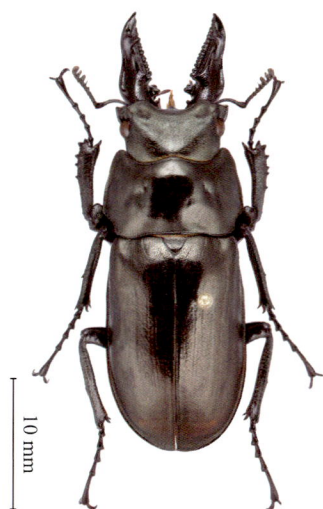   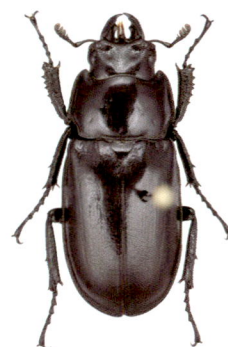

10 mm

雄虫 - 大型　　　　　雄虫 - 中型　　　　　雄虫 - 小型　　　　　雌虫

10 mm

Prismognathus davidis cheni Bomans & Ratti, 1973 **宝岛亚种**

别名：金鬼锹甲

分布	台湾
体长	15 ~ 36.3 mm（雄），16 ~ 23 mm（雌）
词源	拉丁学名原文未明确指出；中文名源于本亚种分布于台湾

物种描述

雄虫

背面观： 上颚较纤细，基部至中部宽厚。基齿背面观不明显，内侧具密集连续的小齿结构，基部具 2 枚并立的齿突。唇基不发达，呈点状凸起。前胸背板略呈方形；复眼背面观较大。体泽咖啡色，鞘翅表面光滑。

侧面观： 复眼缘呈尖锐三角形，覆盖复眼前端约 1/2。前胸足胫节较短，前端表面具数枚发达刺突；中胸足胫节表面具 1 枚刺突，后胸足表面光滑。基齿位于上颚近端部，略指向前方。上颚端部尖锐。

腹面观： 腹部光滑，胸足腿节、中，后胸足胫节呈褐色。

雌虫

背面观： 上颚端部尖锐。基齿位于上颚前端。前胸背板前、中部较宽；复眼缘不发达，复眼背面观较大。鞘翅表面较光滑；前胸足胫节表面具数枚尖锐的刺突；中、后胸足胫节表面具 2 枚刺突。

腹面观： 腹部光滑。胸足腿节呈褐色。

图片展示

雄虫 - 侧面

雄虫 - 腹面

雌虫 - 背面

雌虫 - 腹面

尺寸展示

雄虫 - 大型　　　　雄虫 - 中型　　　　雄虫 - 小型　　　　雌虫

Prismognathus davidis tangi Huang & Chen, 2017 **华东亚种**

分布	江苏、安徽、浙江、广东
体长	22.3 ~ 37.2 mm（雄），18 ~ 23.5 mm（雌）
词源	拉丁学名源于标本采集者唐梁，中文名源于本亚种分布于我国华东地区

物种描述

雄虫

背面观：上颚较纤细，基部至中部略宽。基齿背面观不明显，内侧具密集连续的小齿结构，基部具 2 枚并立的齿突。唇基不发达，呈点状凸起。前胸背板略呈方形；复眼背面观较大。体泽咖啡色，鞘翅表面光滑。

侧面观：复眼缘呈尖锐三角形，下端明显凹陷，覆盖复眼前端约 1/2。前胸足胫节较短，前端表面具数枚发达刺突；中胸足胫节表面具 1 枚刺突，后胸足表面光滑。基齿位于上颚近端部，呈三角形。上颚端部尖锐。

腹面观：腹部光滑，胸足腿节、中，后胸足胫节呈褐色。

雌虫

背面观：体泽黑色。上颚端部尖锐。基齿 2 枚，位于上颚前端。前胸背板前、中部较宽；复眼缘不发达，复眼背面观较大。鞘翅表面较光滑；前胸足胫节表面具数枚尖锐的刺突；中、后胸足胫节表面具 1 枚刺突。

腹面观：腹部光滑。胸足腿节呈明显褐色。

图片展示

雄虫 - 侧面　　　　　雄虫 - 腹面　　　　　雌虫 - 背面　　　　　雌虫 - 腹面

尺寸展示

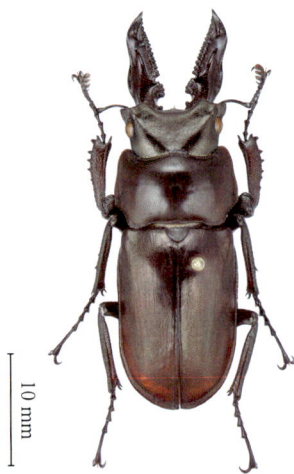

10 mm

雄虫 - 大型　　　　　雄虫 - 中型　　　　　雄虫 - 小型　　　　　雌虫

10 mm

卡氏鬼锹甲

Prismognathus klapperichi Bomans, 1989

分布	福建、浙江、广东、广西、贵州、重庆、四川等
体长	15 ~ 30.4 mm（雄），17 ~ 22.4 mm（雌）
词源	拉丁学名原文未明确说明，但可能源于德国昆虫学家 J. F. Klapperich；中文名源于音译拉丁学名

物种描述

雄虫

背面观：上颚笔直，整体宽度一致。基齿背面观不明显，内侧具密集连续的小齿结构，基部具 2 枚并立的齿突，且下方齿总是大于上方齿。唇基不发达，呈点状。前胸背板呈方形；复眼背面观较大。体泽咖啡色，鞘翅表面光滑。

侧面观：复眼缘呈方形，中间略微凹陷，覆盖复眼前端约 1/2。前胸足胫节较短，前端表面具数枚发达独立的刺突；中、后胸足胫节表面具 1 枚刺突。基齿位于上颚近端部，呈三角形。上颚端部尖锐。

腹面观：腹部光滑，胸足基节窝处具不明显黄色鳞毛。

雌虫

背面观：体泽褐色。上颚端部尖锐。基齿位于上颚中前端。前胸背板呈梯形；复眼缘不发达，复眼背面观较大。鞘翅表面较光滑；前胸足胫节表面具数枚尖锐的刺突；中、后胸足胫节表面具 1 枚刺突。

腹面观：腹部光滑。胸足腿节呈褐色。

图片展示

雄虫 - 侧面

雄虫 - 腹面

雌虫 - 背面

雌虫 - 腹面

尺寸展示

| 雄虫 - 大型 | 雄虫 - 中型 | 雄虫 - 小型 | 雌虫 |

滇北鬼锹甲
Prismognathus alessandrae Bartolozzi, 2003

分布	云南、四川
体长	20 ~ 34.4 mm（雄），19 ~ 24.2 mm（雌）
词源	拉丁学名原文未明确说明，但可能源于美国昆虫学家 Alessandra；中文名源于本种的模式产地为云南北部

物种描述

雄虫

背面观： 上颚笔直，基部略宽于前端。基齿位于上颚近端部，内侧具密集连续的小齿结构，基部具 2 ~ 3 枚并立的齿突，最下方齿呈三角状。唇基不发达，呈点状。前胸背板呈梯形；复眼背面观较大。体泽咖啡色，鞘翅表面光滑。

侧面观： 复眼缘呈半圆形，后侧较宽，覆盖复眼前端约 1/2。前胸足胫节较短，前端表面具数枚发达独立的刺突；中胸足胫节表面具 1 枚刺突，后胸足胫节表面光滑。基齿位于上颚近端部，呈三角形。上颚端部尖锐。

腹面观： 腹部光滑，后胸足基节窝处具不明显黄色鳞毛。

雌虫

背面观： 体泽黑色。上颚端部尖锐。基齿位于上颚基部，较为宽厚。前胸背板呈梯形；复眼缘不发达，复眼背面观较大。鞘翅表面较光滑；前胸足胫节表面具数枚尖锐的刺突；中、后胸足胫节表面具 1 枚刺突。

腹面观： 腹部光滑。胸足腿节呈褐色。

图片展示

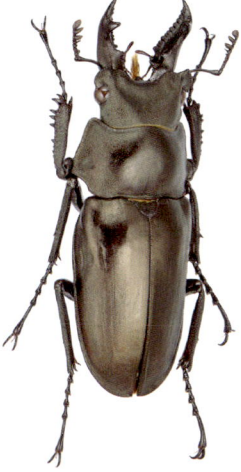

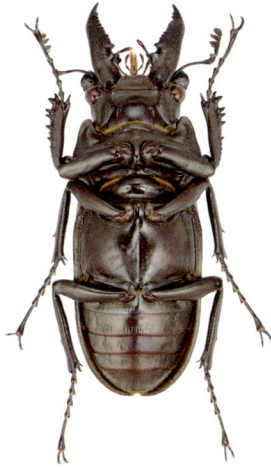

雄虫 - 侧面　　　　　　雄虫 - 腹面　　　　　　雌虫 - 背面　　　　　　雌虫 - 腹面

尺寸展示

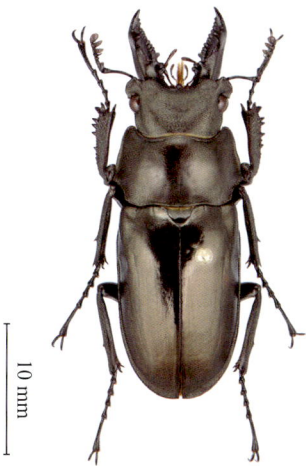

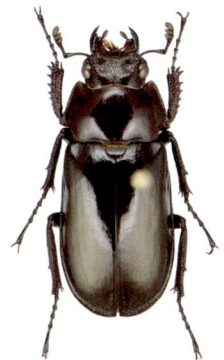

10 mm

雄虫 - 大型　　　　　　雄虫 - 中型　　　　　　雄虫 - 小型　　　　　　雌虫

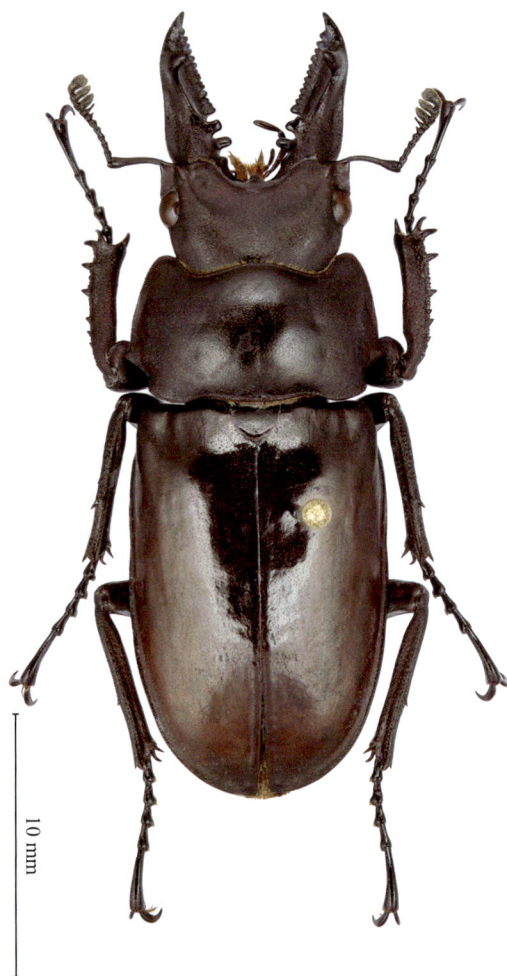

10 mm

怒江鬼锹甲

Prismognathus nigricolor Boucher, 1996

分布	云南
体长	20 ~ 33.1 mm（雄），17 ~ 21.5 mm（雌）
词源	拉丁学名源于雄虫体表为黑色；中文名源于其分布在云南怒江

物种描述

雄虫

背面观： 上颚笔直短粗，前后宽度一致。基齿位于上颚端部，内侧具密集连续的小齿结构，基部具 2 枚分立齿突，最下方齿较大且位于上颚内侧。唇基不发达。前胸背板呈梯形；复眼背面观较大。体泽黑色，鞘翅表面光滑。

侧面观： 复眼缘呈方形，中间略微凹陷，覆盖复眼前端约 1/2。前胸足胫节较短，前端表面具数枚发达独立的刺突；中、后胸足胫节表面具 1 枚刺突。基齿呈三角形。上颚端部尖锐。

腹面观： 腹部光滑，整体呈黑色。

雌虫

背面观： 体泽黑色。上颚端部尖锐。基齿位于上颚基部，较为宽厚。前胸背板显著宽于头部，呈梯形；复眼缘不发达，复眼背面观较大。鞘翅表面较光滑；前胸足胫节表面具数枚尖锐的刺突；中、后胸足胫节表面具 1 枚刺突。

腹面观： 腹部光滑。胸足腿节呈褐色。

图片展示

雄虫 - 侧面　　　　　　雄虫 - 腹面　　　　　　雌虫 - 背面　　　　　　雌虫 - 腹面

尺寸展示

雄虫 - 大型　　　　　雄虫 - 中型　　　　　雄虫 - 小型　　　　　雌虫

10 mm

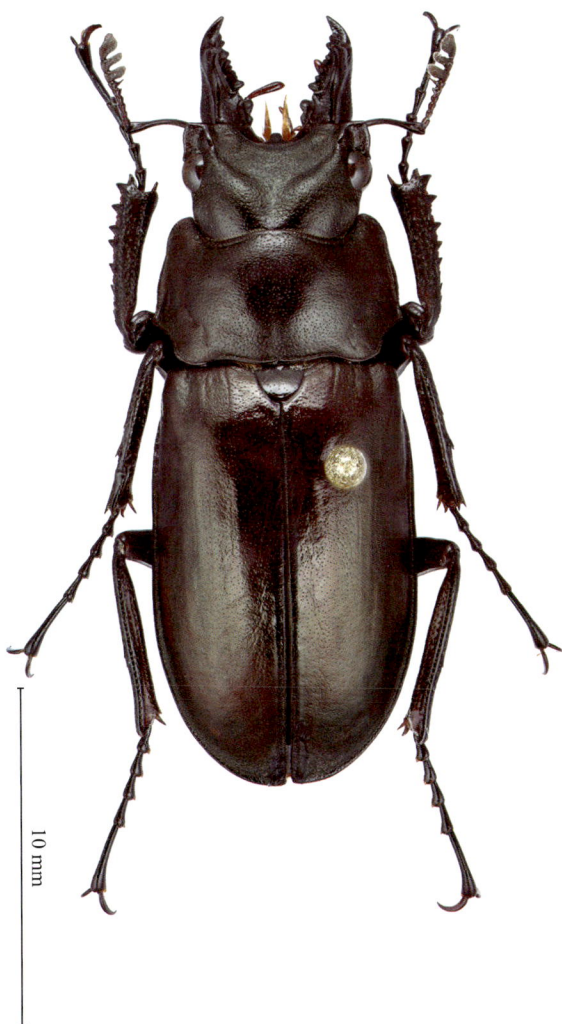

10 mm

单氏鬼锹甲

Prismognathus shani Huang & Chen, 2012

分布	四川
体长	20 ~ 28.2 mm（雄），15 ~ 24 mm（雌）
词源	拉丁学名源于标本采集者单海成

物种描述

雄虫

背面观：上颚较短，前后宽度一致。基齿位于上颚端部，内侧具密集连续的小齿结构，基部具 2 ~ 3 枚分立齿突。唇基呈点状凸起。前胸背板呈方形；复眼背面观较大。体泽黑色，鞘翅表面光滑。

侧面观：复眼缘呈方形，覆盖复眼前端约 1/2。前胸足胫节较短，前端表面具数枚发达独立的刺突；中胸足胫节表面具 1 枚刺突，后胸足胫节表面光滑。基齿呈三角形。上颚端部尖锐。

腹面观：腹部光滑。

雌虫

背面观：上颚端部尖锐。基齿位于上颚前端。前胸背板前、中部较宽；复眼缘不发达，复眼背面观较大。鞘翅表面较光滑；前胸足胫节表面具数枚尖锐的刺突；中、后胸足胫节表面具 1 ~ 2 枚刺突。

腹面观：腹部光滑。胸足腿节呈褐色。

图片展示

雄虫 - 侧面

雄虫 - 腹面

雌虫 - 背面

雌虫 - 腹面

尺寸展示

雄虫 - 大型

雄虫 - 中型

雄虫 - 小型

雌虫

10 mm

普氏鬼锹甲

Prismognathus prossi Bartolozzi & Wan, 2006

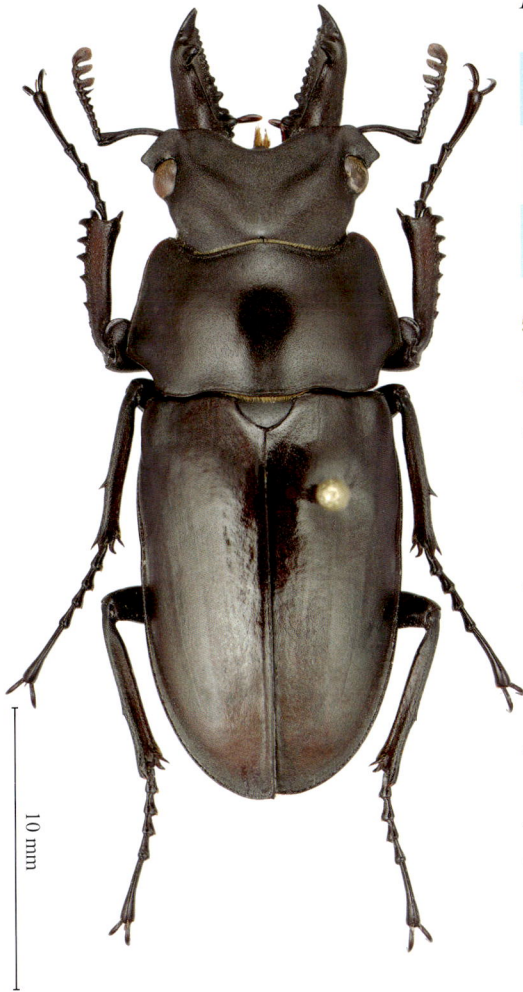

10 mm

分布	广西、贵州、四川
体长	22.3 ～ 35.4 mm（雄），20 ～ 24.5 mm（雌）
词源	拉丁学名源于标本提供者德国昆虫学家 G.Pross

物种描述

雄虫

背面观： 上颚笔直短粗，前后宽度一致。基齿位于上颚端部，背面观不明显。上颚内侧具密集连续的小齿结构，基部具 3 枚叉状齿突。唇基略呈四边形。前胸背板宽大呈梯形；复眼背面观较大。体泽褐色，具金属光泽。

侧面观： 复眼缘呈三角形，且明显向后伸展，顶端较尖锐，覆盖复眼前端约 1/2。前胸足胫节较短，前端表面具数枚发达独立的刺突；中、后胸足胫节表面各具 1 枚刺突。基齿锐利，上颚端部略向上翘起。

腹面观： 腹部光滑，后胸足基节窝处具较短簇状黄色鳞毛。

雌虫

背面观： 体泽褐色。上颚端部尖锐。基齿位于上颚中部，呈三角形。前胸背板略宽于头部，呈梯形；复眼缘不发达，复眼背面观较大。鞘翅表面较光滑；前胸足胫节表面具数枚尖锐的刺突；中、后胸足胫节表面具 1 ～ 2 枚刺突。

腹面观： 腹部光滑。胸足腿节呈褐色。

图片展示

雄虫 - 侧面

雄虫 - 腹面

雌虫 - 背面

雌虫 - 腹面

尺寸展示

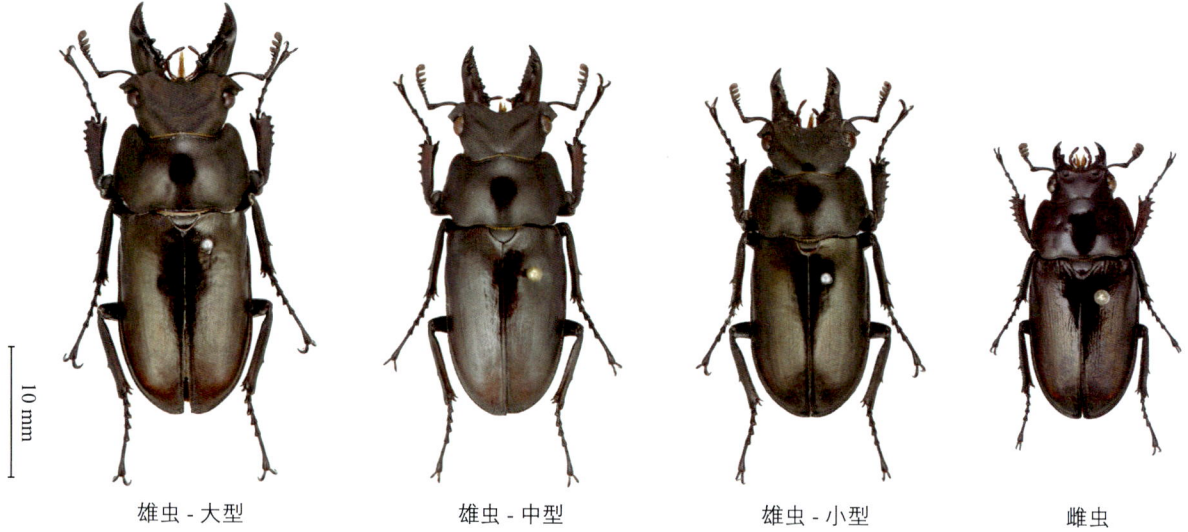

雄虫 - 大型	雄虫 - 中型	雄虫 - 小型	雌虫

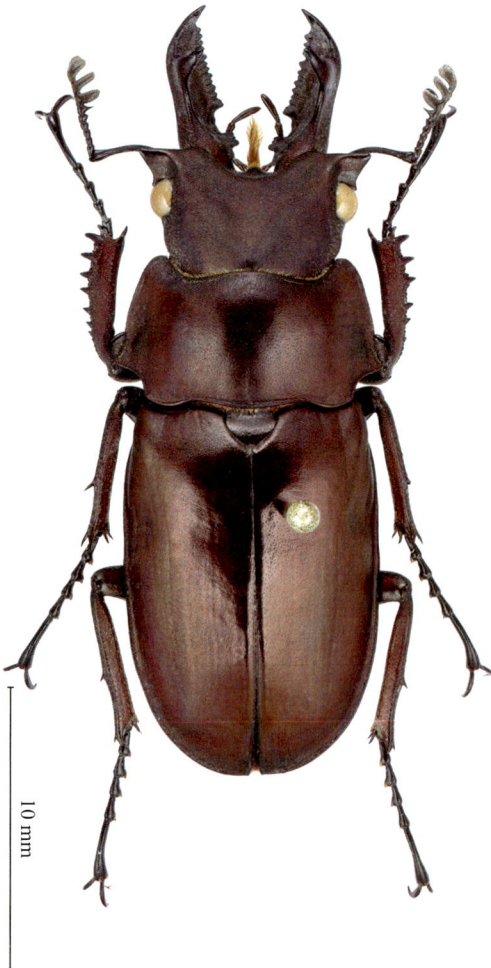

毛胸鬼锹甲

Prismognathus siniaevi Ikeda, 1997

分布	云南
体长	21 ~ 32.4 mm（雄），17 ~ 20.1 mm（雌）
词源	拉丁学名源于标本采集者 V. Siniaev；中文名源于雄虫后胸腹面有明显黄色鳞毛

物种描述

雄虫

背面观： 上颚笔直，前后宽度一致。基齿位于上颚端部，呈三角形指向上颚内侧。上颚内侧具密集连续的小齿结构，基部具 2 ~ 3 枚叉状齿突。唇基略微隆起。前胸背板呈梯形；复眼背面观较大。体泽褐色，具金属光泽。

侧面观： 复眼缘呈三角形，顶端略向上翘起，覆盖复眼前端约 1/2。前胸足胫节较短，前端表面具数枚发达独立的刺突；中、后胸足胫节表面各具 1 枚刺突。基齿锐利。上颚端部略向上翘起。

腹面观： 中胸两侧表面具明显黄色短鳞毛。

雌虫

背面观： 体泽褐色。上颚端部尖锐。基齿位于上颚中部，呈三角形；唇基呈点状。前胸背板略宽于头部，呈梯形；复眼缘不发达，复眼背面观较大。鞘翅表面较光滑；前胸足胫节表面具数枚尖锐的刺突；中、后胸足胫节表面具 1 枚刺突。

腹面观： 中胸两侧表面具明显黄色短鳞毛。

图片展示

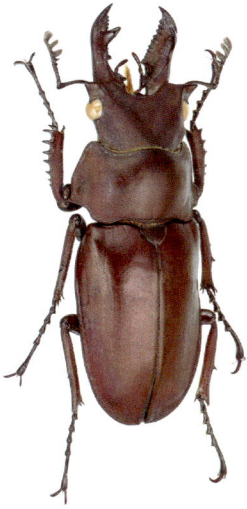

雄虫 - 侧面

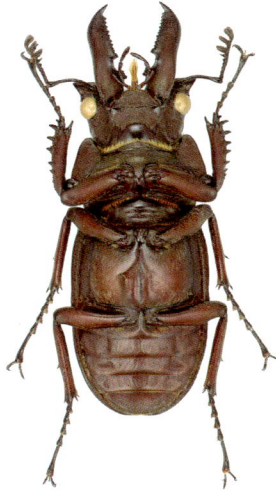

雄虫 - 腹面

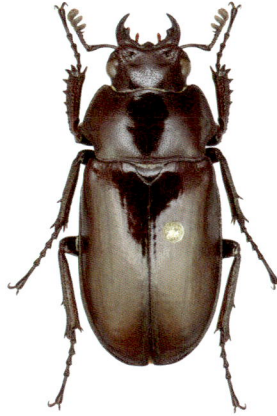

雌虫 - 背面

雌虫 - 腹面

尺寸展示

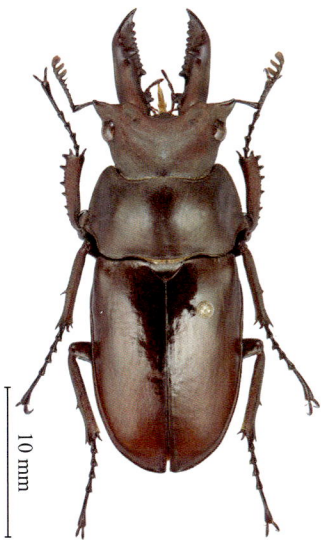

10 mm

雄虫 - 大型

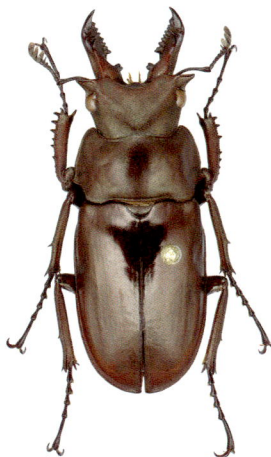

雄虫 - 中型

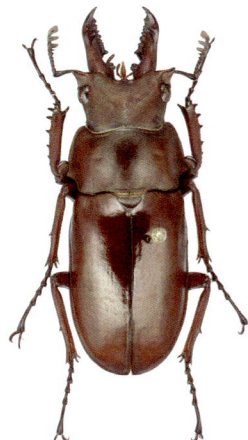

雄虫 - 小型

雌虫

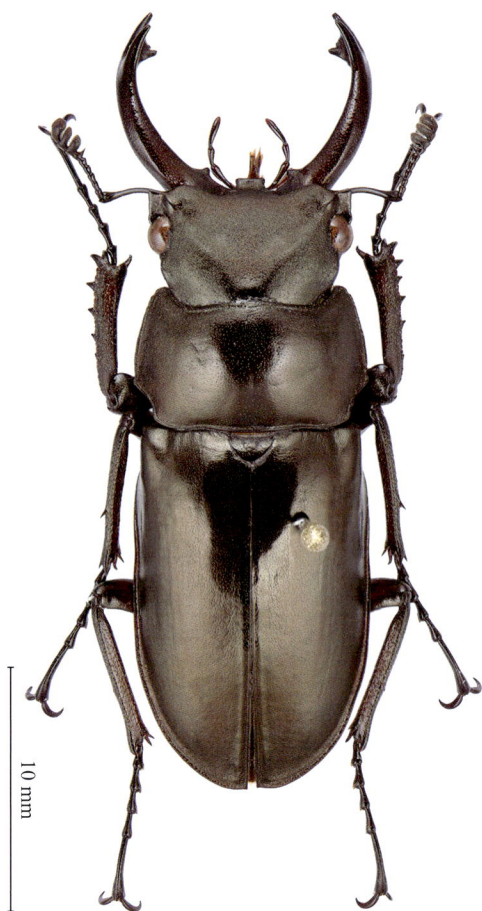

10 mm

三顶鬼锹甲
Prismognathus triapicalis (Houlbert, 1915)

分布	四川
体长	22 ~ 36.2 mm（雄），17 ~ 22 mm（雌）
词源	拉丁学名源于雄虫上颚端部具明显的三分叉

物种描述

雄虫

背面观： 上颚弯曲，呈圆形。基齿背面观不明显。上颚端部具 3 ~ 4 枚连续并立的小齿突，基部具 1 处点状凸起。唇基呈方形。前胸背板呈方形；复眼背面观较大。体泽咖啡色，具金属光泽。

侧面观： 复眼缘呈方形，上下宽度一致，覆盖复眼前端约 1/2。前胸足胫节较短，前端表面具数枚发达独立的刺突；中胸足胫节表面具 1 枚刺突，后胸足胫节表面光滑。基齿锐利，略指向前端。上颚端齿向下弯折。

腹面观： 后胸足基节窝处具明显黄色短鳞毛，胸足腿节呈褐色。

雌虫

背面观： 体泽褐色。上颚端部尖锐。基齿位于上颚基部，呈三角形；唇基呈方形。前胸背板略宽于头部，呈梯形；复眼缘不发达，复眼背面观较大。鞘翅表面较光滑；前胸足胫节表面具数枚尖锐的刺突；中、后胸足胫节表面具 1 ~ 2 枚刺突。

腹面观： 腹部表面光滑，胸足腿节呈褐色。

图片展示

雄虫 - 侧面

雄虫 - 腹面

雌虫 - 背面

雌虫 - 腹面

其他态展示

红色型雄虫

尺寸展示

| 雄虫 - 大型 | 雄虫 - 中型 | 雄虫 - 小型 | 雌虫 |

10 mm

中华鬼锹甲

Prismognathus sinensis Bomans, 1989

10 mm

分布	浙江、福建、广东、广西、湖南、湖北、重庆、贵州、云南
体长	21 ~ 38.1 mm（雄），16 ~ 24.5 mm（雌）
词源	拉丁学名源于中国的拉丁文

物种描述

雄虫

背面观： 上颚纤细，在顶端略微弯曲。基齿位于上颚近端部，背面观不明显。上颚端部具 3 ~ 4 枚连续并立的小齿突，端齿较小，呈叉状。唇基呈方形。前胸背板呈方形；复眼背面观较大。体泽咖啡色，具金属光泽。

侧面观： 复眼缘呈方形，上下宽度一致，覆盖复眼前端约 1/2。前胸足胫节较短，前端表面具数枚发达独立的刺突；中胸足胫节表面具 1 ~ 3 枚不发达刺突，后胸足胫节表面通常光滑。基齿锐利，略指向前端。上颚端齿向下弯折。

腹面观： 后胸足基节窝处具明显黄色短鳞毛，胸足腿节呈褐色。

雌虫

背面观： 体泽褐色。上颚端部尖锐。基齿位于上颚中部，呈三角形。前胸背板略宽于头部，呈梯形；复眼缘不发达，复眼背面观较大。鞘翅表面较光滑；前胸足胫节表面具数枚尖锐的刺突；中、后胸足胫节表面具 1 枚刺突。

腹面观： 腹部光滑。胸足腿节呈褐色。

图片展示

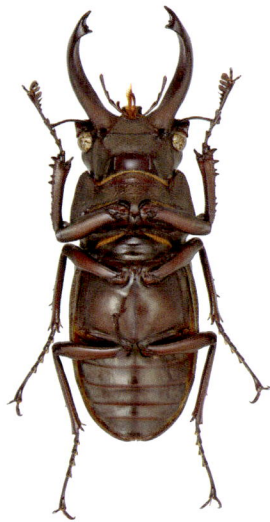
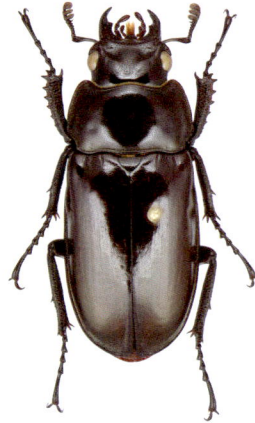

雄虫 - 侧面　　　　　　雄虫 - 腹面　　　　　　雌虫 - 背面　　　　　　雌虫 - 腹面

尺寸展示

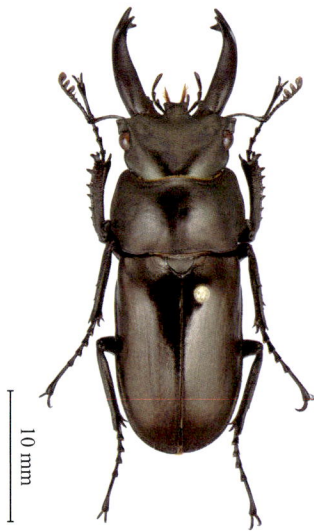

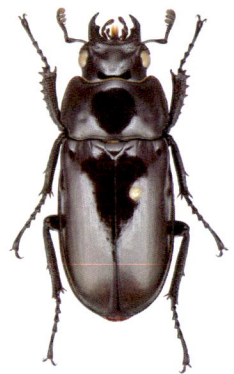

10 mm

雄虫 - 大型　　　　　　雄虫 - 中型　　　　　　雄虫 - 小型　　　　　　雌虫

台湾鬼锹甲

Prismognathus formosanus Nagel, 1928

别名：鬼锹甲

分布	台湾
体长	20.1 ~ 31 mm（雄），18 ~ 22.5 mm（雌）
词源	拉丁学名源于其模式产地台湾的拉丁文

10 mm

物种描述

雄虫

背面观： 上颚短于头部，形状笔直。基齿位于上颚端部，不发达。上颚端部具 3 ~ 4 枚分立发达的内齿突，基部具 2 枚并立状齿突。唇基不发达。前胸背板前端呈半圆形，后端向内收缩；复眼背面观较小。体泽赤色，头部顶端两侧具 1 处明显点状凹陷。

侧面观： 复眼缘不发达，覆盖复眼前端约 1/2。前胸足胫节较短，前端表面具 3 ~ 4 枚分立的刺突；中、后胸足胫节表面具 1 枚不发达刺突。上颚明显向上翘起。前胸背板两侧边缘具 1 枚不明显的黑色斑点。

腹面观： 腹面呈赤色，表面光滑。

雌虫

背面观： 体泽褐色。上颚端部尖锐。基齿位于上颚基部，呈三角形。前胸背板略宽于头部，呈梯形；复眼缘不发达，复眼背面观较大。鞘翅表面较光滑；前胸足胫节表面具数枚尖锐的刺突；中胸足胫节表面具 3 ~ 4 枚刺突，后胸足胫节具 1 ~ 2 枚刺突。

腹面观： 腹部光滑。胸足腿节呈褐色。

图片展示

雄虫 - 侧面

雄虫 - 腹面

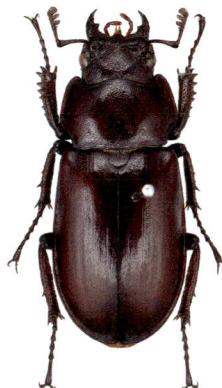

雌虫 - 背面

雌虫 - 腹面

尺寸展示

雄虫 - 大型　　　　　　　　　雄虫 - 中型　　　　　　　　　雌虫

碧绿鬼锹甲

Prismognathus piluensis Sakaino, 1992

分布	台湾
体长	17.2 ~ 30.5 mm（雄），15 ~ 23.2 mm（雌）
词源	拉丁学名源于其模式产地台湾碧绿

物种描述

雄虫

背面观： 上颚短于头部，呈钳状，中间稍向内凹。基齿位于上颚端部，不发达。上颚端部具 3 ~ 4 枚分立发达的内齿突，基部具 2 枚并立状齿突。唇基呈梯形，中间凹陷。前胸背板前端呈半圆形，后端向内收缩；复眼背面观较大。体泽赤色，头部顶端两侧具 1 处明显点状凹陷。

侧面观： 复眼缘不发达，覆盖复眼前端约 1/2。前胸足胫节较短，前端表面具 3 ~ 4 枚分立的刺突；中、后胸足胫节表面具 1 枚不发达刺突。上颚明显向上翘起。前胸背板两侧边缘具 1 枚不明显的黑色斑点。

腹面观： 腹面呈赤色，表面光滑。

雌虫

背面观： 体泽褐色。上颚端部尖锐。基齿位于上颚基部，呈三角形。前胸背板略宽于头部，呈梯形；复眼缘不发达，复眼背面观较大。鞘翅表面较光滑；前胸足胫节表面具数枚尖锐的刺突；中、后胸足胫节表面具 1 枚刺突。

腹面观： 腹部光滑。胸足腿节呈褐色。

图片展示

雄虫 - 侧面   雄虫 - 腹面   雌虫 - 背面   雌虫 - 腹面

尺寸展示

10 mm

雄虫 - 中型   雄虫 - 小型   雌虫

10 mm

苏氏鬼锹甲

Prismognathus sukkitorum Nagai, 2005

分布	云南
体长	18 ～ 28.3 mm（雄），17.4 ～ 20.1 mm（雌）
词源	拉丁学名原文未明确指出；中文名源于拉丁文音译"*su-*"一词并赋氏

物种描述

雄虫

背面观：上颚笔直，端部略向外翻；上下宽度一致。无明显基齿结构。上颚内侧具连续密集小齿状结构，基部具 2 ～ 3 枚连续的齿突。唇基细长，呈四边形。前胸背板呈梯形，后端略向内收缩；复眼背面观较大。体泽赤色，头部顶端两侧具 1 枚明显黑色斑块。

侧面观：复眼缘不发达，中间明显内凹，覆盖复眼前端约 1/2。前胸足胫节较短，前端表面具 3 ～ 4 枚分立的刺突；中、后胸足胫节表面具 1 ～ 2 枚明显刺突。上颚略向上翘起。

腹面观：腹面呈赤色，表面光滑；胸足腿节呈褐色。

雌虫

背面观：体泽黑色。上颚弯曲，端部尖锐。基齿位于上颚端部，呈尖锐的刺状。前胸背板明显宽于头部，呈方形；复眼缘不发达，复眼背面观较大。鞘翅表面较光滑；前胸足胫节表面具数枚尖锐的刺突；中、后胸足胫节表面具 1 ～ 2 枚刺突。

腹面观：腹部光滑，整体呈黑色。

图片展示

雄虫 - 侧面

雄虫 - 腹面

雌虫 - 背面

雌虫 - 腹面

尺寸展示

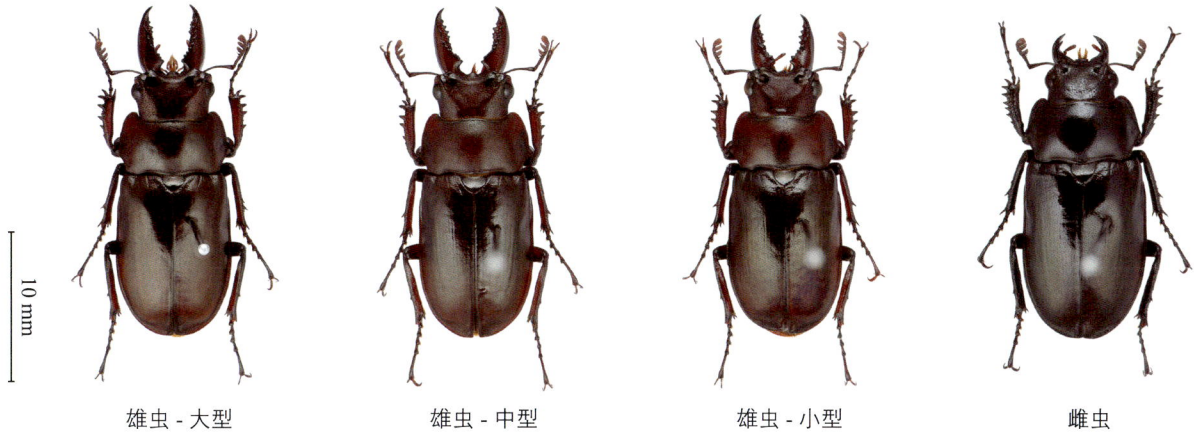

雄虫 - 大型　　　雄虫 - 中型　　　雄虫 - 小型　　　雌虫

10 mm

兔耳鬼锹甲
Prismognathus kanghianus (Didier & Séguy, 1953)

10 mm

分布	云南
体长	14 ～ 28.2 mm（雄），17 mm（雌）
词源	拉丁学名源于其模式产地越南北部的 Kanghia 地区；中文名源于雄虫上颚特征类似兔耳笔直

物种描述

雄虫

背面观：上颚笔直，端部略向外翻；基部较宽。无明显基齿结构。上颚内侧具连续密集小齿状结构。唇基细长，呈四边形。前胸背板呈梯形，前端略窄于后端；复眼背面观较大。体泽赤色，头部顶端无明显黑色斑块。

侧面观：复眼缘不发达，中间明显内凹，覆盖复眼前端约 1/2。前胸足胫节较短，前端表面具 5 ～ 6 枚分立的刺突；中胸足胫节表面具 1 枚明显刺突；后胸足胫节表面光滑。上颚略向上翘起。

腹面观：腹面呈赤色，表面光滑；胸足腿节呈黄色。

雌虫

背面观：体泽褐色。上颚弯曲，端部尖锐。基齿位于上颚端部，呈点状。前胸背板明显宽于头部，呈方形；复眼缘不发达，复眼背面观较大。鞘翅表面较光滑；前胸足胫节表面具数枚尖锐的小刺突；中、后胸足胫节表面具 1 枚小刺突。

腹面观：腹部光滑呈褐色；胸足腿节具褐色斑块。

图片展示

雄虫 - 侧面

雄虫 - 腹面

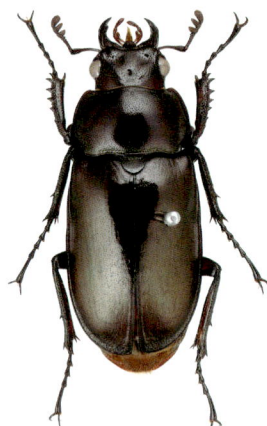

雌虫 - 背面

雌虫 - 腹面

尺寸展示

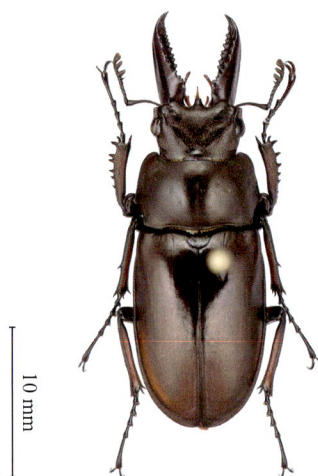

10 mm

雄虫 - 大型

雄虫 - 中型

雄虫 - 小型

雌虫

镰刀鬼锹甲
Prismognathus arcuatus (Houlbert, 1915)

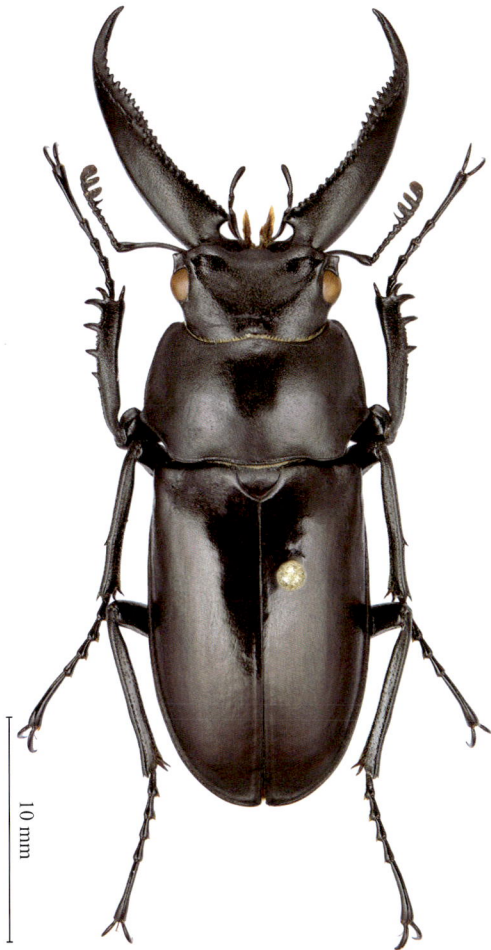

10 mm

分布	四川
体长	26 ~ 43.4 mm（雄），19.6 ~ 23.2 mm（雌）
词源	拉丁学名源于雄虫上颚端部弯曲呈镰刀状

物种描述

雄虫

背面观： 上颚强壮且弯曲，呈镰刀状。上颚无基齿，内侧具连续密集的小齿状结构，且在基部明显增宽。唇基不发达，头前端平直。前胸背板前端呈方形，后端向内收缩；复眼背面观较大。体泽褐色或黑色。

侧面观： 复眼缘不发达，覆盖复眼前端约 1/2。前胸足胫节较短，前端表面具 3 ~ 4 枚分立的刺突；中、后胸足胫节表面具 1 枚不发达刺突。上颚向下弯折，端部尖锐。

腹面观： 腹面表面光滑，中、后胸足基节窝处具明显黄色短鳞毛。

雌虫

背面观： 体泽黑色。上颚端部尖锐。基齿位于上颚基部，呈刺状。前胸背板略宽于头部，呈半圆形；复眼缘不发达，复眼背面观较大。鞘翅表面较光滑；前胸足胫节表面具数枚尖锐的刺突；中、后胸足胫节表面具 1 ~ 2 枚刺突。

腹面观： 腹部光滑。胸足腿节呈褐色。

图片展示

雄虫 - 侧面

雄虫 - 腹面

雌虫 - 背面

雌虫 - 腹面

其他态展示

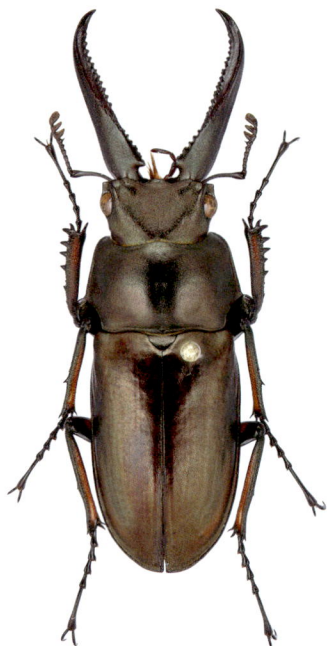

褐色型雄虫

黑色型雌虫

尺寸展示

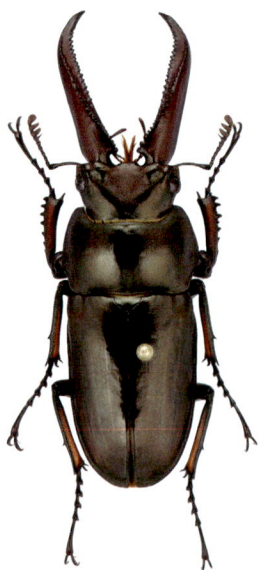

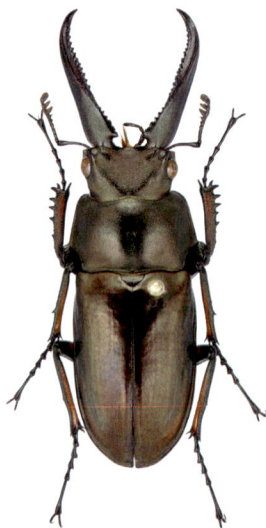

10 mm

雄虫 - 大型

雄虫 - 中型

雌虫

10 mm

郝氏鬼锹甲

Prismognathus haojiani Huang & Chen, 2012

分布	贵州、广西
体长	17.2 ~ 40 mm（雄），18.6 ~ 23 mm（雌）
词源	拉丁学名源于昆虫爱好者郝健

物种描述

雄虫

背面观：上颚纤细，顶端向内强烈弯曲。上颚无基齿结构。上颚内侧具连续密集的小齿状结构，且在基部明显增宽。唇基不发达，头前端平直。前胸背板前端呈方形，后端向内收缩；复眼背面观较大。体泽褐色。

侧面观：复眼缘不发达，覆盖复眼前端约 1/2。前胸足胫节较短，前端表面具 5 ~ 6 枚分立的刺突；中胸足胫节表面具 1 枚不发达刺突，后胸足胫节表面光滑。上颚略向下弯折，端部尖锐。

腹面观：腹面表面光滑，胸足腿节、胫节呈亮黄色。

雌虫

背面观：体泽褐色。上颚端部尖锐。基齿位于上颚中部，较为尖锐。前胸背板略宽于头部，呈梯形；复眼缘不发达，复眼背面观较大。鞘翅表面较光滑；前胸足胫节表面具数枚尖锐的刺突；中、后胸足胫节表面具 1 枚刺突。

腹面观：腹部光滑。中、后胸足腿节、胫节呈亮黄色。

图片展示

雄虫 - 侧面

雄虫 - 腹面

雌虫 - 背面

雌虫 - 腹面

尺寸展示

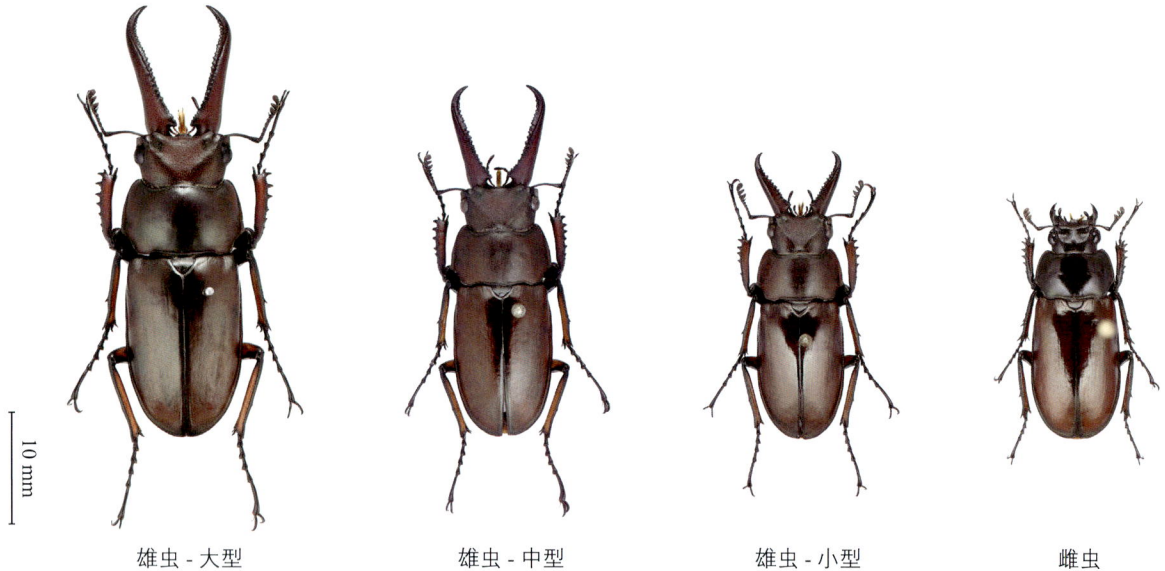

10 mm

雄虫 - 大型　　　　雄虫 - 中型　　　　雄虫 - 小型　　　　雌虫

10 mm

拟枝角鬼锹甲

手绘图

Prismognathus mixtus Huang & Chen, 2017

分布	云南
体长	19 ~ 22.5 mm（雄），16 ~ 19 mm（雌）
词源	拉丁学名源于本种形态类似传统范围的鬼锹甲属与枝角鬼锹甲属 *Cladophyllus*（现已被归为鬼锹甲属）的过渡种

物种描述

雄虫

背面观：上颚较短且直，顶端呈方形向内弯曲。基齿位于上颚基部。上颚内侧具连续密集的小齿状结构。唇基不发达，头前端具明显向内凹陷。前胸背板前端呈梯形，后端较宽大；复眼背面观较大。体泽黑色且反光。

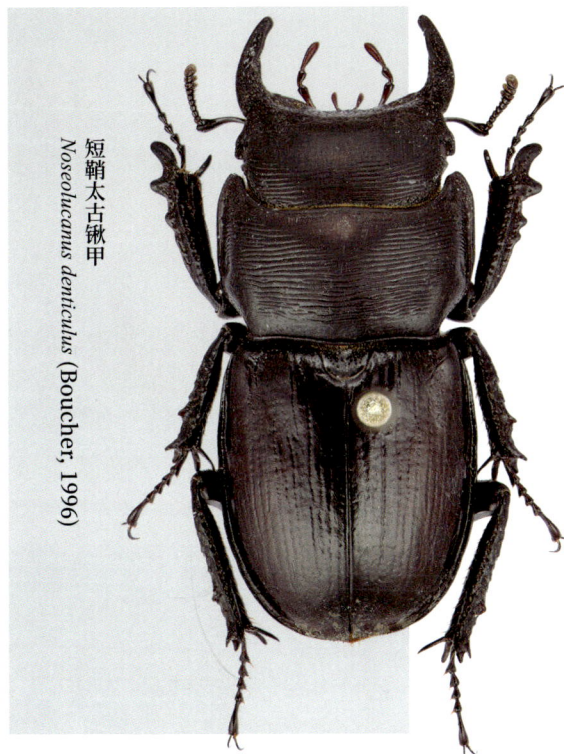

短鞘太古锹甲
Noseolucanus denticulus (Boucher, 1996)

太古锹甲属

Noseolucanus Araya & Tanaka, 1998

本属简介

　　本属成虫形态虽然近似于深山锹甲属或拟深山锹甲属，然而却在系统发育位置上相差甚远，故属于不同的族。

　　本属的分布较为狭窄，目前所有的已知种类（两种）均分布于云南、西藏地区。雄虫具有一定的飞行能力，雌虫飞行能力较弱；据目前观察到的数据，本属成虫多在高海拔云雾林中空旷的草甸上爬行。

目前中国已知太古锹甲属 2 种，本书记录本属 1 种

太古锹甲的外部形态特点

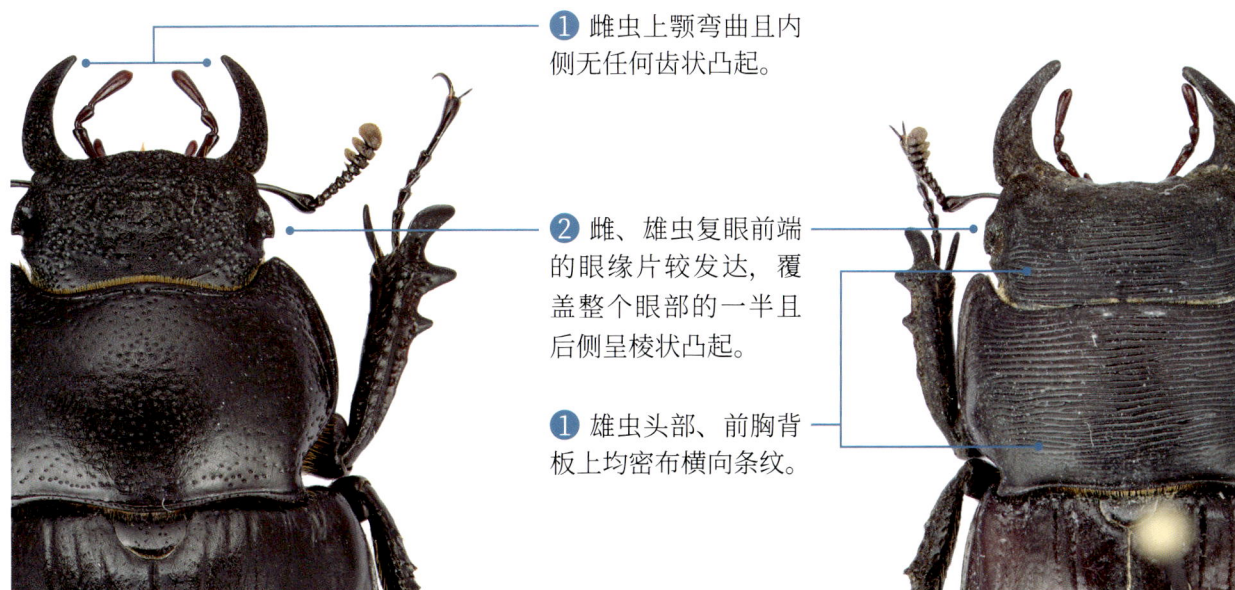

❶ 雌虫上颚弯曲且内侧无任何齿状凸起。

❷ 雌、雄虫复眼前端的眼缘片较发达，覆盖整个眼部的一半且后侧呈棱状凸起。

❶ 雄虫头部、前胸背板上均密布横向条纹。

10 mm

短鞘太古锹甲

Noseolucanus denticulus (Boucher, 1996)

分布	云南
体长	17 ~ 28 mm（雄），15 ~ 26 mm（雌）
词源	拉丁学名源于雄虫较短的上颚特征；中文名源于成虫鞘翅长度较短

物种描述

雄虫

背面观：上颚在中下段弯曲，略等于头长；上颚内侧非常光滑。头、前胸背板呈黑色；鞘翅呈棕色；唇基不发达，几乎观察不到。

侧面观：复眼约 1/2 裸露，眼缘片占据复眼前端 1/2 面积且后侧呈棱状凸起。前胸足胫节具 3 枚刺突，中足和后足略具 2 枚刺突。

腹面观：中胸具明显黄色鳞毛；头部与前胸背板、前后胸连接处具明显黄色鳞毛；胸足基节窝处具簇状黄色鳞毛。

雌虫

背面观：体泽黑色。唇基不发达，几乎观察不到；复眼缘略微覆盖整个眼部且在后端呈棱状凸起；前胸背板的后端明显膨大。前胸足胫节约具 4 枚明显的刺突；中胸足约具 2 枚明显刺突，后胸足仅具 2 枚明显刺突。

腹面观：中胸具明显黄色鳞毛；胸足基节窝、腿节处具簇状黄色鳞毛。

图片展示

雄虫 - 侧面　　　　雄虫 - 腹面　　　　雌虫 - 背面　　　　雌虫 - 腹面

尺寸展示

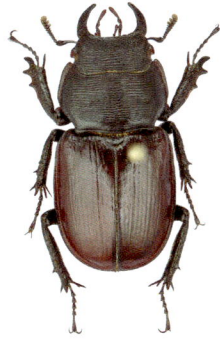

10 mm

雄虫 - 大型　　　　雄虫 - 中型　　　　雄虫 - 小型　　　　雌虫

锹甲亚科 奥锹甲族

奥锹甲属
Odontolabis Hope, 1842

库奥锹甲
Odontolabis cuvera Hope, 1842

奥锹甲属
Odontolabis Hope, 1842 **本属简介**

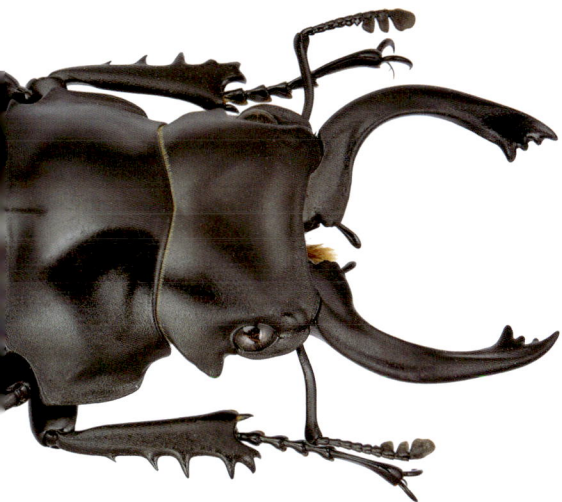

　　本属又有"艳锹甲属""鬼艳锹甲属"之称。"艳"意为本属部分种类鞘翅两侧或身体具较为鲜艳的条带。绝大部分锹甲爱好者会用"鬼艳"一词统称本属所有的物种，其实这种称呼是不准确的。"鬼艳"一词来源于日本锹甲爱好者称呼中国台湾的黑奥锹甲，意为虽然生活在岛屿上，但本亚种身型巨大。将"鬼艳"用于本属所有的物种名显然并不恰当。

　　本属广泛分布于我国华东、华南、西南地区，且对海拔无特定的要求；成虫发生季一般在5—7月。某些种类甚至会出现在果园里，对经济作物造成一定的影响。

本书记录奥锹甲属5种。

奥锹甲的外部形态特点

❶ 中小型雄虫上颚往往左右不对称。

❶ 雌虫上颚较为弯曲。

❷ 雌虫复眼眼缘中后端呈半圆形。

❷ 雄虫颊部具明显的簇状刻点凹坑。

★ 雌、雄虫身体上均有较重的体味。

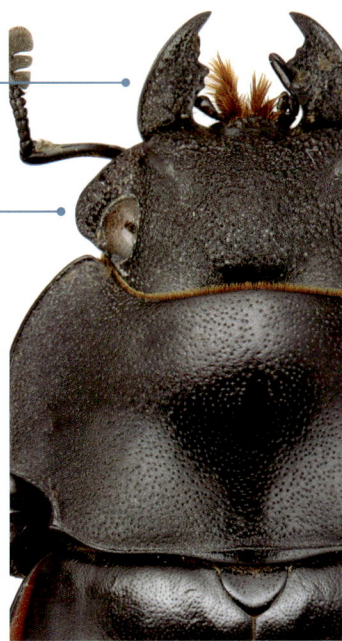

10 mm

库奥锹甲

Odontolabis cuvera Hope, 1842

Odontolabis cuvera cuvera Hope, 1842 **原名亚种**

分布	西藏
体长	34 ~ 82.3 mm（雄），38 ~ 46 mm（雌）
词源	拉丁学名原文未明确指出，但可能源于雄虫上颚形状较弯曲；中文名源于音译拉丁学名

物种描述

雄虫

背面观：上颚在基部 1/2 处弯曲，基齿位于上颚顶端，分叉状较小，上颚基部具 1 枚不明显的小齿凸起，端齿较发达。鞘翅两侧具明显的黄色宽条带；复眼后端的凸起呈三角形。

侧面观：复眼完全被眼缘片包裹，且被分割成上下两部分。前胸足胫节上刺突数量较少且尖锐；中、后胸足无任何刺突。

腹面观：腹部非常光滑；颊部具大面积刻点状结构；胸足跗节具明显的黄色鳞毛刷。

雌虫

背面观：前胸背板、头部具明显的刻点状结构。复眼缘完全包裹住复眼且在左右两侧呈明显的凸起；鞘翅具黄色条带。

腹面观：腹部非常光滑；颊部具明显的刻点状结构；胸足跗节具明显的黄色鳞毛刷。

图片展示

雄虫 - 侧面

雄虫 - 腹面

雌虫 - 背面

雌虫 - 腹面

尺寸展示

| 雄虫 - 大型 | 雄虫 - 中型 | 雄虫 - 小型 | 雌虫 |

Odontolabis cuvera alticola Möllenkamp, 1902 缅甸亚种

分布	云南
体长	35 ~ 88.4 mm（雄），39 ~ 46.5 mm（雌）
词源	拉丁学名原文未明确指出；中文名源于其模式产地缅甸

物种描述

雄虫

背面观： 上颚在基部 1/2 处弯曲，基齿位于上颚顶端，分叉状较小，上颚基部具 1 ~ 2 枚不明显的小齿凸起，或有三角形状隆起，端齿发达。鞘翅两侧具明显的黄色宽条带；复眼后端的凸起呈三角形。

侧面观： 复眼完全被眼缘片包裹，且被分割成上下两部分。前胸足胫节上刺突数量较少且尖锐；中、后胸足无任何刺突。

腹面观： 腹部非常光滑；颊部具大面积刻点状结构；胸足跗节具明显的黄色鳞毛刷。

雌虫

背面观： 前胸背板、头部具明显的刻点状结构。复眼缘完全包裹住复眼且在左右两侧呈明显的凸起；眼缘片边缘较为圆润；鞘翅具黄色条带。

腹面观： 腹部非常光滑；颊部具明显的刻点状结构；胸足跗节具明显的黄色鳞毛刷。

图片展示

雄虫 - 侧面　　　　　雄虫 - 腹面　　　　　雌虫 - 背面　　　　　雌虫 - 腹面

尺寸展示

10 mm

雄虫 - 大型　　　　　雄虫 - 中型　　　　　雄虫 - 小型　　　　　雌虫

10 mm

红边型雄虫

10 mm

黄边型雄虫

Odontolabis cuvera sinensis (Westwood, 1848) 华南亚种

别名： 黄边鬼艳锹甲、红边鬼艳锹甲

分布	安徽、浙江、福建、江西、湖南、湖北、四川、重庆、广东、贵州、海南、云南、广西等
体长	32.3 ~ 95 mm（雄），28.3 ~ 45.8 mm（雌）
词源	拉丁学名源于中国的拉丁文"sinensis"；中文名源于其主要分布于我国华南地区

物种描述

雄虫

背面观： 上颚在基部 1/3 处弯曲，基齿位于上颚顶端，分叉状，上颚基部具 1 枚小齿凸起，端齿较为尖锐。鞘翅两侧具明显的红色或黄色条带，宽度不一，复眼后端的凸起呈尖锐的三角形。

侧面观： 复眼完全被眼缘片包裹，且被分割成上下两部分。前胸足胫节上刺突数量多且尖锐；中、后胸足无任何刺突。

腹面观： 腹部非常光滑；颊部具大面积刻点状结构；胸足跗节具明显的黄色鳞毛刷。

雌虫

背面观： 前胸背板、头部具明显的刻点状结构。复眼缘完全包裹住复眼且在左右两侧呈明显的凸起；鞘翅具明显的红色或黄色条带，宽度不一。

腹面观： 腹部非常光滑；颊部具明显的刻点状结构；胸足跗节具明显的黄色鳞毛刷。

不同地域型之间的差异：

本亚种分布在安徽、浙江、福建、江西、广东、海南等地域的种群鞘翅具较窄的红色条纹；而分布在贵州、四川、云南、湖南等地域的种群鞘翅则展现出较窄的黄色或橘色条纹，呈现过渡形态。

图片展示（红边型）

| 雄虫 - 侧面 | 雄虫 - 腹面 | 雌虫 - 背面 | 雌虫 - 腹面 |

图片展示（黄边型）

| 雄虫 - 侧面 | 雄虫 - 腹面 | 雌虫 - 背面 | 雌虫 - 腹面 |

其他态展示

宽橙边型雄虫　　　　窄橙边型雄虫　　　　宽红边型雄虫　　　　窄黄边型雄虫

尺寸展示（红边型）

10 mm

雄虫 - 大型　　　　雄虫 - 中型　　　　雄虫 - 小型　　　　雌虫

尺寸展示（黄边型）

| 雄虫 - 大型 | 雄虫 - 中型 | 雄虫 - 小型 | 雌虫 |

黑奥锹甲
Odontolabis siva (Hope, 1845)

Odontolabis siva siva (Hope, 1845) 原名亚种

别名：黑鬼艳锹甲、西光胫锹甲、西奥锹甲

分布	浙江、福建、江西、广东、广西、海南、贵州、云南、西藏
体长	55 ～ 93 mm（雄），34 ～ 50 mm（雌）
词源	拉丁学名源于"湿婆"一词；中文名源于成虫漆黑的体色

物种描述

雄虫

背面观： 上颚在基部弯曲，上颚内侧无基齿结构，上颚基部具 2 枚并立的小齿凸起；端齿较为发达且具 2 ～ 3 枚小齿突，整个上颚较为粗壮。体泽黑色，反光强烈；复眼后端的凸起呈三角形，略向上翘。

侧面观： 复眼完全被眼缘片包裹，且被分割成上下两部分。前胸足胫节上刺突形状短粗；中、后胸足无任何刺突。

腹面观： 腹部非常光滑；颊部具不明显刻点状结构；胸足跗节具明显的黄色鳞毛刷。

雌虫

背面观： 前胸背板、头部刻点结构较少。复眼缘完全包裹住复眼且在左右两侧呈明显的凸起；眼缘片边缘较为狭窄；体泽黑色且明显反光。

腹面观： 腹部非常光滑；颊部略具刻点状结构；胸足跗节具明显的黄色鳞毛刷。

图片展示

雄虫 - 侧面

雄虫 - 腹面

雌虫 - 背面

雌虫 - 腹面

尺寸展示

10 mm

雄虫 - 大型

雄虫 - 中型

雄虫 - 小型

雌虫

10 mm

Odontolabis siva parryi Boileau, 1905 台湾亚种

别名：鬼艳锹甲

分布	台湾
体长	45 ~ 95 mm（雄），31 ~ 52.4 mm（雌）
词源	拉丁学名源于英国昆虫学家 F. Parry；中文名源于其分布在我国台湾

物种描述

雄虫

背面观： 上颚在基部弯曲，上颚内侧无基齿结构，上颚基部具 2 枚并立的小齿凸起；端齿较为发达且具 2 ~ 3 枚小齿突。体泽黑色，反光较弱；复眼后端的凸起呈三角形，略向上翘。

侧面观： 复眼完全被眼缘片包裹，且被分割成上下两部分。前胸足胫节上刺突形状短粗；中、后胸足无任何刺突。

腹面观： 腹部非常光滑；颊部具不明显刻点状结构；胸足跗节非常光滑。

雌虫

背面观： 前胸背板、头部刻点结构较少。复眼缘完全包裹住复眼且在左右两侧呈明显的凸起；眼缘片边缘较为狭窄；体泽黑色且明显反光。

腹面观： 腹部非常光滑；颊部略具刻点状结构；胸足跗节非常光滑。

图片展示

雄虫 - 侧面

雄虫 - 腹面

雌虫 - 背面

雌虫 - 腹面

尺寸展示

| 10 mm

雄虫 - 大型　　　　　　雄虫 - 中型　　　　　　雄虫 - 小型　　　　　　雌虫

| 10 mm

平齿奥锹甲

Odontolabis platynota (Hope & Westwood, 1845)

Odontolabis platynota platynota (Hope & Westwood, 1845)
原名亚种

分布	安徽、浙江、福建、江西、广东、四川、重庆等
体长	21 ~ 40 mm（雄），18 ~ 26.7 mm（雌）
词源	拉丁学名源于雄虫上颚形状较为平坦

物种描述

雄虫

背面观：上颚较短，内侧无基齿结构，基部具 2 ~ 3 枚并立的小齿状凸起；端齿较为发达且具 3 ~ 4 枚小齿突，整个上颚呈平板状。体泽黑色，无明显反光；复眼后端略微隆起。

侧面观：复眼完全被眼缘片包裹，且被分割成上下两部分。前胸足胫节上刺突数量较少且不尖锐；中、后胸足无任何刺突。

腹面观：腹部非常光滑；颊部具较明显刻点状结构；胸足胫节末端、跗节具明显的黄色鳞毛刷。

雌虫

背面观：前胸背板、头部刻点结构较少。复眼缘完全包裹住复眼且在左右两侧略呈向上翘的三角形；眼缘片边缘较为狭窄；体泽黑色且反光不强烈；整个身体呈橄榄状。

腹面观：腹部非常光滑；颊部略具刻点状结构；胸足跗节具明显的黄色鳞毛刷。

图片展示

雄虫 - 侧面

雄虫 - 腹面

雌虫 - 背面

雌虫 - 腹面

尺寸展示

雄虫 - 大型

雄虫 - 中型

雄虫 - 小型

雌虫

10 mm

10 mm

Odontolabis platynota coomani Didier, 1927 华南亚种

分布	广西、海南、云南、贵州
体长	21 ~ 45 mm（雄），18 ~ 30 mm（雌）
词源	拉丁学名源于标本采集者 R. P. De Cooman；中文名源于其主要分布于我国华南地区

物种描述

雄虫

背面观： 上颚较短，内侧无基齿结构，基部具 2 ~ 3 枚并立的小齿状凸起；端齿较为发达且具 2 ~ 3 枚小齿突。体泽黑色，略微反光；复眼后端略微隆起。

侧面观： 复眼完全被眼缘片包裹，且被分割成上下两部分。前胸足胫节上刺突数量较少且不尖锐；中、后胸足无任何刺突。

腹面观： 腹部非常光滑；颊部、前胸背板左右两侧具较明显刻点状结构；胸足胫节末端、跗节具明显的黄色鳞毛刷。

雌虫

背面观： 前胸背板、头部刻点结构较少。复眼缘完全包裹住复眼且后端略薄；眼缘片边缘较为宽阔；体泽黑色，略微反光；整个身体呈橄榄状。

腹面观： 腹部非常光滑；颊部具刻点状结构；胸足跗节具明显的黄色鳞毛刷。

图片展示

| 雄虫 - 侧面 | 雄虫 - 腹面 | 雌虫 - 背面 | 雌虫 - 腹面 |

尺寸展示

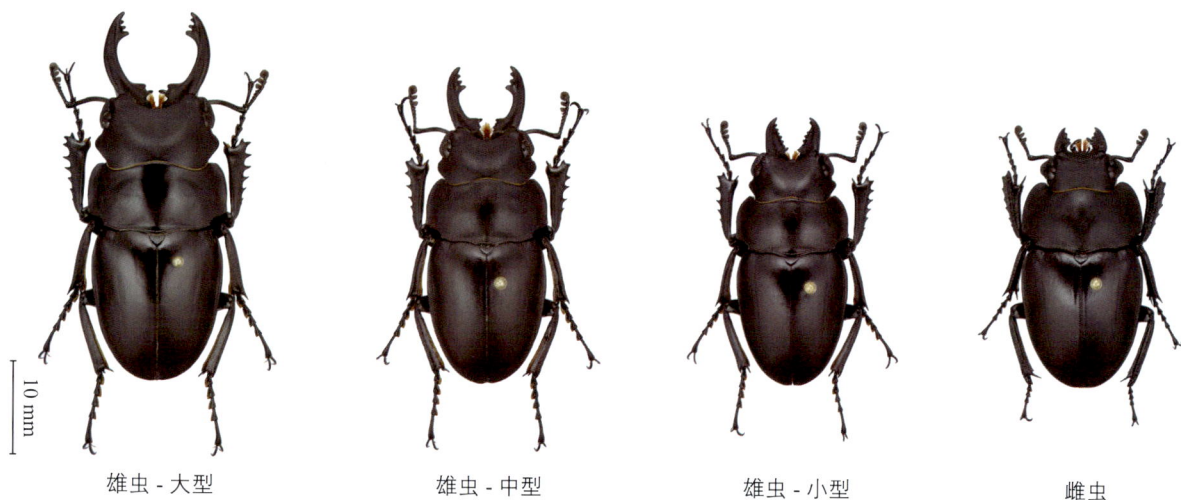

| 雄虫 - 大型 | 雄虫 - 中型 | 雄虫 - 小型 | 雌虫 |

亮光奥锹甲

Odontolabis pareoxa Bomans, Lacroix & Ratti, 1973

分布	云南
体长	28 ~ 49 mm（雄），24 ~ 31 mm（雌）
词源	拉丁学名原文未明确指明；中文名源于成虫亮黑的体色

物种描述

雄虫

背面观： 上颚在中部弯曲，内侧无基齿结构，基部小齿状凸起不明显；端齿较为发达且具 2 ~ 3 枚小齿突。体泽黑色，强烈反光；复眼后端的凸起结构明显上翘。

侧面观： 复眼完全被眼缘片包裹，且被分割成上下两部分。前胸足胫节上刺突数量较少且前 2 ~ 3 枚刺突与后端分割距离较大；中、后胸足无任何刺突。

腹面观： 腹部非常光滑；颊部、前胸背板左右两侧略具较明显的刻点状结构；胸足胫节末端、跗节具明显的黄色鳞毛刷。

雌虫

背面观： 前胸背板、头部非常光滑。复眼缘完全包裹住复眼且略向前伸；眼缘片边缘较为宽阔；体泽黑色，强烈反光；整个身体呈橄榄状。

腹面观： 腹部非常光滑；颊部具刻点状结构；胸足跗节具明显的黄色鳞毛刷。

图片展示

雄虫 - 侧面

雄虫 - 腹面

雌虫 - 背面

雌虫 - 腹面

尺寸展示

雄虫 - 大型

雄虫 - 中型

雄虫 - 小型

雌虫

10 mm

10 mm

硕头奥锹甲
Odontolabis macrocephala Lacroix, 1984

分布	云南、广西
体长	35 ~ 42 mm（雄），雌虫未检视
词源	拉丁学名源于本种雄虫头部形状较大

物种描述

雄虫

背面观：上颚较直，内侧无基齿结构，基部具 2 ~ 3 枚小齿状凸起；端齿具 3 ~ 4 枚小齿突。体泽黑色，略微反光；复眼后端的凸起明显膨大。

侧面观：复眼完全被眼缘片包裹，且被分割成上下两部分。前胸足胫节上刺突数量较多且分隔均匀；中、后胸足无任何刺突。

腹面观：腹部非常光滑；颊部、前胸背板左右两侧具较明显的刻点状结构；胸足胫节末端、跗节具明显的黄色鳞毛刷。

图片展示

雄虫 - 侧面

雄虫 - 腹面

库奥锹甲
Odontolabis cuvera Hope, 1842
Odontolabis cuvera cuvera Hope, 1842 原名亚种

库奥锹甲
Odontolabis cuvera Hope, 1842
Odontolabis cuvera sinensis (Westwood, 1848) 华南亚种

库奥锹甲
Odontolabis cuvera Hope, 1842
Odontolabis cuvera fallaciosa Boileau, 1901 华南亚种

库奥锹甲
Odontolabis cuvera Hope, 1842
Odontolabis cuvera alticola Möllenkamp, 1902 缅甸亚种

平齿奥锹甲
Odontolabis platynota (Hope & Westwood, 1845)
Odontolabis platynota platynota (Hope & Westwood, 1845) 原名亚种

黑奥锹甲
Odontolabis siva (Hope, 1845)
Odontolabis siva parryi Boileau, 1905 台湾亚种

黑奥锹甲
Odontolabis siva (Hope, 1845)
Odontolabis siva siva (Hope, 1845) 原名亚种

亮光奥锹甲
Odontolabis pareoxa Bomans, Lacroix & Ratti, 1973

硕头奥锹甲
Odontolabis macrocephala Lacroix, 1984

圆翅锹甲属
Neolucanus Thomson, 1862

龙牙圆翅锹甲
Neolucanus perarmatus Didier, 1925

圆翅锹甲属
Neolucanus Thomson, 1862　**本属简介**

　　本属又称为"新锹甲属"，但除因为拉丁文前缀"*Neo-*"被译作"新"外，似乎并不能找到能准确概括本属物种的其他特征。故本书选用更为广泛的称呼——"圆翅锹甲"——作为本属的中文名。

　　本属成虫鞘翅后侧较为圆润，略呈铁锹状，这也是"圆翅"一词的由来。圆翅锹甲广泛分布于我国华中、华南、西南地区；圆翅锹甲属的小型种类发生季常常在 5—6 月，而大型种类发生季节常在 7 月末—8 月末。圆翅锹甲的活动能力较强，故经常能在野外观察到不同种群间杂交的情况，这也使圆翅锹甲的分类成为锹甲科中的一个难题。

本书记录圆翅锹甲属 33 种；其中描述了包含 3 个中国新记录种：版纳圆翅锹甲 *Neolucanus latus*、水屋圆翅锹甲 *Neolucanus waterhousei* 与萨氏圆翅锹甲 *Neolucanus sarrauti*

圆翅锹甲的外部形态特点

❶ 成虫复眼被眼缘片包裹，分割为上下两部分。

❶ 雌虫体型较为圆润，复眼后侧相比于奥锹甲属雌虫更扁窄。

❷ 雄虫上颚多少向上翘起，高于头部的最高点。

10 mm

中华圆翅锹甲
Neolucanus sinicus (Saunders, 1854)

Neolucanus sinicus sinicus (Saunders, 1854) **原名亚种**

分布	山西、陕西、湖南、江西、福建、浙江、安徽、上海、江苏、广西、广东等
体长	22 ~ 38 mm（雄），19 ~ 33 mm（雌）
词源	拉丁学名源于中国的拉丁文 "*sinicus*"

物种描述

雄虫

背面观： 上颚较短，顶端略向外扩张，内侧密布小齿，无基齿。体泽黑色、棕色或黄色；复眼背面观较小；前胸背板后端明显宽于前端。

侧面观： 眼缘完全覆盖复眼，且将眼部分成上下两部分；下半部分的面积明显较大；前足胫节刺突较短且密集。

腹面观： 腹部光滑；眼缘片结构明显且颊部具明显的刻点结构。

雌虫

背面观： 体泽黑色、棕色或黄色。前胸背板前端膨大；复眼缘略呈三角形。前胸足胫节膨大且第一、第二枚刺突几乎处于同一平面上；头部、前胸背板上具明显的刻点状结构。

腹面观： 腹部光滑；眼缘片结构明显且颊部具明显的刻点结构。

图片展示

雄虫 - 侧面

雄虫 - 腹面

雌虫 - 背面

雌虫 - 腹面

其他态展示

黄色型雄虫

尺寸展示

| 雄虫 - 大型 | 雄虫 - 中型 | 雄虫 - 小型 | 雌虫 |

Neolucanus sinicus opacus Boileau, 1899 华南亚种

分布	四川、贵州、广西、云南、海南
体长	28 ~ 42 mm（雄），25 ~ 31 mm（雌）
词源	拉丁学名源于拉丁文"*opacus*"，意为"暗淡的"，形容成虫鞘翅为黑色，且光泽度较低；中文名源于其主要分布于我国华南地区

物种描述

雄虫

背面观： 上颚略长于头部，顶端略向外扩张，内侧密布小齿，无基齿。体泽黑色；复眼背面观较小；前胸背板后端明显宽于前端。

侧面观： 眼缘完全覆盖复眼，且将眼部分成上下两部分；下半部分的面积明显较大；前足胫节刺突较短且密集。

腹面观： 腹部光滑；眼缘片结构明显且颊部具明显的刻点结构。

雌虫

背面观： 鞘翅呈黑色。前胸背板中端膨大；复眼缘略呈三角形。前胸足胫节膨大且第一、第二枚刺突几乎处于同一平面上；头部、前胸背板上具明显的刻点状结构。

腹面观： 腹部光滑；眼缘片结构明显且颊部具明显的刻点结构。

图片展示

雄虫 - 侧面

雄虫 - 腹面

雌虫 - 背面

雌虫 - 腹面

尺寸展示

10 mm

雄虫 - 大型

雄虫 - 中型

雄虫 - 小型

雌虫

10 mm

Neolucanus sinicus oberthuri Leuthner, 1885 西南亚种

分布	广西、贵州、云南
体长	25 ~ 42 mm（雄），23.5 ~ 31 mm（雌）
词源	拉丁学名源于标本收藏者 M. René Oberthür；中文名源于其主要分布于我国西南地区

物种描述

雄虫

背面观： 上颚略长于头部，顶端略向外扩张，内侧密布小齿，无基齿。鞘翅左右两侧各具 1 枚黄色的月牙状斑块；复眼背面观较小；前胸背板后端明显宽于前端。

侧面观： 眼缘完全覆盖复眼，且将眼部分成上下两部分；下半部分的面积明显较大；前足胫节刺突较短且在前端密集。

腹面观： 腹部光滑；眼缘片结构明显且颊部具明显的刻点结构。

雌虫

背面观： 鞘翅左右两侧各具 1 枚明显的黄色月牙状斑块。前胸背板后端膨大；复眼缘略呈三角形。前胸足胫节膨大且第一、第二枚刺突几乎处于同一平面上；头部、前胸背板上刻点状结构不明显。

腹面观： 腹部光滑；眼缘片结构明显且颊部具明显的刻点结构。

图片展示

雄虫 - 侧面　　　　雄虫 - 腹面　　　　雌虫 - 背面　　　　雌虫 - 腹面

其他态展示

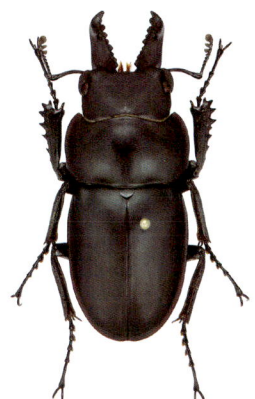

无斑型雄虫

尺寸展示

雄虫 - 大型　　　　　雄虫 - 中型　　　　　雄虫 - 小型　　　　　雌虫

小圆翅锹甲

Neolucanus championi Parry, 1864

分布	浙江、福建、广东、香港
体长	23 ~ 32 mm（雄），24 ~ 26 mm（雌）
词源	拉丁学名源于已故的标本采集者 Champion 少校；中文名源于本种体型相比于中华圆翅而言明显较小

物种描述

雄虫

背面观：上颚明显短于头部，内侧小齿状结构不发达；无基齿；复眼背面观较大，眼缘片呈半圆形；前胸背板前端较宽；鞘翅呈褐色或黑色。

侧面观：眼缘片覆盖复眼，呈片状；前足胫节前端刺突较发达，分布较稀疏；上颚略微向上翘起。

腹面观：腹部光滑；眼缘片结构明显且颊部具明显的刻点结构；下唇较为粗糙。

雌虫

背面观：鞘翅呈黑色。上颚较直且端部尖锐；前胸背板前端较宽；眼缘片略呈半圆形。前足胫节刺突较发达。

腹面观：腹部光滑；眼缘片结构明显且颊部具明显的刻点结构；下唇表面略微粗糙。

图片展示

雄虫 - 侧面　　　　雄虫 - 腹面　　　　雌虫 - 背面　　　　雌虫 - 腹面

尺寸展示

10 mm

雄虫 - 大型　　　　雄虫 - 中型　　　　雌虫

10 mm

蒙坦圆翅锹甲

Neolucanus montanus Kriesche, 1935

分布	四川、湖南、湖北、重庆
体长	25 ～ 41 mm（雄），23 ～ 31 mm（雌）
词源	拉丁学名源于拉丁文"*montanus*"，意为"山"一词；中文名源于音译拉丁学名

物种描述

雄虫

背面观：上颚与头部等长，内侧具密集小齿状结构；无基齿；复眼背面观较小，眼缘片呈三角形；前胸背板前端明显宽于后端；体泽黑色。

侧面观：眼缘片覆盖复眼，呈片状；前足胫节前端刺突发达，分布于胫节前 1/2 处；上颚明显向上翘起。

腹面观：腹部光滑；眼缘片结构明显且颊部具明显的刻点结构；下唇具明显红色鳞毛；基节窝具明显簇状鳞毛。

雌虫

背面观：体泽黑色。上颚较直且内侧具 2 ～ 3 枚小齿凸起；前胸背板前端较宽；眼缘片呈方形。前足胫节前端膨大，刺突较发达。

腹面观：腹部光滑；眼缘片结构明显且颊部具明显的刻点结构；下唇表面略微粗糙；基节窝具簇状鳞毛。

图片展示

雄虫 - 侧面

雄虫 - 腹面

雌虫 - 背面

雌虫 - 腹面

尺寸展示

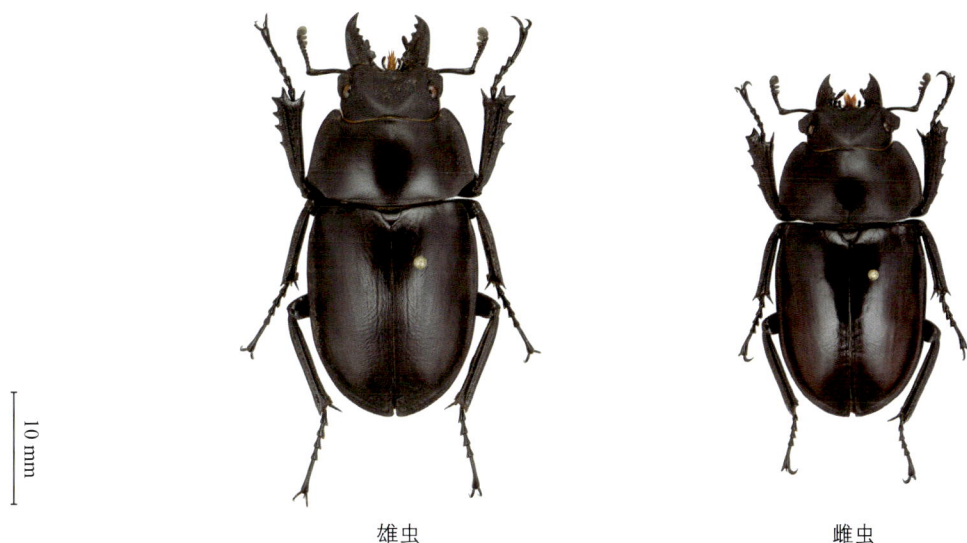

雄虫

雌虫

萨氏圆翅锹甲

Neolucanus sarrauti Houlbert, 1912

分布	云南
体长	25 ~ 28 mm（雄），雌虫未检视
词源	拉丁学名源于标本采集者 M. Albert Sarraut；中文名源于音译 "*sa*" 一词

物种描述

雄虫

背面观：上颚与头部等长，内侧具密集小齿状结构；无基齿；复眼背面观较大，眼缘片呈三角形；前胸背板前端较为圆润；鞘翅呈黑色，略带褐色。

侧面观：眼缘片覆盖复眼，呈片状；前足胫节前端刺突集中且非常发达。

腹面观：腹部光滑；眼缘片结构明显且颊部具明显的刻点结构；下唇具明显的褐色鳞毛；基节窝，胫节末端具一小簇黄色鳞毛；跗节较长；腹面具显著的黄色鳞毛。

图片展示

雄虫 - 侧面

雄虫 - 腹面

台湾圆翅锹甲

Neolucanus taiwanus Mizunuma, 1994

别名：小黑圆翅锹甲

分布	台湾
体长	21 ~ 31 mm（雄），22 ~ 23.5 mm（雌）
词源	拉丁学名源于其模式产地我国台湾的拉丁文

物种描述

雄虫

背面观： 上颚与头部等长，内侧具较密集小齿结构；无基齿；复眼背面观较小，眼缘片呈三角形；前胸背板前端缘较圆润，但宽度较窄，鞘翅呈黑色。

侧面观： 眼缘完全覆盖复眼，呈片状；前足胫节刺突略微锐利，密集分布于前端。

腹面观： 腹部光滑；眼缘片结构明显且颊部具明显的刻点结构。

雌虫

背面观： 鞘翅呈黑色。上颚弯曲，前胸背板前端呈半圆形；复眼缘片略呈三角形。前足胫节刺突不发达；头部与前胸背板略带磨砂质感。

腹面观： 腹部光滑；眼缘片结构明显且颊部具明显的刻点结构；下唇表面略微粗糙。

图片展示

雄虫 - 侧面　　　　　　雄虫 - 腹面　　　　　　雌虫 - 背面　　　　　　雌虫 - 腹面

尺寸展示

10 mm

雄虫 - 大型　　　　　　雄虫 - 中型　　　　　　雄虫 - 小型　　　　　　雌虫

10 mm

泰雅圆翅锹甲
Neolucanus atayal Lin & Chou, 2021

分布	台湾
体长	24 ~ 27 mm（雄），24.6 mm（雌）
词源	拉丁学名源于其模式产地我国台湾的泰雅族

物种描述

雄虫

背面观：上颚略短于头部，内侧具较密集小齿结构；无基齿；复眼背面观较小，眼缘片略呈半圆形；前胸背板前端缘棱圆润；鞘翅呈褐色。

侧面观：眼缘完全覆盖复眼，呈片状；前足胫节刺突略微锐利，密集分布于前端。

腹面观：腹部光滑；眼缘片结构明显且颊部具明显的刻点结构。

雌虫

背面观：鞘翅呈黑色。上颚端部弯曲，前胸背板前端呈半圆形，表面具明显的刻点状结构；复眼缘片呈三角形。前足胫节刺突较发达；头部与前胸背板略带磨砂质感。

腹面观：腹部光滑；眼缘片结构明显且颊部具明显的刻点结构；下唇表面略微粗糙。

图片展示

雄虫 - 侧面

雄虫 - 腹面

雌虫 - 背面

雌虫 - 腹面

尺寸展示

| 雄虫 - 大型 | 雄虫 - 中型 | 雄虫 - 小型 | 雌虫 |

10 mm

10 mm

派瑞圆翅锹甲

Neolucanus parryi Leuthner, 1885

分布	福建、广东、广西、海南、云南
体长	28 ～ 42 mm（雄），21 ～ 35.3 mm（雌）
词源	拉丁学名源于英国昆虫学家 F. Parry

物种描述

雄虫

背面观：上颚与头部等长，顶端略尖锐，内侧小齿数量较少，无基齿。鞘翅边缘具较狭窄的黄色条带；复眼背面观较大，眼缘片呈三角形；前胸背板后端明显宽于前端，略呈棕色。

侧面观：眼缘完全覆盖复眼，且将眼部分成上下两部分；前足胫节刺突较短且分布较为稀疏。

腹面观：腹部光滑；眼缘片结构明显且颊部具明显的刻点结构；胸足胫节近跗节处具一小簇黄色鳞毛刷。

雌虫

背面观：鞘翅边缘具狭窄的黄色条带。前胸背板中端膨大；复眼缘略呈三角形。前胸足胫节前端较细且刺突分布较为均匀；头部、前胸背板上具明显的刻点状结构。

腹面观：腹部光滑；眼缘片结构明显且颊部具明显的刻点结构；胸足胫节近跗节处无黄色鳞毛刷。

图片展示

雄虫 - 侧面　　　　雄虫 - 腹面　　　　雌虫 - 背面　　　　雌虫 - 腹面

尺寸展示

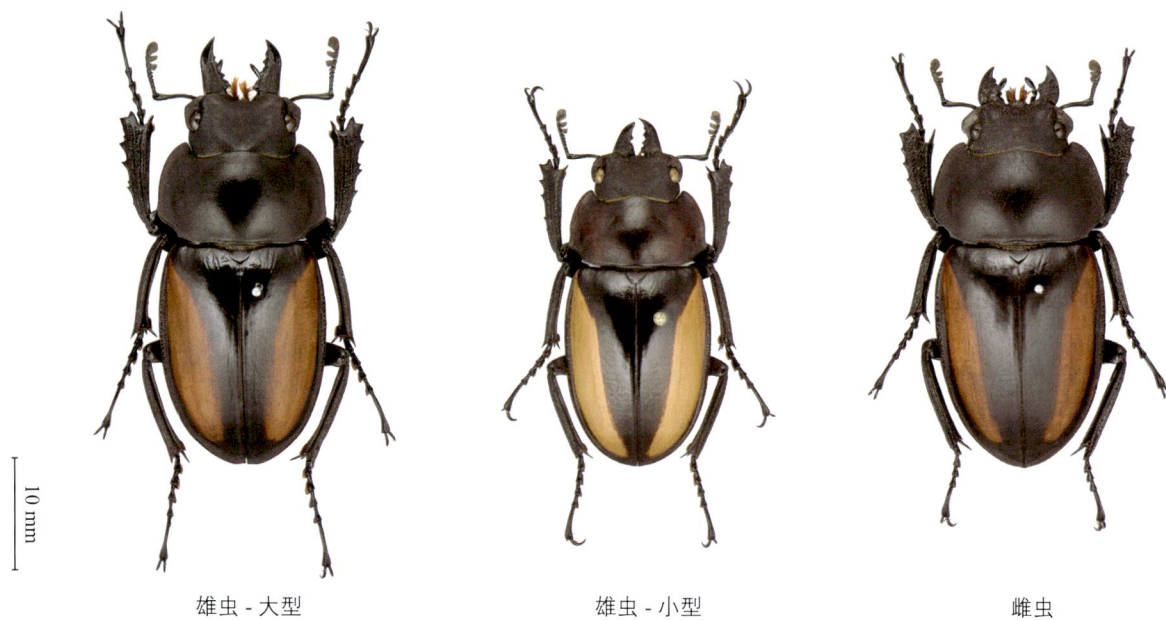

10 mm

雄虫 - 大型　　　　雄虫 - 小型　　　　雌虫

10 mm

黄边圆翅锹甲

Neolucanus marginatus Waterhouse, 1872

分布	云南、西藏
体长	28 ~ 45.7 mm（雄），22.2 ~ 38 mm（雌）
词源	拉丁学名源于拉丁文 *"margin-"*，意为"边缘的"，形容成虫鞘翅两侧明显的黄色条带

物种描述

雄虫

背面观： 上颚略长于头部，顶端锐利，内侧小齿数量较少，仅在接近基部处具 2 ~ 3 枚连续的齿突。鞘翅边缘具较宽的黄色条带；复眼背面观较大，眼缘片呈方形；前胸背板后端明显宽于前端，呈黑色。

侧面观： 眼缘完全覆盖复眼，且将眼部分成上下两部分；前足胫节刺突较短且分布较为稀疏。

腹面观： 腹部光滑；眼缘片结构明显且颊部具明显的刻点结构；胸足胫节近跗节处具一小簇黄色鳞毛刷。

雌虫

背面观： 鞘翅边缘具较宽的黄色条带。上颚较锐利，前胸背板呈梯形；复眼缘呈方形。前胸足胫节前端较细，刺突分布较密集；头部、前胸背板上具明显的刻点状结构。

腹面观： 腹部光滑；眼缘片结构明显且颊部具明显的刻点结构；胸足胫节近跗节处无黄色鳞毛刷。

图片展示

雄虫 - 侧面

雄虫 - 腹面

雌虫 - 背面

雌虫 - 腹面

其他态展示

黑色型大型雄虫　　　　黑色型小型雄虫　　　　中间型雌虫　　　　黑色型雌虫

尺寸展示

雄虫 - 大型　　　　雄虫 - 中型　　　　雄虫 - 小型　　　　雌虫

10 mm

独龙江圆翅锹甲

Neolucanus svenjae Schenk, 2003

分布	云南、西藏
体长	32 mm（雄），雌虫未知
词源	拉丁学名源于作者妻子名；中文名源于其主要分布于云南独龙江

物种描述

雄虫

背面观： 上颚略短于头部，内侧具小齿状结构；无基齿；复眼背面观较大，眼缘片呈方形，不发达；前胸背板形状较直，呈棕红色；体泽黑色。

侧面观： 眼缘片覆盖复眼，呈片状；前足胫节刺突发达，分布稀疏；上颚略向上翘起。

腹面观： 腹部光滑；眼缘片结构明显且颊部具明显的刻点结构；下唇具红色鳞毛；胸足胫节末端具明显黄色鳞毛刷。

★**注：本种的分类地位存疑，很可能只是黄边圆翅锹甲 *Neolucanus marginatus* 的黑色形态。**

图片展示

雄虫 - 侧面

雄虫 - 腹面

尺寸展示

雄虫 - 大型

雄虫 - 中型

版纳圆翅锹甲

Neolucanus similis Bomans & Ratti, 1976

分布	云南
体长	28 ~ 40 mm（雄），25 ~ 29 mm（雌）
词源	拉丁学名源于拉丁文 "*similis*"，意为 "相似的"，指本种与近缘种 *N. parryi* 形态接近；中文名源于其在我国分布于云南西双版纳

物种描述

雄虫

背面观： 上颚略长于头部，内侧小齿状结构稀疏；无基齿；复眼背面观较大，眼缘片略呈方形，头部后端三角形隆起不明显；前胸背板前端、中端较宽；鞘翅边缘具大面积黄色斑块。

侧面观： 眼缘片覆盖复眼，呈片状；前足胫节前端刺突发达，均匀分布；上颚明显向上翘起。

腹面观： 腹部光滑；眼缘片结构明显且颊部具明显的刻点结构；下唇具明显红色鳞毛；前足基节窝上端具明显鳞毛。

雌虫

背面观： 鞘翅边缘具大面积黄色斑块。上颚较直且端部尖锐；前胸背板呈半圆形；眼缘片呈三角形。前足胫节刺突发达，身型细长。

腹面观： 腹部光滑；眼缘片结构明显且颊部具明显的刻点结构；下唇表面略微粗糙。

图片展示

雄虫 - 侧面　　　　雄虫 - 腹面　　　　雌虫 - 背面　　　　雌虫 - 腹面

尺寸展示

10 mm

雄虫 - 大型　　　　雄虫 - 中型　　　　雄虫 - 小型　　　　雌虫

大圆翅锹甲

Neolucanus maximus Houlbert, 1912

Neolucanus maximus maximus Houlbert, 1912 **原名亚种**

分布	贵州、云南、海南
体长	45 ~ 62 mm（雄），30 ~ 50 mm（雌）
词源	拉丁学名源于拉丁文"*maxi-*"，意为"大的"，形容本种雄虫体型较大

物种描述

雄虫

背面观：上颚明显长于头部，端部具 3 ~ 4 枚小齿；上颚内侧非常光滑，无任何齿突。上颚外侧的基部、中部各具 1 枚三角形状基齿突；复眼背面观较大，眼缘片呈三角形；前胸背板后端有明显的半圆形凹陷，体泽黑色。

侧面观：眼缘完全覆盖复眼，前端尖锐凸起；前足胫节刺突较短且分布较为密集；靠近上颚基部的基齿略呈方形，近端部的基齿较小。

腹面观：腹部光滑；眼缘片结构明显且颊部具明显的刻点结构；下唇上具明显的红色或黄色鳞毛。

雌虫

背面观：体泽黑色。上颚宽度较厚且前端非常锐利，前胸背板呈梯形；复眼缘呈三角形。前胸足胫节前端较细，刺突大小一致；头部、前胸背板表面较为光滑。

腹面观：腹部光滑；眼缘片结构明显且颊部具明显的刻点结构；下唇表面较为粗糙。

10 mm

图片展示

雄虫 - 侧面

雄虫 - 腹面

雌虫 - 背面

雌虫 - 腹面

尺寸展示

| 雄虫 - 大型 | 雄虫 - 中型 | 雄虫 - 小型 | 雌虫 |

10 mm

10 mm

Neolucanus maximus vendli Dudich, 1923 台湾亚种

分布	台湾
体长	45 ~ 68 mm（雄），38 ~ 50 mm（雌）
词源	拉丁学名源于 N. Vendl 博士；中文名源于其分布于台湾

物种描述

雄虫

背面观：上颚明显长于头部，端部具 3 ~ 4 枚小齿；上颚较为细长且内侧非常光滑，无任何齿突。上颚外侧的基部、中部各具 1 枚三角形状基齿突；复眼背面观较大，眼缘片呈三角形；前胸背板后端有明显的半圆形凹陷，体泽棕红色。

侧面观：眼缘完全覆盖复眼，前端尖锐凸起；前足胫节刺突较短且分布较为密集；靠近上颚基部的基齿呈三角形且向前延伸，近端部的基齿较小，且距离前者较近。

腹面观：腹部光滑；眼缘片结构明显且颊部具明显的刻点结构；下唇上具明显的红色或黄色鳞毛。

雌虫

背面观：体泽棕红色。上颚宽度较厚且前端非常锐利，前胸背板呈梯形；复眼缘略呈方形。前胸足胫节前端较细，刺突大小一致；头部、前胸背板表面较为光滑。

腹面观：腹部光滑；眼缘片结构明显且颊部具明显的刻点结构；下唇表面较为粗糙。

图片展示

雄虫 - 侧面

雄虫 - 腹面

雌虫 - 背面

雌虫 - 腹面

尺寸展示

10 mm

雄虫 - 大型

雄虫 - 中型

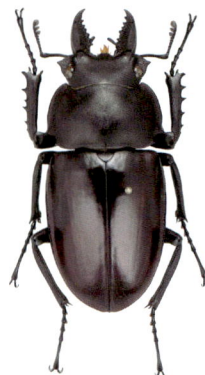

雄虫 - 小型

雌虫

10 mm

Neolucanus maximus fujitai Mizunuma, 1994 华南亚种

分布	浙江、福建、江西、广东、湖南、湖北等
体长	38 ~ 68 mm（雄），37.1 ~ 50 mm（雌）
词源	拉丁学名源于日本昆虫学家 Y. Fujita；中文名源于其主要分布于我国华南地区

物种描述

雄虫

背面观： 上颚明显长于头部，端部具 3 ~ 4 枚小齿；上颚较为细长且内侧非常光滑，无任何齿突。上颚外侧的基部、中部各具 1 枚三角形状基齿突；复眼背面观较大，眼缘片略呈三角形；前胸背板后端具明显的半圆形凹陷，体泽暗红色。

侧面观： 眼缘完全覆盖复眼，前端尖锐凸起；前足胫节刺突较短且分布较为密集；靠近上颚基部的基齿不发达，近端部的基齿较小，且距离前者较远。

腹面观： 腹部光滑；眼缘片结构明显且颊部具明显的刻点结构；下唇上具明显的红色或黄色鳞毛。

雌虫

背面观： 体泽棕红色。上颚宽度较薄且前端非常锐利，前胸背板略呈半圆形；复眼缘呈方形且前端向前伸展。前胸足胫节前端较细，刺突锐利且大小一致；头部、前胸背板表面较为光滑。

腹面观： 腹部光滑；眼缘片结构明显且颊部具明显的刻点结构；下唇表面较为粗糙。

图片展示

雄虫 - 侧面　　　　雄虫 - 腹面　　　　雌虫 - 背面　　　　雌虫 - 腹面

尺寸展示

10 mm

雄虫 - 大型	雄虫 - 中型	雄虫 - 小型	雌虫

10 mm

Neolucanus maximus confucius Lacroix, 1972 滇藏亚种

分布	云南、西藏
体长	42 ~ 67.5 mm（雄），40 ~ 44.3 mm（雌）
词源	拉丁学名源于拉丁文翻译 "孔夫子" 一词；中文名源于其主要分布于我国滇藏地区

物种描述

雄虫

背面观：上颚明显长于头部，端部具 3 ~ 4 枚小齿；上颚较为细长且内侧非常光滑，无任何齿突。上颚外侧的基部、中部各具 1 枚三角形状基齿突；复眼背面观较大，眼缘片呈三角形；前胸背板后端的凹陷较浅，体泽黑色。

侧面观：眼缘完全覆盖复眼，前端尖锐凸起；前足胫节刺突较短且分布较为密集；靠近上颚基部的基齿呈三角形且向前延伸，近端部的基齿较尖锐，且距离前者较远。

腹面观：腹部光滑；眼缘片结构明显且颊部具明显的刻点结构；下唇上具明显的红色或黄色鳞毛。

雌虫

背面观：体泽黑色。上颚宽度较厚且前端非常锐利，前胸背板呈梯形；复眼缘略呈方形。前胸背板后端刺突大小一致；头部、前胸背板表面较为光滑。

腹面观：腹部光滑；眼缘片结构明显且颊部具明显的刻点结构；下唇表面较为粗糙。

图片展示

雄虫 - 侧面

雄虫 - 腹面

雌虫 - 背面

雌虫 - 腹面

尺寸展示

10 mm

雄虫 - 大型

雄虫 - 中型

雄虫 - 小型

雌虫

10 mm

龙牙圆翅锹甲
Neolucanus perarmatus Didier, 1925

分布	浙江、福建、广西、广东、湖南、湖北、贵州、云南、海南等
体长	51 ~ 82.5 mm（雄），42.3 ~ 56.1 mm（雌）
词源	拉丁学名原文未明确指出；中文名源于雄虫上颚修长且形状夸张

物种描述

雄虫

背面观： 上颚明显长于头部，端部 3 ~ 4 枚小齿结构；基齿位于上颚中部；复眼背面观较大，眼缘片呈三角形；前胸背板后端呈尖锐凹陷，体泽黑色。

侧面观： 眼缘完全覆盖复眼，前端尖锐凸起；前足胫节前端刺突较短、后端分布较为密集。

腹面观： 腹部光滑；眼缘片结构明显且颊部具明显的刻点结构；下唇上具明显的红色鳞毛。

雌虫

背面观： 体泽黑色。上颚宽度较厚且前端非常锐利，前胸背板呈半圆形；复眼缘呈方形。前胸背板后端凹陷较尖锐，刺突大小一致；头部、前胸背板表面较为光滑。

腹面观： 腹部光滑；眼缘片结构明显且颊部具明显的刻点结构；下唇表面较为粗糙。

图片展示

雄虫 - 侧面

雄虫 - 腹面

雌虫 - 背面

雌虫 - 腹面

尺寸展示

雄虫 - 大型　　　　雄虫 - 中型　　　　雄虫 - 小型　　　　雌虫

10 mm

10 mm

盈江圆翅锹甲
Neolucanus baladeva (Hope, 1842)

分布	云南、西藏
体长	35 ~ 70 mm（雄），40 ~ 56.1 mm（雌）
词源	拉丁学名源于印度神话中的神 Baladeva；中文名源于其在我国主要分布于云南盈江

物种描述

雄虫

背面观：上颚明显长于头部且在 1/3 处向内凹陷，内侧成 "V" 字形，具明显小齿状结构；无基齿；复眼背面观较大，眼缘片呈尖锐的三角形；前胸背板前端圆润；体泽黑色。

侧面观：眼缘完全覆盖复眼，呈片状；前足胫节端部刺突发达且密集。

腹面观：腹部光滑；眼缘片结构明显且颊部具明显的刻点结构；下唇具明显的褐色鳞毛。

雌虫

背面观：体泽黑色。上颚端部尖锐，头部较宽；前胸背板前端圆润；眼缘片呈四边形。前足胫节刺突分布较均匀。

腹面观：腹部光滑；眼缘片结构明显且颊部具明显的刻点结构；下唇表面略微粗糙。

图片展示

雄虫 - 侧面　　　　　　雄虫 - 腹面　　　　　　雌虫 - 背面　　　　　　雌虫 - 腹面

尺寸展示

10 mm

雄虫 - 大型　　　　　　雄虫 - 中型　　　　　　雄虫 - 小型　　　　　　雌虫

10 mm

红巨圆翅锹甲

Neolucanus giganteus Pouillaude, 1914

Neolucanus giganteus giganteus Pouillaude, 1914 **原名亚种**

分布	广西、云南
体长	34 ~ 74 mm（雄），35 ~ 52.5 mm（雌）
词源	拉丁学名源于拉丁文"*gigant-*"，意为成虫体型较大；中文名源于本种雄虫体泽多为褐色，且体型巨大

物种描述

雄虫

背面观： 上颚明显长于头部，内侧具密集小齿状结构，上颚在端部略向左右两侧扩张；无基齿；复眼背面观较大，眼缘片呈三角形；前胸背板略呈梯形；体泽黑色。

侧面观： 眼缘完全覆盖复眼，呈片状；前足胫节刺突明显，每根刺突分布距离较为一致。

腹面观： 腹部光滑；眼缘片结构明显且颊部具明显的刻点结构；下唇具明显的褐色鳞毛。

雌虫

背面观： 体泽黑色且反光明显。上颚端部尖锐，前胸背板略呈梯形；复眼缘片呈梯形。前足胫节刺突较为密集。

腹面观： 腹部光滑；眼缘片结构明显且颊部具明显的刻点结构；下唇表面略微粗糙。

图片展示

雄虫 - 侧面

雄虫 - 腹面

雌虫 - 背面

雌虫 - 腹面

尺寸展示

10 mm

雄虫 - 大型   雄虫 - 中型   雄虫 - 小型   雌虫

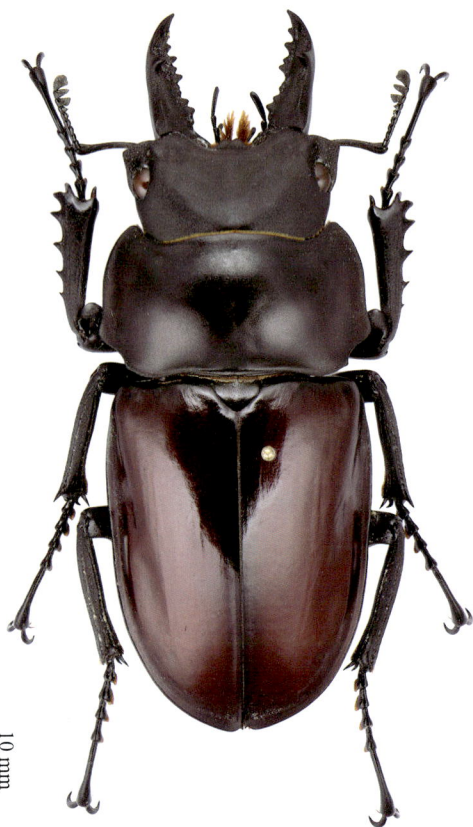

10 mm

Neolucanus giganteus spicatus Didier, 1930 华南亚种

分布	广东、广西、贵州、海南等
体长	42 ~ 71 mm（雄），36 ~ 50 mm（雌）
词源	拉丁学名源于拉丁文"*spic-*"，意为"多刺的"，形容成虫胫节刺突较多；中文名源于其主要分布于我国华南地区

物种描述

雄虫

背面观：上颚明显长于头部，内侧具密集小齿状结构；无基齿；复眼背面观较大，眼缘片呈三角形；前胸背板略呈梯形；体泽棕红色。

侧面观：眼缘完全覆盖复眼，呈片状；前足胫节刺突尖锐，每根刺突分布距离较为一致。

腹面观：腹部光滑；眼缘片结构明显且颊部具明显的刻点结构；下唇具明显的褐色鳞毛。

雌虫

背面观：体泽褐色且反光明显。上颚端部尖锐，前胸背板略呈梯形；复眼缘片呈梯形。前足胫节刺突较为密集。

腹面观：腹部光滑；眼缘片结构明显且颊部具明显的刻点结构；下唇表面略微粗糙。

图片展示

雄虫 - 侧面　　　　　雄虫 - 腹面　　　　　雌虫 - 背面　　　　　雌虫 - 腹面

尺寸展示

10 mm

雄虫 - 大型　　　　　雄虫 - 中型　　　　　雄虫 - 小型　　　　　雌虫

10 mm

前田圆翅锹甲

Neolucanus maedai Nagai, 2001

分布	广西、云南
体长	54 ~ 72.5 mm（雄），38 ~ 55 mm（雌）
词源	拉丁学名源于标本采集者 K. Maeda

物种描述

雄虫

背面观： 上颚明显长于头部，内侧仅在端部具小齿状结构；基齿位于上颚基部；复眼背面观较大，眼缘片呈三角形；前胸背板呈梯形且后侧切角平直；体泽黑色。

侧面观： 眼缘完全覆盖复眼，呈片状；前足胫节端部刺突分布较为稀疏。

腹面观： 腹部光滑；眼缘片结构明显且颊部具明显的刻点结构；下唇具明显的褐色鳞毛。

雌虫

背面观： 体泽褐色。上颚较直且端部尖锐；前胸背板呈梯形且后端切角平直；眼缘片略呈三角形。前足胫节刺突分布稀疏。

腹面观： 腹部光滑；眼缘片结构明显且颊部具明显的刻点结构；下唇表面略微粗糙。

图片展示

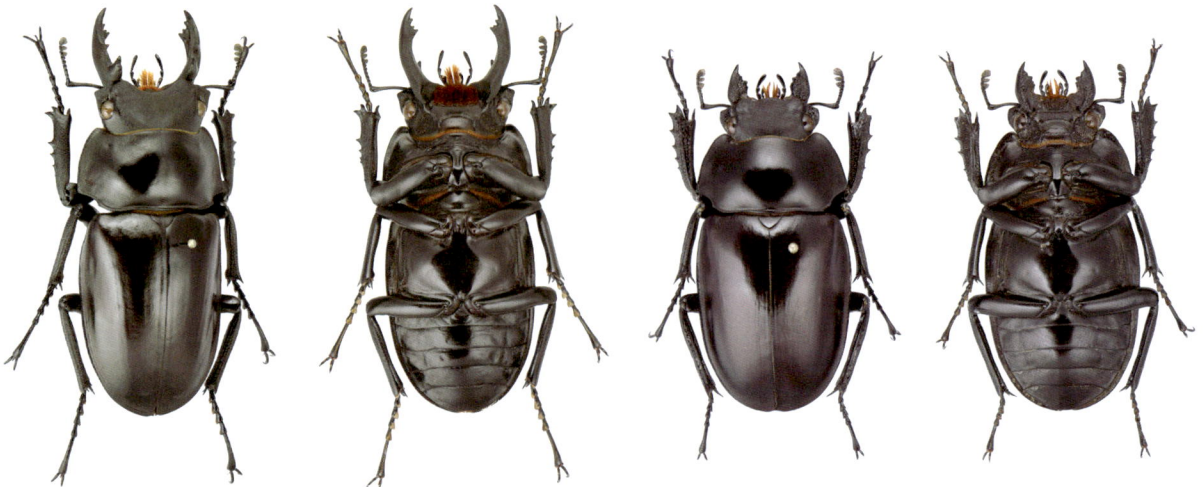

雄虫 - 侧面   雄虫 - 腹面   雌虫 - 背面   雌虫 - 腹面

尺寸展示

10 mm

雄虫　　　　　　　　　雌虫

10 mm

亮圆翅锹甲
Neolucanus nitidus (Saunders, 1854)

Neolucanus nitidus nitidus (Saunders, 1854) 原名亚种

分布	浙江、福建、江西、广东、湖南、湖北
体长	24 ~ 46 mm（雄），22.5 ~ 40.1 mm（雌）
词源	拉丁学名源于拉丁文 *"nitidus"*，意为"光亮的"，形容成虫光亮的体泽

物种描述

雄虫

背面观：上颚与头部等长，内侧具密集的小齿结构；无基齿；复眼背面观较小，眼缘片呈钝角三角形；前胸背板略呈梯形，体泽黑色；鞘翅两侧有时具明显的红色条带。

侧面观：眼缘完全覆盖复眼，前端较钝；前足胫节刺突较短，分布较为稀疏。

腹面观：腹部光滑；眼缘片结构明显且颊部具明显的刻点结构；下唇具明显的红色鳞毛。

雌虫

背面观：体泽黑色，鞘翅两侧偶有红色条带。上颚前端较锐利，前胸背板呈半圆形；复眼缘略呈方形。刺突大小一致；头部、前胸背板表面非常光滑。

腹面观：腹部光滑；眼缘片结构明显且颊部具明显的刻点结构；下唇表面略微粗糙。

图片展示

雄虫 - 侧面　　　　　雄虫 - 腹面　　　　　雌虫 - 背面　　　　　雌虫 - 腹面

其他态展示

红色型雄虫　　　　　　　　红色型雌虫

尺寸展示

雄虫 - 大型　　　　　雄虫 - 中型　　　　　雄虫 - 小型　　　　　雌虫

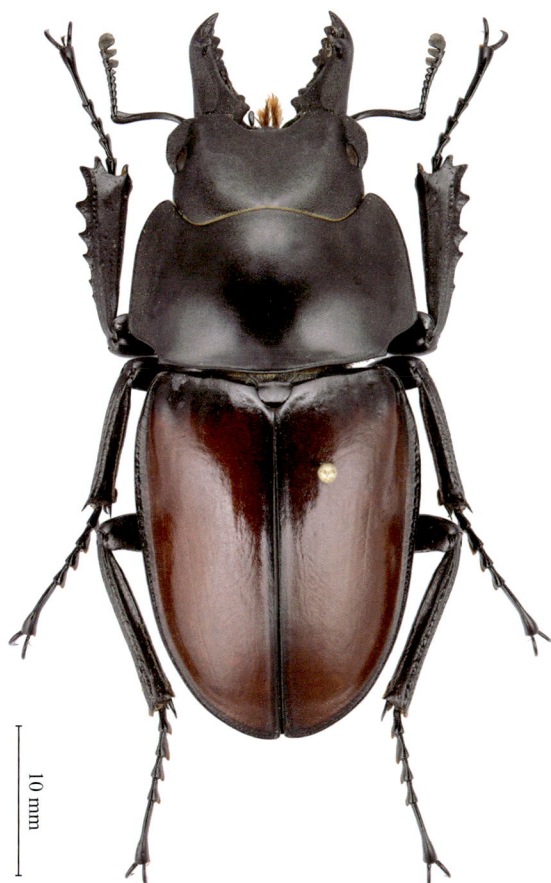

Neolucanus nitidus tao Kriesche, 1935 广西亚种

分布	广西
体长	30 ~ 52 mm（雄），28 ~ 42 mm（雌）
词源	拉丁学名原文未明确指出；中文名源于其主要分布于广西

物种描述

雄虫

背面观：上颚与头部等长，内侧端部具密集的小齿结构；无基齿；复眼背面观较小，眼缘片呈三角形或四边形；前胸背板略呈梯形；鞘翅顶端略呈黑色，其余面积呈红色。

侧面观：眼缘完全覆盖复眼，前端较钝；前足胫节刺突较短，分布较为稀疏。

腹面观：腹部光滑；眼缘片结构明显且颊部具明显的刻点结构；下唇具明显的红色鳞毛。

雌虫

背面观：鞘翅顶端具黑斑，其余面积呈红色。上颚前端较锐利，前胸背板略呈方形；复眼缘呈半圆形。前足胫节的刺突大小一致；头部、前胸背板表面非常光滑。

腹面观：腹部光滑；眼缘片结构明显且颊部具明显的刻点结构；下唇表面略微粗糙。

图片展示

雄虫 - 侧面   雄虫 - 腹面   雌虫 - 背面   雌虫 - 腹面

尺寸展示

雄虫 - 大型   雄虫 - 中型   雄虫 - 小型   雌虫

10 mm

Neolucanus nitidus lemeei Houlbert, 1914 滇越亚种

分布	广西、云南
体长	32 ~ 52.3 mm（雄），35 ~ 42 mm（雌）
词源	拉丁学名源于标本收藏者 P. lemee，中文名源于其主要分布于我国云南与越南

物种描述

雄虫

背面观： 上颚与头部等长，内侧具密集的小齿结构；无基齿；复眼背面观较小，眼缘片呈半圆形；前胸背板略呈梯形且非常粗壮；鞘翅呈明亮的橘黄色。

侧面观： 眼缘完全覆盖复眼；前足胫节刺突较尖锐，分布非常稀疏。

腹面观： 腹部光滑；眼缘片结构明显且颊部具明显的刻点结构；下唇具明显的红色鳞毛。

雌虫

背面观： 鞘翅呈明亮的橘黄色。上颚前端较锐利，前胸背板呈半圆形；复眼缘呈三角形。前足胫节刺突较为稀疏；头部略具刻点状结构，前胸背板非常光滑。

腹面观： 腹部光滑；眼缘片结构明显且颊部具明显的刻点结构；下唇表面略微粗糙。

图片展示

雄虫 - 侧面　　　　　雄虫 - 腹面　　　　　雌虫 - 背面　　　　　雌虫 - 腹面

尺寸展示

10 mm

雄虫 - 大型   雄虫 - 中型   雄虫 - 小型   雌虫

10 mm

Neolucanus nitidus robustus Boileau, 1914 滇南亚种

分布	云南
体长	42 ~ 55 mm（雄），32 ~ 42 mm（雌）
词源	拉丁学名源于拉丁文 "*robust*"，意为 "强壮的"，形容成虫体型较大；中文名源于其主要分布于云南南部

物种描述

雄虫

背面观：上颚与头部等长，内侧具密集的小齿结构；无基齿；复眼背面观较小，眼缘片呈半圆形；前胸背板略呈梯形且具刻点结构；鞘翅呈暗红色。

侧面观：眼缘完全覆盖复眼；前足胫节刺突较尖锐，分布较密集。

腹面观：腹部光滑；眼缘片结构明显且颊部具明显的刻点结构；下唇具明显的红色鳞毛。

雌虫

背面观：鞘翅呈暗红色。上颚前端锐利，前胸背板呈半圆形；复眼缘呈三角形。前足胫节刺突较为稀疏；头部略具刻点状结构，前胸背板较为光滑。

腹面观：腹部光滑；眼缘片结构明显且颊部具明显的刻点结构；下唇表面略微粗糙。

图片展示

雄虫 - 侧面

雄虫 - 腹面

雌虫 - 背面

雌虫 - 腹面

尺寸展示

10 mm

雄虫 - 大型

雄虫 - 中型

雄虫 - 小型

雌虫

10 mm

Neolucanus nitidus hainanensis Mizunuma, 1994 **海南亚种**

分布	海南
体长	28 ~ 42.1 mm（雄），28 ~ 34.5 mm（雌）
词源	拉丁学名源于其模式产地海南

物种描述

雄虫

背面观： 上颚略长于头部，内侧具密集的小齿结构；无基齿；复眼背面观较小，眼缘片呈较尖锐的三角形；前胸背板略呈梯形且具刻点结构；鞘翅边缘具明显的红色或橙色斑块。

侧面观： 眼缘完全覆盖复眼；前足胫节刺突较尖锐，分布较稀疏。

腹面观： 腹部光滑；眼缘片结构明显且颊部具明显的刻点结构；下唇具明显的红色鳞毛。

雌虫

背面观： 鞘翅边缘具大面积橙色或红色斑块。上颚前端锐利，前胸背板呈半圆形；复眼缘呈四边形。前足胫节刺突较为密集；头部、前胸背板具刻点状结构。

腹面观： 腹部光滑；眼缘片结构明显且颊部具明显的刻点结构；下唇表面较为粗糙。

图片展示

雄虫 - 侧面　　　　　　雄虫 - 腹面　　　　　　雌虫 - 背面　　　　　　雌虫 - 腹面

其他态展示

宽带型雄虫　　　　　　　　　　　　宽带型雌虫

尺寸展示

10 mm

雄虫 - 大型　　　　　雄虫 - 中型　　　　　雄虫 - 小型　　　　　雌虫

10 mm

Neolucanus nitidus ssp. 贵州亚种

分布	贵州
体长	24 ~ 45 mm（雄），20 ~ 35 mm（雌）
词源	本亚种为未定名亚种，中文名源于其分布于贵州

物种描述

雄虫

背面观： 上颚略与头部等长，内侧具密集的小齿结构；无基齿；复眼背面观较小，眼缘片呈较圆润的半圆形；前胸背板略呈梯形且具刻点结构；鞘翅边缘具明显的橙色斑块。

侧面观： 眼缘完全覆盖复眼，呈半圆形结构；前足胫节刺突较尖锐，分布较密集。

腹面观： 腹部光滑；眼缘片结构明显且颊部具明显的刻点结构；下唇具明显的红色鳞毛。

雌虫

背面观： 鞘翅边缘具大面积橙色斑块。上颚前端锐利，前胸背板呈梯形；复眼缘呈三角形。前足胫节刺突较稀疏；头部、前胸背板具刻点状结构。

腹面观： 腹部光滑；眼缘片结构明显且颊部具明显的刻点结构；下唇表面较为粗糙。

图片展示

雄虫 - 侧面

雄虫 - 腹面

雌虫 - 背面

雌虫 - 腹面

尺寸展示

10 mm

雄虫 - 大型　　　　　　雄虫 - 中型　　　　　　雄虫 - 小型　　　　　　雌虫

10 mm

泥圆翅锹甲

Neolucanus doro Mizunuma, 1994

分布	台湾
体长	23 ~ 45 mm（雄），21 ~ 34 mm（雌）
词源	拉丁学名源于日文"Doro"，意为"暗如泥的"，形容成虫鞘翅颜色较暗淡。

物种描述

雄虫

背面观：上颚与头部等长，内侧具较密集小齿结构；无基齿；复眼背面观较小，眼缘片呈三角形；前胸背板略呈梯形且呈磨砂质感；鞘翅除顶端黑色外呈暗红色，也有纯黑色出现。

侧面观：眼缘完全覆盖复眼；前足胫节刺突很短，分布稀疏。

腹面观：腹部光滑；眼缘片结构明显且颊部具明显的刻点结构；下唇具明显的黄色鳞毛。

雌虫

背面观：鞘翅顶端黑色外呈暗红色。上颚前端锐利，前胸背板呈半圆形；复眼缘呈三角形。前足胫节刺突较为稀疏；头部略具刻点状结构，前胸背板呈磨砂质感。

腹面观：腹部光滑；眼缘片结构明显且颊部具明显的刻点结构；下唇表面略微粗糙。

图片展示

雄虫 - 侧面　　　　　雄虫 - 腹面　　　　　雌虫 - 背面　　　　　雌虫 - 腹面

其他态展示

黑色型雄虫　　　　　　　　　　　　中间型雄虫

尺寸展示

雄虫 - 中型   雄虫 - 小型   雌虫

红圆翅锹甲

Neolucanus swinhoei Bates, 1866

分布	台湾
体长	32 ~ 57 mm（雄），27 ~ 41 mm（雌）
词源	拉丁学名源于英国知名博物学者 R. Swinhoe；中文名源于其成虫体色多为红色

物种描述

雄虫

背面观： 上颚略长于头部，内侧具较密集小齿结构；无基齿；复眼背面观较小，眼缘片呈三角形；前胸背板中间较笔直且表面较为光滑；鞘翅几乎均为红色，也有全黑色个体出现。

侧面观： 眼缘完全覆盖复眼；前足胫节刺突较锐利，分布密集。

腹面观： 腹部光滑；眼缘片结构明显且颊部具明显的刻点结构；下唇具明显的黄色鳞毛；前胸背板略呈暗红色。

雌虫

背面观： 鞘翅几乎均呈暗红色。上颚前端锐利，前胸背板呈梯形；复眼缘呈三角形。前足胫节刺突通常较为稀疏；头部与前胸背板均呈磨砂质感。

腹面观： 腹部光滑；眼缘片结构明显且颊部具明显的刻点结构；下唇表面略微粗糙；前胸背板为黑色或略带暗红色。

图片展示

其他态展示

雄虫 - 侧面

雄虫 - 腹面

雌虫 - 背面

雌虫 - 腹面

黑色型雄虫

尺寸展示

10 mm

雄虫 - 大型

雄虫 - 中型

雄虫 - 小型

雌虫

10 mm

华中圆翅锹甲

Neolucanus imitator Kriesche, 1935

分布	湖南、湖北、广东
体长	28 ～ 40.1 mm（雄），24.2 ～ 37 mm（雌）
词源	拉丁学名源于与近缘种形态接近，中文名源于其主要分布于我国华中地区

物种描述

雄虫

背面观： 上颚略短于头部，内侧具密集小齿状结构；无基齿；复眼背面观较小，眼缘片呈四边形；前胸背板呈梯形；鞘翅呈红色。

侧面观： 眼缘片覆盖复眼，呈片状；前足胫节前端刺突明显，分布较稀疏；上颚略向上翘起。

腹面观： 腹部光滑；眼缘片结构明显且颊部具明显的刻点结构；下唇略具红色鳞毛。

雌虫

背面观： 鞘翅呈红色。上颚前端锐利，前胸背板呈梯形；复眼缘呈三角形。前足胫节刺突非常稀疏；头部与前胸背板均呈磨砂质感。

腹面观： 腹部光滑；眼缘片结构明显且颊部具明显的刻点结构；下唇表面略微粗糙；前胸背板为黑色或略带暗红色。

图片展示

雄虫 - 侧面

雄虫 - 腹面

雌虫 - 背面

雌虫 - 腹面

其他态展示

黑色型雄虫

黑色型雌虫

尺寸展示

雄虫 - 大型

雄虫 - 中型

雄虫 - 小型

雌虫

10 mm

扇平圆翅锹甲

Neolucanus eugeniae Bomans, 1991

别名： 扇平小圆翅锹甲、杉林溪小圆翅锹甲

分布	台湾
体长	21 ~ 35 mm（雄），21 ~ 28.9 mm（雌）
词源	拉丁学名原文未明确指明，中文名源于其模式产地台湾扇平

物种描述

雄虫

背面观： 上颚与头部等长，内侧具较密集小齿结构；无基齿；复眼背面观较小，眼缘片略呈半圆形；前胸背板前端较宽或较为纤细；鞘翅呈黑色或红色。

侧面观： 眼缘完全覆盖复眼，呈片状；前足胫节刺突略微锐利，分布非常稀疏。

腹面观： 腹部光滑；眼缘片结构明显且颊部具明显的刻点结构；下唇具明显的黄色鳞毛。

雌虫

背面观： 鞘翅呈黑色或红色。上颚较直，前胸背板呈半圆形；复眼缘片略呈三角形。前足胫节刺突非常稀疏；头部与前胸背板略带磨砂质感。

腹面观： 腹部光滑；眼缘片结构明显且颊部具明显的刻点结构；下唇表面略微粗糙。

图片展示

雄虫 - 侧面

雄虫 - 腹面

雌虫 - 背面

雌虫 - 腹面

其他态展示

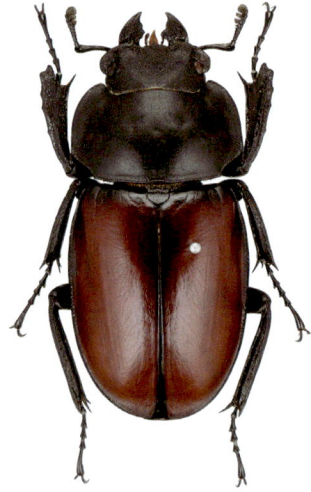

红色型雄虫

红色型雌虫

尺寸展示

雄虫 - 大型

雄虫 - 中型

雌虫

10 mm

三齿圆翅锹甲

Neolucanus armatus Lacroix, 1972

分布	广西、贵州、云南
体长	28 ~ 49.2 mm（雄），22 ~ 28.6 mm（雌）
词源	拉丁学名源于雄虫发达的上颚特征；中文名源于雄虫上颚端部具明显的 3 枚内齿

物种描述

雄虫

背面观：上颚明显长于头部，内侧十分光滑，仅在端部具 3 枚明显的小齿；无基齿；复眼背面观较小，眼缘片呈规整的三角形；前胸背板呈梯形；鞘翅呈黑色或侧面具有明显的黄色斑块。

侧面观：眼缘完全覆盖复眼，呈片状；前足胫节刺突略微锐利，仅前端具 4 ~ 5 枚明显的刺突结构。

腹面观：腹部光滑；眼缘片结构明显且颊部具明显的刻点结构；下唇具明显的褐色鳞毛。

雌虫

背面观：鞘翅呈黑色，或具黄色斑块。上颚基部明显内凹，前胸背板前端圆润，后端弧度较小；复眼缘片呈四边形。前足胫节刺突发达，第 1、第 2 两枚刺突尖锐且分隔距离较远。

腹面观：腹部光滑；眼缘片结构明显且颊部具明显的刻点结构；下唇表面略微粗糙。

图片展示

雄虫 - 侧面

雄虫 - 腹面

雌虫 - 背面

雌虫 - 腹面

其他态展示（黑色型）

雄虫 - 大型　　　　　　　　　　雄虫 - 中型

尺寸展示

雄虫 - 大型　　　　雄虫 - 中型　　　　雄虫 - 小型　　　　雌虫

滇缅圆翅锹甲
Neolucanus brochieri Bomans & Miyashita, 1997

分布	云南
体长	28 ~ 49 mm（雄），23 ~ 34.5 mm（雌）
词源	拉丁学名原文未明确指出，但可能源于昆虫学家 B. Brochier；中文名源于其主要分布于我国云南及缅甸

物种描述

雄虫

背面观：上颚明显长于头部，前段具小齿状结构；无基齿；复眼背面观较小，眼缘片不发达；前胸背板中端较宽；鞘翅呈褐色或黄色。

侧面观：眼缘片仅略微覆盖复眼，呈片状；前足胫节前端明显弯曲，刺突集中分布于前端；上颚明显向上翘起。

腹面观：腹部光滑；眼缘片结构明显且颊部具明显的刻点结构；下唇具明显的褐色鳞毛；基节窝、胫节末端具一小簇黄色鳞毛；跗节上的黄色鳞毛非常明显。

雌虫

背面观：鞘翅呈黄色或黑色。上颚较直且端部尖锐；前胸背板前端较宽；眼缘片不发达。前足胫节刺突非常发达，密集分布于胫节前、中段。

腹面观：腹部光滑；眼缘片结构明显且颊部具明显的刻点结构；下唇表面略微粗糙。

10 mm

图片展示

雄虫 - 侧面

雄虫 - 腹面

雌虫 - 背面

雌虫 - 腹面

其他态展示

褐色型雄虫

尺寸展示

10 mm

| 雄虫 - 大型 | 雄虫 - 中型 | 雄虫 - 小型 | 雌虫 |

10 mm

登氏圆翅锹甲
Neolucanus donckieri Didier, 1926

分布	贵州、云南、广东、海南、湖南等
体长	31 ~ 48 mm（雄），21 ~ 38 mm（雌）
词源	拉丁学名源于昆虫学家 M. Donckier De Donceel

物种描述

雄虫

背面观： 上颚与头部等长，内侧具密集小齿状结构；无基齿；复眼背面观较小，眼缘片呈三角形；前胸背板前端圆润；体泽黑色。

侧面观： 眼缘完全覆盖复眼，呈片状；前足胫节端部刺突分布较为稀疏。

腹面观： 腹部光滑；眼缘片结构明显且颊部具明显的刻点结构；下唇具明显的褐色鳞毛。

雌虫

背面观： 体泽黑色。上颚较直且端部尖锐，头部较宽；前胸背板前端较宽；眼缘片略呈四边形。前足胫节刺突不发达，分布集中。

腹面观： 腹部光滑；眼缘片结构明显且颊部具明显的刻点结构；下唇表面略微粗糙。

图片展示

雄虫 - 侧面　　　　雄虫 - 腹面　　　　雌虫 - 背面　　　　雌虫 - 腹面

尺寸展示

10 mm

雄虫 - 大型　　　　雄虫 - 中型　　　　雄虫 - 小型　　　　雌虫

10 mm

木纹圆翅锹甲

Neolucanus benoiti Schenk, 2009

分布	贵州、广西
体长	25 ~ 42 mm（雄），25 ~ 39.3 mm（雌）
词源	拉丁学名源于标本提供者 Pierre Benoit；中文名源于成虫鞘翅上木纹状的条带

物种描述

雄虫

背面观： 上颚略长于头部，内侧具密集小齿状结构；无基齿；复眼背面观较小，眼缘片呈四边形；前胸背板略呈梯形；鞘翅沿中线具明显的黑色条带。

侧面观： 眼缘完全覆盖复眼，呈片状；前足胫节刺突分布较稀疏。

腹面观： 腹部光滑；眼缘片结构明显且颊部具明显的刻点结构；下唇具明显的褐色鳞毛。

雌虫

背面观： 鞘翅沿中线具明显的黑色条带。头部较宽；前胸背板呈梯形；眼缘片略呈四边形。前足胫节刺突分布稀疏。

腹面观： 腹部光滑；眼缘片结构明显且颊部具明显的刻点结构；下唇表面略微粗糙。

图片展示

雄虫 - 侧面　　　　　　雄虫 - 腹面　　　　　　雌虫 - 背面　　　　　　雌虫 - 腹面

尺寸展示

雄虫 - 大型　　　　雄虫 - 中型　　　　雄虫 - 小型　　　　雌虫

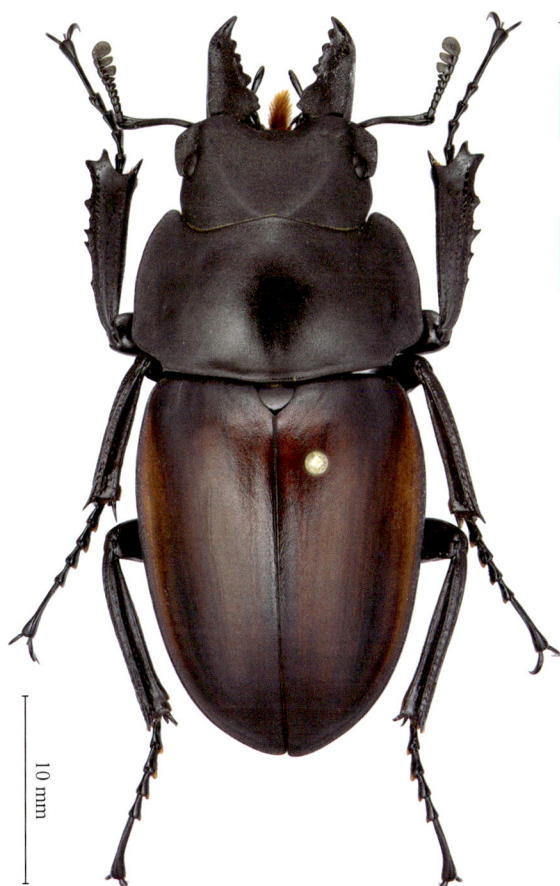

贵州圆翅锹甲
Neolucanus guizhoui Schenk, 2011

分布	贵州
体长	32 ~ 42 mm（雄），28 ~ 42.1 mm（雌）
词源	拉丁学名源于其模式产地贵州

物种描述

雄虫

背面观：上颚略长于头部，内侧具密集小齿状结构；无基齿；复眼背面观较小，眼缘片呈四边形；前胸背板略呈梯形；鞘翅呈黄黑色。

侧面观：眼缘完全覆盖复眼，呈片状；前足胫节刺突分布较稀疏。

腹面观：腹部光滑；眼缘片结构明显且颊部具明显的刻点结构；下唇具明显的褐色鳞毛。

雌虫

背面观：鞘翅呈黄色或褐色。头部较宽；前胸背板前端圆润；眼缘片略呈四边形。前足胫节刺突分布稀疏。

腹面观：腹部光滑；眼缘片结构明显且颊部具明显的刻点结构；下唇表面略微粗糙。

图片展示

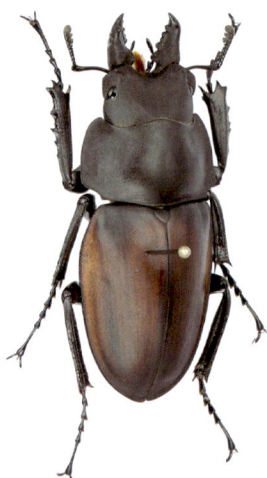

雄虫 - 侧面　　　　　雄虫 - 腹面　　　　　雌虫 - 背面　　　　　雌虫 - 腹面

尺寸展示

10 mm

雄虫　　　　　　　　　　　　　雌虫

10 mm

滇东南圆翅锹甲
Neolucanus atratus Didier, 1926

分布	云南
体长	33.9 ~ 45.2 mm（雄），45mm（雌）
词源	拉丁学名源于拉丁文 "*atratus*"，意为 "黑色的"，形容成虫全身呈纯黑色；中文名源于其主要分布于云南东南部

物种描述

雄虫

背面观：上颚明显长于头部，内侧具密集小齿状结构；无基齿；复眼背面观很小，眼缘片呈双半圆状，非常发达；前胸背板呈梯形；体泽黑色且反光强烈。

侧面观：眼缘片完全覆盖复眼，呈片状；前足胫节前端刺突仅分布于胫节前 1/2 处；上颚明显向上翘起。

腹面观：腹部光滑；眼缘片结构明显且颊部具明显的刻点结构；下唇略具红色鳞毛；胫节末端具明显黄色鳞毛刷。

雌虫

背面观：体泽黑色。上颚在端部弯曲，头部较宽；前胸背板前端较宽且圆润；眼缘片呈半圆形。前足胫节刺突不发达，均匀分布于前端至中部。

腹面观：腹部光滑；眼缘片结构明显且颊部具明显的刻点结构；下唇表面略微粗糙。

图片展示

雄虫 - 侧面　　　　雄虫 - 腹面　　　　雌虫 - 背面　　　　雌虫 - 腹面

尺寸展示

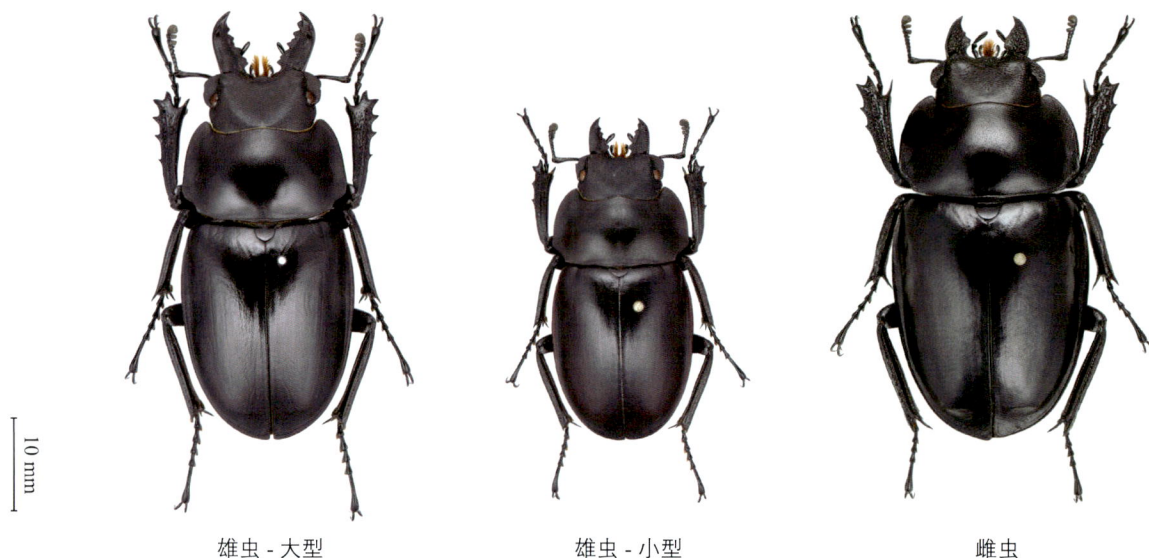

雄虫 - 大型　　　雄虫 - 小型　　　雌虫

卡金圆翅锹甲
Neolucanus castanopterus (Hope, 1831)

分布	云南、西藏
体长	21 ~ 36.3 mm（雄），22 ~ 29.1 mm（雌）
词源	拉丁学名源于拉丁文 "*castaneus*"（意为"栗色的"）和 "*pterus*"（意为"翅膀"），形容成虫鞘翅颜色为栗色；中文名源于音译 "*ca-*"，并描述成虫金色的鞘翅颜色

物种描述

雄虫

背面观：上颚与头部等长，内侧具明显小齿状结构；无基齿；复眼背面观较大，眼缘片呈四边形且中间略微凹陷；前胸背板前端圆润；鞘翅一般呈红色，顶端略具黑斑；也有个体呈黄色或全黑色。

侧面观：眼缘完全覆盖复眼，呈片状；前足胫节端部刺突发达。

腹面观：腹部光滑；眼缘片结构明显且颊部具明显的刻点结构；下唇具明显的褐色鳞毛；胸足基节处具簇状的黄色鳞毛。

雌虫

背面观：鞘翅颜色同雄虫。头部较宽；前胸背板前端圆润；眼缘片不发达。前足胫节刺突较粗且分布较为稀疏。

腹面观：腹部光滑；眼缘片结构明显且颊部具明显的刻点结构；下唇表面略微粗糙；胸足基节处具簇状的黄色鳞毛。

图片展示

雄虫 - 侧面　　　　　雄虫 - 腹面　　　　　雌虫 - 背面　　　　　雌虫 - 腹面

其他态展示

黄色型雄虫　　　　　　　　黑色型雄虫

尺寸展示

10 mm

雄虫 - 大型　　　　雄虫 - 中型　　　　雄虫 - 小型　　　　雌虫

10 mm

藏圆翅锹甲

Neolucanus tibetanus Schenk, 2003

分布	西藏
体长	24 ~ 29.1 mm（雄），22 ~ 28.3 mm（雌）
词源	拉丁学名源于其模式产地西藏

物种描述

雄虫

背面观：上颚与头部等长，内侧小齿状结构不发达；无基齿；复眼背面观较大，眼缘片呈四边形，不发达；前胸背板形状较直；体泽黑色且反光强烈。

侧面观：眼缘片覆盖复眼，呈片状；前足胫节前端刺突发达，分布于胫节前 1/2 处；上颚略向上翘起。

腹面观：腹部光滑；颊部具明显的刻点结构；下唇略具红色鳞毛。

雌虫

背面观：体泽黑色且反光强烈。上颚较弯曲且基部向内凹陷；前胸背板呈梯形；眼缘片呈四边形。前足胫节前端膨大，刺突发达。

腹面观：腹部光滑；眼缘片结构明显且颊部具明显的刻点结构；下唇表面略微粗糙；基节窝具黄色鳞毛。

图片展示

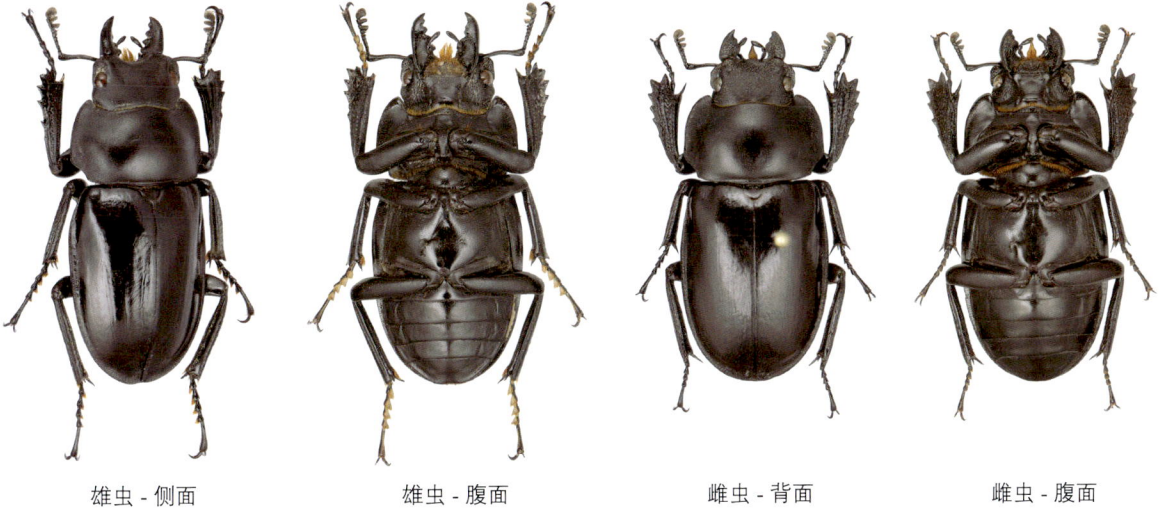

雄虫 - 侧面   雄虫 - 腹面   雌虫 - 背面   雌虫 - 腹面

尺寸展示

10 mm

雄虫 - 大型   雄虫 - 小型   雌虫

10 mm

翘颚圆翅锹甲
Neolucanus brevis Boileau, 1899

分布	云南
体长	17 ～ 34 mm（雄），22.3 ～ 24 mm（雌）
词源	拉丁学名源于拉丁文 "*brevis*"，意为 "短的"，形容雄虫上颚长度非常短小；中文名源于雄虫短小上翘的上颚形状

物种描述

雄虫

背面观： 上颚明显短于头部，小齿状结构不明显；无基齿；复眼背面观较大，眼缘片呈半圆形；前胸背板呈方形；体泽黑色。

侧面观： 眼缘完全覆盖复眼，呈片状；前足胫节端部刺突分布较为稀疏；上颚明显向上翘起。

腹面观： 腹部光滑；眼缘片结构明显且颊部具明显的刻点结构；下唇具明显的褐色鳞毛；胸足基节窝处略有红色鳞毛。

雌虫

背面观： 体泽黑色。上颚较直，头部较宽；前胸背板前端圆润；眼缘片略呈四边形。前足胫节刺突不发达，分布稀疏。

腹面观： 腹部光滑；眼缘片结构明显且颊部具明显的刻点结构；下唇表面略微粗糙。

图片展示

雄虫 - 侧面

雄虫 - 腹面

雌虫 - 背面

雌虫 - 腹面

尺寸展示

雄虫 - 大型   雄虫 - 中型   雄虫 - 小型   雌虫

黄鞘圆翅锹甲

Neolucanus rufus Nagel, 1941

分布	云南
体长	24 ~ 32 mm（雄），20.2 ~ 31.5 mm（雌）
词源	拉丁学名源于拉丁文 "*rufus*"，意为"红色的"，主要形容本种成虫鞘翅的颜色；中文名源于成虫黄色的鞘翅特征

物种描述

雄虫

背面观： 上颚与头部等长且端部尖锐，内侧具小齿状结构；无基齿；复眼背面观较小，眼缘片略呈四边形；前胸背板后端平直；鞘翅呈黄色或褐色。

侧面观： 眼缘完全覆盖复眼，呈片状；前足胫节刺突集中分布于前端；上颚明显向上翘起。

腹面观： 腹部光滑；眼缘片结构明显且颊部具明显的刻点结构；下唇具明显的褐色鳞毛。

雌虫

背面观： 鞘翅呈黄色或黑色。上颚较直且端部尖锐；前胸背板后端较宽；眼缘片呈半圆形。前足胫节刺突集中分布于前端。

腹面观： 腹部光滑；眼缘片结构明显且颊部具明显的刻点结构；下唇表面略微粗糙。

图片展示

其他态展示

| 雄虫 - 侧面 | 雄虫 - 腹面 | 雌虫 - 背面 | 雌虫 - 腹面 | 褐色型雄虫 |

尺寸展示

10 mm

| 雄虫 - 大型 | 雄虫 - 中型 | 雄虫 - 小型 | 雌虫 |

10 mm

错那圆翅锹甲

Neolucanus angulatus (Hope & Westwood, 1845)

分布	西藏
体长	28 ~ 46.5 mm（雄），28 ~ 38.3 mm（雌）
词源	拉丁学名源于拉丁文 "*angulatus*"，意为 "角的"，形容雄虫上翘尖锐的上颚特征；中文名源于其主要分布于西藏错那

物种描述

雄虫

背面观： 上颚略长于头部，内侧具小齿状结构且中间略向内凹陷；无基齿；复眼背面观较大，眼缘片略呈四边形；前胸背板前端呈半圆形；鞘翅呈黑色。

侧面观： 眼缘完全覆盖复眼，呈片状；前足胫节刺突集中分布于前端；上颚明显向上翘起。

腹面观： 腹部光滑；眼缘片结构明显且颊部具明显的刻点结构；下唇具明显的褐色鳞毛。

雌虫

背面观： 鞘翅呈黑色。上颚弯曲且端部尖锐；前胸背板前端较宽；眼缘片略呈三角形。前足胫节刺突不发达。

腹面观： 腹部光滑；眼缘片结构明显且颊部具明显的刻点结构；下唇表面略微粗糙。

图片展示

雄虫 - 侧面

雄虫 - 腹面

雌虫 - 背面

雌虫 - 腹面

尺寸展示

10 mm

雄虫 - 大型   雄虫 - 中型   雄虫 - 小型   雌虫

墨脱圆翅锹甲

Neolucanus rudolphi Schenk, 2008

分布	西藏
体长	35 ~ 44 mm（雄），24 ~ 34 mm（雌）
词源	拉丁学名源于多年来一直致力于昆虫研究的 H. Rudolph；中文名源于其分布于西藏墨脱

物种描述

雄虫

背面观： 上颚与头部等长，内侧具小齿状结构且中间略向内凹陷；无基齿；复眼背面观较大，眼缘片呈三角形；前胸背板前端呈半圆形；鞘翅呈褐色。

侧面观： 眼缘完全覆盖复眼，呈片状；前足胫节刺突集中分布于前、中端；上颚明显向上翘起。

腹面观： 腹部光滑；眼缘片结构不明显且颊部具明显的刻点结构；下唇具明显的褐色鳞毛；胫节末端具一小簇黄色鳞毛。

雌虫

背面观： 鞘翅呈褐色。上颚弯曲且端部尖锐；前胸背板前端较细；眼缘片略呈三角形。前足胫节刺突较为发达；身型纤细。

腹面观： 腹部光滑；眼缘片结构不明显且颊部具明显的刻点结构；下唇表面略微粗糙。

图片展示

雄虫 - 侧面

雄虫 - 腹面

雌虫 - 背面

雌虫 - 腹面

尺寸展示

雄虫 - 大型

雄虫 - 中型

雄虫 - 小型

雌虫

10 mm

10 mm

水屋圆翅锹甲

Neolucanus waterhousei Boileau, 1899

分布	西藏
体长	26 ~ 50.9 mm（雄），24 ~ 37.7 mm（雌）
词源	拉丁学名源于英国自然学家 G. R. Waterhouse

物种描述

雄虫

背面观：上颚明显长于头部，前端细长，内侧仅在中上段具小齿状结构；无基齿；复眼背面观较大，眼缘片呈三角形；前胸背板呈梯形；鞘翅呈褐色。

侧面观：眼缘片覆盖复眼，呈片状；前足胫节前端刺突明显；上颚略向上翘起。

腹面观：腹部光滑；眼缘片结构明显且颊部具明显的刻点结构；下唇略具红色鳞毛。

雌虫

背面观：鞘翅褐色且反光强烈。上颚端部较尖锐；前胸背板呈梯形；眼缘片呈三角形。前足胫节前端膨大，刺突较发达。

腹面观：腹部光滑；眼缘片结构明显且颊部具明显的刻点结构；下唇表面略微粗糙。

图片展示

雄虫 - 侧面　　　　　　雄虫 - 腹面　　　　　　雌虫 - 背面　　　　　　雌虫 - 腹面

尺寸展示

10 mm

| 雄虫 - 大型 | 雄虫 - 中型 | 雄虫 - 小型 | 雌虫 |

红脚琉璃锹甲
Platycerus feminatus Tanikado & Tabana, 1997

琉璃锹甲属
Platycerus Geoffroy, 1762

本属简介

本属拉丁学名"*Platy-*"意为"宽、阔","-*cerus*"意为"角",主要形容本属雄虫成虫上颚形状宽扁,且长度较短。但因本属最显著的特征为绝大多数种类体泽呈现不同程度的金属色泽,酷似艳丽的琉璃制品,故本书选用"琉璃锹甲"作为本属的中文名。

本属成员广泛分布于我国华北、华中和西南地区,均生活在海拔较高的山间林地。成虫活跃季节为每年的早春时节,以树木新萌发的嫩芽为食。本属雌虫会在朽木上留下独特的产卵痕迹,酷似"月牙/新月"状,在野外极易辨识。

本书记录琉璃锹甲属 16 种。

琉璃锹甲的外部形态特点

❶ 雄虫触角前端的锤节发达宽大。

❷ 雄虫身型细长,上颚形状宽扁,短或略等于头长。

❸ 雄虫前胸背板前端较窄,呈圆形或方形。

❹ 雄虫无眼缘片,头部表面具密集的刻点状凹坑。

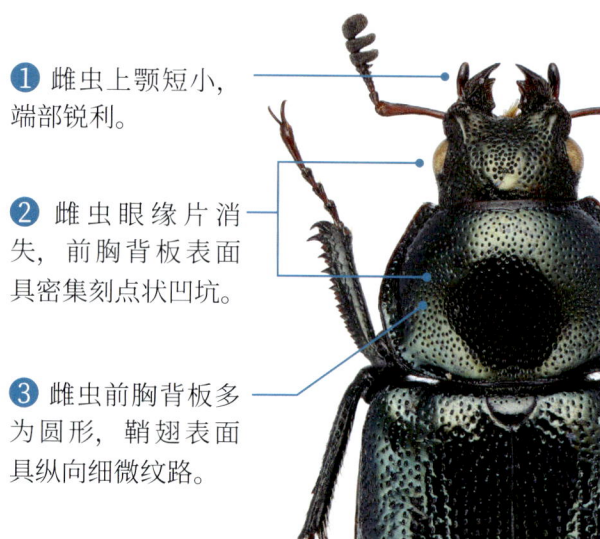

❶ 雌虫上颚短小,端部锐利。

❷ 雌虫眼缘片消失,前胸背板表面具密集刻点状凹坑。

❸ 雌虫前胸背板多为圆形,鞘翅表面具纵向细微纹路。

10 mm

洪氏琉璃锹甲

Platycerus hongwonpyoi Imura & Choe, 1989

Platycerus hongwonpyoi merkli Imura & Choe, 1989 **东北亚种**

分布	辽宁
体长	10.3 ~ 12 mm（雄），9.4 ~ 11.0 mm（雌）
词源	拉丁学名源于 Won-Pyo Hong 博士，亚种拉丁学名源于 O. Merkl 博士，亚种中文名源于其分布于我国东北地区

物种描述

雄虫

背面观： 体泽蓝色。上颚较短。上颚基部具 2 枚并立基齿，左侧小齿呈三角形，右侧小齿呈方形。前胸背板呈圆形，触角末端锤节明显膨大。全身表面具明显清晰的小刻点状凹坑。

侧面观： 无眼缘片结构。前胸足胫节表面具数枚刺突；中、后胸足胫节表面光滑。

腹面观： 腹部末端呈褐色，胸足腿节呈橘色。

雌虫

背面观： 体泽黄色。上颚短小。前胸背板、鞘翅宽阔，表面可见明显刻点状结构；无眼缘片，复眼背面观较小。前胸足胫节表面具数枚尖锐的刺突；中、后胸足胫节表面光滑。身型矮胖。

腹面观： 后胸、胸足和腹部基本为褐色。

图片展示

雄虫 - 侧面

雄虫 - 腹面

雌虫 - 背面

雌虫 - 腹面

尺寸展示

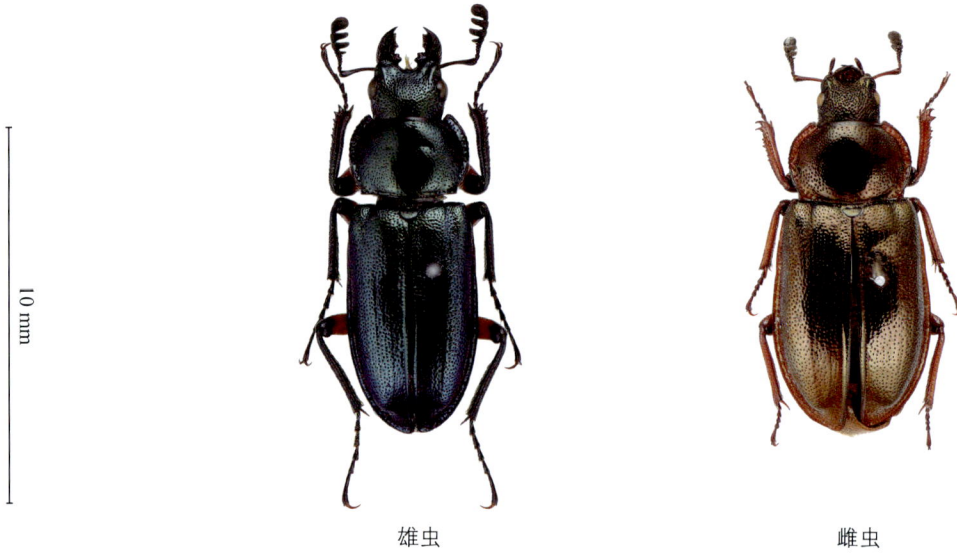

雄虫

雌虫

Platycerus hongwonpyoi funiuensis Imura, 2005 **伏牛山亚种**

分布	河南
体长	10.2 ~ 11.8 mm（雄），9.9 ~ 11.2 mm（雌）
词源	拉丁学名源于其模式产地河南伏牛山

物种描述

雄虫

背面观：体泽绿色。上颚较短，前端呈方形。上颚基部具 2 枚并立基齿，两侧小齿均呈方形。前胸背板后端明显收缩，触角末端锤节明显膨大。全身表面具明显清晰的小刻点状凹坑。

侧面观：无眼缘片结构。前胸足胫节表面具数枚刺突；中、后胸足胫节表面光滑。

腹面观：腹部末端呈黄色，胸足腿节呈橘色。

雌虫

背面观：体泽黄色，具金属光泽。上颚短小。前胸背板、鞘翅宽阔，表面可见明显刻点状结构；无眼缘片，复眼背面观较小。前胸足胫节表面具数枚尖锐的刺突；中、后胸足胫节表面光滑。身型矮胖。

腹面观：后胸、胸足和腹部基本为褐色。

图片展示

雄虫 - 侧面   雄虫 - 腹面   雌虫 - 背面   雌虫 - 腹面

尺寸展示

10 mm

雄虫   雌虫

10 mm

峨眉琉璃锹甲

Platycerus tieguanzi Imura, 2007

分布	四川
体长	10.1 ~ 12.7 mm（雄），10.2 ~ 12.6 mm（雌）
词源	拉丁学名源于峨眉山仙人铁冠子；中文名源于其模式产地四川峨眉山

物种描述

雄虫

背面观： 体泽绿色。上颚较短，前端呈方形。上颚基部具 2 枚并立基齿，内侧具 2 ~ 3 枚小齿，且小齿与基齿之间无明显空隙。前胸背板较窄，前端略呈方形，触角末端锤节明显膨大。全身表面具明显清晰的小刻点状凹坑。

侧面观： 无眼缘片结构。前胸足胫节表面具数枚刺突；中、后胸足胫节表面光滑。

腹面观： 腹部呈黑色，胸足腿节呈橘色。

雌虫

背面观： 体泽墨绿色。上颚短小，内侧基齿呈对称的切片状。前胸背板、鞘翅宽阔，表面可见明显的刻点状结构；无眼缘片，复眼背面观较小。前胸足胫节表面具数枚尖锐的刺突；中、后胸足胫节表面光滑。身型纤细。

腹面观： 腹部末端呈黄色；胸足腿节呈黄色。

图片展示

雄虫 - 侧面

雄虫 - 腹面

雌虫 - 背面

雌虫 - 腹面

尺寸展示

雄虫

雌虫

唐氏琉璃锹甲
Platycerus tangi Imura, 2008

分布	四川
体长	10.6 ~ 12.4 mm（雄），10.1 ~ 12.0 mm（雌）
词源	拉丁学名源于作者的好友唐中平

物种描述

雄虫

背面观： 体泽蓝绿色。上颚短小。上颚基部具 2 枚并立基齿，内侧具 2 ~ 3 枚小齿，且小齿与基齿之间无明显空隙。前胸背板呈菱形，触角末端锤节明显膨大。全身表面具明显清晰的小刻点状凹坑。

侧面观： 无眼缘片结构。前胸足胫节表面具数枚刺突；中、后胸足胫节表面光滑。

腹面观： 腹部呈黑色，胸足腿节呈黄色。

雌虫

背面观： 体泽黄绿色。上颚短小，内侧基齿呈不对称的切片状。前胸背板与鞘翅形状细长，表面可见明显刻点状结构；无眼缘片，复眼背面观较小。前胸足胫节端部具发达的 1 ~ 2 枚刺突；中、后胸足胫节表面光滑。身型纤细。

腹面观： 腹部呈褐色；胸足腿节呈黄色。

图片展示

雄虫 - 侧面　　　　　雄虫 - 腹面　　　　　雌虫 - 背面　　　　　雌虫 - 腹面

尺寸展示

10 mm

雄虫　　　　　　　　　雌虫

10 mm

青龙琉璃锹甲

Platycerus cyanidraconis Imura, 2008

分布	四川
体长	9.4 ～ 11.1 mm（雄），8.9 ～ 12.3 mm（雌）
词源	拉丁学名源于其模式产地四川青龙坪

物种描述

雄虫

背面观：体泽蓝绿色。上颚较短。上颚基部具2枚并立基齿，内侧具2～3枚不对称小齿，小齿与基齿之间略具空隙。前胸背板呈方形，两侧具明显鳞毛，触角末端锤节明显膨大。全身表面具明显清晰的小刻点状凹坑。

侧面观：无眼缘片结构。前胸足胫节表面具数枚刺突；中、后胸足胫节表面光滑。

腹面观：腹部呈黑色，胸足腿节呈褐色。

雌虫

背面观：体泽黄绿色。上颚短小，内侧基齿呈对称的切片状。前胸背板与鞘翅形状细长，表面可见明显刻点状结构；无眼缘片，复眼背面观较小。前胸足胫节端部具发达的1～2枚钩状刺突；中、后胸足胫节表面光滑。身型纤细。

腹面观：腹部末端呈黄色；胸足腿节、胫节呈褐色。

图片展示

雄虫 - 侧面

雄虫 - 腹面

雌虫 - 背面

雌虫 - 腹面

尺寸展示

雄虫　　　　　　　　　　　　雌虫

红脚琉璃锹甲

Platycerus feminatus Tanikado & Tabana, 1997

分布	四川
体长	10.4 ~ 13.2 mm（雄），12.1 ~ 13.6 mm（雌）
词源	拉丁学名源于其雄虫体型非常小，且褐色的胸足胫节形态近似近缘种雌性；中文名源于雄虫褐色的胸足特征

物种描述

雄虫

背面观：体泽青绿色。上颚非常短。上颚基部具 2 枚并立基齿，内侧具 2 ~ 3 枚不对称小齿，小齿与基齿之间略具空隙。前胸背板呈梯形，两侧具明显鳞毛，触角末端锤节明显膨大。全身表面具明显清晰的小刻点状凹坑。

侧面观：无眼缘片结构。前胸足胫节表面具数枚刺突；中、后胸足胫节表面光滑。

腹面观：头部、前胸背板呈黑色；后胸、胸足腿节、胫节呈褐色。

雌虫

背面观：体泽黄绿色。上颚短小，内侧基齿呈对称的切片状。前胸背板与鞘翅较宽，表面可见明显刻点状结构；无眼缘片，复眼背面观较小。前胸足胫节端部具发达的 1 ~ 2 枚钩状刺突；中、后胸足胫节表面光滑。

腹面观：头部、前胸背板呈黑色；后胸、胸足腿节、胫节呈褐色。

图片展示

雄虫 - 侧面

雄虫 - 腹面

雌虫 - 背面

雌虫 - 腹面

尺寸展示

雄虫

雌虫

10 mm

黑腹琉璃锹甲

Platycerus hiurai Tanikado & Tabana, 1997

分布	四川
体长	9.3 ~ 11.4 mm（雄），10.9 ~ 11.7 mm（雌）
词源	拉丁学名源于日本昆虫学家日浦勇；中文名源于雄虫腹面呈黑色

物种描述

雄虫

背面观： 体泽深蓝色。上颚短小。上颚基部具 2 枚并立基齿，内侧具 2 枚对称小齿，小齿与基齿之间略具空隙。前胸背板呈圆形，两侧具明显鳞毛，触角末端锤节明显膨大。全身表面具明显清晰的小刻点状凹坑。

侧面观： 无眼缘片结构。前胸足胫节表面具数枚刺突；中、后胸足胫节表面光滑。

腹面观： 腹部呈黑色。

雌虫

背面观： 体泽黄绿色。上颚短小，内侧基齿呈对称的切片状。前胸背板与鞘翅形状细长，表面可见明显刻点状结构；无眼缘片，复眼背面观较小。胸足胫节呈褐色；前胸足胫节端部具发达的 2 枚钩状刺突；中、后胸足胫节表面光滑。鞘翅末端较宽。

腹面观： 腹部呈黑色，后胸具绿色金属光泽。

图片展示

雄虫 - 侧面

雄虫 - 腹面

雌虫 - 背面

雌虫 - 腹面

尺寸展示

10 mm

雄虫

雌虫

铜色琉璃锹甲

Platycerus cupreimicans Imura, 2006

10 mm

分布	云南
体长	9.6 ～ 12.7 mm（雄），9.7 ～ 12.2 mm（雌）
词源	拉丁学名源于成虫黄铜色的体泽

物种描述

雄虫

背面观： 体泽黄铜色。上颚较短。上颚基部具 2 枚并立基齿，内侧具 5 ～ 6 枚不对称小齿，小齿与基齿之间具明显空隙。前胸背板呈菱形，两侧具明显鳞毛，触角末端锤节明显膨大。全身表面具明显清晰的小刻点状凹坑。

侧面观： 无眼缘片结构。前胸足胫节表面具数枚刺突；中、后胸足胫节表面光滑。

腹面观： 后胸、腹部呈红色，胸足腿节呈红色。

雌虫

背面观： 体泽黄铜色。上颚短小，内侧基齿呈对称的切片状。前胸背板与鞘翅形状细长，表面可见明显刻点状结构；无眼缘片，复眼背面观较小。胸足胫节呈红色；前胸足胫节端部具发达的 2 ～ 3 枚钩状刺突；中、后胸足胫节表面光滑。

腹面观： 后胸、腹部呈红色，胸足腿节呈红色。

图片展示

雄虫 - 侧面

雄虫 - 腹面

雌虫 - 背面

雌虫 - 腹面

尺寸展示

10 mm

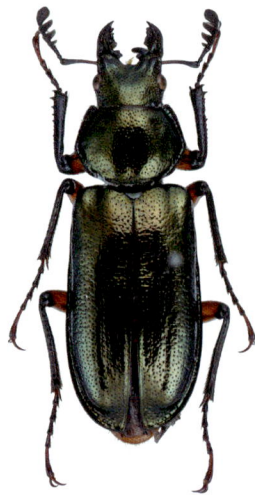

雄虫

雌虫

10 mm

突颚琉璃锹甲

Platycerus mandibularis Imura, 2009

分布	贵州
体长	11.5 ~ 13.3 mm（雄），10.2 ~ 12.6 mm（雌）
词源	拉丁学名源于雄虫发达的上颚结构

物种描述

雄虫

背面观：体泽金绿色。上颚较长。上颚基部具 2 枚并立基齿，内侧具不对称，尖锐发达的小齿，小齿与基齿之间具明显空隙。前胸背板圆润，两侧具明显鳞毛，触角末端锤节明显膨大。全身表面具明显清晰的小刻点状凹坑。

侧面观：无眼缘片结构。前胸足胫节表面具数枚刺突；中、后胸足胫节表面光滑。

腹面观：后胸、腹部呈红色，胸足腿节呈褐色。

雌虫

背面观：体泽金绿色。上颚短小，内侧基齿呈对称的切片状。前胸背板与鞘翅形状细长，表面可见明显刻点状结构；无眼缘片，复眼背面观较小。胸足胫节呈红色；前胸足胫节端部具发达的 2 枚钩状刺突；中、后胸足胫节表面光滑。鞘翅末端呈橄榄状。

腹面观：后胸、腹部呈红色，胸足腿节呈褐色。

图片展示

雄虫 - 侧面

雄虫 - 腹面

雌虫 - 背面

雌虫 - 腹面

尺寸展示

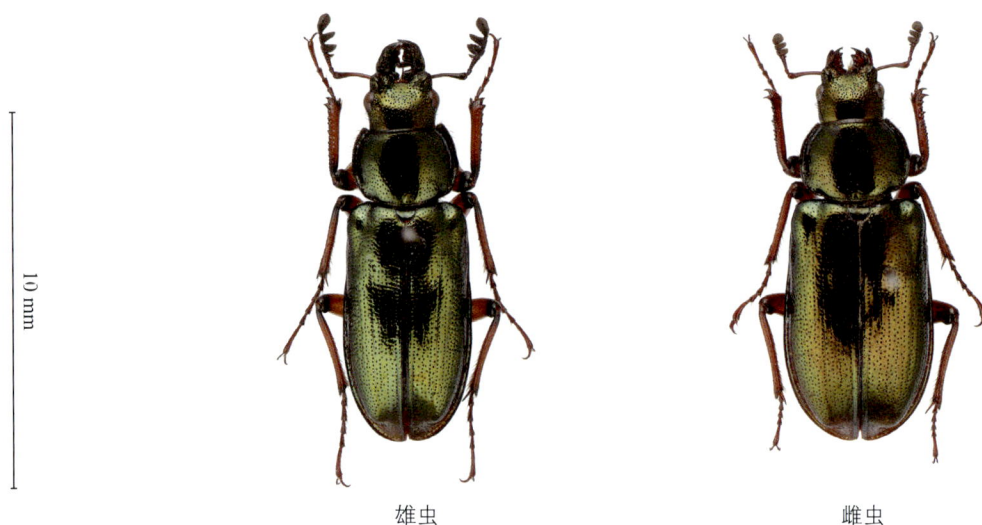

雄虫   雌虫

莱迪琉璃锹甲

Platycerus ladyae Imura, 2005

分布	四川
体长	10 ~ 11.6 mm（雄），9.8 ~ 10.9 mm（雌）
词源	拉丁学名源于作者的爱犬名

物种描述

雄虫

背面观： 体泽紫色。上颚较长。上颚基部具 2 枚并立基齿，内侧具不对称、切片状小齿，小齿与基齿之间略具空隙。前胸背板圆润，两侧具明显鳞毛，触角末端锤节明显膨大。全身表面具明显清晰的小刻点状凹坑。

侧面观： 无眼缘片结构。前胸足胫节表面具数枚刺突；中、后胸足胫节表面光滑。

腹面观： 后胸中央呈黑色，两侧具黄色斑块；腹部和胸足腿节呈黄色。

雌虫

背面观： 体泽紫色。上颚短小，内侧基齿呈对称的切片状。前胸背板与鞘翅形状较宽，表面可见明显刻点状结构；无眼缘片，复眼背面观较小。胸足胫节呈橘色；前胸足胫节端部具发达的 2 枚钩状刺突；中、后胸足胫节表面光滑。鞘翅末端略膨大。

腹面观： 后胸、腹部呈红色，胸足腿节呈褐色。

图片展示

雄虫 - 侧面   雄虫 - 腹面   雌虫 - 背面   雌虫 - 腹面

尺寸展示

10 mm

雄虫   雌虫

10 mm

布氏琉璃锹甲

Platycerus businskyi Imura, 1996

分布	陕西
体长	11.0 ~ 12.9 mm（雄），10.8 ~ 12.1 mm（雌）
词源	拉丁学名源于标本采集人 R. Businsky

物种描述

雄虫

背面观：体泽绿色。上颚较长，顶端较圆润。上颚基部具 2 枚并立基齿，内侧具密集发达的小齿，小齿与基齿之间略具空隙。前胸背板圆润，两侧具明显鳞毛，触角末端锤节明显膨大。全身表面具明显清晰的小刻点状凹坑。

侧面观：无眼缘片结构。前胸足胫节表面具数枚刺突；中、后胸足胫节表面光滑。

腹面观：腹面呈黑色，胸足腿节呈黄色。

雌虫

背面观：体泽绿色。上颚短小，内侧基齿呈对称的切片状。前胸背板较窄，鞘翅后端较宽，表面可见明显刻点状结构；无眼缘片，复眼背面观较小。胸足腿节呈橘色；前胸足胫节端部具发达的 2 枚钩状刺突；中、后胸足胫节表面光滑。鞘翅末端略膨大。

腹面观：后胸呈墨绿色；腹部整体呈黑色，胸足腿节表面具黄色斑块。

图片展示

雄虫 - 侧面

雄虫 - 腹面

雌虫 - 背面

雌虫 - 腹面

尺寸展示

雄虫

雌虫

图氏琉璃锹甲
Platycerus turnai Imura, 2001

分布	湖北、四川
体长	10.8 ~ 12.9 mm（雄），10.7 ~ 11.9 mm（雌）
词源	拉丁学名源于捷克昆虫学家 Jaroslav Turna

物种描述

雄虫

背面观： 体泽青绿色。上颚较长。上颚基部具 2 枚并立基齿，内侧具密集发达的小齿，小齿与基齿之间具较大空隙。前胸背板圆润，两侧具明显鳞毛，触角末端锤节明显膨大。全身表面具明显清晰的小刻点状凹坑。

侧面观： 无眼缘片结构。前胸足胫节表面具数枚刺突；中、后胸足胫节表面光滑。

腹面观： 腹面呈绿色，胸足腿节呈黄色。

雌虫

背面观： 体泽绿色。上颚短小，内侧基齿呈对称的切片状。前胸背板与鞘翅较细长，表面可见明显刻点状结构；无眼缘片，复眼背面观较小。胸足胫节呈橘色；前胸足胫节端部具发达的 2 枚钩状刺突；中、后胸足胫节表面光滑。鞘翅末端略膨大。

腹面观： 腹部呈绿色；胸足腿节呈黄色。

图片展示

雄虫 - 侧面　　　　　雄虫 - 腹面　　　　　雌虫 - 背面　　　　　雌虫 - 腹面

尺寸展示

雄虫　　　　　　　　　　　雌虫

10 mm

李氏琉璃锹甲
Platycerus liyingbingi Huang & Chen, 2017

分布	云南
体长	9.5 ~ 12.6 mm（雄），9.1 ~ 11.6 mm（雌）
词源	拉丁学名源于标本采集者李映冰

物种描述

雄虫

背面观： 体泽暗蓝色。上颚较短。上颚基部具 2 枚并立基齿，内侧具切片状不对称的小齿，小齿与基齿之间空隙较小。前胸背板呈梯形，两侧具明显鳞毛，触角末端锤节明显膨大。全身表面具明显清晰的小刻点状凹坑。

侧面观： 无眼缘片结构。前胸足胫节表面具数枚刺突；中、后胸足胫节表面光滑。

腹面观： 腹面呈赤色，胸足腿节呈黄色。

雌虫

背面观： 体泽铜绿色。上颚短小，内侧基齿呈对称的切片状。前胸背板与鞘翅较宽，表面可见明显刻点状结构；无眼缘片，复眼背面观较小。胸足胫节呈橘色；前胸足胫节端部具发达的 2 枚钩状刺突；中、后胸足胫节表面光滑。

腹面观： 腹面呈赤色，胸足腿节呈黄色。

图片展示

雄虫 - 侧面

雄虫 - 腹面

雌虫 - 背面

雌虫 - 腹面

尺寸展示

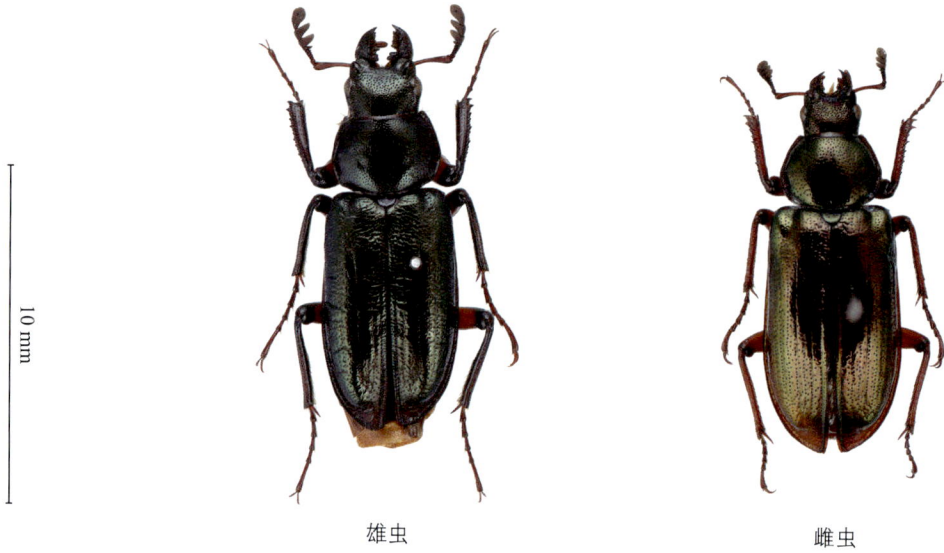

10 mm

雄虫

雌虫

维登琉璃锹甲
Platycerus weidengensis Huang & Chen, 2022

10 mm

分布	云南
体长	9.5 ～ 11.1 mm（雄），8.1 ～ 10.9 mm（雌）
词源	拉丁学名源于其模式产地云南维西

物种描述

雄虫

背面观： 体泽紫色。上颚较短。上颚基部具 2 枚并立基齿，内侧具 2 ～ 3 枚不对称的小齿，小齿与基齿之间空隙较短。前胸背板前端纤细，两侧前端呈较尖锐的角突，触角末端锤节略膨大。全身表面具明显清晰的小刻点状凹坑。

侧面观： 无眼缘片结构。前胸足胫节表面具数枚刺突；中、后胸足胫节表面光滑。

腹面观： 腹面呈褐色，胸足腿节呈褐色。

雌虫

背面观： 体泽铜绿色。上颚短小，内侧基齿呈对称的切片状。前胸背板与鞘翅较宽，表面可见明显刻点状结构；无眼缘片，复眼背面观较小。胸足胫节呈褐色；前胸足胫节端部具发达的 2 枚钩状刺突；中、后胸足胫节表面光滑。

腹面观： 腹面与胸足腿节均呈褐色。

图片展示

雄虫 - 侧面　　　　雄虫 - 腹面　　　　雌虫 - 背面　　　　雌虫 - 腹面

尺寸展示

雄虫　　　　　　　雌虫

10 mm

歌菜琉璃锹甲
Platycerus canae Imura, 2010

分布	河南
体长	9.2 ~ 12.1 mm（雄），8.1 ~ 10.2 mm（雌）
词源	拉丁学名源于作者女儿的名字

物种描述

雄虫

背面观：体泽蓝色。上颚较短。上颚基部具 2 枚并立基齿，内侧具密集发达不对称的小齿，小齿与基齿之间具明显空隙。前胸背板前端较宽，两侧具明显鳞毛，触角末端锤节略膨大。全身表面具明显清晰的小刻点状凹坑。

侧面观：无眼缘片结构。前胸足胫节表面具数枚刺突；中、后胸足胫节表面光滑。

腹面观：腹面呈黑色，胸足腿节呈黄色。

雌虫

背面观：体泽蓝色。上颚短小，内侧基齿呈对称的切片状。前胸背板与鞘翅较宽，表面可见明显刻点状结构；无眼缘片，复眼背面观较小。胸足胫节呈黑色；前胸足胫节端部具发达的 2 枚钩状刺突；中、后胸足胫节表面光滑。

腹面观：腹面呈黑色，胸足腿节呈黑色。

图片展示

雄虫 - 侧面　　　　　　雄虫 - 腹面　　　　　　雌虫 - 背面　　　　　　雌虫 - 腹面

尺寸展示

10 mm

雄虫

雌虫

杨氏琉璃锹甲

Platycerus yangi Huang, Chen & Imura, 2010

分布	甘肃
体长	10.5 ~ 11.5 mm（雄），9.2 ~ 12.4 mm（雌）
词源	拉丁学名源于标本采集者杨晓东

物种描述

雄虫

背面观： 体泽青色。上颚较长。上颚基部具 2 枚并立基齿，内侧具数枚密集尖锐的小齿，小齿与基齿之间空隙较小。前胸背板前端尖锐，两侧具明显鳞毛，触角末端锤节略膨大。全身表面具明显清晰的小刻点状凹坑。

侧面观： 无眼缘片结构。前胸足胫节表面具数枚刺突；中、后胸足胫节表面光滑。

腹面观： 腹面呈黑色，胸足腿节呈黄色。

雌虫

背面观： 头部与前胸背板呈黄色，鞘翅呈青色。上颚短小，内侧基齿呈不对称的切片状。前胸背板与鞘翅较宽，表面可见明显刻点状结构；无眼缘片，复眼背面观较小。胸足腿节、胫节呈褐色；前胸足胫节端部具发达的 2 枚钩状刺突；中、后胸足胫节表面具不明显的小刺突。

腹面观： 腹面呈黑色，胸足腿节呈褐色。

图片展示

雄虫 - 侧面　　　　　雄虫 - 腹面　　　　　雌虫 - 背面　　　　　雌虫 - 腹面

尺寸展示

雄虫　　　　　　　　雌虫

10 mm

铁锈琉璃锹甲

Platycerus tabanai Tanikado & Okuda, 1994

分布	陕西、河南
体长	8.4 ~ 11.4 mm（雄），9.8 ~ 12.3 mm（雌）
词源	拉丁学名源于日本琉璃锹甲研究学者田花雅一；中文名源于雄虫呈铁锈色的体表特征

物种描述

雄虫

背面观：体泽锈色，光泽度低。上颚较短。上颚基部具 2 枚并立基齿，内侧具 2 ~ 3 枚三角形的不对称小齿，小齿与基齿之间空隙较小。前胸背板侧面圆润，两侧具明显鳞毛，触角末端锤节略膨大。全身表面具明显清晰的小刻点状凹坑。

侧面观：无眼缘片结构。前胸足胫节前端具 2 枚不发达的刺钩，后端具不发达刺突；中、后胸足胫节表面光滑。

腹面观：腹面呈黑色，末端呈褐色；中、后胸足腿节呈黄色。

图片展示

雄虫 - 侧面

雄虫 - 腹面

锹甲亚科 盾锹甲族

肥角锹甲属
Aegus MacLeay, 1819

巨肥角锹甲
Aegus labilis Westwood, 1864

肥角锹甲属 **本属简介**
Aegus MacLeay, 1819

　　本属也被称为"盾锹甲属"：因为其拉丁学名"*Aeg-*"意为"盾"，主要形容本属成虫宽阔的鞘翅表面具明显纵向沟纹，酷似古代士兵使用的盾牌。本属在我国台湾地区被称为"肥角锹甲"，意为本属雄虫上颚通常粗壮短小。因为"肥角锹甲"一名目前已被锹甲爱好者们广泛接纳，所以本书决定沿用"肥角锹甲"一词作为本属的中文名。

　　本属广泛分布于我国华中、华南、华东地区。其成虫在野外发生季节多为每年的 5—7 月。肥角锹甲飞行能力较弱，成虫多见于针阔叶乔木伤口流汁处。部分种类分布于海拔较高的山地环境，如高山肥角锹甲。

本书记录肥角锹甲属 19 种。

肥角锹甲的外部形态特点

❶ 雄虫不论个体大小，鞘翅表面均具明显的宽阔沟纹结构。

❷ 雄虫上颚内侧基部或中部多具 2 枚基齿，内侧光滑，无任何小齿状凸起。

❸ 雄虫复眼缘发达，几乎完全覆盖眼部。

❶ 雌虫上颚短小且形状强烈弯曲。

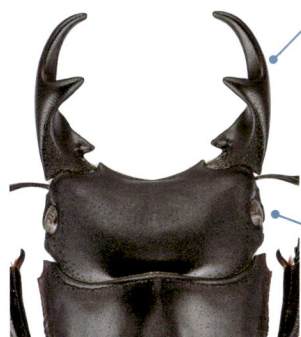

❷ 雌虫前胸背板边缘具明显锯齿状结构，前胸背板表面具密集刻点状凹坑。

10 mm

南洋肥角锹甲

Aegus chelifer MacLeay, 1819

分布	台湾、广东、云南、广西
体长	14 ~ 42 mm（雄），14 ~ 24.5 mm（雌）
词源	拉丁学名源于希腊文 "*chēlē*"，意为 "螯"，拉丁文后缀 "*-er*"，形容雄虫上颚短粗弯曲，酷似蟹螯；中文名源于其主要分布在东南亚地区

物种描述

雄虫

背面观： 上颚形状弯曲。基齿位于上颚中部，底部具 1 处明显凸起。前胸背板前端具较短凹陷；眼部后侧两端具显著隆起。

侧面观： 复眼缘几乎完全覆盖眼部。前胸足胫节具发达刺突；中、后胸足胫节表面具 2 ~ 3 枚明显刺突。

腹面观： 后胸光滑，中、后胸足胫节末端具较短黄色鳞毛。

雌虫

背面观： 体泽黑色，身型宽阔。前胸背板呈半圆形，表面粗糙；复眼缘完全覆盖眼部。鞘翅表面具均匀细腻的刻点状沟纹；上颚内侧齿突呈三分叉状。

腹面观： 后胸、腹部和胸足腿节表面具明显的刻点状结构。

图片展示

雄虫 - 侧面

雄虫 - 腹面

雌虫 - 背面

雌虫 - 腹面

尺寸展示

雄虫 - 大型　　　　雄虫 - 中型　　　　雄虫 - 小型　　　　雌虫

10 mm

巨肥角锹甲
Aegus labilis Westwood, 1864

分布	云南、西藏
体长	26 ~ 55.4 mm（雄），19 ~ 32.5 mm（雌）
词源	拉丁学名原文未明确指明，可能源于拉丁文 "*labi-*" 和 "*-ilis*"，意为 "不稳定的"，形容雄虫上颚形状多样；中文名源于雄虫巨大的体型

物种描述

雄虫

背面观： 上颚形状笔直，在端部略微弯曲；基齿位于上颚端部，基部具 1 枚不明显凸起。前胸背板前端具较短凹陷；眼部后端略具隆起。唇基不发达，中间明显下凹。

侧面观： 复眼缘几乎完全覆盖眼部。前胸足胫节具发达刺突；中胸足胫节表面具 2 ~ 3 枚明显刺突，后胸足胫节刺突不明显。

腹面观： 后胸光滑，中、后胸足胫节末端具较短黄色鳞毛。

雌虫

背面观： 体泽黑色，身型宽阔。前胸背板呈半圆形，中间具密集刻点状凹坑；复眼缘完全覆盖眼部。鞘翅表面具均匀的条带状隆起；上颚内侧具单齿凸起。

腹面观： 后胸和腹部均非常光滑。

10 mm

图片展示

雄虫 - 侧面　　　　　雄虫 - 腹面　　　　　雌虫 - 背面　　　　　雌虫 - 腹面

尺寸展示

10 mm

雄虫 - 大型　　　　　雄虫 - 中型　　　　　雄虫 - 小型　　　　　雌虫

10 mm

缅甸肥角锹甲
Aegus eschscholtzii (Hope, 1845)

分布	云南、四川
体长	17 ～ 48 mm（雄），15 ～ 23 mm（雌）
词源	拉丁学名原文未明确指明；中文名源于其模式产地缅甸

物种描述

雄虫

背面观： 上颚形状弯曲；基齿位于上颚近端部，基部具 1 枚三角形状凸起。前胸背板前端具短凹陷；眼部后端两端隆起。唇基不发达，中间下凹呈半圆形。

侧面观： 复眼缘几乎完全覆盖眼部。前胸足胫节具发达刺突；中胸足胫节表面具 2 ～ 3 枚明显刺突，后胸足胫节具 3 枚明显刺突。

腹面观： 后胸光滑，后胸足胫节末端具明显黄色鳞毛。

雌虫

背面观： 体泽黑色，身型细长。前胸背板呈方形，表面具密集刻点状凹坑；复眼缘完全覆盖眼部。鞘翅表面具细腻的刻点状沟纹；上颚内侧基齿呈三角形，中间齿凸略微凹陷。

腹面观： 后胸和腹部均非常光滑。

图片展示

雄虫 - 侧面

雄虫 - 腹面

雌虫 - 背面

雌虫 - 腹面

尺寸展示

10 mm

雄虫 - 大型   雄虫 - 中型   雄虫 - 小型   雌虫

10 mm

广东肥角锹甲

Aegus kuangtungensis Nagel, 1925

分布	安徽、广东、广西、浙江、福建、湖南、重庆、四川、贵州等
体长	14 ~ 37.5 mm（雄），14 ~ 18.5（雌）
词源	拉丁学名源于其模式产地广东

物种描述

雄虫

背面观： 上颚形状笔直；基齿位于上颚中部，基部具 1 枚三角形状凸起。前胸背板前端宽于头部，具 1 处明显的直角凹陷；眼部后端两端隆起。唇基不发达，中间下凹呈半圆形。

侧面观： 复眼缘几乎完全覆盖眼部。前、中胸足胫节具发达刺突；后胸足胫节具 1 枚明显刺突。

腹面观： 后胸光滑，后胸足胫节末端具明显簇状黄色鳞毛。

雌虫

背面观： 体泽黑色，身型细长。前胸背板前端圆润，表面具密集刻点状结构；复眼缘完全覆盖眼部。鞘翅表面具细腻的刻点状沟纹；上颚内侧基齿呈三角形，尖端指向下方。

腹面观： 后胸和腹部均非常光滑。

图片展示

雄虫 - 侧面

雄虫 - 腹面

雌虫 - 背面

雌虫 - 腹面

尺寸展示

10 mm

雄虫 - 大型

雄虫 - 中型

雄虫 - 小型

雌虫

10 mm

混同肥角锹甲
Aegus imitator Nagel, 1941

分布	浙江、福建、广西、重庆、四川、云南
体长	23 ~ 48 mm（雄），15 ~ 26 mm（雌）
词源	拉丁学名源于其与近缘种相似

物种描述

雄虫

背面观： 上颚形状弯曲；基齿位于上颚近端部，基部具 1 枚三角形状凸起。前胸背板前端具 1 处短小凹陷；眼部后端两端隆起。唇基不发达，中间下凹呈半圆形。

侧面观： 复眼缘几乎完全覆盖眼部。前胸足胫节具发达刺突；中、后胸足胫节具 2 ~ 3 枚明显刺突。

腹面观： 后胸光滑，后胸足末端具明显簇状黄色鳞毛。

雌虫

背面观： 体泽黑色，身型宽阔。前胸背板形状略呈方形，表面具密集刻点状凹坑；复眼缘完全覆盖眼部。鞘翅表面具明显条带状隆起；上颚形状弯曲，内侧基齿呈三角形，尖端指向下方。

腹面观： 后胸和腹部均非常光滑。

图片展示

雄虫 - 侧面　　　　　雄虫 - 腹面　　　　　雌虫 - 背面　　　　　雌虫 - 腹面

尺寸展示

| 雄虫 - 大型 | 雄虫 - 中型 | 雄虫 - 小型 | 雌虫 |

均齿肥角锹甲

Aegus callosilatus Bomans, 1989

分布	浙江、福建、江西
体长	25.6 ~ 48 mm（雄），16 ~ 25.5 mm（雌）
词源	拉丁学名源于拉丁文 "*callo-*"，意为 "加厚，较为坚硬"，意为本种雄虫上颚基部明显宽厚；中文名源于雄虫基齿呈对称状

物种描述

雄虫

背面观：上颚形状呈方形；基齿位于上颚基部，呈 1 对并立的齿状凸起。前胸背板前端具 1 处短小明显的凹陷；眼部后端两端呈尖锐三角状隆起。唇基两侧略凸起，中间下凹呈三角形。

侧面观：复眼缘几乎完全覆盖眼部。前胸足胫节具发达刺突；中胸足胫节具 2 ~ 3 枚明显刺突，后胸足胫节表面具 2 枚左右的刺突。

腹面观：后胸光滑。

雌虫

背面观：体泽黑色，身型呈橄榄状。前胸背板形状圆润，表面具密集刻点状凹坑，边缘略带刺状凸起；复眼缘完全覆盖眼部。鞘翅表面沿中线至左右第 1、第 2 枚条带状隆起异常粗大；上颚形状弯曲，内侧基齿呈三角形，尖端指向下方。

腹面观：后胸光滑。

图片展示

雄虫 - 侧面

雄虫 - 腹面

雌虫 - 背面

雌虫 - 腹面

尺寸展示

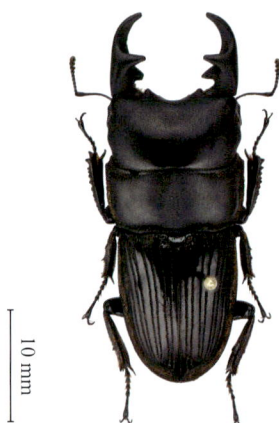

雄虫 - 大型

雄虫 - 中型

雄虫 - 小型

雌虫

10 mm

四川肥角锹甲

Aegus parvus Boileau, 1902

分布	四川、重庆、广西
体长	12 ~ 34 mm（雄），12 ~ 18 mm（雌）
词源	拉丁学名源于其雄虫体型较小；中文名源于其模式产地四川

物种描述

雄虫

背面观：上颚形状弯曲；基齿位于上颚中部，基部具 1 枚三角形状凸起。前胸背板前端具 1 处小凹陷；眼部后端两端隆起。唇基不发达，中间略微下凹，头部近上颚基部两侧各具 1 枚明显的点状凸起。

侧面观：复眼缘几乎完全覆盖眼部。前胸足胫节具发达刺突；中、后胸足胫节具 1 ~ 2 枚刺突。

腹面观：后胸光滑，后胸足胫节末端具簇状黄色鳞毛。

雌虫

背面观：体泽黑色，身型细长。前胸背板形状呈圆形，表面具密集刻点状凹坑；复眼缘完全覆盖眼部。鞘翅表面具浅沟纹；上颚形状弯曲，内侧基齿凸起呈三角形。

腹面观：后胸光滑。

10 mm

图片展示

雄虫 - 侧面

雄虫 - 腹面

雌虫 - 背面

雌虫 - 腹面

尺寸展示

10 mm

| 雄虫 - 大型 | 雄虫 - 中型 | 雄虫 - 小型 | 雌虫 |

10 mm

墨脱肥角锹甲
Aegus macroparvus Huang & Chen, 2017

分布	西藏
体长	22.2 ~ 27.5 mm（雄），雌虫未检视
词源	拉丁学名源于与其外观类似大型四川肥角锹甲；中文名源于其模式产地西藏墨脱

物种描述

雄虫

背面观： 上颚弯曲圆润；基齿位于上颚基部，基部具 1 对并立的齿突。前胸背板前端具 1 处不明显的小凹陷；眼部后端两端呈尖锐的三角状隆起。唇基不发达，中间略微下凹，头部近上颚基部两侧各具 1 枚明显的凸起。

侧面观： 复眼缘几乎完全覆盖眼部。前胸足胫节具发达刺突；中、后胸足胫节具 2 枚刺突。

腹面观： 后胸光滑，后胸足腿节前端、后胸足胫节末端具明显的簇状黄色鳞毛。

图片展示

雄虫 - 侧面

雄虫 - 腹面

尺寸展示

10 mm

雄虫 - 大型

雄虫 - 小型

10 mm

姬肥角锹甲

Aegus nakaneorum Ichikawa & Fujita, 1986

分布	台湾
体长	11 ~ 23 mm（雄），11 ~ 20.2 mm（雌）
词源	拉丁学名源于日本学者中根猛彦；中文名源于其成虫体型较小

物种描述

雄虫

背面观： 上颚形状笔直；基齿位于上颚中部，基部具 1 枚三角形状凸起。前胸背板前端凹陷不明显；眼部后端两端隆起。唇基不发达，中间下凹呈半圆形，头部表面具明显刻点状凹坑。

侧面观： 复眼缘几乎完全覆盖眼部。前胸足胫节具发达刺突；中胸足胫节具 1 ~ 2 枚刺突，后胸足胫节表面光滑。

腹面观： 后胸光滑，胸足腿节下端具黄色鳞毛。

雌虫

背面观： 体泽黑色，身型细长。前胸背板形状呈圆形，表面具密集刻点状凹坑；复眼缘完全覆盖眼部。鞘翅表面具沟纹；上颚形状较直且端部锐利，内侧基齿呈三角形。

腹面观： 后胸光滑。

图片展示

雄虫 - 侧面　　　　　雄虫 - 腹面　　　　　雌虫 - 背面　　　　　雌虫 - 腹面

尺寸展示

| 雄虫 - 大型 | 雄虫 - 中型 | 雄虫 - 小型 | 雌虫 |

10 mm

10 mm

宽额肥角锹甲
Aegus melli Nagel, 1925

分布	广东、广西、福建
体长	12 ~ 22 mm（雄），11 ~ 15 mm（雌）
词源	拉丁学名源于 Rud. Mell 博士；中文名源于雄虫宽大的头部

物种描述

雄虫

背面观： 上颚形状弯曲；基齿位于上颚基部，基部具 1 枚三角形状凸起。前胸背板前端明显内凹坑；眼部后端两端呈三角形凸起。唇基不发达，中间下凹呈半圆形，头部后端与前胸背板前端宽阔。

侧面观： 复眼缘几乎完全覆盖眼部。前胸足胫节具发达刺突；中胸足胫节具 1 ~ 2 枚刺突，后胸足胫节表面光滑。

腹面观： 后胸光滑，胸足腿节表面略具鳞毛。

雌虫

背面观： 体泽黑色，身型细长。前胸背板形状呈方形，表面具刻点状凹坑；复眼缘完全覆盖眼部。鞘翅表面具宽沟纹；上颚形状弯曲且端部锐利，内侧基齿呈三角形。

腹面观： 后胸光滑。

图片展示

雄虫 - 侧面　　　　　　雄虫 - 腹面　　　　　　雌虫 - 背面　　　　　　雌虫 - 腹面

尺寸展示

10 mm

雄虫 - 大型　　　　　　雄虫 - 中型　　　　　　雄虫 - 小型　　　　　　雌虫

10 mm

福建肥角锹甲
Aegus fukiensis Bomans, 1989

分布	福建、广东、湖南、四川
体长	12 ~ 23 mm（雄），12 ~ 16 mm（雌）
词源	拉丁学名源于其模式产地福建

物种描述

雄虫

背面观： 上颚形状笔直；基齿位于上颚中部，基部具 1 枚三角形凸起；眼部后端两端呈三角形凸起。唇基不发达，中间下凹呈半圆形，前胸背板前端略微凹陷。鞘翅表面沟纹较宽。

侧面观： 复眼缘几乎完全覆盖眼部。前胸足胫节具发达刺突；中胸足胫节具 1 ~ 2 枚刺突，后胸足胫节表面光滑。

腹面观： 后胸光滑，胸足腿节、胫节表面无鳞毛。

雌虫

背面观： 体泽黑色，身型细长。前胸背板形状呈方形，表面具刻点状凹坑；复眼缘完全覆盖眼部。鞘翅表面两侧具 2 ~ 3 条较宽沟纹；上颚形状弯曲，内侧基齿呈三角形。

腹面观： 后胸光滑。

图片展示

雄虫 - 侧面

雄虫 - 腹面

雌虫 - 背面

雌虫 - 腹面

尺寸展示

10 mm

雄虫 - 大型　　　　　　雄虫 - 小型　　　　　　雌虫

10 mm

剑齿肥角锹甲
Aegus bidens Möllenkamp, 1902

分布	福建、湖南、广西、广东、香港、海南
体长	13 ~ 37 mm（雄），14 ~ 19 mm（雌）
词源	拉丁学名源于拉丁文"*bi-*"，意为"两个"；"*-dens*"，意为"齿"，即形容雄虫上颚具 1 对内齿

物种描述

雄虫

背面观： 上颚形状弯曲；基齿位于上颚中部，基部具 1 枚发达的三角形凸起；眼部后端两端略微隆起。唇基不发达，中间下凹呈半圆形，前胸背板前端几乎无凹陷。鞘翅表面沟纹均匀。

侧面观： 复眼缘几乎完全覆盖眼部。前胸足胫节具发达刺突；中、后胸足胫节具数枚刺突。

腹面观： 后胸光滑，胸足胫节末端具不明显的黄色鳞毛。

雌虫

背面观： 体泽黑色，身型细长。前胸背板形状呈方形，表面具密集刻点状凹坑；复眼缘完全覆盖眼部。鞘翅表面具密集刻点状沟纹；上颚形状弯曲，内侧基齿发达，呈三角形。

腹面观： 后胸光滑。

图片展示

雄虫 - 侧面

雄虫 - 腹面

雌虫 - 背面

雌虫 - 腹面

尺寸展示

雄虫 - 大型

雄虫 - 中型

雄虫 - 小型

雌虫

10 mm

方胸肥角锹甲
Aegus laevicollis Saunders, 1854

分布	河南、江苏、上海、安徽、浙江、福建、湖北、湖南等地
体长	13 ~ 36 mm（雄），13 ~ 18 mm（雌）
词源	拉丁学名源于拉丁文"*laevis-*"，意为"光滑的"，"*-collis*"意为"颈部"，意指雄虫前胸背板侧面较方正，无明显切角

物种描述

雄虫

背面观：上颚形状弯曲；基齿位于上颚中部，基部具 1 枚三角形凸起；眼部后端两端明显隆起。唇基不发达，中间下凹呈半圆形，前胸背板前端无凹陷，形状呈方形。鞘翅表面沟纹均匀。

侧面观：复眼缘几乎完全覆盖眼部。前胸足胫节具发达刺突；中、后胸足胫节具 2 ~ 3 枚刺突。

腹面观：后胸光滑，胸足胫节末端具黄色鳞毛。

雌虫

背面观：体泽黑色，身型宽阔。前胸背板形状圆润，表面具密集刻点状凹坑；复眼缘完全覆盖眼部。鞘翅表面具密集刻点状沟纹；上颚形状弯曲，内侧基齿呈三角形。

腹面观：后胸光滑。

图片展示

雄虫 - 侧面

雄虫 - 腹面

雌虫 - 背面

雌虫 - 腹面

尺寸展示

10 mm

| 雄虫 - 大型 | 雄虫 - 中型 | 雄虫 - 小型 | 雌虫 |

台湾肥角锹甲
Aegus formosae Bates, 1866

10 mm

别名：肥角锹甲

分布	台湾
体长	18 ~ 48 mm（雄），13 ~ 24 mm（雌）
词源	拉丁学名源于其模式产地台湾

物种描述

雄虫

背面观：上颚形状弯曲；基齿位于上颚近端部，基部具 1 枚三角形凸起；眼部后端两端明显隆起。唇基不发达，中间尖锐下凹，前胸背板形状呈方形，前端具短小凹陷。鞘翅表面沟纹均匀。

侧面观：复眼缘几乎完全覆盖眼部。前胸足胫节具发达刺突；中、后胸足胫节具 2 ~ 3 枚刺突。

腹面观：后胸光滑。

雌虫

背面观：体泽黑色，身型宽阔。前胸背板形状圆润，表面具密集刻点状凹坑；复眼缘完全覆盖眼部。鞘翅表面具密集刻点状沟纹；上颚形状较直，内侧基齿呈双凸起。

腹面观：后胸光滑。

图片展示

雄虫 - 侧面　　　　雄虫 - 腹面　　　　雌虫 - 背面　　　　雌虫 - 腹面

尺寸展示

10 mm

雄虫 - 大型　　　　雄虫 - 中型　　　　雄虫 - 小型　　　　雌虫

10 mm

郑氏肥角锹甲
Aegus jengi Huang & Chen, 2016

分布	台湾
体长	12.3 ~ 23 mm（雄），12 ~ 17 mm（雌）
词源	拉丁学名源于昆虫研究者郑明伦

物种描述

雄虫

背面观： 上颚形状较直；基齿位于上颚基部，基部具 1 枚较小三角形凸起；眼部后端两端明显隆起。唇基不发达，中间下凹，前胸背板前端宽出呈方形。鞘翅表面沟纹均匀细腻。

侧面观： 复眼缘几乎完全覆盖眼部。前胸足胫节具发达刺突；中、后胸足胫节具 2 ~ 3 枚刺突。

腹面观： 后胸光滑，胸足胫节末端具不明显的黄色鳞毛。

雌虫

背面观： 体泽黑色，身型宽阔。前胸背板形状呈方形，表面具密集刻点状凹坑；复眼缘完全覆盖眼部。鞘翅表面具细腻刻点状沟纹；上颚形状弯曲，内侧基齿呈双凸起。

腹面观： 后胸光滑。

图片展示

雄虫 - 侧面

雄虫 - 腹面

雌虫 - 背面

雌虫 - 腹面

尺寸展示

10 mm

雄虫 - 大型   雄虫 - 中型   雄虫 - 小型   雌虫

10 mm

高山肥角锹甲

Aegus kurosawai Okajima & Ichikawa, 1986

分布	台湾
体长	14 ~ 23.2 mm（雄），14 ~ 21 mm（雌）
词源	拉丁学名源于日本昆虫学家 Y. Kurosawa；中文名源于其栖息于海拔较高的环境

物种描述

雄虫

背面观： 上颚形状细长；无基齿，基部具 1 枚三角形凸起；眼部后端两端具尖锐三角形隆起。唇基两侧凸起，前胸背板前端宽阔，后端较直。鞘翅表面沟纹均匀。

侧面观： 复眼缘几乎完全覆盖眼部。前胸足胫节具发达刺突；中、后胸足胫节具 1 ~ 2 枚刺突。

腹面观： 后胸光滑。

雌虫

背面观： 体泽棕色，身型细长。前胸背板形状呈方形，表面两侧具刻点状凹坑；复眼缘完全覆盖眼部。鞘翅表面具密集刻点状沟纹；上颚形状弯曲，内侧基齿呈三角形。

腹面观： 后胸光滑。

图片展示

雄虫 - 侧面　　　　　　雄虫 - 腹面　　　　　　雌虫 - 背面　　　　　　雌虫 - 腹面

尺寸展示

10 mm

雄虫 - 大型　　　　　　雄虫 - 小型　　　　　　　雌虫

10 mm

毛股肥角锹甲

Aegus taurus Boileau, 1899

分布	广西、云南、海南
体长	14 ~ 28 mm（雄），14.2 ~ 19 mm（雌）
词源	拉丁学名源于拉丁文"*taurus*"，意为"牛"或"具有牛的特征的"，形容雄虫上颚弯曲，酷似牛角；中文名源于雄虫后足腿节具明显鳞毛

物种描述

雄虫

背面观：上颚形状弯曲；基齿位于上颚中上部，基部具 1 枚不发达凸起；眼部后端两端无明显隆起。唇基两侧凸起，前胸背板前端宽阔，形状呈方形。鞘翅表面沟纹均匀。

侧面观：复眼缘几乎完全覆盖眼部。前胸足胫节具发达刺突；中、后胸足胫节具 1 枚刺突。

腹面观：后胸光滑，中、后胸足腿节下方具明显黄色鳞毛。

雌虫

背面观：体泽黑色，身型宽阔。前胸背板形状圆润，表面具刻点状凹坑；复眼缘完全覆盖眼部。鞘翅表面具明显条带状隆起；上颚形状弯曲，内侧基齿呈三角形。

腹面观：后胸光滑。

图片展示

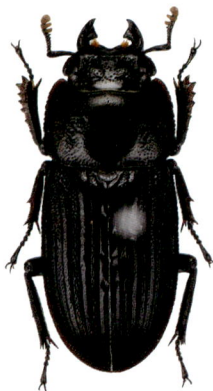

雄虫 - 侧面　　　　　雄虫 - 腹面　　　　　雌虫 - 背面　　　　　雌虫 - 腹面

尺寸展示

雄虫 - 大型　　　　雄虫 - 中型　　　　雄虫 - 小型　　　　雌虫

西藏毛股肥角锹甲
Aegus linealis Didier, 1928

分布	西藏
体长	13.2 ~ 27.5 mm（雄），14 ~ 19.4 mm（雌）
词源	拉丁学名源于拉丁文"*linea-*"，意为"线条状的"，可能形容雄虫前胸背板中央具明显的纵向沟纹；中文名源于其与毛股肥角锹甲为近缘种，且仅分布于西藏

物种描述

雄虫

背面观：上颚较为笔直，仅在接近顶端略向内弯曲；基齿位于上颚前端，基部具 1 枚不发达凸起；眼部后侧两端具较为短小的三角形凸起。唇基两侧尖锐隆起，中间向内圆润内凹呈半圆形，前胸背板前端宽阔，形状呈方形。鞘翅表面沟纹均匀。

侧面观：复眼缘几乎完全覆盖眼部。前胸足胫节具发达刺突；中胸足胫节具 1 枚刺突，后胸足表面通常光滑。

腹面观：后胸光滑，中、后胸足腿节下方具明显黄色鳞毛。

雌虫

背面观：体泽黑色，身型略细长。前胸背板形状圆润，表面具密集的刻点状凹坑；复眼缘完全覆盖眼部。鞘翅表面具明显条带状隆起；上颚形状弯曲，内侧基齿呈三角形。

腹面观：后胸光滑。

图片展示

雄虫 - 侧面　　　　　　雄虫 - 腹面　　　　　　雌虫 - 背面　　　　　　雌虫 - 腹面

尺寸展示

10 mm

雄虫 - 大型　　　　　　　雄虫 - 小型　　　　　　　　雌虫

突眼肥角锹甲

Aegus werneri Nagai, 1994

手绘图

分布	云南
体长	12.5 ~ 16.0 mm（雄），10 ~ 12 mm（雌）
词源	拉丁学名源于标本提供者 Werner；中文名源于成虫眼缘后侧明显凸出

物种描述

雄虫

背面观： 上颚弯曲且长度较短；基齿位于上颚基部，呈三角形且向下弯曲；眼部后侧两端具明显的凸起结构。唇基两侧不发达，中间向内圆润内凹呈半圆形，前胸背板前端宽阔，形状呈方形。鞘翅表面沟纹均匀。

10 mm

锹甲亚科 刀锹甲族

黑锈锹甲属

Gnaphaloryx Burmeister, 1847

黑锈锹甲
Gnaphaloryx opacus Burmeister, 1847

本属简介

　　本属因成虫体泽漆黑且外表粗糙而被称为"黑锈锹甲"。本属拉丁学名"*Gnaph-*"一词意为"具雕刻花纹般的"，也是形容本属成员形态特征，因此本书选用"黑锈锹甲"作为本属的中文名。

　　本属主要分布于海南、云南地区；成虫、幼虫习性尚且不明，但可以通过翻找朽木的方式进行观察。

我国目前已知仅黑锈锹甲属 1 种。

10 mm

黑锈锹甲
Gnaphaloryx opacus Burmeister, 1847

分布	云南、海南
体长	20.5 ~ 48 mm（雄），18 ~ 28 mm（雌）
词源	拉丁学名源于"*opacus*"，意为"黑色的"，形容成虫体表呈黑色，且表面密布粗糙的凹坑

物种描述

雄虫

背面观： 上颚弯曲，基齿位于上颚中、基部，上方具 1 枚明显的端齿。头部、前胸背板与鞘翅表面具明显的刻点状凹坑；唇基两端呈三角状凸起，中间呈半圆形。

侧面观： 复眼缘覆盖眼部约 1/2。前胸足胫节具刺突；胸足胫节表面覆盖一层明显的黄色短鳞毛；前胸背板前端尖锐翘起，后端具明显切角。

腹面观： 后胸光滑；胸足基节窝上端、胸足腿节和胫节上具明显黄色点状鳞毛。

雌虫

背面观： 体泽黑色。身体表面粗糙，前胸背板形状呈梯形，后端略微凹陷；前胸足胫节向外弯折；中、后胸足胫节表面具点状黄色鳞毛。

腹面观： 后胸光滑；胸足基节窝上端、胸足腿节和胫节基部具明显黄色点状鳞毛。

图片展示

雄虫 - 侧面

雄虫 - 腹面

雌虫 - 背面

雌虫 - 腹面

尺寸展示

10 mm

雄虫　　　　　　　　　　雌虫

钳锹甲
Kirchnerius spencei (Hope, 1840)

钳锹甲属
Kirchnerius Schenk, 2009

本属简介

本属中文名"钳锹"源于拉丁文"*Kirch-*",意为本属成员上颚外侧或多或少都较为弯曲,类似钳状。本属广布于我国华南地区,也有一些种类生活在海拔较高的滇藏地区。

钳锹甲属的分类地位颇有争议:日本分类学者一般将其划分为锯锹甲属之内;但绝大部分锹甲工作者都建议将其列为单独的属。本书中仍然遵循主流的分类学观点,将其作为独立、有效属进行描述。

本书记录钳锹甲属 6 种。

钳锹甲的外部形态特点

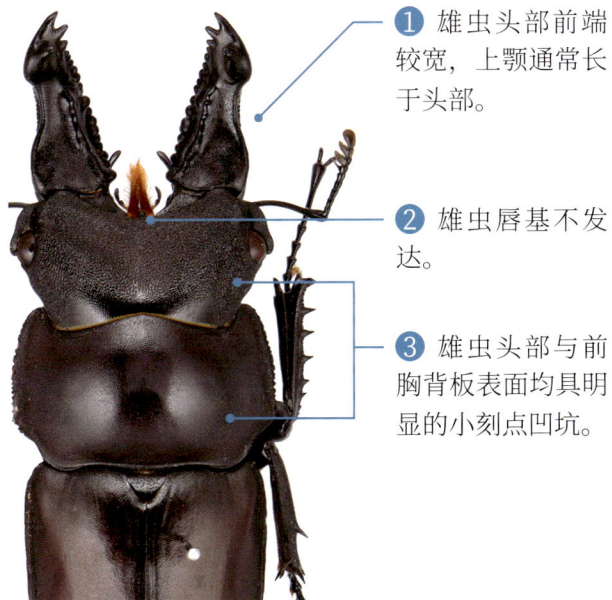

❶ 雄虫头部前端较宽,上颚通常长于头部。

❷ 雄虫唇基不发达。

❸ 雄虫头部与前胸背板表面均具明显的小刻点凹坑。

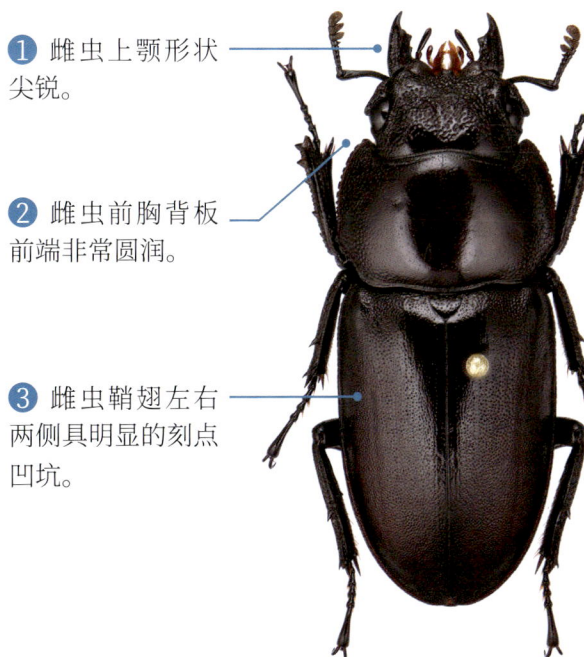

❶ 雌虫上颚形状尖锐。

❷ 雌虫前胸背板前端非常圆润。

❸ 雌虫鞘翅左右两侧具明显的刻点凹坑。

10 mm

钳锹甲

Kirchnerius spencei (Hope, 1840)

Kirchnerius spencei spencei (Hope, 1840) 原名亚种

别名：史宾斯钳口锹甲

分布	云南、西藏
体长	23 ~ 52 mm（雄），27 ~ 30 mm（雌）
词源	拉丁学名源于英国昆虫学家 William Spence；中文名源于大型雄虫酷似钳子的上颚

物种描述

雄虫

背面观： 上颚形状弯曲，基齿位于上颚底端，不发达；上颚仅端部具小齿状凸起。头部前端明显宽于前胸背板；唇基呈点状凸起。

侧面观： 复眼缘覆盖眼部约 2/3。前胸足胫节具尖锐刺突；前胸背板边缘具明显刺突，前后端宽度一致。

腹面观： 后胸光滑；胸足跗节表面具明显的黄色鳞毛。

雌虫

背面观： 体泽黑色。鞘翅表面粗糙，前胸背板中央光滑，边缘具明显小刺；前胸足胫节具多枚刺突；复眼缘覆盖眼部约 2/3。

腹面观： 后胸光滑无明显鳞毛。

图片展示

雄虫 - 侧面

雄虫 - 腹面

雌虫 - 背面

雌虫 - 腹面

尺寸展示

| 雄虫 - 大型 | 雄虫 - 中型 | 雄虫 - 小型 | 雌虫 |

10 mm

10 mm

Kirchnerius spencei mandibularis (Möllenkamp, 1902) **巨颚亚种**

别名：钳口锹甲

分布	四川、贵州、广西、海南
体长	23 ～ 56 mm（雄），27 ～ 32 mm（雌）
词源	拉丁学名源于拉丁文 "*mandible*"，形容强颚型雄虫夸张巨大的上颚

物种描述

雄虫

背面观：体泽褐色，上颚在中段弯曲，基部厚度明显宽于端部；上颚内侧小内齿密集分布。头部呈倒梯形，前端明显宽于前胸背板；唇基呈点状凸起。

侧面观：复眼缘覆盖眼部约 2/3。前胸足胫节具尖锐刺突；前胸背板边缘具明显小刺，前后端宽度一致。

腹面观：后胸光滑；胸足跗节表面具明显的黄色鳞毛。

雌虫

背面观：体泽棕色。鞘翅表面粗糙，前胸背板中央光滑，边缘具明显小刺；前胸足胫节具 2 ～ 3 枚刺突；复眼缘覆盖眼部约 2/3。

腹面观：后胸光滑无明显鳞毛。

图片展示

雄虫 - 侧面　　　　　雄虫 - 腹面　　　　　雌虫 - 背面　　　　　雌虫 - 腹面

尺寸展示

10 mm

雄虫 - 大型　　　　　雄虫 - 中型　　　　　雄虫 - 小型　　　　　雌虫

10 mm

广西钳锹甲

Kirchnerius guangxii Schenk, 2009

别名：怪锹甲、桃红颈锹甲

分布	广西、贵州
体长	25 ~ 64 mm（雄），24 ~ 32 mm（雌）
词源	拉丁学名源于其模式产地广西

物种描述

雄虫

背面观： 上颚形状弯曲，基齿位于上颚中部，向上翘起；基齿上方具 1 枚明显小齿突。头部前端略宽于前胸背板；唇基呈三角形。

侧面观： 复眼缘覆盖眼部约 1/2。前胸足胫节具尖锐刺突；前胸背板边缘较为光滑，后端明显宽于前端。

腹面观： 后胸光滑；胸足跗节表面具明显的黄色鳞毛。

雌虫

背面观： 体泽黑色。鞘翅表面粗糙，前胸背板中央与边缘较为光滑且前端明显宽于后端；前胸足胫节具明显刺突；复眼缘覆盖眼部约 1/2；上颚尖锐。

腹面观： 后胸光滑无明显鳞毛。

图片展示

雄虫 - 侧面

雄虫 - 腹面

雌虫 - 背面

雌虫 - 腹面

尺寸展示

10 mm

雄虫 - 大型   雄虫 - 中型   雄虫 - 小型   雌虫

10 mm

杨氏钳锹甲
Kirchnerius yangi (Fukinuki, 2004)

分布	福建、重庆、贵州、湖北
体长	24 ~ 45 mm（雄），21 ~ 24 mm（雌）
词源	拉丁学名来源于标本提供者杨惠荣

物种描述

雄虫

背面观： 上颚形状笔直，基齿位于上颚基部；基齿上方具 1 枚明显向上翘起的小齿突。头部前端略窄于前胸背板；唇基呈双半圆形。

侧面观： 复眼缘覆盖眼部约 1/2。前胸足胫节具明显刺突；前胸背板边缘较为光滑，前端明显宽于后端。

腹面观： 后胸光滑；胸足跗节表面具明显的黄色鳞毛。

雌虫

背面观： 身型细长，体泽黑色。鞘翅表面粗糙，前胸背板中央光滑，边缘具明显小刺且形状非常圆润；前胸足胫节具明显刺突；复眼缘覆盖眼部约 1/2；上颚弯曲。

腹面观： 后胸光滑无明显鳞毛。

图片展示

  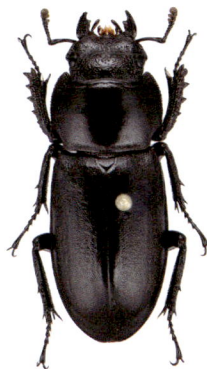 

雄虫 - 侧面 雄虫 - 腹面 雌虫 - 背面 雌虫 - 腹面

尺寸展示

10 mm

雄虫 - 大型 雄虫 - 小型 雌虫

10 mm

四面山钳锹甲

Kirchnerius simianshanus (Huang & Chen, 2011)

别名：伪杨氏钳锹甲

分布	重庆
体长	24 ~ 55 mm（雄），20 ~ 28.5 mm（雌）
词源	拉丁学名源于其模式产地重庆四面山

物种描述

雄虫

背面观： 上颚形状笔直，基齿位于上颚基部；上颚端部具尖锐的端齿且有 1 枚明显的小齿结构。头部前端窄于前胸背板；唇基略呈三角形。

侧面观： 复眼缘覆盖眼部约 1/2。前胸足胫节刺突不发达；前胸背板边缘较为光滑，形状呈梯形。

腹面观： 后胸光滑；胸足跗节表面具明显的黄色鳞毛。

雌虫

背面观： 身型细长，体泽黑色。鞘翅表面具明显刻点状凸起，前胸侧缘具明显锯齿状结构，后端强烈向内收缩；前胸足胫节具明显刺突；复眼缘覆盖眼部约 1/2；上颚弯曲。

腹面观： 后胸光滑，无明显鳞毛。

图片展示

雄虫 - 侧面

雄虫 - 腹面

雌虫 - 背面

雌虫 - 腹面

尺寸展示

10 mm

雄虫 - 大型　　　　雄虫 - 中型　　　　雄虫 - 小型　　　　雌虫

10 mm

印度钳锹甲
Kirchnerius boreli (Boileau, 1904)

分布	西藏
体长	25 ~ 40 mm（雄），16 ~ 23 mm（雌）
词源	拉丁学名源于标本采集者 E. Borel；中文名源于其模式产地印度

物种描述

雄虫

背面观： 体泽棕色；上颚形状笔直，基齿位于上颚基部；上颚内侧具连续的小齿状结构。头部前端与前胸背板等宽；唇基呈点状凸起。

侧面观： 复眼缘覆盖眼部约 1/2。前胸足胫节具明显刺突；前胸背板边缘较为光滑，前端明显宽于后端。

腹面观： 后胸具明显黄色鳞毛；胸足跗节表面具明显的黄色鳞毛。

雌虫

背面观： 身型细长，体泽黑色。鞘翅表面粗糙，前胸背板中央光滑，边缘略具刺突；前胸足胫节具明显刺突；复眼缘覆盖眼部约 1/2；上颚弯曲。

腹面观： 后胸光滑无明显鳞毛。

图片展示

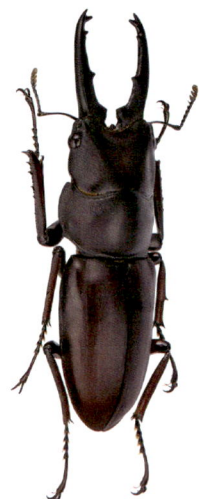

雄虫 - 侧面　　　　　雄虫 - 腹面　　　　　雌虫 - 背面　　　　　雌虫 - 腹面

尺寸展示

10 mm

雄虫 - 大型　　　　　雄虫 - 中型　　　　　雄虫 - 小型　　　　　雌虫

黄腿钳锹甲

Kirchnerius suzumurai (Nagai, 2000)

分布	西藏
体长	20.8 ~ 37.7 mm（雄），16.2 ~ 16.8 mm（雌）
词源	拉丁学名源于标本采集者 Suzumura；中文名源于雄虫胫节呈黄色

物种描述

雄虫

背面观：体泽棕色；上颚形状笔直，基齿位于上颚端部及中部；上颚基部具成对状小齿分布。头部前端略窄于前胸背板；唇基呈点状凸起。胸足胫节呈亮黄色，前足胫节表面具 3 ~ 4 枚凸起，中足胫节与后足胫节中间具 1 枚不明显的刺突。

10 mm

姬扁锹甲属
Metallactulus Ritsema, 1885

姬扁锹甲
Metallactulus parvulus (Hope, 1845)

本属简介

　　姬扁锹甲的体型很小，它们体长一般不超过 30 mm，体泽咖啡色且身上密布细微的小刻点，因形态近似小型的扁锹甲，故被称为"姬扁锹甲"。

中国目前仅记录 1 种，即姬扁锹甲 *Metallactulus parvulus* Hope, 1845

10 mm

姬扁锹甲
Metallactulus parvulus (Hope, 1845)

别名：兰屿姬扁锹甲

分布	台湾
体长	11 ～ 23 mm（雄），11 ～ 21 mm（雌）
词源	拉丁学名源于拉丁文 *"parvus"*，意为"微小的"；中文名源于成虫体型较小，且形态特征与扁锹甲属 *Serrognathus* 较为相似

物种描述

雄虫

背面观： 上颚形状笔直，基齿位于上颚中部，上颚内侧光滑。头部、前胸背板表面具明显小刻点结构；唇基不发达。

侧面观： 复眼缘几乎完全覆盖眼部。前胸足胫节笔直，刺突不发达；中、后胸足胫节仅具 1 枚小刺突；前胸背板边缘具明显小刺，形状呈方形。

腹面观： 后胸密布细小刻点状凹坑；胸足基节窝、腿节下端具点状黄色鳞毛。

雌虫

背面观： 体泽棕色。头部、前胸背板表面具明显刻点状凹坑；前胸背板形状圆润；鞘翅表面密布刻点状凹坑；前足胫节略微弯曲。

腹面观： 后胸密布细小刻点状凹坑；胸足基节窝、腿节下端具点状黄色鳞毛。

图片展示

雄虫 - 侧面

雄虫 - 腹面

雌虫 - 背面

雌虫 - 腹面

尺寸展示

10 mm

雄虫 - 大型   雄虫 - 中型   雄虫 - 小型   雌虫

狭长前锹甲
Epidorcus gracilis (Saunders, 1854)

前锹甲属
Epidorcus Séguy, 1954

本属简介

本属此前被归为锯锹甲属的一个亚属，近年来被划分为独立属。本属成员目前约记录 10 种，其中约一半的种类能在中国境内找寻到种群踪迹。

本属广泛分布于我国华东、华南、西南地区。发生季节主要为每年的 5—7 月。前锹甲成虫的飞行能力较强，成虫常被观察到在较高的壳斗科植物树冠层觅食与交配，但也有被发现栖息于较低矮的植物叶片处。成虫对光线较为敏感，可以通过灯诱的方式进行采集。

本书记录中国前锹甲属 5 种。

前锹甲的外部形态特点

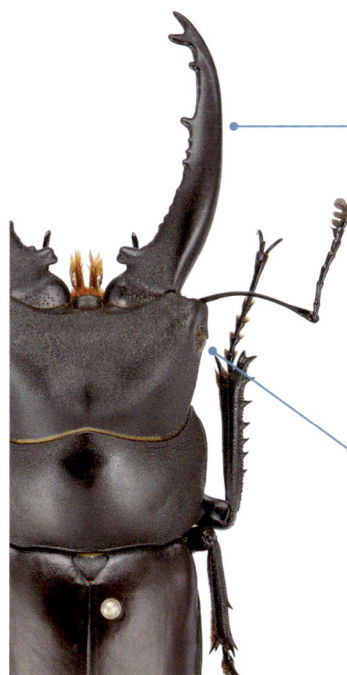

❶ 雄虫上颚明显长于头部，内侧具明显基齿和小齿结构。

❷ 成虫复眼缘不发达，仅包裹复眼约 1/2。

❶ 雌虫体泽黑色，鞘翅与前胸背板边缘均具明显的刻点状结构。

10 mm

狭长前锹甲
Epidorcus gracilis (Saunders, 1854)

分布	安徽、浙江、福建、江西、广东、广西、湖南、湖北、四川、贵州等
体长	21 ~ 57 mm（雄），20 ~ 28 mm（雌）
词源	拉丁学名源于拉丁文 "*gracil-*"，意为"细长的"，形容雄虫狭长的体型

物种描述

雄虫

背面观：上颚弯曲明显，顶端尖锐且细长，基齿位于上颚中上端，下方具密集小齿结构，上方仅具 2 ~ 3 枚明显的小齿；鞘翅呈褐色。

侧面观：眼缘不发达，仅覆盖复眼前端 1/2；前足胫节刺突较短且密集；中足胫节具 1 枚小刺突；后足胫节光滑。

腹面观：腹面基本呈褐色，后胸具一层不明显的黄色鳞毛。

雌虫

背面观：体泽黑色。前胸背板边缘较光滑；复眼缘覆盖眼部约 2/3。前胸足刺突发达；中胸足与后胸足均具 1 枚明显的刺突；前胸背板与鞘翅侧缘具明显的刻点状结构。

腹面观：后胸具较薄黄色鳞毛，胸足胫节腹面具明显刻点结构，每个刻点中均具 1 枚明显的鳞毛。

图片展示

雄虫 - 侧面

雄虫 - 腹面

雌虫 - 背面

雌虫 - 腹面

其他态展示

基齿型雄虫

尺寸展示

10 mm

雄虫 - 大型   雄虫 - 中型   雄虫 - 小型   雌虫

10 mm

拟狭长前锹甲
Epidorcus andreasi (Schenk, 2009)

分布	广西、贵州、云南
体长	30 ~ 58.4 mm（雄），23 ~ 28.3 mm（雌）
词源	拉丁学名源于标本提供者 Andreas Kirchner；中文名源于其形态与狭长前锹甲相似

物种描述

雄虫

背面观：上颚弯曲明显，顶端尖锐且细长，基齿位于上颚上端或下端，内侧具密集小齿结构；鞘翅呈褐色。

侧面观：眼缘不发达，仅覆盖复眼前端 1/2；前足胫节刺突较短且密集；中足胫节具 1 枚小刺突；后足胫节具 1 枚明显刺突。

腹面观：腹面基本呈褐色，后胸具 1 层不明显的黄色鳞毛；胫节末端具 1 簇明显的黄色鳞毛刷。

雌虫

背面观：体泽黑色。前胸背板边缘较粗糙；复眼缘覆盖眼部约 2/3。前胸足刺突发达；中胸足与后胸足均具 1 枚明显的刺突；前胸背板与鞘翅侧缘具明显的刻点状结构。

腹面观：后胸具较薄黄色鳞毛，胸足胫节腹面具明显刻点结构，每个刻点中均具 1 枚明显的鳞毛。

图片展示

其他态展示

雄虫 - 侧面　　　　雄虫 - 腹面　　　　雌虫 - 背面　　　　雌虫 - 腹面　　　　　　　基齿型雄虫

尺寸展示

10 mm

雄虫 - 大型　　　　　雄虫 - 中型　　　　　雄虫 - 小型　　　　　雌虫

10 mm

双基齿前锹甲
Epidorcus bidentatus (Bomans, 1978)

分布	云南
体长	22 ~ 41.4 mm（雄），18 ~ 25.5 mm（雌）
词源	拉丁学名源于拉丁文"*bi-*"和"*-dent*"，意为"成对齿状的"，形容雄虫上颚基齿为双分叉状

物种描述

雄虫

背面观： 上颚形状笔直，顶端具 1 枚尖锐的端齿，基齿位于上颚基部，呈双分叉状，上颚内侧具密集小齿结构；鞘翅与胸足胫节呈褐色。

侧面观： 眼缘不发达，仅覆盖复眼前端 1/2；前足胫节刺突短且稀疏；中、后胫节具 1 枚小刺突；后足胫节光滑。

腹面观： 腹面基本呈褐色，胸足跗节上黄色鳞毛厚重。

雌虫

背面观： 体泽褐色，身型细长。前胸背板边缘略粗糙；复眼缘覆盖眼部约 2/3。前胸足刺突发达；中胸足与后胸足均具 1 枚明显的刺突；前胸背板与鞘翅侧缘具明显的刻点状结构。

腹面观： 后胸具较薄黄色鳞毛，胸足胫节腹面具明显刻点结构，每个刻点中均具 1 枚明显的鳞毛；跗节上的黄色鳞毛较厚重。

图片展示

雄虫 - 侧面

雄虫 - 腹面

雌虫 - 背面

雌虫 - 腹面

尺寸展示

| 雄虫 - 大型 | 雄虫 - 中型 | 雄虫 - 小型 | 雌虫 |

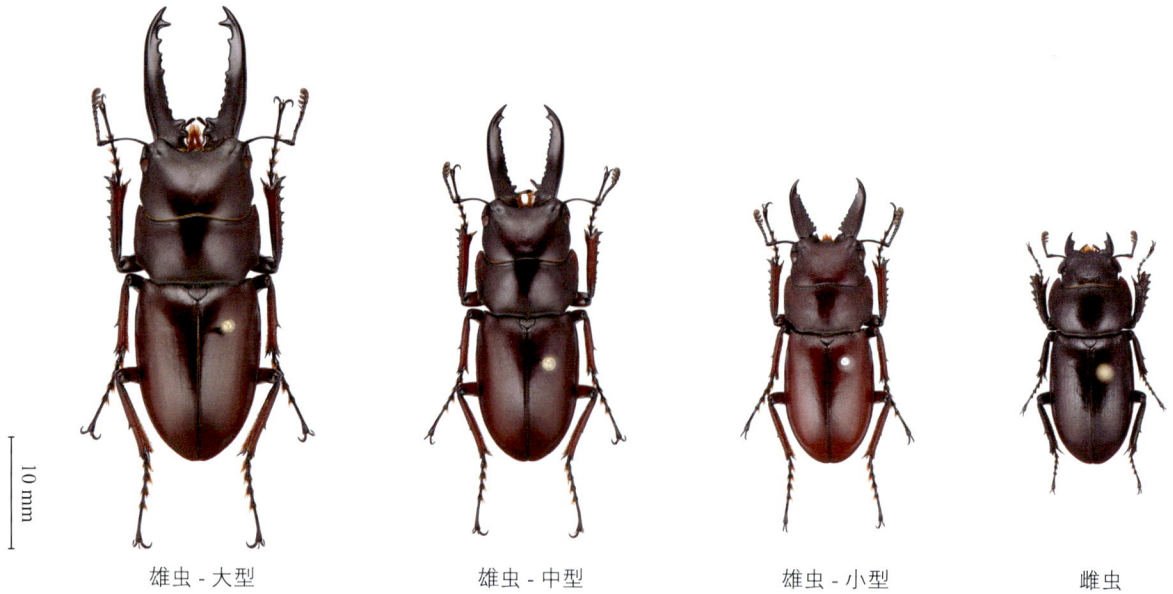

并基齿前锹甲

Epidorcus tonkinensis (Pouillaude, 1913)

分布	广西、贵州、云南、海南
体长	20 ~ 58 mm（雄），19 ~ 24 mm（雌）
词源	拉丁学名源于其模式产地越南 Tonkin；中文名源于雄虫基齿为 2 枚并立的形态

物种描述

雄虫

背面观： 上颚在基部 2/3 处弯曲，端部具 1 枚尖锐的齿突，基齿位于上颚基部，呈方形并略微分叉，上颚近端部具 1 枚较大的小齿，中间有明显连续的小齿分布；鞘翅呈褐色。

侧面观： 眼缘不发达，仅覆盖复眼前端 1/2；前足胫节刺突尖锐且密集；中足胫节具 1 枚刺突；后足胫节具 1 枚刺突。

腹面观： 腹面基本呈褐色，后胸光滑，胸足胫节末端具明显黄色鳞毛。

雌虫

背面观： 体泽黑色。前胸背板呈梯形；复眼缘覆盖眼部约 2/3。前胸足刺突不发达；中胸足与后胸足均具 1 枚明显的刺突；前胸背板与鞘翅侧缘具明显的刻点状结构。

腹面观： 后胸具较薄黄色鳞毛。

图片展示

雄虫 - 侧面　　　　雄虫 - 腹面　　　　雌虫 - 背面　　　　雌虫 - 腹面

尺寸展示

10 mm

雄虫 - 大型　　　　雄虫 - 中型　　　　雄虫 - 小型　　　　雌虫

10 mm

单基齿前锹甲
Epidorcus denticulatus (Boileau, 1901)

分布	广西、云南
体长	20 ~ 48.5 mm（雄），14.5 ~ 22.5 mm（雌）
词源	拉丁学名源于拉丁文"*dent-*"和"*-culus*"，意为"齿微小的"，形容雄虫上颚基齿不发达；中文学名源于雄虫上颚基齿为单枚

物种描述

雄虫

背面观：上颚较笔直，端部具 1 枚发达的小齿，基齿位于上颚基部，上方具密集小齿结构；鞘翅呈褐色。

侧面观：眼缘不发达，仅覆盖复眼前端 1/2；前足胫节刺突短且密集；中、后足胫节具 1 枚刺突。

腹面观：腹面基本呈褐色，胸足跗节黄色鳞毛较厚。

雌虫

背面观：体泽褐色。前胸背板边缘圆润；复眼缘覆盖眼部约 2/3。前胸足刺突发达；中胸足与后胸足均具 1 枚明显的刺突；前胸背板与鞘翅侧缘具明显的刻点状结构；鞘翅末端略膨大。

腹面观：后胸具较薄黄色鳞毛，胸足跗节黄色鳞毛较厚。

图片展示

雄虫 - 侧面

雄虫 - 腹面

雌虫 - 背面

雌虫 - 腹面

尺寸展示

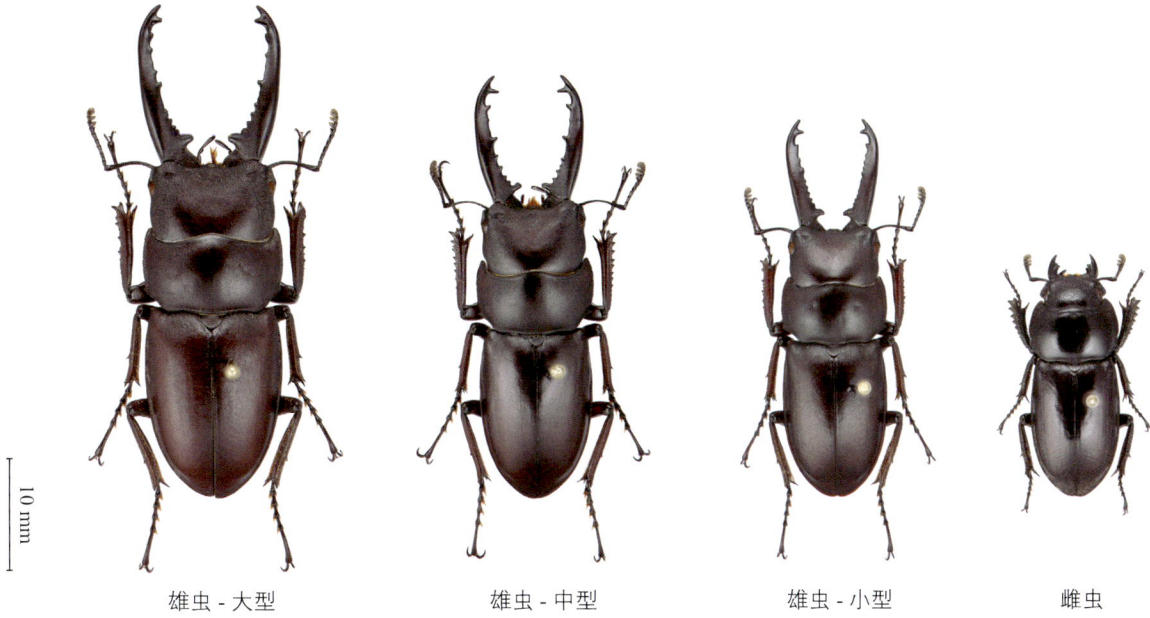

10 mm

雄虫 - 大型   雄虫 - 中型   雄虫 - 小型   雌虫

扁锹甲
Serrognathus titanus (Boisduval, 1835)

扁锹甲属
Serrognathus Motschulsky, 1861

本属简介

本属广泛分布于我国华北、华中、华东与西南地区。"*Serro-*"形容扁平的，"*gnathus*"形容上颚，意为本属的成员上颚扁长，身型宽扁。

扁锹甲对生态环境的要求较低，一般几棵柳树就能简单地构成扁锹甲所需的栖息环境。也正是如此，它们是我们平时接触最频繁的锹甲之一。

在分类学中，扁锹甲分类地位存在着不同看法：Nagai (1998), Fujita (2010) 将扁锹甲属与大锹甲属合并；而中国与欧洲的分类学者通常都将扁锹甲单独成属。本书中，我们选择将扁锹甲作为独立属进行描述。

本书记录扁锹甲属 3 种。

扁锹甲的外部形态特点

❶ 雄虫上颚内侧多具 1 枚基齿。基齿上方具明显的齿突。

❷ 雄虫头部、前胸背板均较宽，身型宽阔。

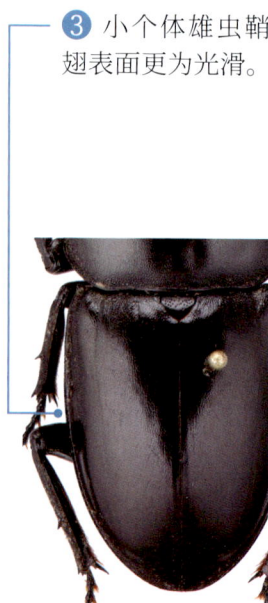

❸ 小个体雄虫鞘翅表面更为光滑。

❶ 雌虫鞘翅表面具明显的纵向刻点状沟纹。

10 mm

扁锹甲
Serrognathus titanus (Boisduval, 1835)

Serrognathus titanus platymelus (Saunders, 1854) **中华亚种**

别名：中国扁锹甲

分布	浙江、福建、江苏、江西、安徽、河南、湖北、四川、重庆、陕西、山东、湖南、广东、广西、贵州等
体长	25 ~ 92.3 mm（雄），25 ~ 36 mm（雌）
词源	拉丁学名源于拉丁文 "*platy-*"，形容雄虫上颚较扁平；中文名源于其广泛分布于我国各地

物种描述

雄虫

背面观： 上颚形状较直，基齿位于上颚基部，上方具明显连续的小齿突。头部、前胸背板呈磨砂质感；唇基分立呈两瓣，中间凹陷较深。

侧面观： 复眼缘不发达。前胸足胫节密布刺突；中、后胸足胫节仅具 1 枚刺突；前胸背板两侧上端具 1 枚不明显的刺突，后端较宽。

腹面观： 后胸光滑；胸足基节窝具明显黄色鳞毛。

雌虫

背面观： 体泽黑色。头部表面较为粗糙，前胸背板中央非常光滑；前胸背板边缘具明显刻点结构；鞘翅左右两侧略具细腻刻点状沟纹，鞘翅边缘较粗糙。

腹面观： 后胸具黄色鳞毛；胸足腿节、基节窝具明显短小簇状鳞毛。

图片展示

雄虫 - 侧面

雄虫 - 腹面

雌虫 - 背面

雌虫 - 腹面

其他态展示

长颚型雄虫　　　　　　　　　　　短颚型雄虫

尺寸展示

10 mm

雄虫 - 大型　　　　　　雄虫 - 中型　　　　　　雄虫 - 小型　　　　雌虫

10 mm

Serrognathus titanus fafner (Kriesche, [1921]) 越南亚种

分布	云南、广西、海南
体长	39 ~ 88 mm（雄），28 ~ 40 mm（雌）
词源	拉丁学名源于拉丁文"*fafnir*"，是北欧神话中的一条巨龙；中文名源于其模式产地越南

物种描述

雄虫

背面观： 上颚形状较粗壮短小，基齿位于上颚基部，上方具明显连续的小齿突。头部、前胸背板呈磨砂质感；唇基较短、分立呈两瓣，中间凹陷较深。

侧面观： 复眼缘不发达。前胸足胫节密布刺突；中、后胸足胫节仅具 1 枚刺突；前胸背板两侧上端具 1 枚不明显的刺突，后端较宽。

腹面观： 后胸光滑；胸足基节窝具明显黄色鳞毛。

雌虫

背面观： 体泽黑色。头部表面较为粗糙，前胸背板中央非常光滑；前胸背板边缘具明显刻点结构；鞘翅左右两侧略具细腻刻点状沟纹，鞘翅边缘较粗糙。

腹面观： 后胸具黄色鳞毛；胸足腿节、基节窝具明显短小簇状鳞毛。

图片展示

雄虫 - 侧面

雄虫 - 腹面

雌虫 - 背面

雌虫 - 腹面

其他态展示

前齿型雄虫

尺寸展示

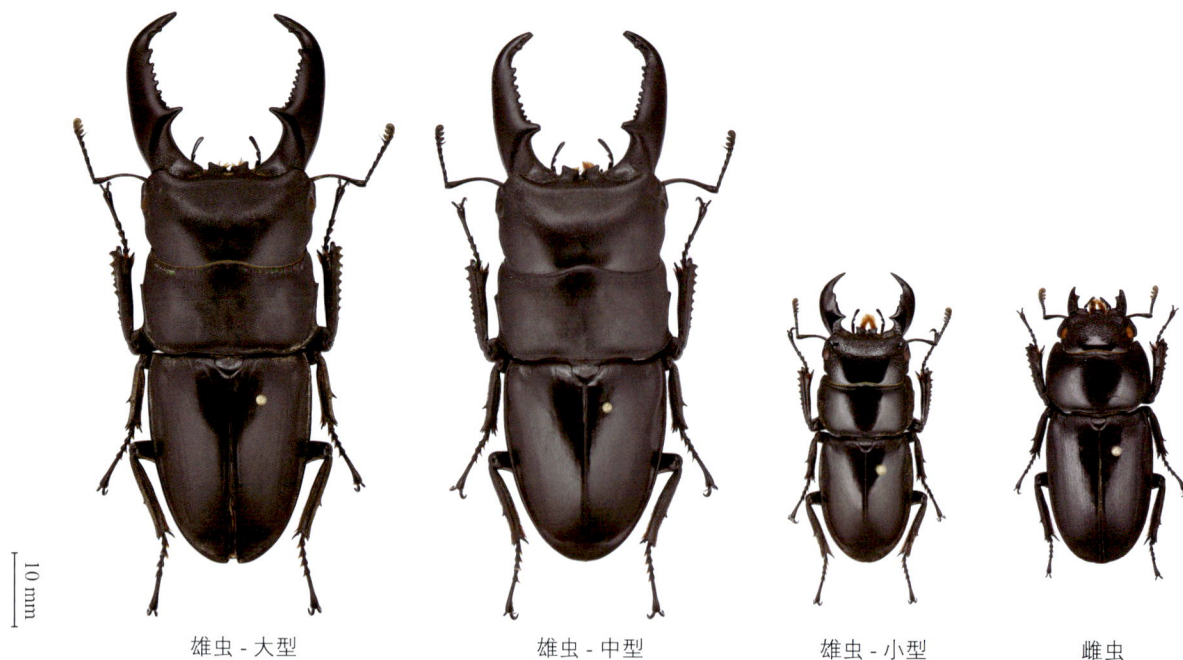

10 mm

| 雄虫 - 大型 | 雄虫 - 中型 | 雄虫 - 小型 | 雌虫 |

Serrognathus titanus sika (Kriesche, [1921]) 台湾亚种

10 mm

分布	台湾
体长	24 ~ 73.2 mm（雄），24 ~ 42 mm（雌）
词源	拉丁学名源于日文"*shika*"，意为"鹿的"或"鹿角状的"；中文名源于其模式产地台湾

物种描述

雄虫

背面观： 上颚形状粗壮，基齿位于上颚基部，上方具明显连续的小齿突。头部、前胸背板呈磨砂质感；唇基较短、分立呈两瓣，中间仅略微凹陷。

侧面观： 复眼缘不发达。前胸足胫节密布刺突；中、后胸足胫节仅具 1 枚刺突；前胸背板两侧中端具 1 枚明显刺突，后端较宽。

腹面观： 后胸光滑；胸足基节窝、腿节下端具明显黄色鳞毛。

雌虫

背面观： 体泽黑色。头部表面较为粗糙，前胸背板中央非常光滑；前胸背板边缘具明显刻点结构；鞘翅左右两侧略具细腻刻点状沟纹，鞘翅边缘较粗糙。

腹面观： 后胸略具鳞毛；胸足基节窝、腿节下端具明显黄色鳞毛。

图片展示

雄虫 - 侧面　　　　　雄虫 - 腹面　　　　　雌虫 - 背面　　　　　雌虫 - 腹面

尺寸展示

10 mm

雄虫 - 大型　　　　　雄虫 - 中型　　　　　雄虫 - 小型　　　　　雌虫

10 mm

Serrognathus titanus typhoniformis (Nagel, 1924) 西南亚种

别名：西南扁锹甲

分布	云南、贵州、重庆
体长	39 ~ 90 mm（雄），28 ~ 42 mm（雌）
词源	拉丁学名源于拉丁文"*typhon-*"，意为希腊神话中的一头巨兽，"*iformis*"意为"类似的"；中文名源于其分布于我国西南地区

物种描述

雄虫

背面观： 上颚形状粗壮，基齿位于上颚中上部，上方具明显分立的小齿突。头部、前胸背板呈磨砂质感；唇基分立呈两瓣，中间略微凹陷。

侧面观： 复眼缘不发达。前胸足胫节密布刺突；中、后胸足胫节仅具1枚刺突；前胸背板两侧前端具1枚明显刺突，后端较宽。

腹面观： 后胸光滑；胸足基节窝、腿节下端具明显黄色鳞毛。

雌虫

背面观： 体泽黑色。头部表面较为粗糙，前胸背板中央非常光滑；前胸背板边缘具明显刻点结构；鞘翅左右两侧略具细腻刻点状沟纹，鞘翅边缘较粗糙。

腹面观： 后胸略具鳞毛；胸足基节窝、腿节下端具明显黄色鳞毛。

图片展示

其他态展示

雄虫 - 侧面

雄虫 - 腹面

雌虫 - 背面

雌虫 - 腹面

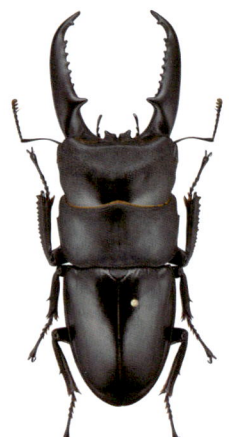

基齿型雄虫

尺寸展示

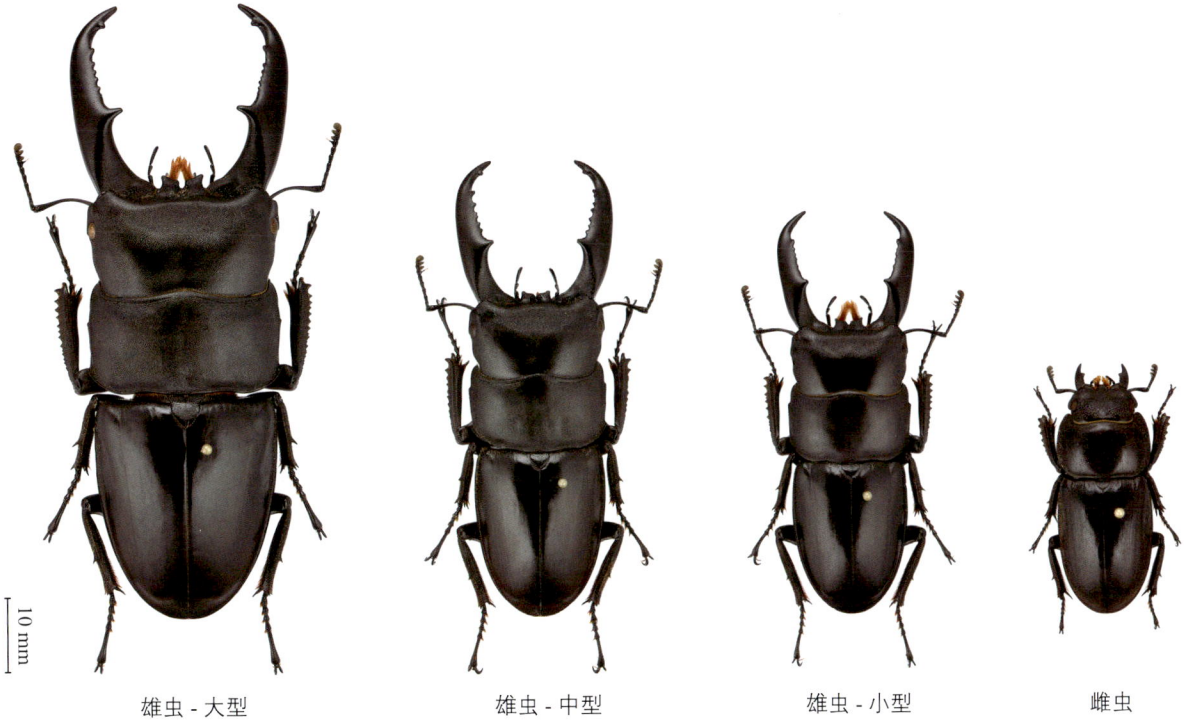

雄虫 - 大型	雄虫 - 中型	雄虫 - 小型	雌虫

Serrognathus titanus castanicolor Motschulsky, 1861 **华北亚种**

别名：对马扁锹甲

分布	吉林、辽宁
体长	45 ~ 88.5 mm（雄），30 ~ 43 mm（雌）
词源	拉丁学名源于拉丁文 "*castanea-*"，意为"栗色的"；中文名源于其分布于我国华北地区

物种描述

雄虫

背面观： 上颚形状细长，基齿位于上颚基部，上方具明显分立的小齿突。头部、前胸背板呈磨砂质感；唇基分立呈两瓣，中间略微凹陷。

侧面观： 复眼缘不发达。前胸足胫节密布刺突；中、后胸足胫节仅具 1 枚刺突；前胸背板两侧前端具 1 枚明显刺突，后端较宽。

腹面观： 后胸光滑；胸足基节窝、腿节下端具明显黄色鳞毛。

雌虫

背面观： 体泽黑色。头部表面较为粗糙，前胸背板中央非常光滑；前胸背板边缘具明显刻点结构，形状较圆润；鞘翅左右两侧略具细腻刻点状沟纹，鞘翅边缘较粗糙。

腹面观： 后胸略具鳞毛；胸足基节窝、腿节下端光滑。

图片展示

雄虫 - 侧面   雄虫 - 腹面   雌虫 - 背面   雌虫 - 腹面

尺寸展示

10 mm

雄虫 - 大型   雄虫 - 中型   雄虫 - 小型   雌虫

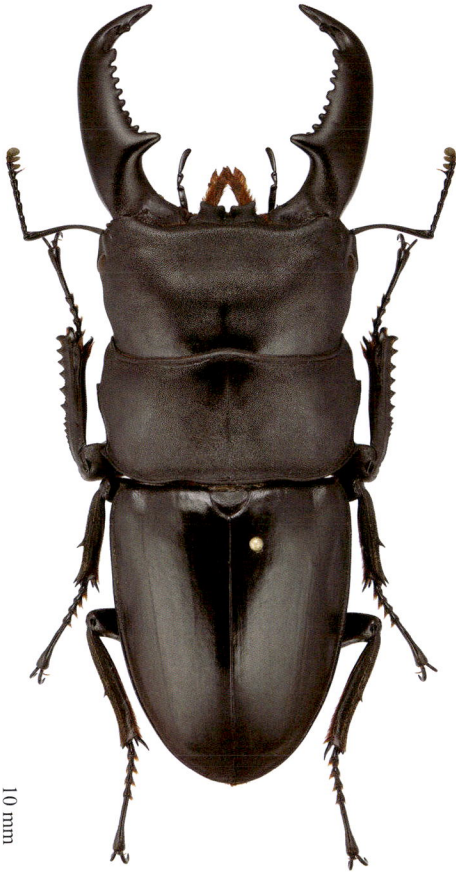

10 mm

Serrognathus titanus ssp. 1 版纳亚种

分布	云南（西双版纳）
体长	34 ~ 88 mm（雄），30 ~ 42 mm（雌）
词源	本种为未定名亚种；中文名源于其分布于云南西双版纳

物种描述

雄虫

背面观： 上颚形状弯曲粗壮，基齿位于上颚偏中部，上方具密集的小齿突。头部、前胸背板呈磨砂质感；唇基短小、分立呈两瓣，中间略微凹陷。

侧面观： 复眼缘不发达。前胸足胫节密布刺突；中、后胸足胫节仅具 1 枚刺突；前胸背板前端圆润，两侧具 1 枚明显刺突，后端较宽。

腹面观： 后胸光滑；胸足基节窝、腿节下端具明显黄色鳞毛。

雌虫

背面观： 体泽黑色。头部表面较为粗糙，前胸背板中央非常光滑；前胸背板边缘刻点结构较窄，形状圆润；鞘翅表面较为光滑。

腹面观： 后胸略具鳞毛；胸足基节窝、腿节下端具明显黄色鳞毛。

图片展示

雄虫 - 侧面

雄虫 - 腹面

雌虫 - 背面

雌虫 - 腹面

尺寸展示

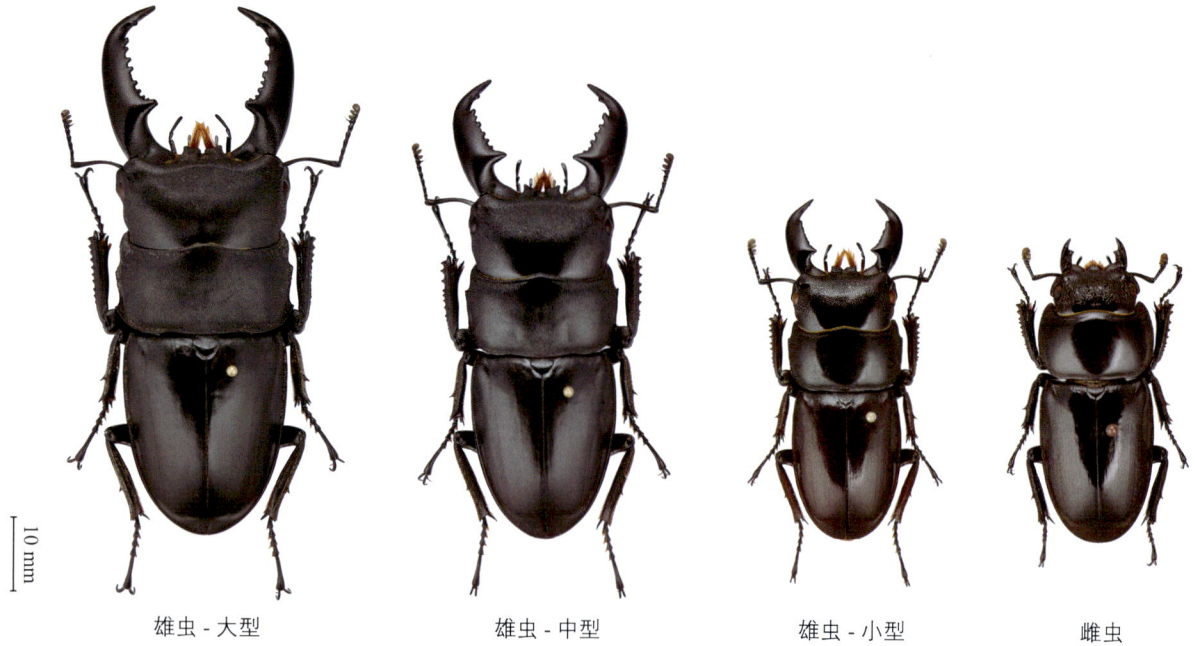

雄虫 - 大型　　　　　　　雄虫 - 中型　　　　　　　雄虫 - 小型　　　　　　　雌虫

Serrognathus titanus ssp. 2 盈江亚种

分布	云南（盈江）
体长	45 ~ 81 mm（雄），32 ~ 40 mm（雌）
词源	本种为未定名亚种；中文名源于其分布于云南盈江

物种描述

雄虫

背面观： 上颚形状弯曲粗壮，基齿位于上颚偏中部，上方具密集、分立的小齿突。头部、前胸背板呈磨砂质感；唇基短小、分立呈两瓣，中间略微凹陷。

侧面观： 复眼缘不发达。前胸足胫节密布刺突；中、后胸足胫节仅具1枚刺突；前胸背板前端较窄，两侧具1枚明显刺突，后端较宽。

腹面观： 后胸光滑；胸足基节窝、腿节下端具明显黄色鳞毛。

雌虫

背面观： 体泽黑色。头部表面较为粗糙，前胸背板中央非常光滑；前胸背板边缘刻点结构较窄，形状圆润；鞘翅表面较为光滑。

腹面观： 后胸略具鳞毛；胸足基节窝、腿节下端光滑。

图片展示

其他态展示

雄虫 - 侧面　　　　雄虫 - 腹面　　　　雌虫 - 背面　　　　雌虫 - 腹面

前齿型雄虫

尺寸展示

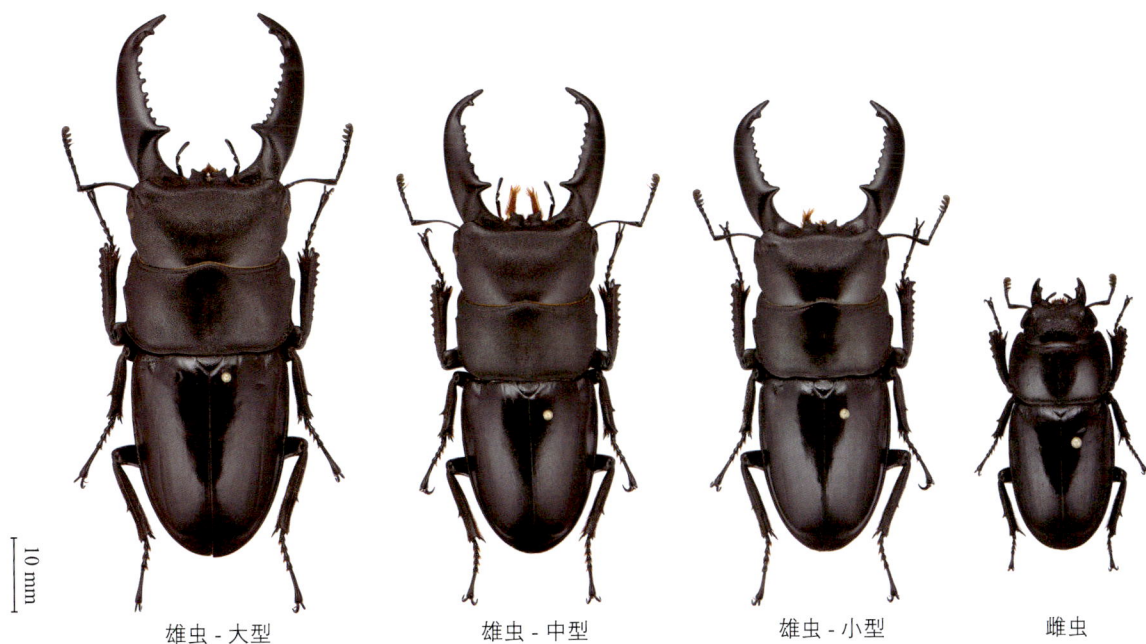

雄虫 - 大型　　　　　雄虫 - 中型　　　　　雄虫 - 小型　　　　雌虫

10 mm

10 mm

细齿扁锹甲

Serrognathus consentaneus (Albers, 1886)

别名：尖腹扁锹甲

分布	北京、天津、山东、浙江、江苏、安徽、江西、湖北、重庆、湖南等
体长	22 ~ 62 mm（雄），19 ~ 30 mm（雌）
词源	拉丁学名源于拉丁文"consentire"，意为"协调一致的"，形容雄虫上颚长度基本与头部和前胸背板等长；中文名源于雄虫较纤细的上颚形状

物种描述

雄虫

背面观： 上颚形状弯曲纤细，基齿位于上颚基部，上方齿突不发达。头部、前胸背板呈磨砂质感；唇基短小、分立呈两瓣，中间略微凹陷。

侧面观： 复眼缘不发达。前胸足胫节明显弯曲、边缘密布刺突且端部具簇状黄色鳞毛；中、后胸足胫节仅具 1 枚刺突；前胸背板前端光滑，两侧具 1 枚不发达刺突。

腹面观： 后胸具明显黄色鳞毛；胸足基节窝、腿节下端具明显黄色鳞毛。

雌虫

背面观： 体泽黑色。头部表面较为粗糙，前胸背板中央非常光滑；前胸背板形状圆润；鞘翅表面较为光滑；前足胫节弯曲。

腹面观： 后胸具黄色鳞毛；胸足基节窝、腿节下端具明显黄色鳞毛。

图片展示

雄虫 - 侧面

雄虫 - 腹面

雌虫 - 背面

雌虫 - 腹面

其他态展示

褐色型雄虫

尺寸展示

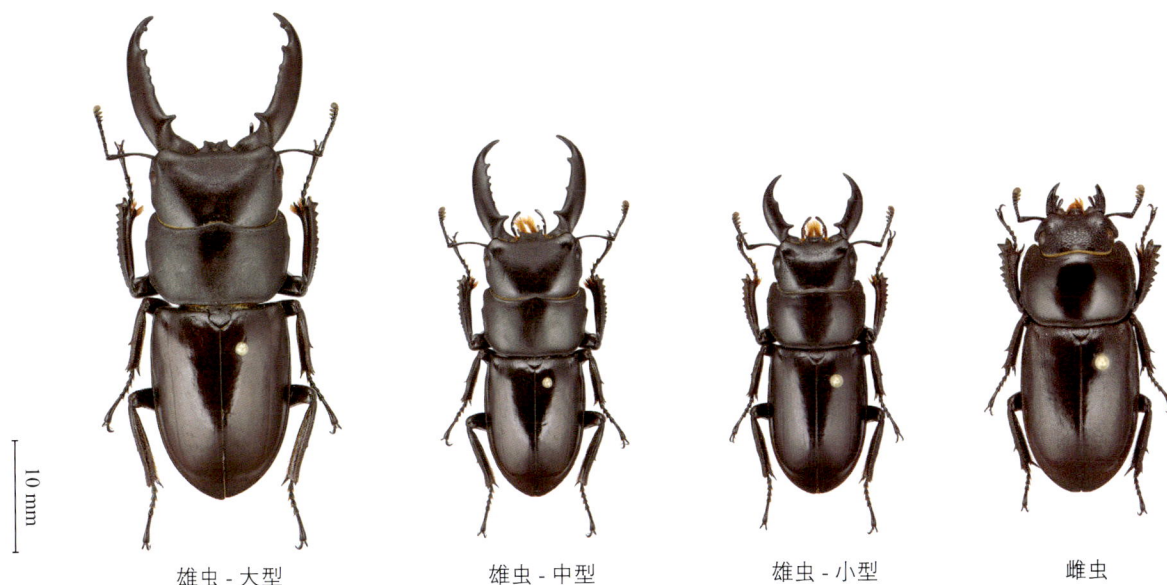

雄虫 - 大型   雄虫 - 中型   雄虫 - 小型   雌虫

10 mm

深山扁锹甲
Serrognathus kyanrauensis (Miwa, 1934)

10 mm

分布	台湾
体长	24 ~ 62 mm（雄），21 ~ 35 mm（雌）
词源	拉丁学名源于其模式产地台湾太平山；中文名源于其主要栖息于植被较好的深山中

物种描述

雄虫

背面观： 上颚形状弯曲粗壮，基齿位于上颚中部，上方具分立的齿突。头部、前胸背板呈磨砂质感；唇基不发达，中间呈半圆形凹陷。

侧面观： 复眼缘不发达。前胸足胫节密布刺突；中、后胸足胫节仅具 1 枚刺突；前胸背板前端略微收缩，两侧具 1 枚明显刺突，后端较宽。

腹面观： 后胸具黄色鳞毛；胸足基节窝、腿节下端具明显黄色鳞毛。

雌虫

背面观： 体泽黑色。头部、前胸背板表面较为粗糙；前胸背板后端宽阔；鞘翅表面具明显刻点状凹坑。

腹面观： 后胸具黄色鳞毛；胸足基节窝、腿节下端具明显黄色鳞毛。

图片展示

其他态展示

雄虫 - 侧面

雄虫 - 腹面

雌虫 - 背面

雌虫 - 腹面

褐色型雄虫

尺寸展示

10 mm

雄虫 - 大型

雄虫 - 中型

雄虫 - 小型

雌虫

佛氏六节锹甲
Hexarthrius forsteri (Hope, 1840)

六节锹甲属
Hexarthrius Hope, 1842

本属简介

本属中文名源于拉丁文"*Hex-*"，意为"6"，形容本属物种成虫触角腮片状部分由 6 节组成。本属另一个中文别名为"叉角锹甲属"，意为部分种类（主要分布于东南亚地区）雄性成虫上颚发达弯曲。但该别名不能涵盖本属所有物种的特征，故本书选用"六节锹甲属"作为正式中文名。

本属广泛分布于我国华南地区。其野外成虫发生季节多为每年的 7—9 月。成虫对灯光较为敏感，可以通过灯光采集法记录到它们的踪迹。

本书记录六节锹甲属 5 种。

六节锹甲的外部形态特点

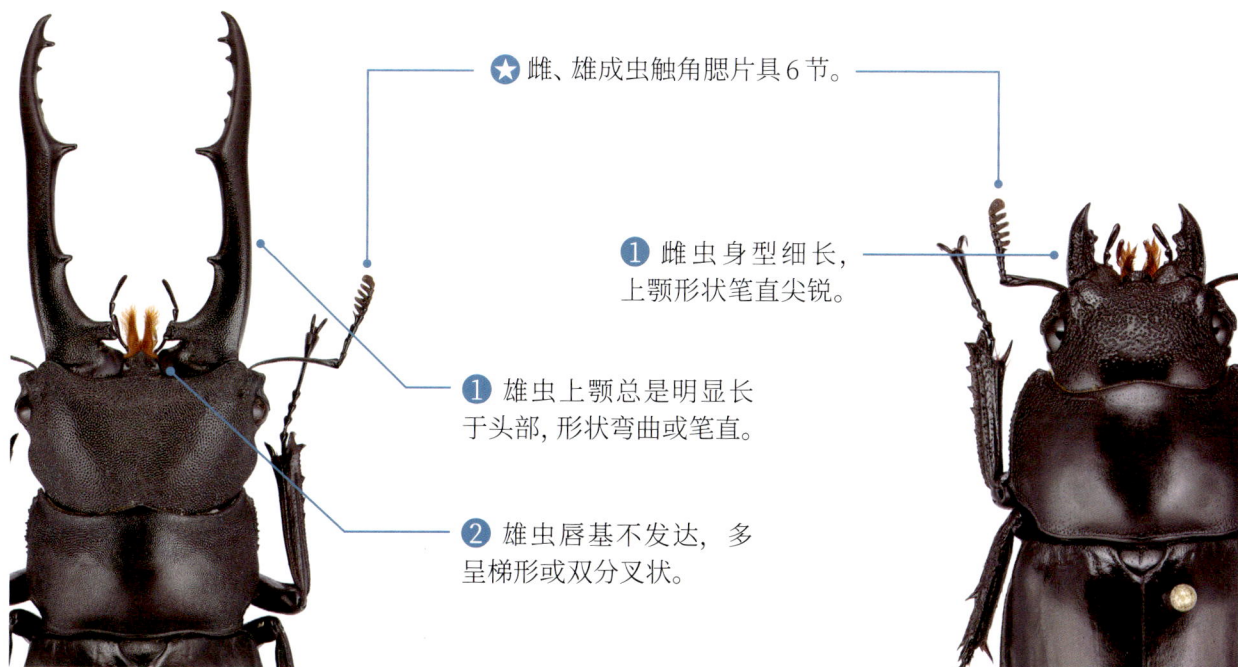

★ 雌、雄成虫触角腮片具 6 节。

❶ 雌虫身型细长，上颚形状笔直尖锐。

❶ 雄虫上颚总是明显长于头部，形状弯曲或笔直。

❷ 雄虫唇基不发达，多呈梯形或双分叉状。

10 mm

姬六节锹甲
Hexarthrius aduncus Jordan, 1894

分布	西藏、云南
体长	35 ~ 75 mm（雄），28 ~ 36 mm（雌）
词源	拉丁学名源于拉丁文"*aduncus*"，意为"钩状的"，形容雄虫上颚在端部明显弯曲；中文名源于成虫体型相对较小

物种描述

雄虫

背面观： 上颚形状笔直，在端部明显弯曲。基齿位于上颚端部、基部；两枚基齿之间有 1 枚明显的小齿突。前胸背板形状呈梯形，后端边缘具明显的刺突；唇基不发达。体泽棕色，头部与前胸背板具明显磨砂质感。

侧面观： 复眼缘覆盖眼部约 1/2，眼后部两侧呈明显隆起。前、中胸足胫节前端具刺突，端部略微膨大。

腹面观： 后胸光滑；胸足胫节、腿节呈棕色。

雌虫

背面观： 体泽棕色，身型细长。前胸背板形状呈圆形，边缘具刺突结构；头部表面具明显的点状凹坑；复眼背面观较大。胸足胫节具尖锐刺突。

腹面观： 后胸光滑；胸足胫节、腿节呈棕色。

图片展示

雄虫 - 侧面

雄虫 - 腹面

雌虫 - 背面

雌虫 - 腹面

尺寸展示

| 雄虫 - 大型 | 雄虫 - 中型 | 雄虫 - 小型 | 雌虫 |

10 mm

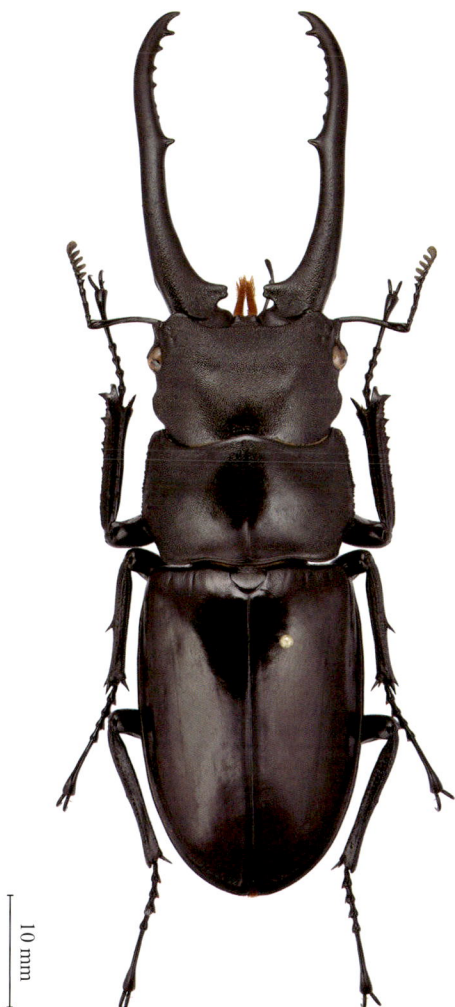

10 mm

维氏六节锹甲
Hexarthrius vitalisi Didier, 1925

Hexarthrius vitalisi vitalisi Didier, 1925 **原名亚种**

分布	云南、广西
体长	48 ~ 85.3 mm（雄），32 ~ 40 mm（雌）
词源	拉丁学名源于标本采集者 R. Vitalis de Salvaza；中文名源于音译拉丁学名并赋氏

物种描述

雄虫

背面观： 上颚形状笔直，在端部略弯曲。基齿位于上颚基部，呈双分叉状；上颚近端部具 1 枚较大小齿突，上方附着 3 ~ 4 枚不明显的齿突隆起。前胸背板形状呈梯形，前端边缘具明显的刺突；唇基不发达。体泽黑色，头部与前胸背板具明显磨砂质感。

侧面观： 复眼缘覆盖眼部约 1/2，眼后部两侧呈明显隆起。前、中胸足胫节表面具刺突，端部略微膨大。

腹面观： 后胸光滑。

雌虫

背面观： 体泽黑色，身型细长。前胸背板形状呈梯形，边缘具刺突结构；头部表面具明显的点状凹坑；复眼背面观较大。胸足胫节具刺突。

腹面观： 后胸光滑；胸足腿节呈黑色。

图片展示

雄虫 - 侧面　　　　雄虫 - 腹面　　　　雌虫 - 背面　　　　雌虫 - 腹面

尺寸展示

  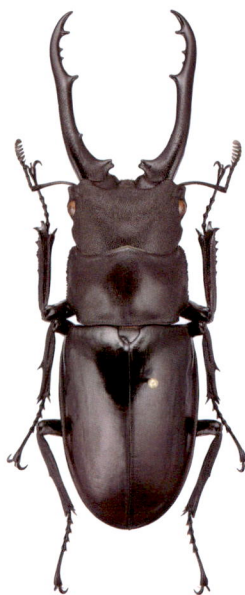 

10 mm

雄虫 - 大型　　　　雄虫 - 中型　　　　雄虫 - 小型　　　　雌虫

10 mm

Hexarthrius vitalisi tsukamotoi Nagai, 1998 桂北亚种

别名：红背六节锹甲、黄金叉角锹甲

分布	广西
体长	35 ~ 89.3 mm（雄），30 ~ 42 mm（雌）
词源	拉丁学名源于标本采集者 Tsukamoto；中文名源于其分布于广西北部

物种描述

雄虫

背面观： 上颚形状笔直。基齿位于上颚基部，呈双分叉状；上颚基部、近端部各具 1 枚小齿突，端部附着 3 ~ 4 枚分立短小的齿突。前胸背板较短，形状呈方形，前端边缘具明显的刺突；唇基不发达，略呈三角形。鞘翅呈棕色，头部与前胸背板具明显磨砂质感。

侧面观： 复眼缘覆盖眼部约 1/2，眼后部两侧呈明显隆起。前、中胸足胫节表面具刺突，端部略微膨大。

腹面观： 后胸光滑；胸足腿节略呈棕色。

雌虫

背面观： 体泽黑色，身型细长。前胸背板形状呈梯形，边缘具刺突结构；头部表面具明显的点状凹坑；复眼背面观较大。胸足胫节具刺突。

腹面观： 后胸光滑；胸足腿节呈黑色。

图片展示

雄虫 - 侧面　　　　雄虫 - 腹面　　　　雌虫 - 背面　　　　雌虫 - 腹面

尺寸展示

| 雄虫 - 大型 | 雄虫 - 中型 | 雄虫 - 小型 | 雌虫 |

10 mm

Hexarthrius vitalisi ssp.1 桂西亚种

分布	广西
体长	41 ～ 76.5 mm（雄），30 ～ 32.4 mm（雌）
词源	本种为未定名亚种；中文名源于其分布于广西西部

物种描述

雄虫

背面观： 上颚形状笔直。基齿位于上颚基部，呈双分叉状；上颚近端部具簇状齿突。前胸背板较短，形状呈梯形，前端边缘具明显的刺突；唇基不发达。鞘翅呈黑色，头部与前胸背板具明显磨砂质感。

侧面观： 复眼缘覆盖眼部约 1/2，眼后部两侧呈明显隆起。前、中胸足胫节前端具刺突，端部略微膨大。

腹面观： 后胸光滑呈褐色；胸足腿节略呈棕色。

雌虫

背面观： 体泽黑色，身型细长。前胸背板形状呈半圆形，边缘具刺突结构；头部表面具明显的点状凹坑；复眼背面观较大。胸足胫节具刺突。

腹面观： 后胸光滑；胸足腿节呈黑色。

图片展示

雄虫 - 侧面　　　　　　雄虫 - 腹面　　　　　　雌虫 - 背面　　　　　　雌虫 - 腹面

尺寸展示

10 mm

雄虫 - 大型　　　　　　雄虫 - 中型　　　　　　雄虫 - 小型　　　　　　雌虫

10 mm

Hexarthrius vitalisi ssp.2 滇缅亚种

分布	云南
体长	31 ~ 76 mm（雄），35 ~ 40 mm（雌）
词源	本种为未定名亚种；中文名源于其分布于我国云南及缅甸

物种描述

雄虫

背面观：上颚形状笔直。基齿位于上颚基部，略呈双分叉状；上颚近端部具 1 枚明显的齿突，上方附着 3 ~ 4 枚齿突。前胸背板较短，形状呈梯形，前端边缘具明显的刺突；唇基不发达，略呈三角形。鞘翅呈黑色，头部与前胸背板具明显磨砂质感。

侧面观：复眼缘覆盖眼部约 1/2，眼后部两侧呈明显隆起。胸足胫节表面具刺突，端部略微膨大。

腹面观：后胸光滑；胸足腿节呈黑色。

雌虫

背面观：体泽黑色，身型细长。前胸背板形状呈梯形，边缘具刺突结构；头部表面具明显的点状凹坑；复眼背面观较大。胸足胫节具刺突。

腹面观：后胸光滑；胸足腿节呈黑色。

图片展示

雄虫 - 侧面

雄虫 - 腹面

雌虫 - 背面

雌虫 - 腹面

尺寸展示

雄虫 - 大型　　　　雄虫 - 中型　　　　雄虫 - 小型　　　　雌虫

10 mm

10 mm

橘背六节锹甲

Hexarthrius parryi Hope, 1842

Hexarthrius parryi deyrollei Parry, 1864 版纳亚种

别名：派瑞六节锹甲

分布	云南
体长	50 ～ 82 mm（雄），32 ～ 42 mm（雌）
词源	拉丁学名源于英国昆虫学家 F. Parry，亚种名源于标本采集者 Deyrolle；中文名源于雄虫鞘翅表面具橘色斑块且分布于云南西双版纳

物种描述

雄虫

背面观： 上颚在端部弯曲。基齿位于上颚端部，指向前端；上颚内侧具连续锯齿状小齿突。前胸背板较短，前端、后端均具明显凸起，中段非常光滑；唇基呈三分叉状。鞘翅后端具橘色斑块，头部后端两侧具明显凸起。

侧面观： 复眼缘覆盖眼部约 1/2，眼后部两侧呈明显隆起。前、中胸足胫节表面具刺突，端部略微膨大。

腹面观： 后胸光滑；胸足腿节呈黑色。

雌虫

背面观： 体泽黑色，身型细长。前胸背板形状呈梯形，前端宽阔，边缘具小刺突结构；头部表面具粗糙的点状凹坑；复眼背面观较大。前胸足胫节具刺突。

腹面观： 后胸光滑；胸足腿节呈黑色。

图片展示

雄虫 - 侧面 雄虫 - 腹面 雌虫 - 背面 雌虫 - 腹面

尺寸展示

10 mm

雄虫 - 大型 雄虫 - 中型 雄虫 - 小型 雌虫

10 mm

佛氏六节锹甲
Hexarthrius forsteri (Hope, 1840)

Hexarthrius forsteri nyishi Okuda & Maeda, 2016 **红莲亚种**

分布	西藏
体长	37 ~ 85 mm（雄），27.9 ~ 42 mm（雌）
词源	拉丁学名源于致敬林奈学会副主席 Edward Forster，亚种名源于西藏墨脱少数民族尼西族；中文名源于雄虫红色的体泽

物种描述

雄虫

背面观：上颚在端部弯曲。基齿位于上颚端部下方，分叉较大；上颚内侧具明显齿突结构。前胸背板中间明显向内凹陷；唇基呈梯形，中部稍稍下凹。体泽棕色，头部与前胸背板具明显磨砂质感。

侧面观：复眼缘覆盖眼部约 1/2，眼后部两侧呈明显隆起。前胸足胫节表面具刺突，端部略微膨大。

腹面观：后胸光滑；胸足腿节、胫节呈棕色。

雌虫

背面观：鞘翅略具棕色，身型细长。前胸背板形状呈梯形，边缘具刺突结构；头部表面具明显的点状凹坑；复眼背面观较大。前胸足胫节具刺突。

腹面观：后胸光滑；胸足腿节、胫节呈黑色。

图片展示

雄虫 - 侧面

雄虫 - 腹面

雌虫 - 背面

雌虫 - 腹面

尺寸展示

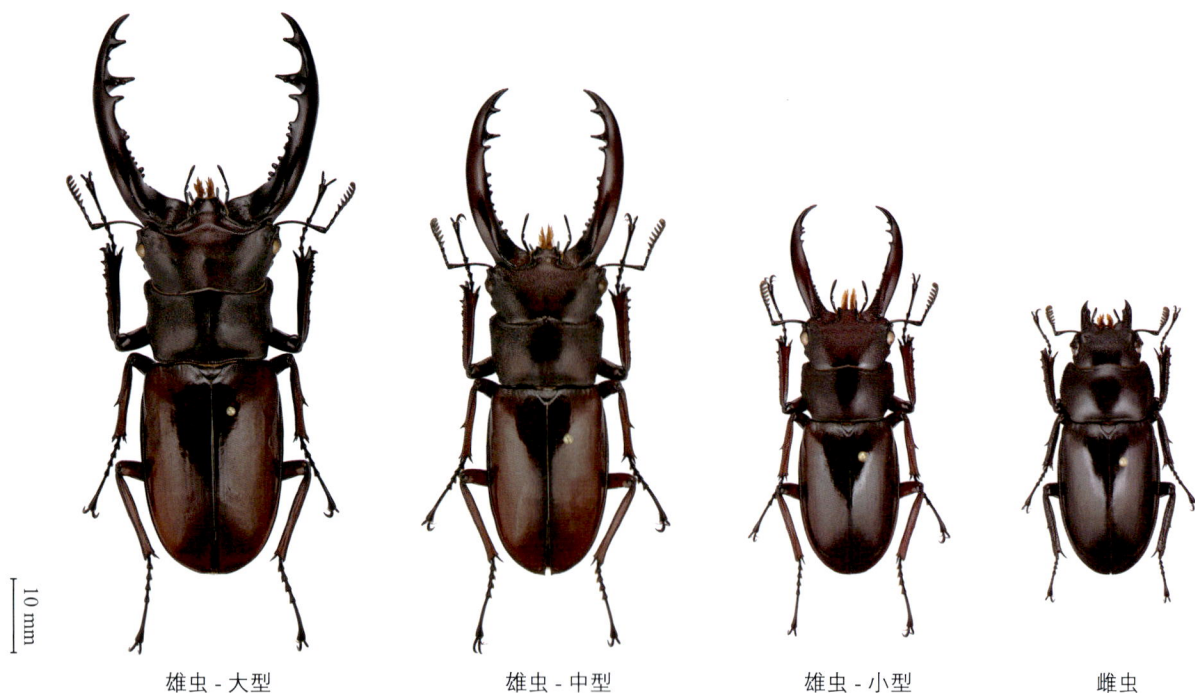

| 雄虫 - 大型 | 雄虫 - 中型 | 雄虫 - 小型 | 雌虫 |

酒红六节锹甲

Hexarthrius melchioritis Séguy, 1954

分布	云南
体长	35 ~ 87 mm（雄），34 ~ 39 mm（雌）
词源	拉丁学名原文未指出；中文名源于雄虫酒红色的体泽

物种描述

雄虫

背面观： 上颚在基部弯曲。基齿位于上颚中上部，上方具密集分立的小齿结构。前胸背板形状呈梯形；唇基呈三角形。体泽棕色，头部与前胸背板具明显磨砂质感。

侧面观： 复眼缘覆盖眼部约 1/2，眼后部两侧呈明显隆起。前胸足胫节表面具刺突，端部略微膨大。

腹面观： 后胸光滑；胸足腿节、胫节呈棕色。

雌虫

背面观： 鞘翅呈黑色，身型细长。前胸背板形状呈圆形，边缘具刺突结构；头部表面具明显的点状凹坑；复眼背面观较大。前胸足胫节具刺突。

腹面观： 后胸光滑；胸足腿节、胫节呈黑色。

图片展示

雄虫 - 侧面　　　　　雄虫 - 腹面　　　　　雌虫 - 背面　　　　　雌虫 - 腹面

尺寸展示

10 mm

雄虫 - 大型　　　　　雄虫 - 中型　　　　　雄虫 - 小型　　　　　雌虫

鹿角锹甲
Rhaetulus crenatus Westwood, 1871

鹿角锹甲属
Rhaetulus Westwood, 1871

本属简介

本属雄虫上颚异常发达，大个体雄虫上颚前端修长弯曲，显著宽于头部两侧。由于雄虫上颚形状酷似鹿角，因此本属中文名为"鹿角锹甲属"。

本属广泛分布于我国华南和华东地区，通常成虫野外发生季节在每年的6—7月。本属白天与夜晚均较为活跃，可以通过灯光观察法进行寻找。

本书记录鹿角锹甲属1种。

鹿角锹甲的外部形态特点

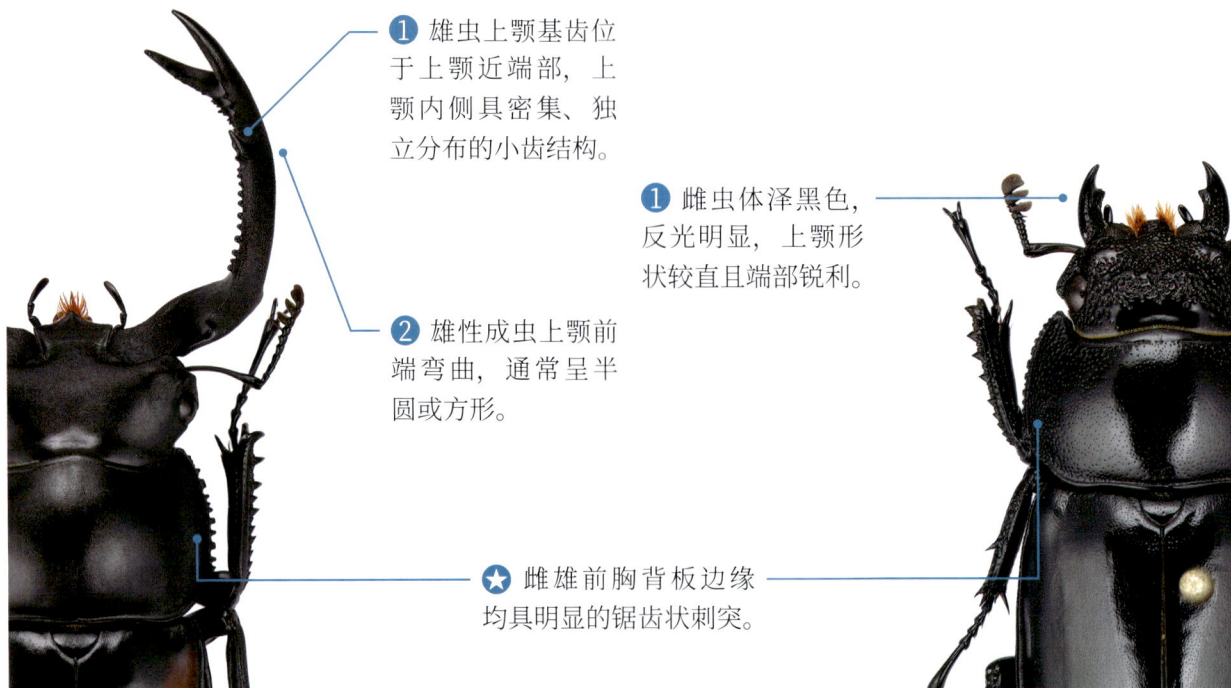

❶ 雄虫上颚基齿位于上颚近端部，上颚内侧具密集、独立分布的小齿结构。

❷ 雄性成虫上颚前端弯曲，通常呈半圆或方形。

❶ 雌虫体泽黑色，反光明显，上颚形状较直且端部锐利。

★ 雌雄前胸背板边缘均具明显的锯齿状刺突。

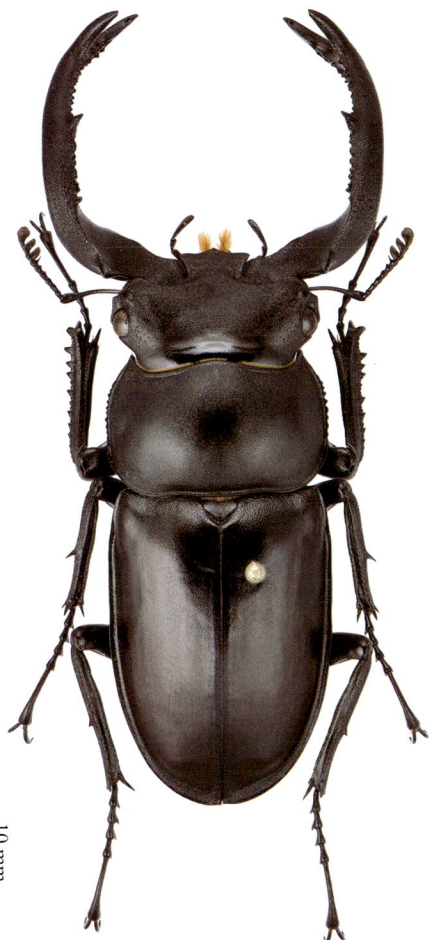

10 mm

鹿角锹甲
Rhaetulus crenatus Westwood, 1871

Rhaetulus crenatus crenatus Westwood, 1871 **原名亚种**

分布	台湾
体长	23 ~ 66 mm（雄），22 ~ 45 mm（雌）
词源	拉丁学名源于拉丁文"cren-"，意为"锯齿状的"，形容雄虫上颚内侧具密集的小齿结构；中文名源于雄虫上颚形状类似鹿角

物种描述

雄虫

背面观： 上颚形状弯曲，基齿位于上颚近端部，不发达；上颚内侧具明显密集的小齿突。前胸背板前端略微凹陷、边缘具明显的刺突结构；唇基较厚，呈三角形状凸起。

侧面观： 复眼缘覆盖眼部约 1/2。前胸足胫节具发达刺突；胸足胫节、跗节较为纤细；前胸背板形状略呈圆形，后端较宽。

腹面观： 后胸光滑；胸足胫节呈黑色；前胸背板边缘刺突锐利。

雌虫

背面观： 体泽黑色，身型细长。前胸背板形状圆润，后端明显宽于前端；头部表面具明显的刻点状凹坑；复眼缘明显凸起。前胸足胫节具明显刺突。

腹面观： 后胸光滑；胸足胫节呈黑色；前胸背板边缘刺突锐利。

图片展示

雄虫 - 侧面

雄虫 - 腹面

雌虫 - 背面

雌虫 - 腹面

尺寸展示

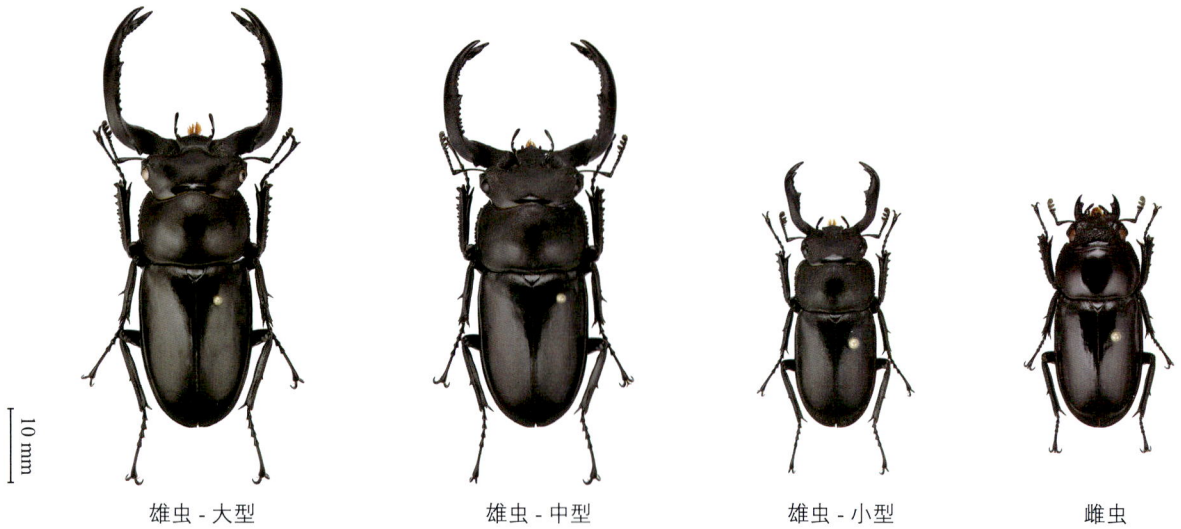

雄虫 - 大型　　　　　雄虫 - 中型　　　　　雄虫 - 小型　　　　　雌虫

Rhaetulus crenatus rubrifemoratus Nagai, 2000 **华南亚种**

别名：红腿 / 黄金鹿角锹甲

分布	浙江、福建、江西、湖南、贵州、广西、广东、海南
体长	25 ~ 62 mm（雄），24 ~ 32 mm（雌）
词源	拉丁学名源于拉丁文"*rubi-*"，意为"红色的"，"*femora-*"意为"腿节"，形容成虫红色的腿节特征；中文名源于其分布于我国华南地区

物种描述

雄虫

背面观：上颚形状弯曲，基齿位于上颚近端部，较尖锐上颚内侧具明显密集且分立的小齿突。前胸背板前端圆润、边缘具明显的刺突结构；唇基较厚，呈三角形状凸起。鞘翅表面或具黄色、红色斑块。

侧面观：复眼缘覆盖眼部约 1/2。前胸足胫节具发达刺突；胸足胫节、跗节较为纤细；前胸背板形状呈圆形，前后宽度一致。

腹面观：后胸光滑；胸足腿节呈红色或黄色；前胸背板边缘刺突锐利。

雌虫

背面观：体泽黑色，身型细长。前胸背板形状呈梯形，后端明显宽于前端；头部表面具明显的刻点状凹坑；复眼缘明显凸起。前胸足胫节具明显刺突。

腹面观：后胸光滑；胸足腿节呈红色或黄色；前胸背板边缘刺突锐利。

图片展示

雄虫 - 侧面

雄虫 - 腹面

雌虫 - 背面

雌虫 - 腹面

尺寸展示

10 mm

雄虫 - 大型

雄虫 - 中型

雄虫 - 小型

雌虫

其他态尺寸展示（黄金鹿角）

10 mm

雄虫 - 大型　　　　雄虫 - 大型　　　　雄虫 - 中型　　　　雄虫 - 小型
（背面）　　　　　（腹面）

其他态尺寸展示（红背鹿角）

10 mm

雄虫 - 大型　　　　雄虫 - 大型　　　　雄虫 - 中型　　　　雄虫 - 小型
（背面）　　　　　（腹面）

其他态尺寸展示（纯黑个体）

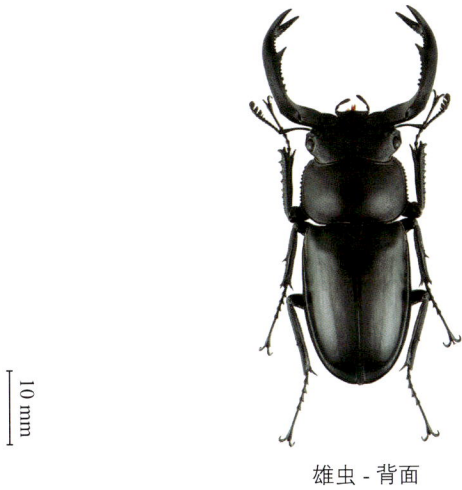

10 mm

雄虫 - 背面

雄虫 - 腹面

10 mm

Rhaetulus crenatus boileaui Didier, 1925 老挝亚种

别名：老挝黄金鹿角锹甲

分布	云南
体长	31 ~ 65 mm（雄），30 ~ 34 mm（雌）
词源	拉丁学名源于法国昆虫学家 H. Boileau；中文名源于其模式产地老挝

物种描述

雄虫

背面观： 上颚纤细且弯曲，基齿位于上颚近端部，上颚内侧具明显密集的小齿突。前胸背板呈梯形，边缘具明显的刺突结构；唇基较厚，呈三角形状凸起。鞘翅表面具大面积黄色斑块。

侧面观： 复眼缘覆盖头部约 1/2。前胸足胫节具发达刺突；胸足胫节、跗节较为纤细。

腹面观： 后胸光滑；胸足胫节呈黑色；前胸背板边缘刺突锐利。

雌虫

背面观： 体泽黑色，身型细长。前胸背板形状呈圆形，后端明显宽于前端且边缘具刺突结构；头部表面具明显的刻点状凹坑；复眼缘呈三角形。前胸足胫节具明显刺突。

腹面观： 后胸光滑；胸足胫节呈黑色；前胸背板边缘刺突锐利。

图片展示

雄虫 - 侧面

雄虫 - 腹面

雌虫 - 背面

雌虫 - 腹面

尺寸展示

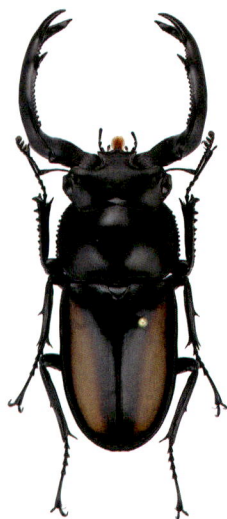

雄虫 - 大型

雄虫 - 小型

雌虫

10 mm

10 mm

Rhaetulus crenatus fukinukii Nagai, 2002 **中缅亚种**

别名：克钦鹿角锹甲

分布	云南
体长	25 ～ 69.4 mm（雄），25 ～ 34 mm（雌）
词源	拉丁学名源于日本昆虫学家 K. Fukinuki；中文名源于其分布于我国云南及缅甸

物种描述

雄虫

背面观：上颚弯曲，基齿位于上颚近端部，上颚内侧具明显密集的小齿突。前胸背板呈方形，边缘具明显的刺突结构；唇基较厚，中间与左右两侧均明显凸起。鞘翅表面一般呈黑色，偶尔具黄色斑块。

侧面观：复眼缘覆盖眼部约 1/2。前胸足胫节具发达刺突；胸足胫节、跗节较为纤细。

腹面观：后胸光滑；胸足胫节呈黑色；前胸背板边缘刺突锐利。

雌虫

背面观：体泽黑色，身型细长。前胸背板形状呈圆形，后端明显宽于前端且边缘具刺突结构；头部表面具明显的刻点状凹坑；复眼缘呈三角形。前胸足胫节具明显刺突。

腹面观：后胸光滑；胸足胫节呈黑色；前胸背板边缘刺突锐利。

图片展示

雄虫 - 侧面　　　　　雄虫 - 腹面　　　　　雌虫 - 背面　　　　　雌虫 - 腹面

尺寸展示

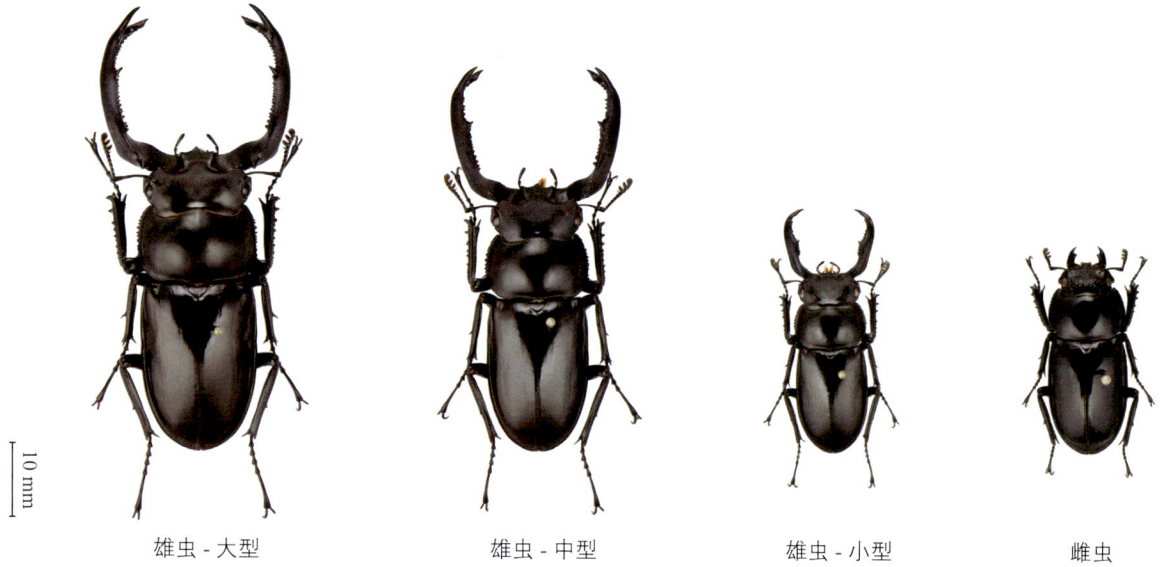

10 mm

雄虫 - 大型   雄虫 - 中型   雄虫 - 小型   雌虫

其他态尺寸展示（黄色型）

10 mm

雄虫 - 大型   雄虫 - 中型

巨鹿锹甲属
Rhaetus Parry, 1864

巨鹿锹甲
Rhaetus westwoodi (Parry, 1862)

本属简介

　　本属因雄虫外部形态较为近似鹿角锹甲属成员且体型巨大而被称为"巨鹿锹甲"。然而本属关系其实与六节锹甲属更近，尤其两者不论在雌虫的外部形态还是系统发育位置都更为接近。

　　本属物种主要分布于我国滇藏海拔较高的地区。野外成虫的观测记录时间为7—8月。雄虫一般生活于树干高处或树冠上，雌虫一般发现于树根或朽木中。雄虫被观测到的概率高于雌虫。

本书记录巨鹿锹甲属 1 种。

巨鹿锹甲的外部形态特点

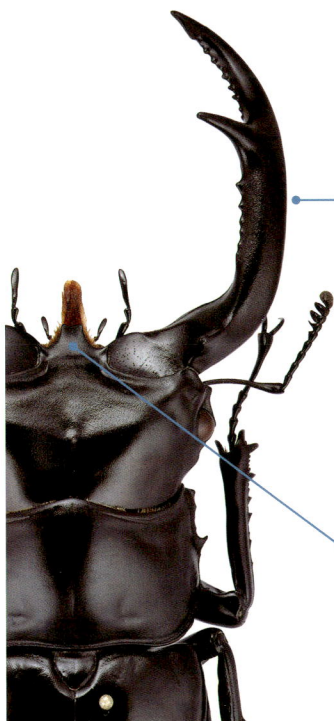

❶ 雄虫上颚形状弯曲，基齿基本位于上颚端部，基齿下方小齿不发达，上方具明显小齿结构。

❷ 雄虫唇基形状呈方形或梯形。

❶ 雌虫身型纤细，上颚形状笔直且尖锐。

❷ 雌虫鞘翅光滑，反光强烈。

巨鹿锹甲

Rhaetus westwoodi (Parry, 1862)

Rhaetus westwoodi westwoodi (Parry, 1862) **原名亚种**

别名：金刚鹿角锹甲

10 mm

分布	西藏
体长	49.2 ~ 95 mm（雄），30 ~ 50 mm（雌）
词源	拉丁学名源于英国昆虫学家 J. O. Westwood；中文名源于其形态近似鹿角锹甲

物种描述

雄虫

背面观： 上颚形状弯曲，基齿位于上颚端部，下方略具不明显小齿突，上方具分立齿突结构。前胸背板形状呈方形，左右两侧各具 1 枚不对称的刺状凸起；唇基呈三角形。体泽黑色且反光强烈。

侧面观： 复眼缘仅略微覆盖眼部，头部后端明显收缩。前胸足胫节具 2 ~ 3 枚刺突；胸足胫节较为纤细。

腹面观： 后胸光滑。

雌虫

背面观： 体泽黑色，身型细长。前胸背板形状呈方形，前后宽度一致；上颚形状笔直且顶端尖锐；眼缘明显包裹眼部前后。前胸足胫节刺突不明显。

腹面观： 后胸光滑。

图片展示

雄虫 - 侧面

雄虫 - 腹面

雌虫 - 背面

雌虫 - 腹面

尺寸展示

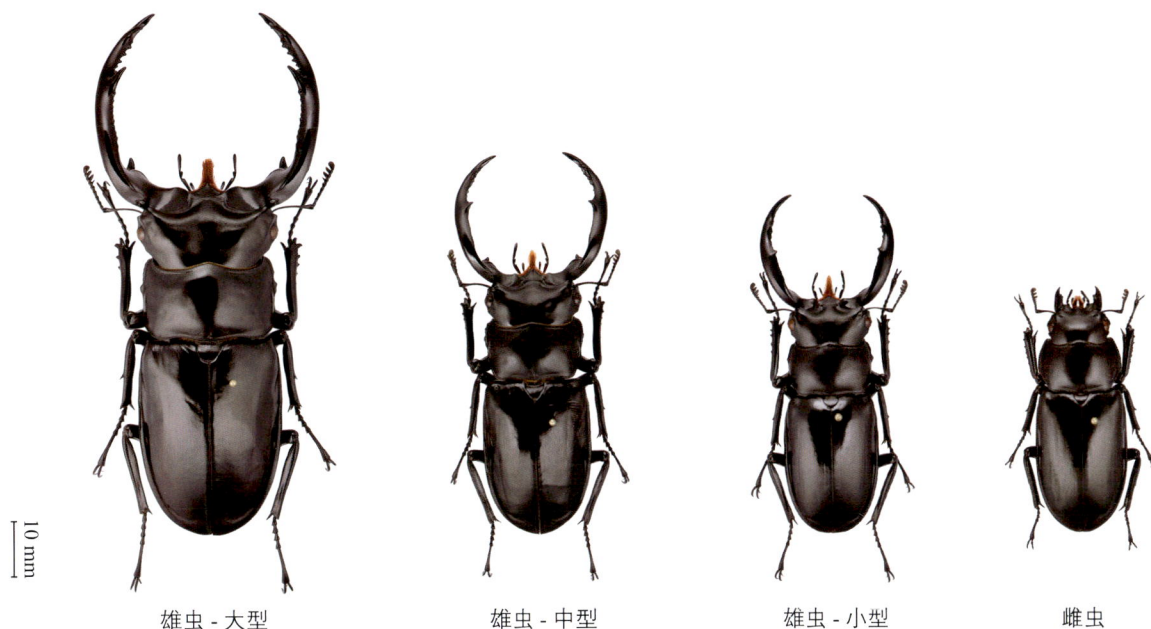

雄虫 - 大型　　　雄虫 - 中型　　　雄虫 - 小型　　　雌虫

10 mm

10 mm

Rhaetus westwoodi kazumiae Nagai, 2000 **滇缅亚种**

别名：缅甸金刚鹿角锹甲

分布	云南
体长	49 ~ 88 mm（雄），34 ~ 48 mm（雌）
词源	拉丁学名源于吹拔清民；中文名源于其分布于我国云南及缅甸

物种描述

雄虫

背面观： 上颚形状略呈方形，基齿位于上颚端部且非常发达，下方略具小短齿状隆起，上方具分立齿突结构。前胸背板细长，形状呈方形，左右两侧各具 1 ~ 2 枚不对称的刺状凸起；唇基略呈梯形。体泽黑色且反光强烈。

侧面观： 复眼缘仅略微覆盖眼部，头部后端明显收缩。前胸足胫节具密集刺突；胸足胫节较为纤细。

腹面观： 后胸光滑。

雌虫

背面观： 体泽黑色，身型细长。前胸背板形状呈梯形；上颚形状笔直且顶端尖锐；眼缘明显包裹眼部前后。前胸足胫节刺突不明显。

腹面观： 后胸光滑。

图片展示

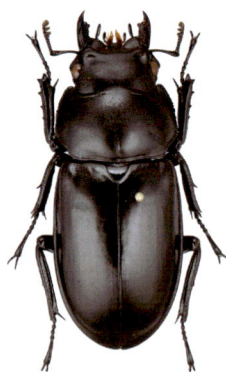

雄虫 - 侧面　　　　雄虫 - 腹面　　　　雌虫 - 背面　　　　雌虫 - 腹面

尺寸展示

10 mm

雄虫 - 大型　　　　雄虫 - 中型　　　　雄虫 - 小型　　　　雌虫

拟鹿角锹甲属

Pseudorhaetus Planet, 1899

拟鹿锹甲
Pseudorhaetus sinicus (Boileau, 1899)

本属简介

本属拉丁学名中"*Pseudo-*"，意为"相似的"，表示本属物种的外部形态与鹿角锹甲的成员高度相似。

本属广泛分布于我国华东和华南地区。野外成虫的发生季节主要为每年6—8月。本属成虫习性与鹿角锹甲一致，故可采用同样的方式进行观察。

尽管与鹿角锹甲属成虫形态相似，但本属成虫仍然有不少稳定的外部形态特征差异，可通过上颚的弯曲程度及前胸背板的形状加以区分。

本书记录拟鹿角锹甲属 2 种。

拟鹿角锹甲的外部形态特点

❶ 雄虫基齿位于上颚端部，前后方具明显小内齿排列。

❷ 雄虫上颚形状呈方形，弯曲度明显较小。

❶ 雌虫体泽高度反光，头部略具凹坑状结构。

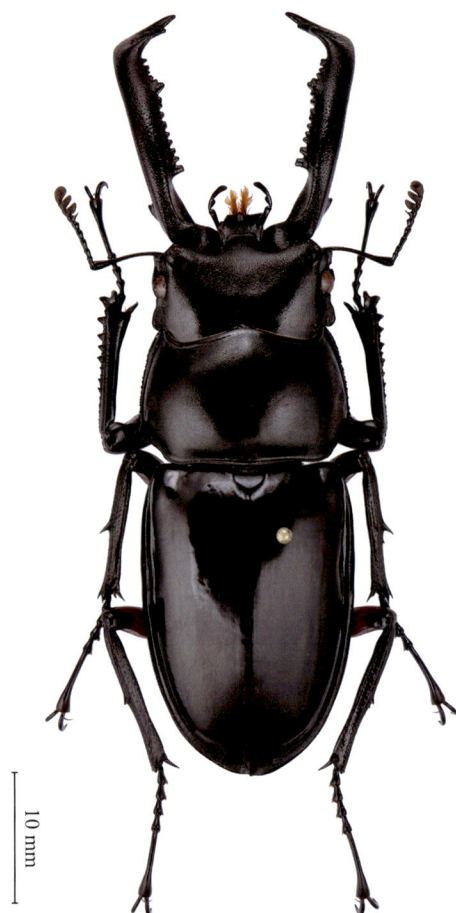

10 mm

拟鹿锹甲

Pseudorhaetus sinicus (Boileau, 1899)

Pseudorhaetus sinicus sinicus (Boileau, 1899) **原名亚种**

别名：红腿拟鹿锹甲

分布	安徽、浙江、江西、福建、贵州、广西、广东
体长	40 ~ 65.3 mm（雄），26 ~ 40 mm（雌）
词源	种名源于"中华"的拉丁文

物种描述

雄虫

背面观： 上颚在端部弯折，端部具明显 1 枚齿突，上颚内侧具明显密集的小齿。前胸背板形状呈梯形，边缘具不明显刺突结构；唇基凸起，呈三角形状。体泽黑色，鞘翅光滑且明显反光。

侧面观： 复眼缘覆盖眼部约 1/2，眼后部两侧各有 1 处明显隆起。前胸足胫节具刺突；胸足胫节较为粗壮。

腹面观： 后胸光滑；胸足腿节呈红色或黑色。

雌虫

背面观： 体泽黑色，身型细长。前胸背板形状呈圆形，后端明显宽于前端且边缘具刺突结构；头部表面具明显的刻点状凹坑；复眼凹陷。前胸足胫节具明显刺突。

腹面观： 后胸光滑；胸足腿节呈红色。

图片展示

雄虫 - 侧面

雄虫 - 腹面

雌虫 - 背面

雌虫 - 腹面

其他态展示

黑色腿节型雄虫 - 背面

黑色腿节型雄虫 - 腹面

尺寸展示

10 mm

雄虫 - 大型

雄虫 - 中型

雄虫 - 小型

雌虫

10 mm

Pseudorhaetus sinicus concolor Benesh, 1960 台湾亚种

别名：漆黑鹿角锹甲

分布	台湾
体长	27 ~ 68 mm（雄），20 ~ 32.1 mm（雌）
词源	拉丁学名源于成虫体色为统一的黑色；中文名源于仅分布于台湾

物种描述

雄虫

背面观： 上颚在端部略微弯折，端部无明显齿突，上颚内侧具明显密集的小齿。前胸背板形状呈梯形，边缘具不明显刺突结构；唇基中间明显凸起。体泽黑色，鞘翅光滑且明显反光。

侧面观： 复眼缘覆盖眼部约 1/2，眼后部两侧各有 1 处明显隆起。前胸足胫节具刺突；胸足胫节较为粗壮。

腹面观： 后胸光滑；胸足胫节呈黑色。

雌虫

背面观： 体泽黑色，身型细长。前胸背板形状呈圆形，后端明显宽于前端且边缘具刺突结构；头部表面具明显的刻点状凹坑；复眼凹陷。前胸足胫节具明显刺突。

腹面观： 后胸光滑；胸足胫节呈黑色。

图片展示

雄虫 - 侧面　　　　　　雄虫 - 腹面　　　　　　雌虫 - 背面　　　　　　雌虫 - 腹面

尺寸展示

10 mm

雄虫 - 大型 雄虫 - 中型 雄虫 - 小型 雌虫

10 mm

红背拟鹿锹甲

Pseudorhaetus oberthuri Planet, 1899

分布	云南
体长	26 ～ 62 mm（雄），23 ～ 30 mm（雌）
词源	拉丁学名源于标本采集者 R. Oberthür，中文名源于其成虫鞘翅颜色呈明显的褐色

物种描述

雄虫

背面观：上颚在端部略微弯折，端部具 1 枚齿突，上颚内侧具明显密集的小齿。前胸背板形状呈圆形，边缘具不明显刺突结构；唇基呈三分叉状。头部与前胸背板呈黑色，鞘翅呈棕色且明显反光。

侧面观：复眼缘覆盖眼部约 1/2，眼后部两侧各具 1 处明显隆起。前胸足胫节具刺突；胸足胫节较为粗壮。

腹面观：后胸光滑；胸足腿节呈红色。

雌虫

背面观：鞘翅呈红色，身型细长。前胸背板形状呈圆形，后端明显宽于前端且边缘具刺突结构；头部表面具明显的刻点状凹坑；复眼凹陷。前胸足胫节具明显刺突。

腹面观：后胸光滑；仅前胸足腿节呈红色，中、后胸足腿节呈黑色。

图片展示

雄虫 - 侧面　　　　雄虫 - 腹面　　　　雌虫 - 背面　　　　雌虫 - 腹面

尺寸展示

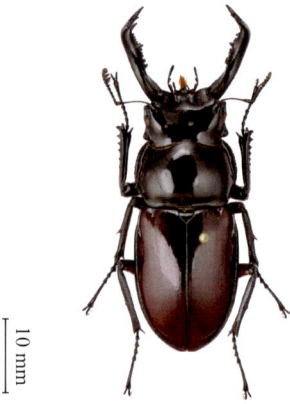

10 mm

雄虫 - 大型　　　　雄虫 - 中型　　　　雄虫 - 小型　　　　雌虫

红背拟鹿锹甲
Pseudorhaetus oberthrui Planet, 1899

拟鹿锹甲
Pseudorhaetus sinicus (Boileau, 1899)
Pseudorhaetus sinicus sinicus (Boileau, 1899) 原名亚种

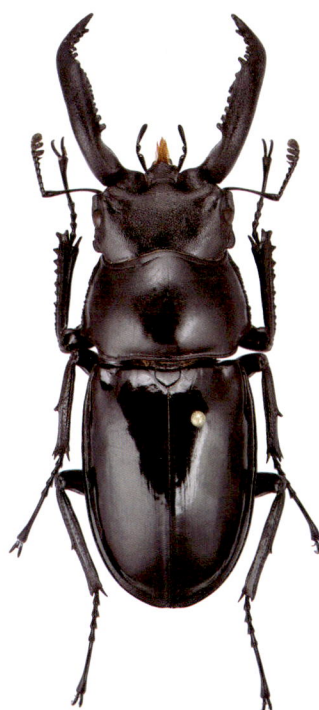

拟鹿锹甲
Pseudorhaetus sinicus (Boileau, 1899)
Pseudorhaetus sinicus concolor Benesh, 1960 台湾亚种

锯锹甲属

Prosopocoilus Hope & Westwood, 1845

长颈鹿锯锹甲
Prosopocoilus giraffa (Olivier, 1789)

锯锹甲属
Prosopocoilus Hope & Westwood, 1845 **本属简介**

本属拉丁文"*Prosopon-*"，意为"面部"，"*-koilos*"意为"凹陷的"，形容这类锹甲头部前端经常具明显的凹陷。本属中文名为"锯锹甲属"，源于本属物种上颚常具有多枚连续的内齿，像锯子的齿突一般。本属原隶属深山锹甲属，后逐渐被分离并单独整合成独立属。

本属大部分种类生活在海拔较低的丘陵地区以及山脉丛林中。常见种类常分布在海拔 300～1 200 m，多见于我国华东和华南地区；也有分布于高海拔地区的种类，均分布在四川西部以及西藏东部和南部。

本属的发生期为每年 5—8 月，大部分种类从 5 月中旬开始到 7 月底结束，大型种类发生期常见于每年 7—8 月。

本书记录锯锹甲属 23 种。

锯锹甲的外部形态特点

❶ 雄虫个体细长。
❷ 同物种体色会有轻微的变化。

❶ 部分雌虫的前腿胫节向内弯曲，外侧具多枚刺突。

❸ 大部分种类雄虫上颚扁平，内部分布锯齿状内齿，部分种类上颚向下弯曲。

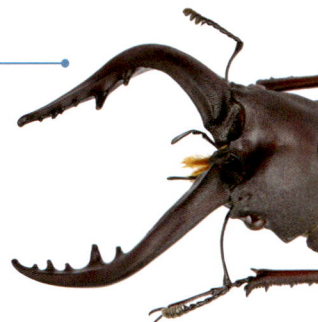

10 mm

伪歧齿锯锹甲
Prosopocoilus approximatus (Parry, 1864)

分布	云南
体长	23 ~ 52 mm（雄），20 ~ 28 mm（雌）
词源	拉丁学名源于拉丁文"*approximate*"，意为"近似的"；中文名源于其与歧齿锯锹甲形态相似

物种描述

雄虫

背面观： 上颚形状较直，在端部向内弯曲，基齿位于上颚端部，呈对称的双分叉状，端齿分叉出 1 枚内齿。全身呈黑色。唇基呈点状。

侧面观： 复眼基本完整裸露。前足胫节有多枚连续且明显的刺突，中足、后足胫节表面光滑。

腹面观： 中胸、腹部表面较光滑，呈黑色。

雌虫

背面观： 体表褐色或黑色。上颚细长且直。唇基呈梯形；前胸背板后端显著宽于前端。前足胫节向内弯曲，具 4 枚明显的刺突；中胸足具 1 枚明显刺突，后胸足具 1 枚明显刺突。

腹面观： 后胸、腹部表面较光滑，呈褐色或黑色。

图片展示

雄虫 - 侧面

雄虫 - 腹面

雌虫 - 背面

雌虫 - 腹面

尺寸展示

| 10 mm |

雄虫 - 大型   雄虫 - 中型   雄虫 - 小型   雌虫

| 10 mm |

歧齿锯锹甲
Prosopocoilus porrectus Bomans, 1978

分布	广西、广东、贵州、海南
体长	23 ~ 60.5 mm（雄），20 ~ 32 mm（雌）
词源	拉丁学名源于拉丁文 "*pro-*"，意为 "向前"，"*-rigere*" 意为 "直的"，形容雄虫上颚形状笔直且向前延展；中文名源于大型雄虫上颚基齿不对称

物种描述

雄虫

背面观：上颚形状较直，在端部向内弯曲，基齿位于上颚右侧端部，左侧上颚端部具 2 ~ 3 枚内齿，端齿分叉出 1 枚内齿。体表呈红褐色或黑色，体表光滑。唇基呈三角形。

侧面观：复眼基本完整裸露。前足胫节具多枚连续且明显的刺突，中足、后足胫节具 1 枚明显的刺突。

腹面观：腹部表面粗糙，呈褐色或黑色。

雌虫

背面观：体表较光滑，呈黑色。上颚细长且直。唇基呈梯形；前胸背板后端显著宽于前端。前足胫节向内弯曲，约具 3 枚明显的刺突；中、后胸足具 1 枚明显刺突。

腹面观：表面光滑，呈黑色。

图片展示

雄虫 - 侧面　　　　　雄虫 - 腹面　　　　　雌虫 - 背面　　　　　雌虫 - 腹面

尺寸展示

10 mm

雄虫 - 大型　　　　　雄虫 - 中型　　　　　雄虫 - 小型　　　　　雌虫

10 mm

滇东南锯锹甲
Prosopocoilus thibeticus (Westwood, 1855)

分布	云南
体长	24 ~ 47 mm（雄），20 ~ 31 mm（雌）
词源	拉丁学名源于其模式产地西藏（但产地信息存疑）；中文名源于其主要分布于云南东南部

物种描述

雄虫

背面观： 体泽褐色。上颚较直，基齿位于上颚端部，下方具明显连续的小齿；唇基不发达，仅呈点状。头部，前胸背板表面略粗糙，鞘翅表面光滑。

侧面观： 复眼基本完整裸露。前足胫节具多枚连续且明显的刺突，中足胫节表面具 1 枚刺突，后足胫节表面具 1 枚不发达的刺突。

腹面观： 腹部体表较光滑，呈褐色，胸足跗节密布黄色鳞毛。

雌虫

背面观： 体表较光滑，呈褐色。上颚细长且直。唇基略呈梯形；前胸背板后端显著宽于前端。前足胫节向内弯曲，具 3 ~ 4 枚明显的刺突；中、后胸足具 1 枚明显刺突。

腹面观： 表面光滑，呈褐色。

图片展示

雄虫 - 侧面

雄虫 - 腹面

雌虫 - 背面

雌虫 - 腹面

尺寸展示

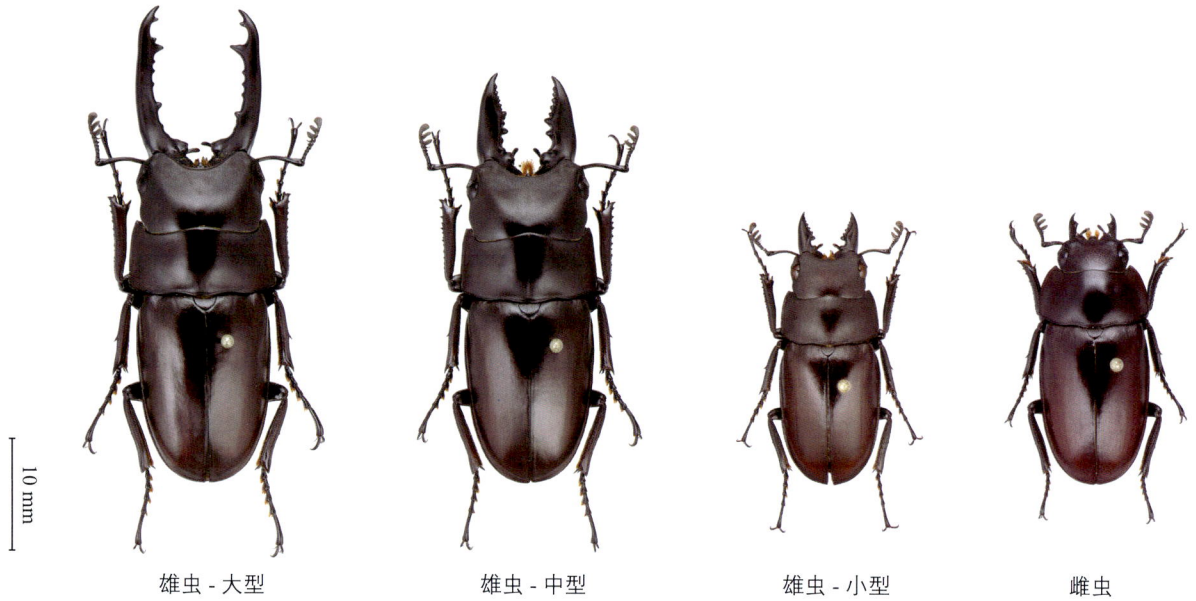

雄虫 - 大型　　　　　雄虫 - 中型　　　　　雄虫 - 小型　　　　　雌虫

毛刷锯锹甲
Prosopocoilus fulgens (Didier, 1927)

分布	云南、海南、西藏
体长	28 ~ 39 mm（雄），雌虫未检视
词源	拉丁学名源于拉丁文 *"fulgere"*，意为"闪亮的"，形容雄虫闪亮的体泽；中文名源于雄虫胫节具明显的黄色鳞毛

物种描述

雄虫

背面观：上颚形状较直，上颚内侧密布数枚内齿。胫节末端以及跗节有浓密的黄色毛簇。全身呈红褐色，体表光滑。唇基两端凸起，中间凹陷。

侧面观：复眼基本完整裸露。前足胫节具多枚连续且明显的刺突。

腹面观：腹部体表粗糙，呈褐色。胸部密布黄色鳞毛。

图片展示

雄虫 - 侧面   雄虫 - 腹面

尺寸展示

10 mm

雄虫 - 大型   雄虫 - 小型

10 mm

朱氏锯锹甲
Prosopocoilus zhuchuangi Wang & Wang, 2021

分布	贵州
体长	20 ~ 35 mm（雄），雌虫未知
词源	种名源于昆虫爱好者朱创

物种描述

雄虫

背面观： 上颚形状较直，上颚内侧密布数枚内齿。胫节末端以及跗节具浓密的黄色毛簇。头部和前胸背板呈黑色，具明显刻点状结构，体表粗糙。鞘翅呈黑色磨砂质感，鞘翅两侧具对称的橙红色斑块。唇基呈三角形。

侧面观： 复眼基本完整裸露。前足胫节具多枚连续且明显的刺突。

腹面观： 腹部体表粗糙，呈红褐色至黑色。

图片展示

雄虫 - 侧面

雄虫 - 腹面

尺寸展示

10 mm

雄虫 - 大型

雄虫 - 小型

亮锯锹甲
Prosopocoilus politus (Parry, 1862)

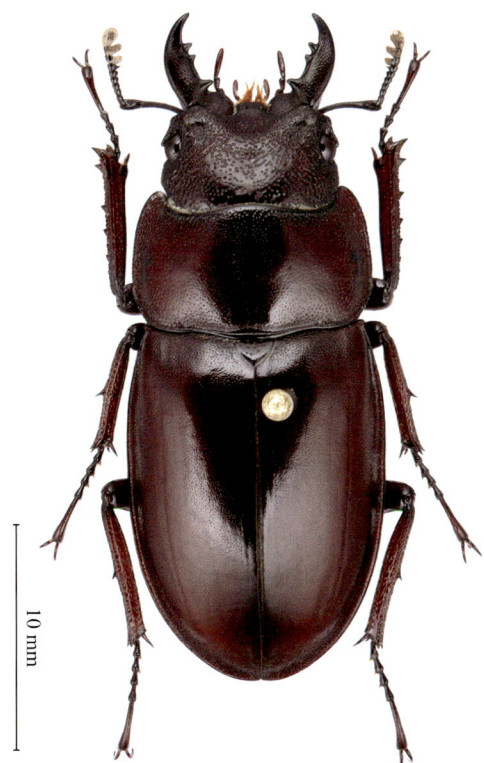

10 mm

分布	西藏
体长	20 ~ 44.5 mm（雄），15 ~ 30 mm（雌）
词源	种名源于拉丁文"*poli-*"，意为"光亮的"，形容成虫光亮的体泽

物种描述

雄虫

背面观： 上颚形状较直，在端部向内弯曲，基齿位于上颚基部，上颚中部具 3 ~ 4 枚内齿。体表呈褐色且光亮。全身密布刻点。唇基不发达。

侧面观： 复眼基本完整裸露。前足胫节外侧有多枚连续的刺突，中足胫节和后足胫节外侧各具 1 枚刺突。

腹面观： 腹部体表光滑，呈褐色。

雌虫

背面观： 全身密布刻点，体表光滑，呈褐色。上颚细长且形状笔直。唇基呈梯形；前胸背板后端等宽于前端，前胸背板侧缘圆润。前足胫节向内弯曲，在端部分叉，前胸足胫节约具 3 枚明显的刺突；中足胫节和后足胫节各具 1 枚明显刺突。

腹面观： 腹部体表光滑，呈褐色。

图片展示

| 雄虫 - 侧面 | 雄虫 - 腹面 | 雌虫 - 背面 | 雌虫 - 腹面 |

尺寸展示

10 mm

雄虫 - 大型　　　　　　雄虫 - 小型　　　　　　雌虫

10 mm

孔夫子锯锹甲
Prosopocoilus confucius (Hope, 1842)

分布	安徽、浙江、福建、湖南、湖北、广东、广西、江西、四川、贵州、云南、海南等
体长	32 ~ 105 mm（雄），20 ~ 45 mm（雌）
词源	种名源于我国儒家学派创始人孔子

物种描述

雄虫

背面观： 上颚形状较直，在端部向内弯曲，在上颚中部和基部各分布 1 枚基齿，上颚近端部具 7 ~ 8 枚内齿。全身呈黑色，体表光滑。头部和前胸背板密布刻点。前胸背板两侧向内凹陷。唇基呈三角形。前足胫节外侧具多枚连续的凸起，中足胫节和后足胫节外侧各具 1 枚刺突。

侧面观： 复眼基本完整裸露。前足胫节具多枚连续且明显的刺突。

腹面观： 腹部体表光滑，呈黑色。

雌虫

背面观： 体表光滑，呈黑色。上颚弯曲。唇基呈梯形；前胸背板呈梯形。前足胫节向内弯曲，具 6 ~ 7 枚明显的刺突；中足胫节和后足胫节各具 1 枚明显刺突。

腹面观： 腹部体表光滑，呈黑色。

图片展示

雄虫 - 侧面

雄虫 - 腹面

雌虫 - 背面

雌虫 - 腹面

尺寸展示

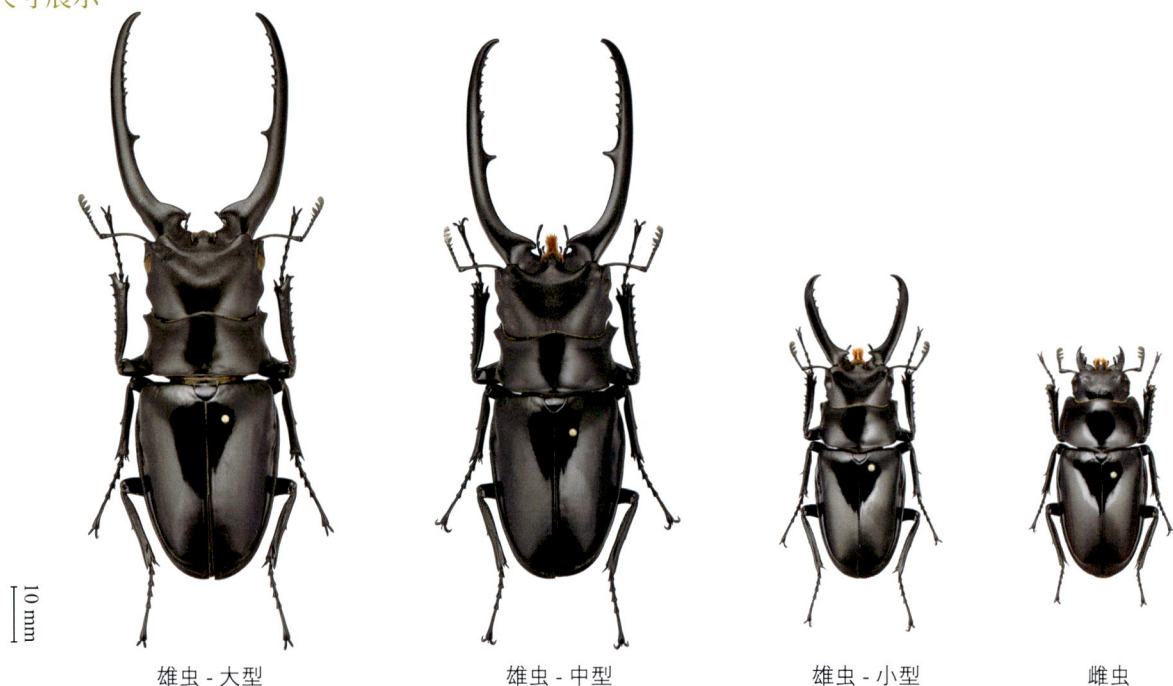

10 mm

雄虫 - 大型　　　　雄虫 - 中型　　　　雄虫 - 小型　　　　雌虫

10 mm

长颈鹿锯锹甲

Prosopocoilus giraffa (Olivier, 1789)

Prosopocoilus giraffa giraffa (Olivier, 1789) 原名亚种

分布	云南
体长	45 ~ 105 mm（雄），25 ~ 52 mm（雌）
词源	种名源于拉丁文"*giraffe*"，形容雄虫上颚修长且弯曲，形状酷似"长颈鹿"

物种描述

雄虫

背面观： 上颚中部至基部较直，中部至端部强烈向外弯曲。基齿位于端部，上颚近端部具连续的 2 ~ 3 枚内齿，上颚基部具 4 ~ 5 枚内齿。全身呈黑色，头部和前胸背板密布刻点，鞘翅光滑。唇基呈三角形。前胸背板中部至前端向外凸起。

侧面观： 复眼基本完整裸露。前足胫节具多枚连续且明显的刺突，中足胫节和后足胫节外侧各具 1 枚刺突。

腹面观： 腹部体表光滑，呈黑色。

雌虫

背面观： 体表光滑，呈黑色。上颚弯曲。唇基呈梯形；前胸背板呈梯形。前足胫节较直，具 6 ~ 7 枚明显的刺突；中足胫节和后足胫节各具 1 枚明显刺突。

腹面观： 腹部体表光滑，呈黑色。

图片展示

雄虫 - 侧面

雄虫 - 腹面

雌虫 - 背面

雌虫 - 腹面

尺寸展示

雄虫 - 大型

雄虫 - 中型

雄虫 - 小型

雌虫

10 mm

10 mm

圆翅锯锹甲
Prosopocoilus forficula (Thomson, 1856)

Prosopocoilus forficula forficula (Thomson, 1856) 原名亚种

分布	安徽、浙江、福建、江西、湖南、湖北、广东、广西、贵州、四川、重庆、海南等
体长	30 ~ 82 mm（雄），25 ~ 40 mm（雌）
词源	拉丁学名源于拉丁文 "*forfi-*"，意为"尖锐的"，形容雄虫上颚基齿较为尖锐；中文名源于其成虫鞘翅较为圆润，与圆翅锹甲属较为近似

物种描述

雄虫

背面观： 上颚中部至基部弯曲，呈括号状，上颚在基部具 1 对分叉且不对称的基齿，上颚近端部具 4 ~ 5 枚内齿。全身呈黑色，体表光滑。头部和前胸背板密布刻点。唇基呈梯形。前足胫节外侧具多枚连续的凸起，中足胫节和后足胫节外侧各具 1 枚刺突。前胸背板前端等宽于末端。

侧面观： 复眼基本完整裸露。前足胫节具多枚连续且明显的刺突。

腹面观： 腹部体表光滑，呈黑色。

雌虫

背面观： 体表粗糙，呈黑色。上颚弯曲。唇基呈三角形；前胸背板侧缘圆润。前足胫节向内弯曲，具 6 ~ 7 枚明显的刺突；中足胫节和后足胫节各具 1 枚明显刺突。

腹面观： 腹部体表光滑，呈黑色。

图片展示

雄虫 - 侧面

雄虫 - 腹面

雌虫 - 背面

雌虫 - 腹面

尺寸展示

雄虫 - 大型　　　　雄虫 - 中型　　　　雄虫 - 小型　　　　雌虫

10 mm

10 mm

Prosopocoilus forficula austerus (de Lisle, 1967) 台湾亚种

分布	台湾
体长	28 ~ 62.5 mm（雄），24 ~ 40 mm（雌）
词源	拉丁学名原文未指出；中文名源于其分布于台湾

物种描述

雄虫

背面观： 上颚形状较笔直，仅在端部 1/3 处弯曲，上颚基部具 2 枚不对称的基齿，上颚近端部具 1 枚非常尖锐的内齿。体泽褐色且光亮。头部和前胸背板较为光滑。唇基呈梯形。前足胫节外侧具多枚连续的凸起，中足胫节和后足胫节外侧各具 1 枚刺突。前胸背板后端明显宽于前端。

侧面观： 复眼基本完整裸露。前足胫节具多枚连续且明显的刺突。

腹面观： 腹部体表光滑，呈黑色。

雌虫

背面观： 体型较为宽胖，体表粗糙，呈黑色。上颚弯曲。唇基呈梯形；前胸背板形状较为圆润。前足胫节较笔直，具 6 ~ 7 枚明显的刺突；中足胫节和后足胫节各具 1 枚明显刺突。

腹面观： 腹部体表光滑，呈黑色。

图片展示

雄虫 - 侧面   雄虫 - 腹面   雌虫 - 背面   雌虫 - 腹面

尺寸展示

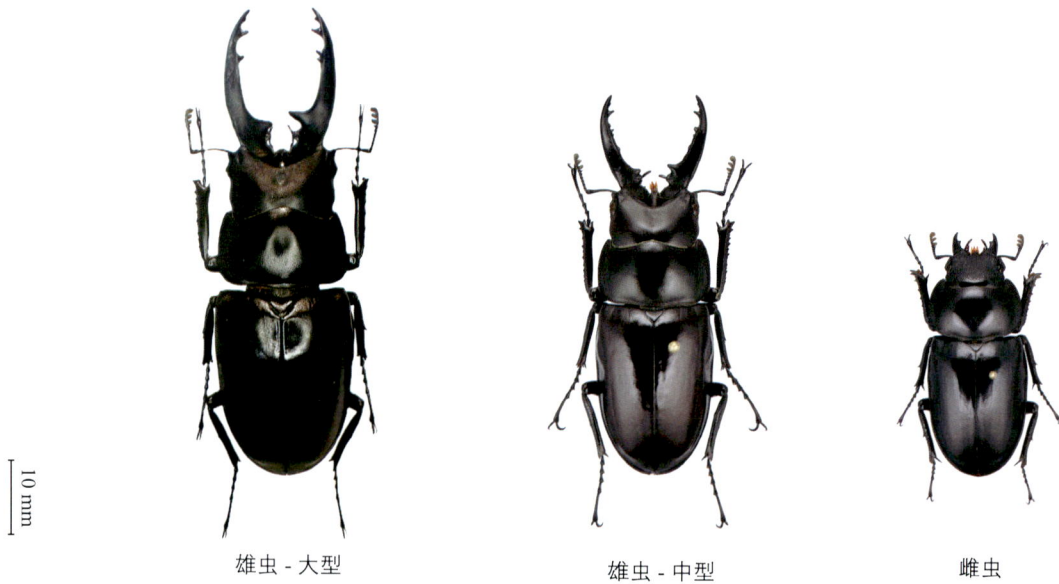

10 mm

雄虫 - 大型   雄虫 - 中型   雌虫

10 mm

两点锯锹甲
Prosopocoilus astacoides (Hope, 1840)

Prosopocoilus astacoides astacoides (Hope, 1840) **原名亚种**

分布	西藏
体长	30 ~ 62 mm（雄），22 ~ 30.4 mm（雌）
词源	拉丁学名源于拉丁文 "*astakos-*"，意为 "小龙虾"，指本种体色为褐色，类似熟虾的体色；中文名源于其雄虫与雌虫前胸背板侧缘各具 1 枚黑色斑块

物种描述

雄虫

背面观：上颚在中部弯曲，基齿位于上颚基部约 1/3 处，上颚近端部具 4 ~ 5 枚内齿。体泽红色且光亮。头部有 2 枚向前凸起，头部和前胸背板密布刻点。唇基呈梯形。前足胫节外侧具多枚连续的刺突，中足胫节和后足胫节外侧各具 1 枚刺突。前胸背板前后等宽，两侧各具 1 枚不明显的黑色斑块。

侧面观：复眼基本完整裸露。前足胫节具多枚连续且明显的刺突。

腹面观：腹部体表光滑，呈褐色。

雌虫

背面观：体表光滑，呈褐色。上颚形状较笔直。唇基呈梯形；前胸背板侧缘较圆润。前足胫节笔直，具 6 ~ 7 枚明显的刺突；中足胫节和后足胫节各具 1 枚明显刺突。

腹面观：腹部体表光滑，呈褐色。

图片展示

雄虫 - 侧面

雄虫 - 腹面

雌虫 - 背面

雌虫 - 腹面

尺寸展示

10 mm

雄虫

雌虫

10 mm

Prosopocoilus astacoides blanchardi (Parry, 1873) 普通亚种

别名：两点赤锯锹甲、褐黄前锹甲

分布	辽宁、河北、北京、天津、山东、山西、四川、重庆、河南、湖北、安徽、浙江、福建、江西、湖南、贵州、台湾、内蒙古、甘肃等
体长	30 ~ 72 mm（雄），20 ~ 36 mm（雌）
词源	拉丁学名源于纪念昆虫学家 Émile Blanchard；中文名源于其广泛分布于我国各地

物种描述

雄虫

背面观： 上颚在基部弯曲，呈括号状，基齿位于上颚基部，近端部具 4 ~ 5 枚内齿。全身呈黄褐色，体表光滑。头部具 2 枚向前的凸起，头部和前胸背板密布刻点。唇基具 4 枚凸起。前胸背板前端几乎等宽于末端，两侧具 2 枚明显的黑色斑块。

侧面观： 复眼基本完整裸露。前足胫节具多枚连续且明显的刺突，中足胫节和后足胫节外侧各具 1 枚明显的刺突。

腹面观： 腹部体表光滑，呈黑色和黄褐色交杂。

雌虫

背面观： 体表粗糙，呈黄褐色。上颚弯曲。唇基呈梯形；前胸背板侧缘圆润。前足胫节向内弯曲，具 6 ~ 7 枚明显的刺突；中足胫节和后足胫节各具 1 枚明显刺突。

腹面观： 腹部体表光滑，呈黄褐色与黑色交杂。

图片展示

| 雄虫 - 侧面 | 雄虫 - 腹面 | 雌虫 - 背面 | 雌虫 - 腹面 |

其他态展示

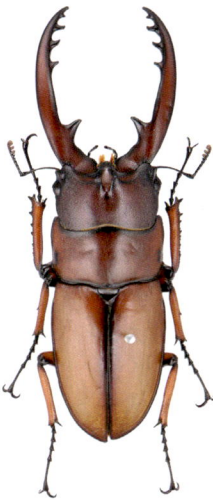 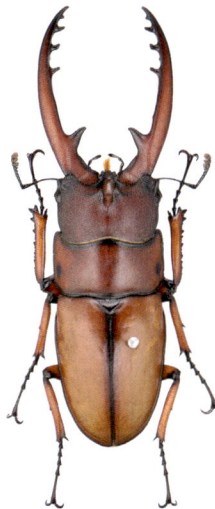  

| 粗颚型雄虫 | 细颚型雄虫 | 前齿型雄虫
台湾桃园 | 前齿型雄虫
四川阿坝 |

不同地域型之间的差异：

本种在野外形态多样，其中分布在四川与台湾的种群呈现稳定的前齿形态。

尺寸展示

| 雄虫 - 大型 | 雄虫 - 中型 | 雄虫 - 小型 | 雌虫 |

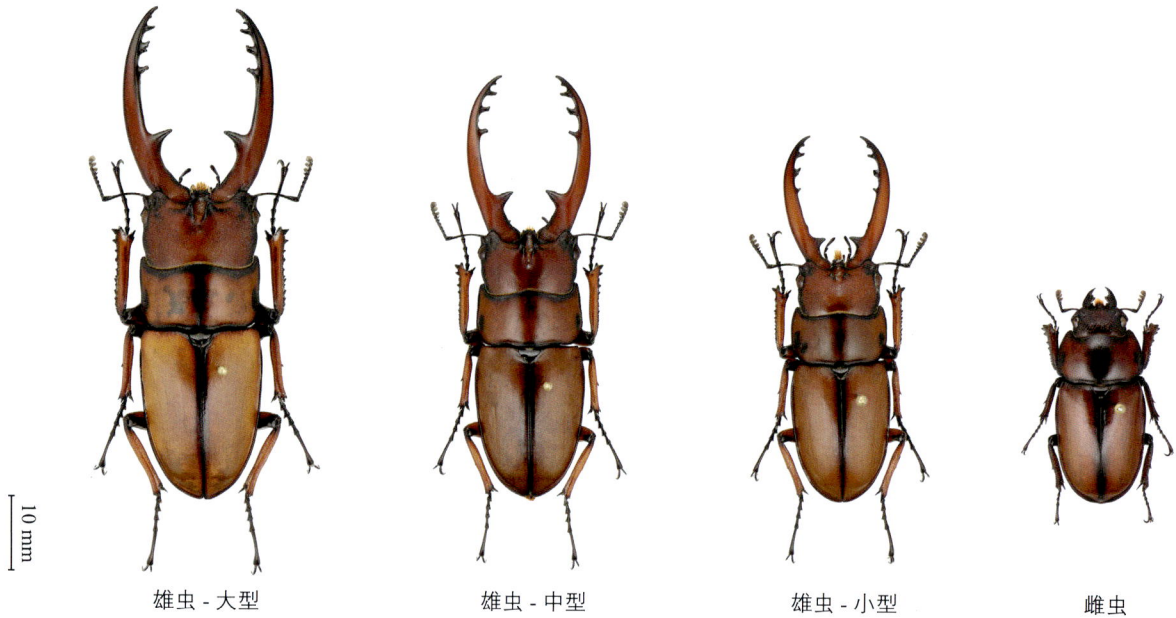

Prosopocoilus astacoides fraternus (Hope, 1845) **滇南亚种**

分布	云南、广西
体长	35 ~ 70 mm（雄），25 ~ 37 mm（雌）
词源	拉丁学名原文未明确指出；中文名源于其主要分布于云南南部

物种描述

雄虫

背面观： 上颚形状较直，基齿位于上颚中部，上颚近端部具 3 ~ 4 枚内齿。体泽褐色且光亮。头部具 2 枚较小且向前的凸起，头部和前胸背板密布刻点。唇基具 2 枚凸起。前足胫节外侧具多枚连续的刺突，前胸背板前端几乎等宽于末端，两侧具 2 枚明显的黑色斑块。

侧面观： 复眼基本完整裸露。前足胫节具多枚连续且明显的刺突，中足胫节和后足胫节外侧各具 1 枚刺突。

腹面观： 腹部体表光滑，呈红色和黑色交杂。

雌虫

背面观： 体表光滑，呈褐色。上颚弯曲。唇基呈梯形；前胸背板侧缘圆润。前足胫节向内弯曲，具 6 ~ 7 枚明显的刺突；中足胫节和后足胫节各具 1 枚明显刺突。

腹面观： 腹部体表光滑，呈褐色与黑色交杂。

图片展示

雄虫 - 侧面   雄虫 - 腹面   雌虫 - 背面   雌虫 - 腹面

尺寸展示

10 mm

雄虫 - 大型   雄虫 - 中型   雄虫 - 小型   雌虫

10 mm

Prosopocoilus astacoides dubernardi (Planet, 1899) 滇西北亚种

分布	云南、广西、贵州
体长	32 ~ 72 mm（雄），26 ~ 39 mm（雌）
词源	拉丁学名源于标本采集者 R. P. Dubernard；中文名源于其主要分布于云南西北部

物种描述

雄虫

背面观： 上颚在基部弯曲，前端较直，基齿位于上颚中部，上颚近端部具 3 ~ 4 枚内齿。全身呈褐色，体表光滑。头部具 2 枚向前的凸起，头部和前胸背板密布刻点。前胸背板前端几乎等宽于末端，两侧具 2 枚明显的黑色斑块。

侧面观： 复眼基本完整裸露。前足胫节具多枚连续且明显的刺突，中足胫节和后足胫节外侧各具 1 枚刺突。

腹面观： 腹部体表光滑，呈红褐色和黑色交杂。

雌虫

背面观： 体表光滑，呈褐色。上颚弯曲。唇基呈梯形；前胸背板侧缘圆润。前胸足胫节具 6 ~ 7 枚明显的刺突；中足胫节和后足胫节各具 1 枚明显刺突。

腹面观： 腹部体表光滑，呈褐色与黑色交杂。

图片展示

雄虫 - 侧面

雄虫 - 腹面

雌虫 - 背面

雌虫 - 腹面

尺寸展示

10 mm

雄虫 - 大型　　　　　　雄虫 - 中型　　　　　雄虫 - 小型　　　　　雌虫

其他态尺寸展示

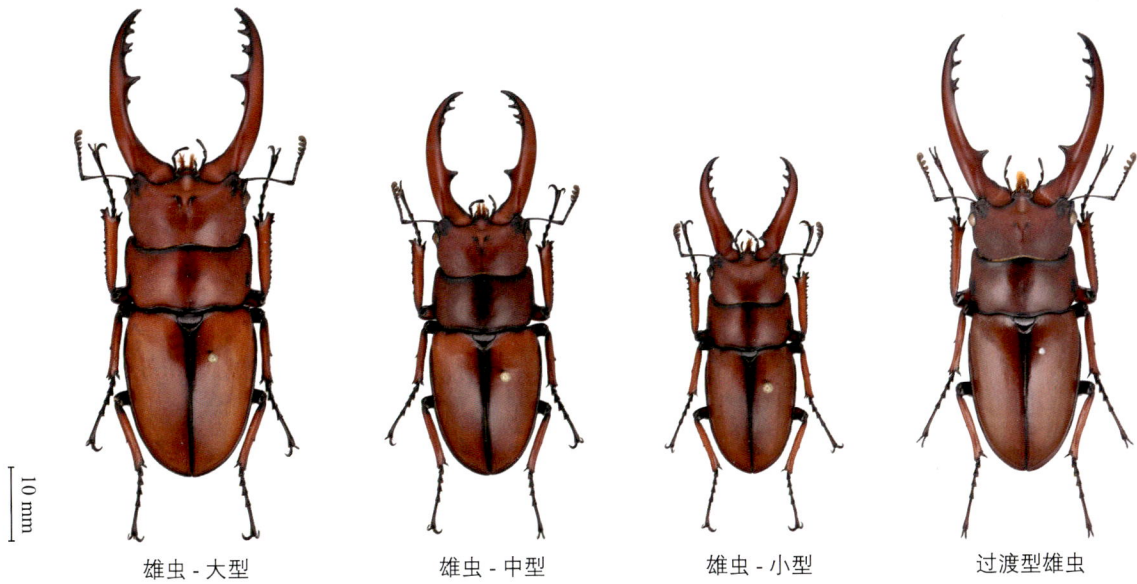

10 mm

雄虫 - 大型　　　　　雄虫 - 中型　　　　　雄虫 - 小型　　　　过渡型雄虫

不同地域型之间的差异：

分布在贵州、广西的种群体色明显浅于云南种群，且中型雄虫中不乏出现酷似滇南亚种形态的过渡型个体。

10 mm

Prosopocoilus astacoides kachinensis Bomans & Miyashita, 1997
滇藏亚种

分布	云南、西藏
体长	30 ~ 65 mm（雄），23 ~ 35 mm（雌）
词源	拉丁学名源于其模式产地缅甸克钦；中文名源于其主要分布于云南、西藏

物种描述

雄虫

背面观： 上颚在基部弯曲，前端较直，上颚在中部具 1 对分叉状基齿，上颚近端部具 4 ~ 5 枚内齿。全身呈褐色且光亮。头部具 2 枚向前的凸起，头部和前胸背板密布刻点。唇基具 2 枚凸起。前足胫节外侧具多枚连续的刺突，中足胫节和后足胫节外侧各具 1 枚刺突。前胸背板前端几乎等宽于末端，两侧各具 1 枚明显的黑色斑块。

侧面观： 复眼基本完整裸露。前足胫节具多枚连续且明显的刺突。

腹面观： 腹部体表光滑，呈红色和黑色交杂。

雌虫

背面观： 体表光滑，呈红色。上颚弯曲。唇基呈梯形；前胸背板两侧侧缘圆润。前胸足胫节具 6 ~ 7 枚明显的刺突；中足胫节和后足胫节各具 1 枚明显刺突。

腹面观： 腹部体表光滑，呈褐色与黑色交杂。

图片展示

雄虫 - 侧面

雄虫 - 腹面

雌虫 - 背面

雌虫 - 腹面

尺寸展示

10 mm

| 雄虫 - 大型 | 雄虫 - 中型 | 雄虫 - 小型 | 雌虫 |

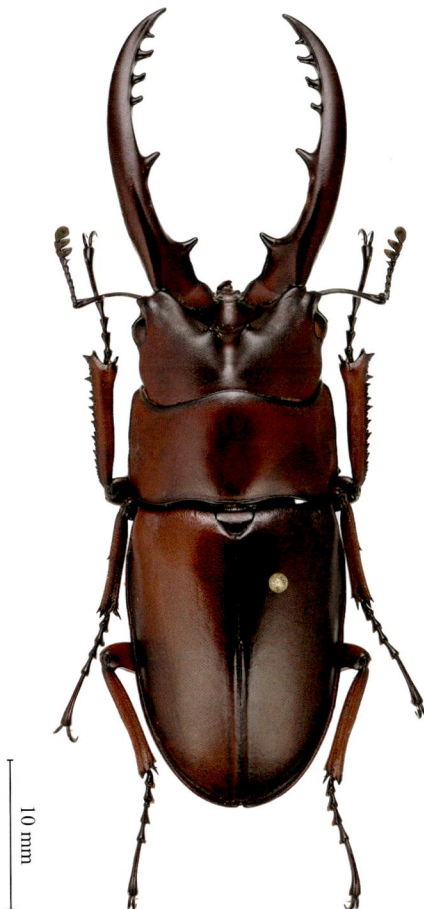

10 mm

Prosopocoilus astacoides castaneus (Hope & Westwood, 1845)
樟木亚种

分布	西藏
体长	53 mm（雄），28 mm（雌）
词源	拉丁学名源于其成虫体色为栗色或褐色；中文名源于其主要分布于西藏樟木

物种描述

雄虫

背面观： 上颚在端部弯曲，基齿位于上颚中部和基部，中部基齿上方具 3 ~ 4 枚小齿。体泽褐色。头部具 2 枚向前的凸起，头部和前胸背板密布刻点。唇基具 2 枚凸起。前足胫节外侧具多枚连续的刺突，中足胫节具 1 枚明显的刺突，后足胫节表面光滑。前胸背板前端几乎等宽于末端，两侧各具 1 枚明显的黑色斑块。

侧面观： 复眼基本完整裸露。前足胫节具多枚连续且明显的刺突。

腹面观： 腹部体表光滑，呈褐色。

雌虫

背面观： 体表光滑，呈褐色。上颚弯曲。唇基呈梯形；前胸背板两侧侧缘圆润。前胸足胫节具 6 ~ 7 枚明显的刺突；中足胫节和后足胫节各具 1 枚明显刺突。

腹面观： 腹部体表光滑，呈深褐色。

图片展示

雄虫 - 侧面 雄虫 - 腹面 雌虫 - 背面 雌虫 - 腹面

10 mm

Prosopocoilus astacoides reni Huang & Chen, 2011 **海南亚种**

分布	海南
体长	28 ~ 72 mm（雄），22 ~ 35.3 mm（雌）
词源	拉丁学名源于标本采集者任国栋；中文名源于其分布于海南

物种描述

雄虫

背面观： 上颚在基部弯曲，前端较直，基齿位于上颚基部，上颚近端部具 3 ~ 4 枚内齿。全身呈黑色或褐色，具明显磨砂质感。头部具 2 枚向前的凸起，头部和前胸背板密布刻点。唇基具 2 枚凸起。前足胫节外侧具多枚连续刺突，中足胫节和后足胫节外侧各具 1 枚刺突。前胸背板前端等宽于末端。

侧面观： 复眼基本完整裸露。前足胫节具多枚连续且明显的刺突。

腹面观： 腹部体表光滑，呈黑色。

雌虫

背面观： 体表光滑，呈黑色。上颚较笔直。唇基呈梯形；前胸背板侧缘圆润。前胸足胫节具 6 ~ 7 枚明显的刺突；中足胫节和后足胫节各具 1 枚明显刺突。

腹面观： 腹部体表光滑，呈黑色。

图片展示

雄虫 - 侧面   雄虫 - 腹面   雌虫 - 背面   雌虫 - 腹面

其他态展示

红色型雄虫   过渡型雄虫

尺寸展示

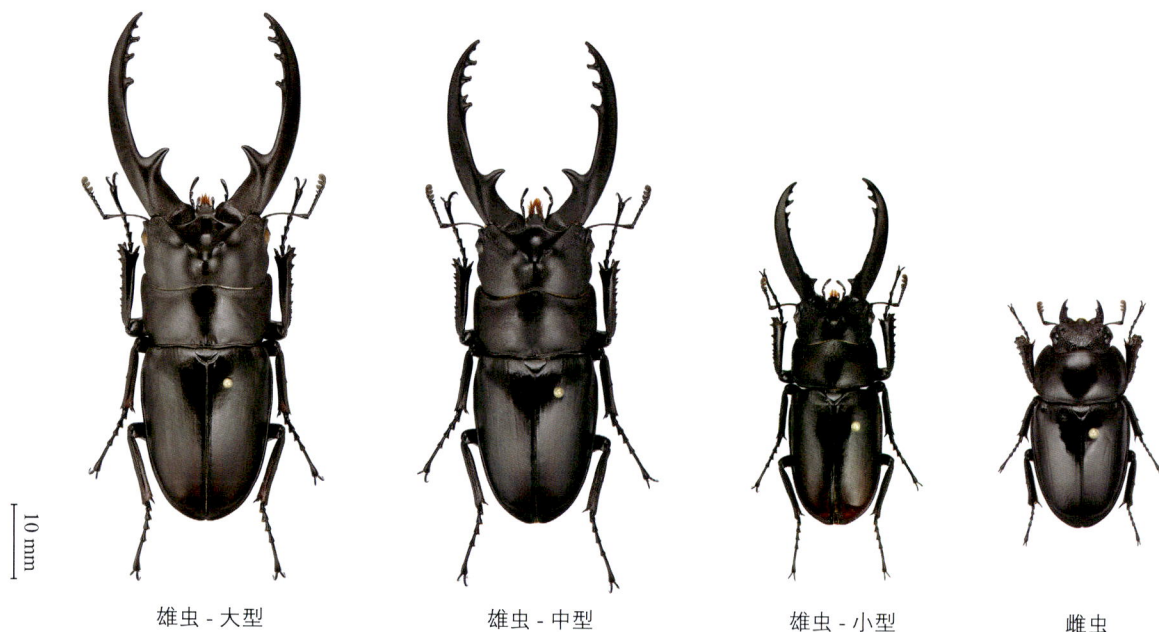

10 mm

雄虫 - 大型　　　　雄虫 - 中型　　　　雄虫 - 小型　　　　雌虫

10 mm

三色锯锹甲

Prosopocoilus inquinatus (Westwood, 1848)

Prosopocoilus inquinatus yazakii Nagai, 2005 **滇藏亚种**

分布	西藏、云南
体长	15 ~ 38 mm（雄），15 ~ 30 mm（雌）
词源	拉丁学名原文未明确说明；中文名源于其成虫体表具褐色、黄色及黑色 3 种体色

物种描述

雄虫

背面观：上颚弯曲，基齿位于上颚基部，上颚近端部具 1 枚内齿。头部呈黑色，前胸背板呈褐色和黑色交杂，鞘翅呈黄褐色中部具带状黑色，体表粗糙质感。头部和前胸背板密布刻点。眼缘后端明显隆起。唇基呈梯形。前足胫节外侧具多枚连续的刺突。前胸背板前端等宽于末端。

侧面观：复眼基本完整裸露。前足胫节具多枚连续且明显的刺突。

腹面观：腹部体表光滑，呈黑色。胸足腿节、胫节呈褐色。

雌虫

背面观：体表粗糙，头部呈黑色，前胸背板呈褐色和黑色交杂，鞘翅呈黄褐色中部有带状黑色。上颚弯曲。唇基呈梯形；前胸背板侧缘圆润。前足胫节具 3 ~ 4 枚明显的刺突；中足胫节和后足胫节各具 1 枚明显刺突。

腹面观：腹部体表光滑，呈黑色；中足与后足胫节、腿节呈红色。

图片展示

雄虫 - 侧面　　　　雄虫 - 腹面　　　　雌虫 - 背面　　　　雌虫 - 腹面

尺寸展示

10 mm

雄虫 - 大型　　　　雄虫 - 中型　　　　雄虫 - 小型　　　　雌虫

10 mm

东北锯锹甲
Prosopocoilus inclinatus (Motschulsky, [1858])

Prosopocoilus inclinatus inclinatus (Motschulsky, [1858])
原名亚种

分布	辽宁
体长	35 ~ 72 mm（雄），22 ~ 40 mm（雌）
词源	拉丁学名源于拉丁文"*inclin-*"，意为"倾斜的"，形容雄虫倾斜的上颚；中文名源于其主要分布于我国东北地区

物种描述

雄虫

背面观：上颚在端部弯曲，基齿位于上颚中部，基齿后方具 1 枚明显的内齿，基齿与上颚端部之间分布 4 ~ 5 枚内齿，全身呈褐色或黑色。全身密布刻点。眼缘后端明显隆起。唇基呈三角形。前足胫节外侧具多枚连续的刺突，中足、后足胫节具 1 枚刺突。前胸背板前端宽于末端。

侧面观：复眼基本完整裸露。上颚强烈向下弯曲。

腹面观：腹部体表光滑，呈褐色或黑色。

雌虫

背面观：体表粗糙，全身密布刻点且呈红褐色或黑色。上颚弯曲。唇基呈梯形；前胸背板侧缘圆润。前胸足胫节具 3 ~ 4 枚明显的刺突；中足胫节和后足胫节各具 1 枚明显刺突。

腹面观：腹部体表光滑，呈褐色或黑色。

图片展示

雄虫 - 侧面

雄虫 - 腹面

雌虫 - 背面

雌虫 - 腹面

尺寸展示

10 mm

雄虫 - 大型   雄虫 - 中型   雄虫 - 小型   雌虫

10 mm

高砂锯锹甲
Prosopocoilus motschulskii (Waterhouse, 1869)

分布	台湾
体长	30 ~ 65 mm（雄），20 ~ 36 mm（雌）
词源	拉丁学名源于昆虫学家 Motschulski；中文名源于其模式产地台湾高砂

物种描述

雄虫

背面观： 上颚在中部弯曲，基齿位于上颚中部，基齿后方具 1 枚内齿，基齿与上颚端部之间分布 2 ~ 3 枚内齿，全身呈红褐色或黑色。全身密布刻点。唇基呈三角形。前足胫节外侧具多枚连续的刺突，中足胫节具 1 枚刺突。前胸背板前端宽于末端。

侧面观： 复眼基本完整裸露。上颚向下弯曲。

腹面观： 腹部体表光滑，呈棕色或黑色。

雌虫

背面观： 体表粗糙，全身密布刻点且呈褐色或黑色。上颚弯曲。唇基呈梯形；前胸背板侧缘圆润。前胸足胫节具 3 ~ 4 枚明显的刺突；中足胫节和后足胫节各具 1 枚明显刺突。

腹面观： 腹部体表光滑，呈褐色或黑色。

图片展示

其他态展示

雄虫 - 侧面　　　雄虫 - 腹面　　　雌虫 - 背面　　　雌虫 - 腹面

红色型雄虫

尺寸展示

雄虫 - 大型　　　　　雄虫 - 中型　　　　　雄虫 - 小型　　　　　雌虫

10 mm

欧文锯锹甲
Prosopocoilus oweni (Hope, 1845)

Prosopocoilus oweni oweni (Hope, 1845) **原名亚种**

分布	云南
体长	20 ~ 45 mm（雄），15 ~ 28 mm（雌）
词源	拉丁学名原文未明确指出；中文名源于音译拉丁学名

物种描述

雄虫

背面观：上颚在基部弯曲，前端较直，上颚分为上下两层，上层和下层在上颚近基部各具 1 枚基齿，上颚端部呈截平状，分布多枚连续的内齿。全身呈黑色。眼缘后端具 1 枚凸起。唇基呈三角形。前足胫节外侧具多枚连续的刺突，中足胫节和后足胫节各具 1 枚刺突。前胸背板前端等宽十末端。

侧面观：复眼基本完整裸露。上颚向下稍微弯曲。

腹面观：腹部体表光滑，呈黑色。

雌虫

背面观：体表光滑，头部和前胸背板密布刻点，呈黑色。上颚弯曲。唇基呈梯形；前胸背板侧缘圆润。前足胫节笔直，具 3 ~ 4 枚明显的刺突；中足胫节和后足胫节各具 1 枚明显刺突。

腹面观：腹部体表光滑，呈黑色。

图片展示

雄虫 - 侧面

雄虫 - 腹面

雌虫 - 背面

雌虫 - 腹面

尺寸展示

| 雄虫 - 大型 | 雄虫 - 中型 | 雄虫 - 小型 | 雌虫 |

Prosopocoilus oweni melli (Kriesche, 1922) 华南亚种

分布	广西、广东、福建、江西、贵州
体长	19 ~ 40 mm（雄），15 ~ 25 mm（雌）
词源	拉丁学名源于标本采集者 Mell；中文名源于其模式产地我国华南地区

物种描述

雄虫

背面观： 上颚在基部弯曲，前端较直，上颚分为上下两层，上层基部具1枚基齿，下层近基部具1枚基齿及3枚内齿，上颚端部呈截平状，分布多枚连续的内齿。全身呈红褐色或黑色。眼缘后端具1枚凸起。唇基呈三角形。前足胫节外侧具多枚连续刺突，中足胫节和后足胫节各具1枚刺突。前胸背板前端等宽于末端。

侧面观： 复眼基本完整裸露。上颚向下稍微弯曲。

腹面观： 腹部体表光滑，呈红褐色或黑色。

雌虫

背面观： 头部和前胸背板密布刻点，呈褐色或黑色。上颚弯曲。唇基呈梯形；前胸背板侧缘圆润。前足胫节向内弯曲，具3 ~ 4枚明显的刺突；中足胫节和后足胫节各具1枚明显刺突。

腹面观： 腹部体表粗糙，呈褐色或黑色。

图片展示

雄虫 - 侧面

雄虫 - 腹面

雌虫 - 背面

雌虫 - 腹面

尺寸展示

10 mm

雄虫 - 大型

雄虫 - 中型

雄虫 - 小型

雌虫

10 mm

平齿锯锹甲

Prosopocoilus doris Kriesche, [1921]

分布	广西、海南、贵州
体长	19 ~ 45 mm（雄），15 ~ 25 mm（雌）
词源	拉丁学名未明确指出；中文名源于雄虫扁平的上颚

物种描述

雄虫

背面观：上颚形状较直，内侧基部分布 2 ~ 3 枚内齿，基齿位于上颚基部。头部和前胸背板呈红褐色或黑色，鞘翅呈黄褐色，鞘翅中部具 1 条明显的黑色条带。唇基呈三角形。前足胫节外侧刺突不发达。前胸背板前端等宽于末端。

侧面观：复眼基本完整裸露。

腹面观：腹部体表光滑，呈红褐色或黑色。

雌虫

背面观：全身密布刻点，呈褐色或黑色。唇基呈梯形；前胸背板侧缘圆润。前足胫节向内弯曲，具 3 ~ 4 枚明显的刺突；中足胫节和后足胫节各具 1 枚明显刺突。

腹面观：腹部呈褐色或黑色。

图片展示

雄虫 - 侧面

雄虫 - 腹面

雌虫 - 背面

雌虫 - 腹面

其他态展示

黑色型雄虫　　　　　　　　黑色型雌虫

尺寸展示

10 mm

雄虫 - 大型　　　　雄虫 - 中型　　　　雄虫 - 小型　　　　雌虫

丫纹锯锹甲

Prosopocoilus suturalis (Olivier, 1789)

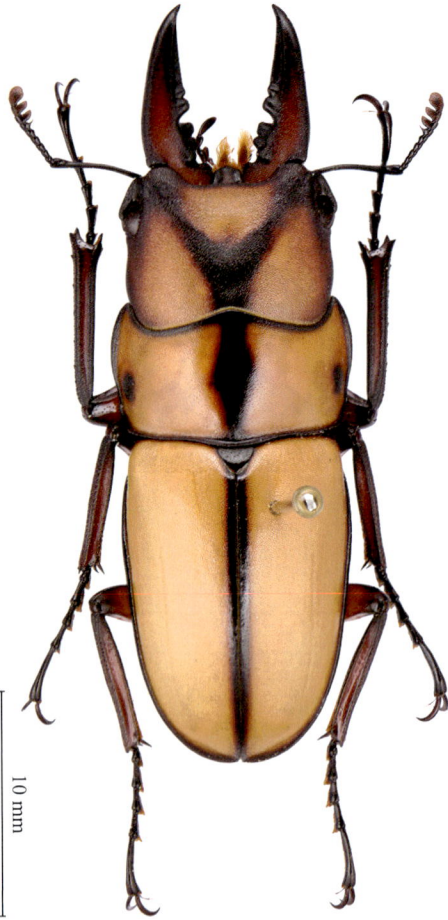

10 mm

分布	福建、广西、广东、海南、贵州、云南等
体长	20 ~ 50 mm（雄），15 ~ 25 mm（雌）
词源	拉丁学名源于拉丁文"*sutura*"，意为"缝合的"，形容雄虫头部两侧各具 1 条明显的黑色条纹，且在前胸背板处汇合；中文名源于成虫身体中央具明显的"丫"字形黑色条带

物种描述

雄虫

背面观： 上颚形状较直，上颚中部至端部具 4 ~ 5 枚内齿，上颚端部至基部 2/3 处具 1 枚基齿。体泽呈黄褐色，头部具"丫"字形斑块。唇基呈 3 枚凸起状。前足胫节外侧凸起不明显。前胸背板前端等宽于末端。

侧面观： 复眼基本完整裸露；胸足胫节表面基本光滑。

腹面观： 腹部呈黄褐色，足腿节具黄色斑块，中胸具对称的黄色斑块。

雌虫

背面观： 体表光滑，呈黄褐色，头部具不明显的"丫"字形斑块。唇基呈梯形；前胸背板侧缘圆润。前足胫节向内弯曲，刺突不明显；中足胫节和后足胫节各具 1 枚明显刺突。

腹面观： 腹部呈褐色或黑色，足腿节具黄色斑块，中胸具对称的黄色斑块。

图片展示

雄虫 - 侧面

雄虫 - 腹面

雌虫 - 背面

雌虫 - 腹面

尺寸展示

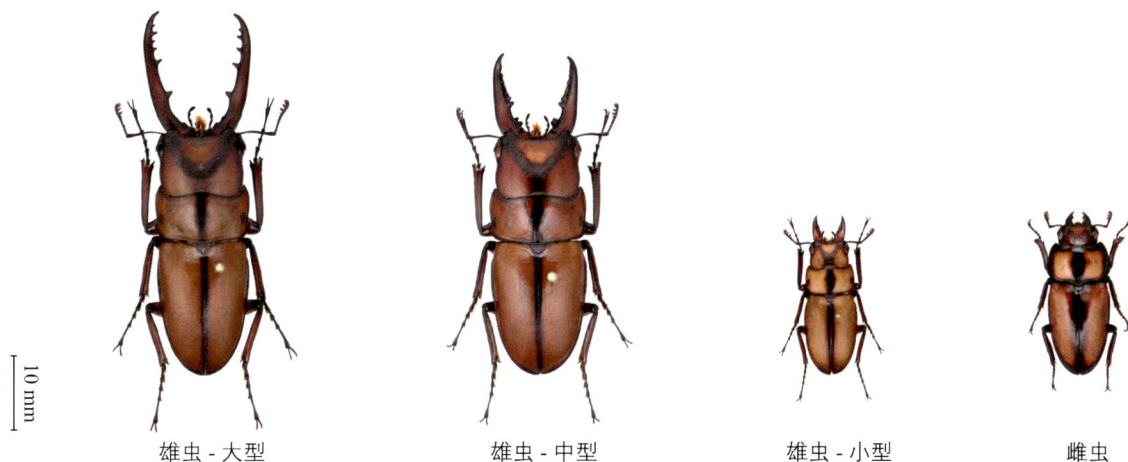

| 雄虫 - 大型 | 雄虫 - 中型 | 雄虫 - 小型 | 雌虫 |

10 mm

黄纹锯锹甲

Prosopocoilus biplagiatus (Westwood, 1855)

10 mm

分布	广西、广东、海南、贵州、福建、云南等
体长	20 ~ 50 mm（雄），16 ~ 30 mm（雌）
词源	拉丁学名源于拉丁文"*bi-*"，意为"两个"，"*-plagiatus*" 意为"斜的"，形容成虫身体两侧具明显倾斜分布的黄色斑块，且体色为明显的黑黄两色

物种描述

雄虫

背面观： 上颚在基部弯曲，内侧光滑，仅在基部具 2 ~ 3 枚内齿。头部呈黑色，头部两侧各具 1 枚明显的黄褐色斑块。前胸背板、鞘翅两侧各具大面积黄色斑块，体表光滑。头部和前胸背板密布刻点。眼缘后端呈明显三角形隆起。唇基呈梯形。前胸背板前端略窄于末端。

侧面观： 复眼基本完整裸露。前足胫节有多枚连续且明显的刺突，中足、后足胫节表面光滑。

腹面观： 腹部光滑，呈黑色。前足腿节底部、中足腿节端部具不明显的褐色斑块。个别个体足胫节呈亮红色。

雌虫

背面观： 上颚在端部弯曲，唇基呈梯形；前胸背板侧缘圆润。头部呈黑色。前胸背板、鞘翅两侧各具大面积黄色斑块，体表光滑。前足胫节向内弯曲，具 3 ~ 4 枚明显的刺突。

腹面观： 腹部光滑，呈黑色；足胫节、腿节均呈黑色。

图片展示

其他态展示

雄虫 - 侧面　　雄虫 - 腹面　　雌虫 - 背面　　雌虫 - 腹面

红色胫节雄虫

不同地域型之间的差异：

分布在云南盈江的种群胫节呈明显的红色。

尺寸展示

10 mm

雄虫 - 大型　　　　雄虫 - 中型　　　　雄虫 - 小型　　　　雌虫

10 mm

红背锯锹甲
Prosopocoilus spineus (Didier, 1927)

分布	广西、广东、福建、贵州
体长	19 ~ 57 mm（雄），16 ~ 27 mm（雌）
词源	拉丁学名源于拉丁文 "*spin-*"，意为 "刺"，形容雄虫粗大且具刺的后足胫节；中文名源于雄虫鞘翅基部两侧常具明显的红色斑块

物种描述

雄虫

背面观： 上颚在端部弯曲，基齿不发达，位于上颚基部约 2/3 处；上颚端部具 3 ~ 4 枚发达的内齿。头部、前胸背板呈黑色。鞘翅表面具大面积红色斑块。头部和前胸背板密布刻点。眼缘后端明显隆起。唇基呈梯形。前胸背板前端窄于末端。

侧面观： 复眼基本完整裸露，前足胫节外侧具多枚连续的刺突，中足、后足胫节外侧光滑，后足胫节内侧具发达的簇状刺突。

腹面观： 后胸、腹部体表光滑，呈黑色。

雌虫

背面观： 鞘翅光滑，体泽呈黑色。上颚在中部弯曲。唇基呈梯形；前胸背板侧缘圆润，末端向内凹陷。前足胫节向内弯曲，前胸足胫节具 3 ~ 4 枚明显的刺突。鞘翅末端呈明显的扁平状。

腹面观： 腹部体表光滑，呈黑色，鞘翅末端明显宽于腹部末端。

图片展示

雄虫 - 侧面

雄虫 - 腹面

雌虫 - 背面

雌虫 - 腹面

其他态展示

黑色型雄虫

尺寸展示

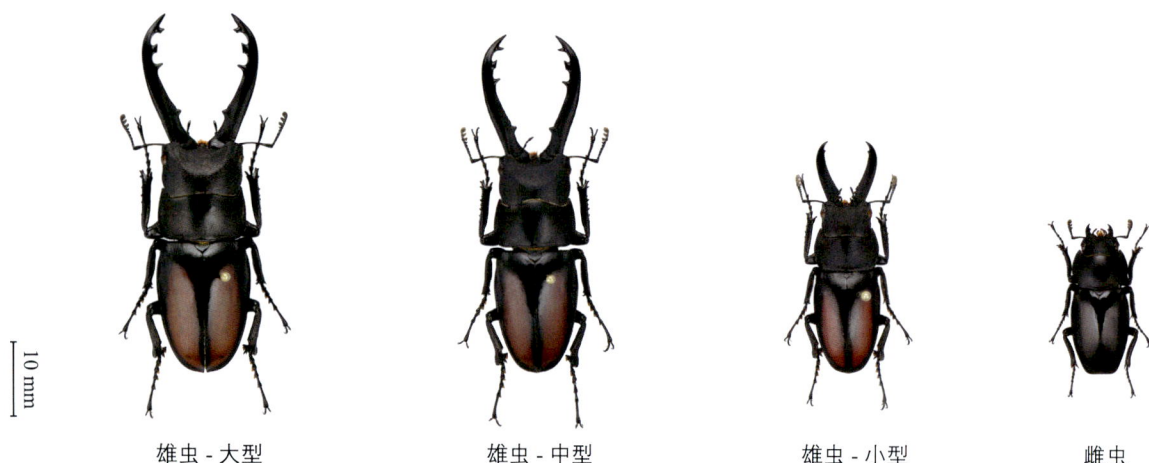

10 mm

雄虫 - 大型　　　　　雄虫 - 中型　　　　　雄虫 - 小型　　　　　雌虫

10 mm

吴氏锯锹甲
Prosopocoilus wuchaoi Huang & Chen, 2017

分布	云南
体长	25 ~ 50 mm（雄），16 ~ 25 mm（雌）
词源	种名源于标本采集者吴超

物种描述

雄虫

背面观： 上颚形状较直，基齿不发达，端部至基部具多枚连续的内齿。头部呈黑色，前胸背板和鞘翅呈褐色，体表光滑。头部和前胸背板密布刻点。眼缘后端呈明显隆起。唇基呈梯形。前胸背板呈梯形。

侧面观： 复眼基本完整裸露。前足胫节具多枚连续且明显的刺突，中足胫节表面光滑，后足胫节末端内侧具发达的三角形刺突。

腹面观： 腹部体表光滑，呈褐色。

雌虫

背面观： 头部和前胸背板表面较为粗糙，鞘翅光亮，体泽黑色。上颚在中部弯曲。唇基呈梯形；前胸背板侧缘圆润，末端向内凹陷。前足胫节强烈向内弯曲，前胸足胫节端部具 3 ~ 4 枚刺突。

腹面观： 腹部体表光滑，呈黑色。

图片展示

雄虫 - 侧面　　　　　　雄虫 - 腹面　　　　　　雌虫 - 背面　　　　　　雌虫 - 腹面

尺寸展示

10 mm

雄虫 - 大型　　　　　　雄虫 - 中型　　　　　　雄虫 - 小型　　　　　　雌虫

10 mm

四斑锯锹甲
Prosopocoilus suprebus (Bomans, 1971)

分布	云南
体长	25 ~ 52 mm（雄），20 ~ 25 mm（雌）
词源	拉丁学名未明确指出；中文名源于雄虫体表具明显的 4 枚橙色斑块

物种描述

雄虫

背面观： 上颚形状较直，基齿位于上颚基部约 2/3 处，端部具 3 ~ 4 枚内齿。头部及前胸背板呈黑色，前胸背板两侧各具 1 枚明显的橙色斑块。鞘翅表面具明显的大面积橙色斑块，体表光滑。眼缘后端明显隆起。唇基呈梯形。前胸背板前端窄于末端。

侧面观： 复眼基本完整裸露。前足胫节有多枚连续且明显的刺突，中足胫节表面光滑，后足胫节末端内侧呈明显的三角形刺突。

腹面观： 腹部体表光滑，呈黑色。中胸两侧各具 1 枚明显的橙红色斑块。

雌虫

背面观： 体泽呈黑色。上颚在端部弯曲。唇基呈梯形；前胸背板侧缘圆润，末端向内凹陷。前足胫节强烈向内弯曲，具 3 ~ 4 枚明显的刺突。

腹面观： 腹部光滑，呈黑色。

图片展示

雄虫 - 侧面

雄虫 - 腹面

雌虫 - 背面

雌虫 - 腹面

尺寸展示

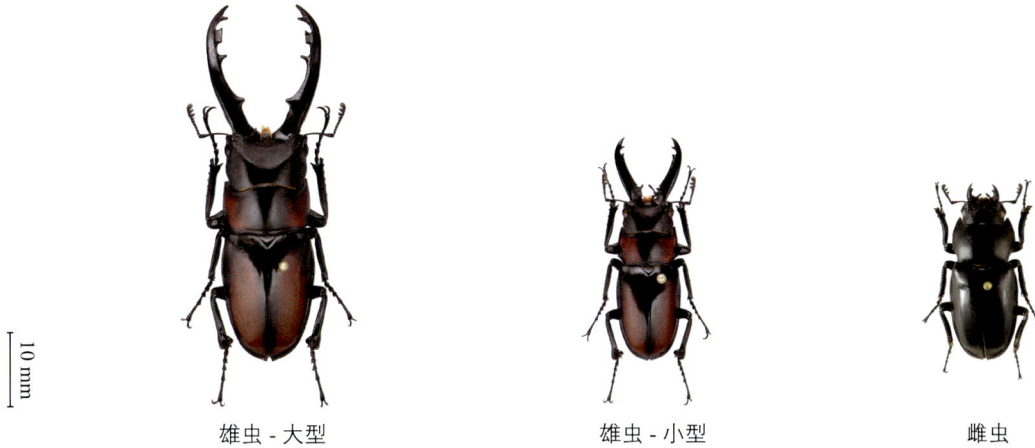

雄虫 - 大型   雄虫 - 小型   雌虫

10 mm

10 mm

毛胫四点锯锹甲
Prosopocoilus jenkinsi (Westwood, 1848)

分布	云南
体长	21 ~ 45.7 mm（雄），18 ~ 24 mm（雌）
词源	拉丁学名源于标本提供者 M. F. Jenkins；中文名源于成虫头部中央具明显的 4 枚凸起，且胸足胫节具明显的黄色鳞毛

物种描述

雄虫

背面观：上颚在端部弯曲，近端部具 2 枚内齿，基齿位于上颚基部。体泽褐色且粗糙，前胸背板及鞘翅中部具 1 条明显的黑色条带。头部中央具 4 枚明显凸起。唇基呈倒梯形。前胸背板前端等宽于末端，末端向内凹陷。

侧面观：复眼基本完整裸露，前足胫节外侧具多枚连续刺突，胫节末端具较长的毛簇。

腹面观：腹部体泽粗糙，呈褐色。

雌虫

背面观：体表粗糙，头部和前胸背板呈黑色，鞘翅中部呈黑色，边缘呈褐色。头部和前胸背板密布刻点。上颚弯曲。唇基呈梯形；前胸背板侧缘圆润，末端向内凹陷。前足胫节向内弯曲，具 2 ~ 3 枚明显刺突。中足胫节和后足胫节中部各具 1 枚刺突。

腹面观：腹部光亮，呈黑色，胸足胫节呈褐色。

图片展示

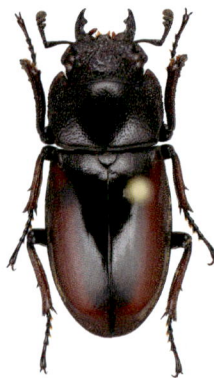

雄虫 - 侧面　　　　　雄虫 - 腹面　　　　　雌虫 - 背面　　　　　雌虫 - 腹面

尺寸展示

10 mm

雄虫 - 大型　　　　　雄虫 - 中型　　　　　雄虫 - 小型　　　　　雌虫

10 mm

四点锯锹甲
Prosopocoilus maclellandi (Hope, 1842)

分布	云南、广西
体长	18 ~ 46 mm（雄），18 ~ 24 mm（雌）
词源	拉丁学名源于标本采集者 Maclelland；中文名源于雄虫头部前端具明显的 4 枚点状凸起

物种描述

雄虫

背面观： 上颚在端部弯曲，基齿位于上颚基部约 2/3 处，近端部具多枚连续内齿。体泽褐色，表面粗糙。头部中央具 4 枚平行的凸起。唇基呈梯形。前胸背板前端明显宽于末端。

侧面观： 复眼基本完整裸露。前足胫节具多枚连续且明显的刺突，中足、后足胫节表面光滑。

腹面观： 中胸和腹部呈褐色。

雌虫

背面观： 上颚在端部弯曲，体表粗糙，头部和前胸背板呈黑色，鞘翅表面呈褐色。头部及前胸背板密布刻点。唇基呈梯形；前胸背板侧缘圆润，末端向内凹陷。前足胫节向内弯曲，前胸足胫节具 2 ~ 3 枚明显的刺突。中足胫节具 1 枚不发达的胫节刺突。

腹面观： 中胸、后胸呈黑色，腿节呈褐色。

图片展示

雄虫 - 侧面

雄虫 - 腹面

雌虫 - 背面

雌虫 - 腹面

尺寸展示

| 雄虫 - 大型 | 雄虫 - 中型 | 雄虫 - 小型 | 雌虫 |

10 mm

砂缘锯锹甲
Prosopocoilus laterotarsus (Houlbert, 1915)

分布	西藏
体长	25 ~ 48 mm（雄），20 ~ 30 mm（雌）
词源	拉丁学名源于拉丁文"*latero-*"，意为"边缘"，"*-tarsus*"意为"牛角状的"，形容雄虫上颚形状酷似牛角；中文名源于成虫鞘翅边缘表面较为粗糙

物种描述

雄虫

背面观： 上颚形状较直，基齿位于上颚基部约 2/3 处，上颚近端部具 2 ~ 4 枚连续的内齿。体泽褐色且粗糙，前胸背板和鞘翅中部具 1 条不明显的黑色条带。头部中央具 4 枚明显的凸起，唇基两侧尖锐，中部略微隆起。前胸背板前端等宽于末端，末端向内凹陷。

侧面观： 复眼基本完整裸露。前足胫节有多枚连续且明显的刺突，中足及后足胫节表面光滑。

腹面观： 腹部光滑，呈褐色。

雌虫

背面观： 上颚在端部弯曲，体表粗糙，头部和前胸背板呈黑色，鞘翅中央呈黑色，边缘呈褐色。头部、前胸背板及鞘翅边缘表面密布刻点。唇基呈梯形；前胸背板侧缘圆润，末端略向内凹陷。前足胫节向内弯曲，前胸足胫节刺突不发达。中足及后足胫节表面光滑。

腹面观： 中胸、后胸呈黑色，腿节呈褐色。

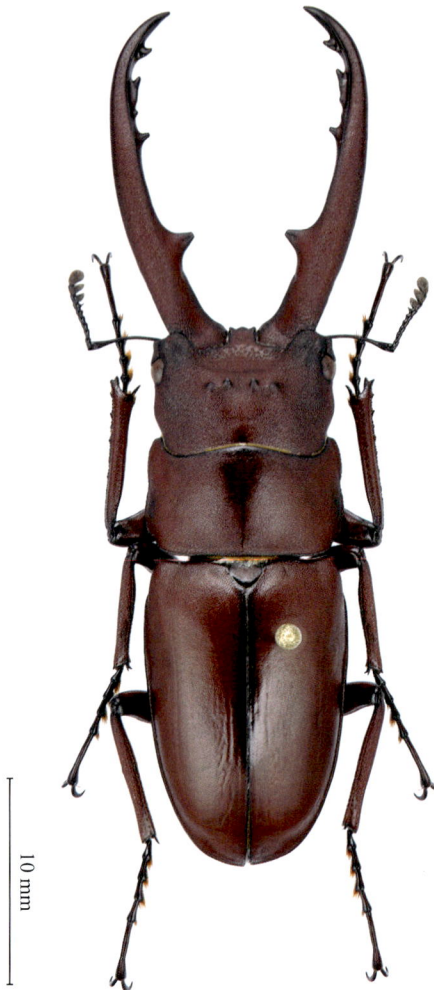

10 mm

图片展示

雄虫 - 侧面　　　　　雄虫 - 腹面　　　　　雌虫 - 背面　　　　　雌虫 - 腹面

尺寸展示

10 mm

雄虫 - 大型　　　　　雄虫 - 中型　　　　　雄虫 - 小型　　　　　雌虫

双钩锹甲
Miwanus formosanus (Miwa, 1929)

双钩锹甲属
Miwanus Huang & Chen, 2013

本属简介

本属因雄虫上颚内侧具 1 枚狭长且两端凸起的主内齿而得名。本属原本属于锯锹甲属的一个分支，但近年来被提升为独立属。本属目前仅内含 3 个命名亚种和 1 个未命名亚种。主要分布于我国台湾、广东、广西和华中地区。

本书记录双钩锹甲属 1 种。

双钩锹甲的外部形态特点

❶ 雄虫上颚内侧具 1 对平行的内齿，且在接近上颚端部处明显向内凹陷。

❶ 雌虫头部表面具明显的刻点状凹坑；前胸背板侧缘具明显的锯齿状结构。

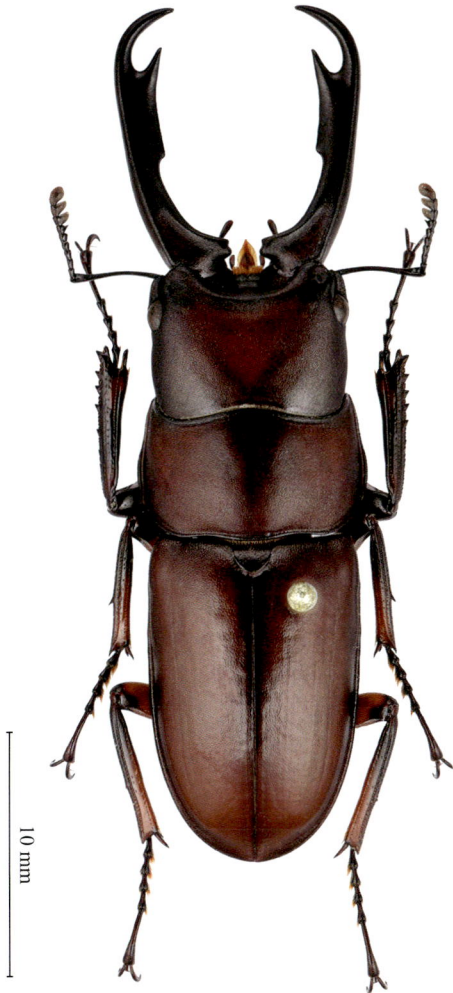

10 mm

双钩锹甲

Miwanus formosanus (Miwa, 1929)

Miwanus formosanus formosanus (Miwa, 1929) **原名亚种**

分布	台湾
体长	19 ~ 41 mm（雄），15 ~ 25 mm（雌）
词源	拉丁学名源于其模式产地台湾；中文名源于雄虫钩状上颚

物种描述

雄虫

背面观： 体泽褐色或黑色。上颚在近端部弯曲，内侧具 1 对凸起的、近平行的齿突；内齿前端尖锐且向上翘起。头部基部具不明显的"丫"状黑色条带。唇基基本退化。前胸背板略呈梯形，前端明显窄于后端。

侧面观： 眼缘呈方形，仅包裹复眼前端；前足胫节前端具 5 ~ 6 枚明显分立的刺突；中足胫节中部具 1 枚明显的刺突；后足胫节较为光滑。

腹面观： 腹部呈红褐色，胸足腿节呈较为明亮的橘色。

雌虫

背面观： 体泽褐色。头部表面具明显密集的刻点状凹坑。上颚在端部弯曲，内齿呈三角形。唇基略呈梯形；前胸背板两侧具明显的锯齿状结构，前端与后端等宽。前足胫节较笔直，前胸足胫节具 5 ~ 6 枚明显的刺突。中足、后足胫节均具 1 枚刺突。

腹面观： 中胸具明显的黄色鳞毛，胸足腿节呈较明亮的橘色。

图片展示

雄虫 - 侧面

雄虫 - 腹面

雌虫 - 背面

雌虫 - 腹面

其他态展示

黑色型雄虫

尺寸展示

雄虫 - 大型　　　　雄虫 - 中型　　　　雄虫 - 小型　　　　雌虫

Miwanus formosanus capricornus (Didier, 1931) 越南亚种

分布	广西
体长	28 ～ 47 mm（雄），18 ～ 22.4 mm（雌）
词源	拉丁学名源于拉丁文 "capri-"，意为 "山羊的"，"-cornus" 意为 "角"，形容雄虫上颚酷似山羊的犄角；中文名源于其模式产地越南

物种描述

雄虫

背面观: 体泽褐色至黑色。上颚较长，中部明显向内凹陷；上颚在近端部弯曲，内侧具 1 对凸起的，近平行的齿突；内齿前端尖锐且向上翘起。头部中央往往具明显的褐色斑块。唇基基本退化。前胸背板呈梯形，前端明显窄于后端。

侧面观: 眼缘呈方形，仅包裹复眼前端；前足胫节前端部具 5 ～ 6 枚明显分立的刺突；中足胫节中部具 1 枚明显的刺突；后足胫节较为光滑。

腹面观: 中胸具明显的黄色鳞毛，胸足腿节呈明亮的橘色。

雌虫

背面观: 体泽褐色。头部表面具明显密集的刻点状凹坑。上颚在端部弯曲，内齿呈三角形。唇基略呈梯形；前胸背板两侧略具锯齿状结构，后端略宽于前端。前足胫节较笔直，前胸足胫节具 5 ～ 6 枚明显的刺突。中足、后足胫节均具 1 枚刺突。

腹面观: 中胸具明显的黄色鳞毛，胸足腿节呈较明亮的褐色。

图片展示

雄虫 - 侧面　　　　　雄虫 - 腹面　　　　　雌虫 - 背面　　　　　雌虫 - 腹面

尺寸展示

10 mm

雄虫 - 大型　　　　　雄虫 - 中型　　　　　雄虫 - 小型　　　　　雌虫

Miwanus formosanus kishidai (Fujita, 2010) **两广亚种**

分布	广东、广西
体长	18 ~ 39 mm（雄），17 ~ 21 mm（雌）
词源	拉丁学名源于标本采集者 Kishida；中文名源于其分布于广东、广西

物种描述

雄虫

背面观： 体泽基本为黑色，鞘翅略呈褐色。上颚在中部弯曲，内侧具 1 对凸起的、近平行的齿突；内齿前端尖锐且向上翘起。头部与前胸背板均呈磨砂质感。唇基基本退化。前胸背板呈圆形，前端明显窄于后端。

侧面观： 眼缘呈方形，仅包裹复眼前端；前足胫节前端具 5 ~ 6 枚明显分立的刺突；中足胫节中部具 1 枚明显的刺突；后足胫节较为光滑。

腹面观： 腹部呈红褐色，胸足腿节呈较为明亮的橘色。

雌虫

背面观： 体泽褐色至黑色。头部表面具明显密集的刻点状凹坑。上颚在端部弯曲，内齿呈三角形。唇基呈梯形；前胸背板两侧具不明显的锯齿状结构，前端略窄于后端。前足胫节较笔直，前胸足胫节具 5 ~ 6 枚明显的刺突。中足、后足胫节均具 1 枚刺突。

腹面观： 中胸具稀疏的黄色鳞毛，胸足腿节呈较明亮的橘色。

图片展示

雄虫 - 侧面　　　　　　雄虫 - 腹面　　　　　　雌虫 - 背面　　　　　　雌虫 - 腹面

尺寸展示

10 mm

雄虫 - 大型　　　雄虫 - 中型　　　雄虫 - 小型　　　雌虫

10 mm

Miwanus formosanus ssp. 华中亚种

分布	四川、重庆、贵州、湖南、福建
体长	17 ~ 30 mm（雄），15 ~ 20 mm（雌）
词源	本种为未定名亚种；中文名源于其主要分布于我国华中地区

物种描述

雄虫

背面观：体泽褐色。上颚在端部弯曲，内侧具 1 对凸起齿突；内齿前端尖锐且向上翘起。头部与前胸背板均呈磨砂质感。唇基基本退化。前胸背板呈圆形，前端明显窄于后端。

侧面观：眼缘呈方形，仅包裹复眼前端；前足胫节前端具 5 ~ 6 枚明显分立的刺突；中足胫节具 1 枚明显刺突。

腹面观：腹部呈红褐色，胸足腿节呈褐色。

雌虫

背面观：体泽褐色至黑色。头部表面具明显密集的刻点状凹坑。上颚在端部弯曲，内齿呈三角形。唇基呈梯形；前胸背板两侧具不明显的锯齿状结构，前端略窄于后端。前足胫节较笔直，前胸足胫节具 5 ~ 6 枚明显的刺突。中足、后足胫节均具 1 枚刺突。

腹面观：中胸具稀疏的黄色鳞毛，胸足腿节呈较明亮的橘色。

图片展示

雄虫 - 侧面

雄虫 - 腹面

雌虫 - 背面

雌虫 - 腹面

尺寸展示

10 mm

雄虫

雌虫

双钩锹甲
Miwanus formosanus (Miwa, 1929)
Miwanus formosanus formosanus (Miwa, 1929) 原名亚种

双钩锹甲
Miwanus formosanus (Miwa, 1929)
Miwanus formosanus capricornus (Didier, 1931) 越南亚种

双钩锹甲
Miwanus formosanus (Miwa, 1929)
Miwanus formosanus kishidai (Fujita, 2010) 两广亚种

双钩锹甲
Miwanus formosanus (Miwa, 1929)
Miwanus formosanus ssp. 华中亚种

小刀锹甲属
Falcicornis Planet, 1894

南红小刀锹甲
Falcicornis pseudaxis (Didier, 1926)

本属简介
小刀锹甲属
Falcicornis Planet, 1894

本属雄虫的形态特征近似于大锹甲属，且本属成虫体型娇小，故被称为"小刀锹甲属"。本属在分类学上尚且存在一定争议：日本分类学者通常将其整个归入大锹属，但中国和欧洲学者均将其视为独立属。本书将小刀锹甲作为独立属描述并介绍。

本属广泛分布于我国各地。其成虫野外发生季节多为每年 6—8 月。小刀锹甲对光线较为敏感，可以通过灯诱法进行观察。

本书记录小刀锹甲属 18 种。

小刀锹甲的外部形态特点

❶ 雄虫身型细长或非常矮小；身型细长的雄虫上颚在接近端部具 4 ～ 6 枚集中连续的小齿状凸起，或 1 枚三分叉状基齿。身型矮小的雄虫上颚长度短于头部，上颚内侧仅具 1 枚明显的基齿，以及 1 枚不发达的小齿。

❶ 雌虫上颚端部尖锐，形状笔直。

❷ 雌虫复眼缘结构不发达，复眼面积较大。

❸ 雌虫身型细长，鞘翅、前胸背板表面一般具明显的刻点状凹坑。

10 mm

黄毛小刀锹甲
Falcicornis mellianus (Kriesche, [1921])

别名：秀丽扁锹甲

分布	浙江、福建、广东、广西、贵州、湖南、重庆、江西等
体长	18 ～ 38 mm（雄），14 ～ 20 mm（雌）
词源	拉丁学名源于拉丁文"*mell-*"，意为"蜂蜜色的"，形容雄虫上颚黄色鳞毛的颜色；中文名源于雄虫上颚腹面具密集的黄色鳞毛

物种描述

雄虫

背面观： 上颚形状笔直，在端部呈直角状弯折。近端部小齿呈三分叉状，上颚内侧具黄色鳞毛。前胸背板形状呈梯形；头部唇基平坦。体泽棕色。

侧面观： 复眼缘不发达；前胸足胫节具刺突；胸足胫节呈褐色。

腹面观： 后胸两侧和下唇具明显黄色鳞毛，胸足腿节呈褐色，表面具1层不明显的黄色鳞毛。

雌虫

背面观： 体泽棕色，身型细长。前胸背板呈方形，表面具明显刻点状凹坑；复眼面积较大。鞘翅沿中线两侧各具1条明显的点状沟纹。

腹面观： 后胸具厚重黄色鳞毛；胸足腿节、胫节呈棕色。

图片展示

雄虫 - 侧面

雄虫 - 腹面

雌虫 - 背面

雌虫 - 腹面

尺寸展示

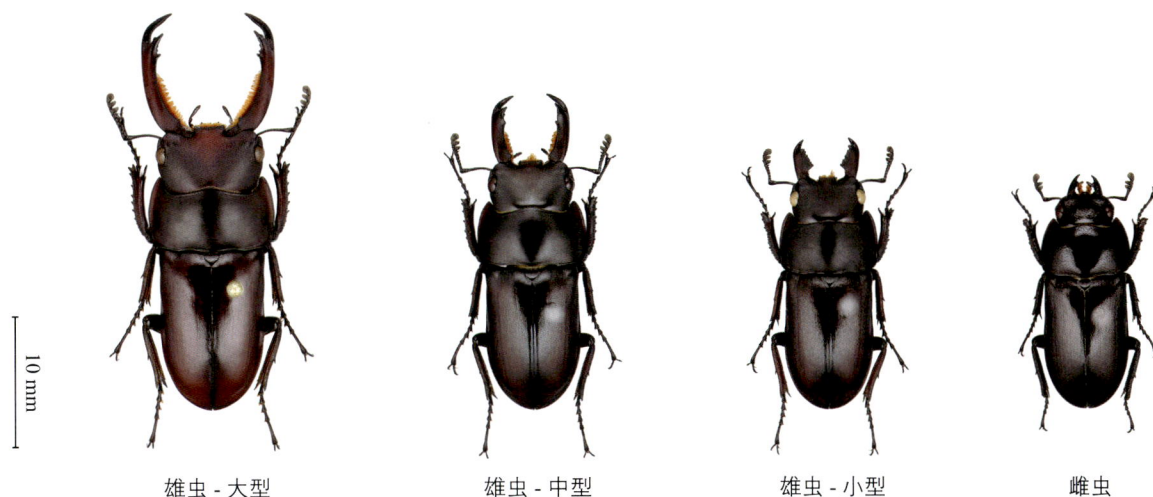

雄虫 - 大型

雄虫 - 中型

雄虫 - 小型

雌虫

叉齿小刀锹甲

Falcicornis seguyi (de Lisle, 1955)

分布	浙江、福建、广东、广西、贵州、云南、海南
体长	18 ~ 32 mm（雄），13 ~ 18 mm（雌）
词源	拉丁学名源于标本采集者 E. Seguy；中文名源于雄虫上颚端部发达的叉齿结构

物种描述

雄虫

背面观： 上颚形状笔直，在端部弯曲。近端部具 1 枚发达的基齿，上颚内侧光滑。前胸背板形状呈方形，前端略微内凹；头部唇基中间凹陷。体泽棕色。

侧面观： 复眼缘不发达，基齿内侧具数枚独立的齿突；前胸足胫节具刺突；胸足胫节呈褐色且内侧具棕色鳞毛。

腹面观： 下唇表面、胸足腿节下方具明显黄色鳞毛；前胸背板和胸足腿节颜色呈棕色。

雌虫

背面观： 体泽黑色，身型粗壮。前胸背板呈梯形，表面具明显刻点状凹坑；复眼面积较大，上颚较短小且形状笔直；鞘翅表面较光滑。

腹面观： 后胸光滑；中、后胸足腿节下方具黄色鳞毛。

图片展示

雄虫 - 侧面　　　　　雄虫 - 腹面　　　　　雌虫 - 背面　　　　　雌虫 - 腹面

尺寸展示

10 mm

雄虫 - 大型　　　　　雄虫 - 中型　　　　　雄虫 - 小型　　　　　雌虫

10 mm

南红小刀锹甲
Falcicornis pseudaxis (Didier, 1926)

分布	云南
体长	18 ~ 30 mm（雄），13 ~ 18 mm（雌）
词源	拉丁学名源于与近缘种 *F. axisopsis* 较为接近；中文名源于其雄虫体色为红色，且分布于云南西双版纳

物种描述

雄虫

背面观： 上颚形状笔直，在端部呈直角略微弯折。近端部具 1 枚基齿，上颚内侧光滑。前胸背板形状呈方形，左右两侧各具 1 枚明显黑斑；头部唇基向内凹陷。体泽棕色，鞘翅中央表面具大面积黑色。

侧面观： 复眼缘不发达；前足胫节具 6 ~ 7 枚明显分立的刺突；胸足胫节呈褐色且内侧具棕色鳞毛。

腹面观： 下唇表面具明显黄色鳞毛；腹面整体呈褐色。

雌虫

背面观： 鞘翅两侧呈褐色，身型纤细。前胸背板呈梯形，表面具明显刻点状凹坑；复眼面积较大，上颚较短小；鞘翅表面具刻点状凹坑。

腹面观： 后胸光滑；中、后胸足腿节下方具黄色鳞毛。

图片展示

雄虫 - 侧面

雄虫 - 腹面

雌虫 - 背面

雌虫 - 腹面

尺寸展示

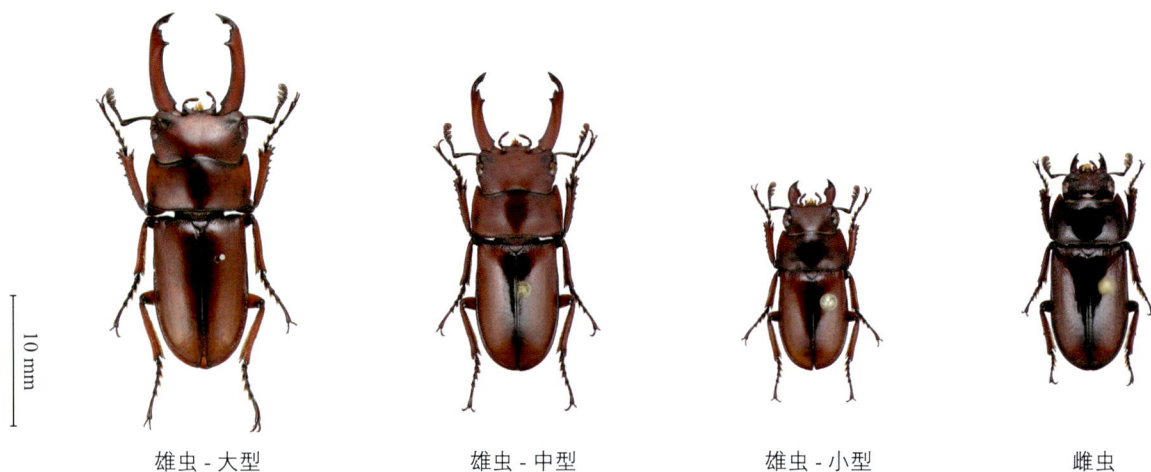

10 mm

雄虫 - 大型　　　　雄虫 - 中型　　　　雄虫 - 小型　　　　雌虫

10 mm

西藏小刀锹甲
Falcicornis humilis (Arrow, 1935)

分布	西藏
体长	16.8 mm（雄），雌虫未检视
词源	拉丁学名源于拉丁文"*humi-*"，意为"小的"，形容雄虫体型较小；中文名源于其分布于西藏

物种描述

雄虫

背面观： 上颚形状弯曲，略等于头长。近端部具 1 枚发达基齿，上颚内侧光滑。前胸背板形状呈方形，前端明显宽于头长且呈直角状弯折；头部唇基呈方形。体泽棕色，鞘翅沿中线两侧具 1 条明显的刻点状条带。

侧面观： 复眼缘不发达；前胸足胫节具发达刺突；中、后胸足胫节呈褐色，表面光滑无任何刺突。

腹面观： 腹面整体呈褐色，胸足跗节上具厚重黄色鳞毛。

图片展示

雄虫 - 侧面

雄虫 - 腹面

拟戟小刀锹甲
Falcicornis taibaishanensis (Schenk, 2008)

10 mm

分布	浙江、福建、广东、广西、贵州、湖南
体长	14 ~ 20 mm（雄），13 ~ 16 mm（雌）
词源	拉丁学名源于其模式产地太白山；中文名源于其形态特征与戟小刀锹接近

物种描述

雄虫

背面观： 上颚形状弯曲，略等于头长。近端部具 1 枚双分叉状基齿，上颚内侧光滑。前胸背板形状呈方形，前端明显宽于头长且呈直角状弯折；头部唇基呈方形，中间略微凹陷。体泽棕色，鞘翅沿中线两侧具 1 条明显的刻点状条带。

侧面观： 复眼缘不发达；前胸足胫节具发达刺突；中、后胸足胫节呈褐色，表面光滑无任何刺突。

腹面观： 腹面整体呈褐色，胸足基节窝、腿节和胸足跗节上具厚重黄色鳞毛。

雌虫

背面观： 鞘翅表面具明显的刻点状沟纹，身型纤细。前胸背板呈梯形，表面具明显刻点状凹坑；复眼面积较大，上颚较短小。

腹面观： 腹面整体呈褐色，胸足基节窝、腿节和胸足跗节上具厚重黄色鳞毛。

图片展示

雄虫 - 侧面　　　　　雄虫 - 腹面　　　　　雌虫 - 背面　　　　　雌虫 - 腹面

尺寸展示

10 mm

雄虫 - 大型　　　　　　　雄虫 - 中型　　　　　　　雌虫

戟小刀锹甲

Falcicornis vernicatus (Arrow, 1938)

10 mm

分布	云南、西藏
体长	14 ~ 22 mm（雄），14 ~ 18 mm（雌）
词源	拉丁学名源于拉丁文"*vernix*"，意为"清漆质感的"，形容成虫体表光泽度很高；中文名源于雄虫较为尖锐的基齿结构

物种描述

雄虫

背面观：上颚形状弯曲，短于头长。近端部具 1 枚双分叉状基齿，上颚内侧光滑。前胸背板形状呈梯形，前端明显宽于头长且较为圆润；头部唇基呈方形，中间无明显凹陷。体泽棕色，鞘翅沿中线两侧具 1 条明显的刻点状条带。

侧面观：复眼缘不发达；前胸足胫节具不发达刺突；中、后胸足胫节呈褐色，表面光滑无任何刺突。

腹面观：腹面整体呈褐色，胸足基节窝处具较长簇状鳞毛。

雌虫

背面观：鞘翅表面具明显的刻点状沟纹，身型纤细。前胸背板呈梯形，表面具明显刻点状凹坑；复眼面积较大，上颚较短小。

腹面观：腹面整体呈褐色，胸足基节窝处具较长簇状鳞毛。

图片展示

雄虫 - 侧面

雄虫 - 腹面

雌虫 - 背面

雌虫 - 腹面

尺寸展示

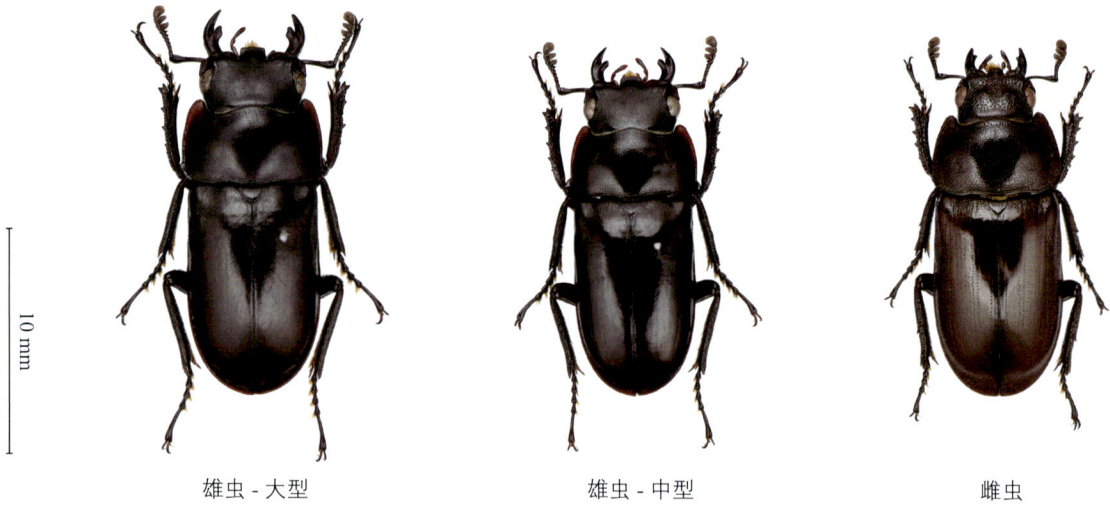

雄虫 - 大型   雄虫 - 中型   雌虫

何氏小刀锹甲
Falcicornis heyangi Huang & Chen, 2013

分布	西藏
体长	14 ~ 18 mm（雄），13 ~ 14.5 mm（雌）
词源	种名源于标本采集者何洋

物种描述

雄虫

背面观： 上颚端部弯曲，短于头长。近端部具 1 枚双分叉状基齿，上颚内侧光滑，基部具明显隆起。前胸背板形状呈半圆形，前端明显宽于头长；头部唇基呈梯形，中间略微凹陷。体泽棕色，身体表面具明显刻点状凹坑。

侧面观： 复眼缘不发达；前胸足胫节刺突不明显；中、后胸足胫节表面光滑无任何刺突。

腹面观： 腹面整体呈褐色，胸足基节窝、腿节下端处具较长簇状鳞毛。

雌虫

背面观： 鞘翅表面具明显的刻点状沟纹，身型纤细。前胸背板呈圆形，表面具明显刻点状凹坑；复眼面积较大，上颚非常短小。

腹面观： 腹面整体呈褐色，中、后胸足基节窝处具较长簇状鳞毛。

图片展示

雄虫 - 侧面

雄虫 - 腹面

雌虫 - 背面

雌虫 - 腹面

尺寸展示

10 mm

雄虫 - 大型

雌虫

10 mm

雄虫 - 北部型

皮氏小刀锹甲

Falcicornis pieli (Didier & Séguy, 1953)

Falcicornis pieli pieli (Didier & Séguy, 1953) **原名亚种**

分布	北京、天津、河南、安徽、浙江、福建、四川、重庆、江西、广东、广西、贵州
体长	17 ~ 35 mm（雄），14 ~ 17 mm（雌）
词源	拉丁学名原文未指出；中文名源于音译拉丁学名

物种描述

雄虫

背面观： 上颚形状笔直。近端部具 1 枚三分叉状基齿，上颚内侧光滑，端部锐利。前胸背板形状呈梯形，前端明显宽于头长；头部唇基两侧略微隆起，中间凹陷。体泽黑色。

侧面观： 复眼缘不发达；前胸足胫节刺突不发达；中、后胸足胫节表面光滑无任何刺突。

腹面观： 后胸两侧呈褐色且略有鳞毛，胸足腿节呈红色。

雌虫

背面观： 鞘翅表面具纵向刻点状沟纹，身型纤细。前胸背板前端狭窄，表面具明显刻点状凹坑；复眼面积较大，上颚较长，前端锐利。

腹面观： 后胸两侧呈褐色且略具鳞毛，胸足腿节呈红色。

10 mm

雄虫 - 南部型

不同地域型之间的差异：

本亚种可根据地理分布分为北部型和南部型。北部型雌雄胸足腿节呈红色，雄虫上颚较弯曲；南部型雌雄胸足腿节略呈黄色，雄虫上颚较直。

图片展示（北部型）

  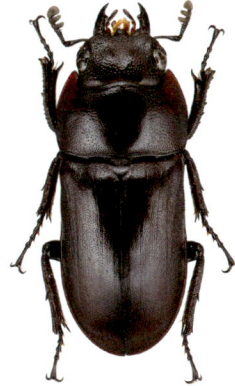 

雄虫 - 侧面　　　　　雄虫 - 腹面　　　　　雌虫 - 背面　　　　　雌虫 - 腹面

图片展示（南部型）

雄虫 - 侧面　　　　　雄虫 - 腹面　　　　　雌虫 - 背面　　　　　雌虫 - 腹面

尺寸展示（北部型）

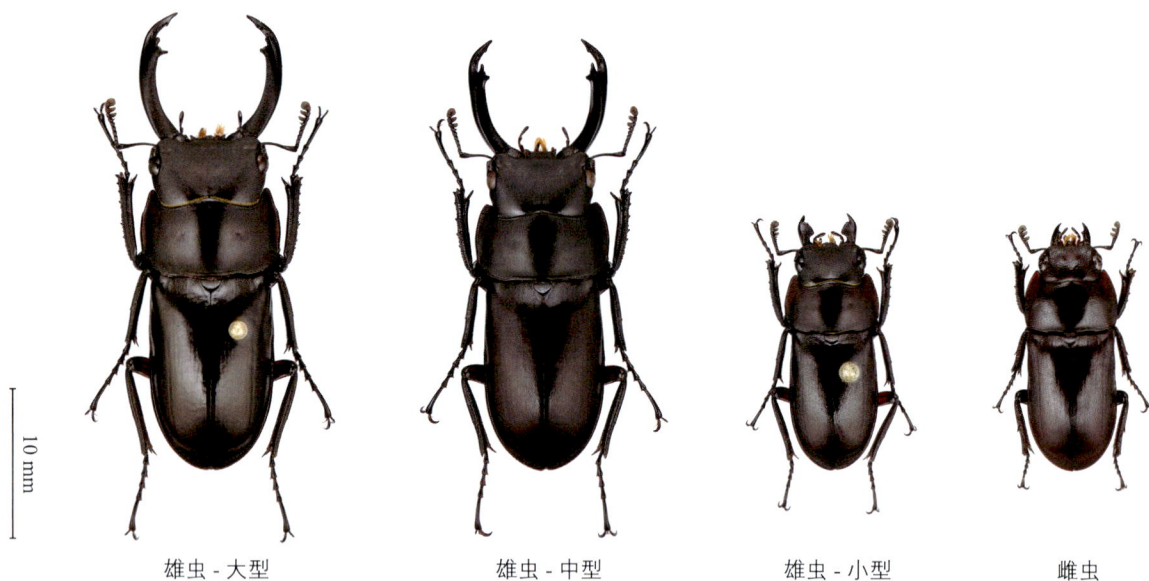

雄虫 - 大型　　　　　　雄虫 - 中型　　　　　　雄虫 - 小型　　　　　　雌虫

尺寸展示（南部型）

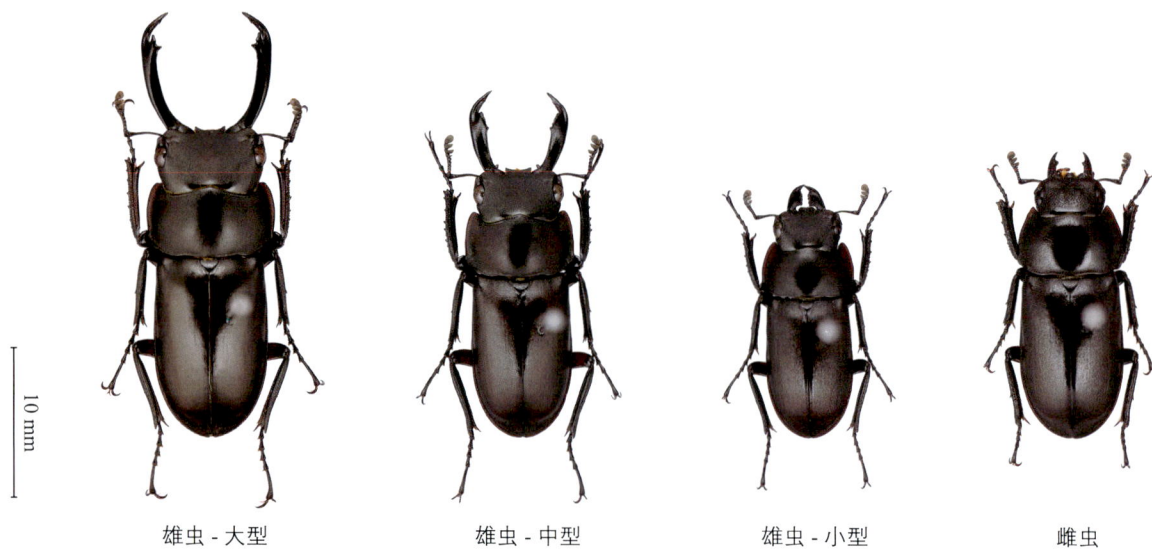

雄虫 - 大型　　　　　　雄虫 - 中型　　　　　　雄虫 - 小型　　　　　　雌虫

10 mm

Falcicornis pieli mochizukii (Miwa, 1937) 宝岛亚种

别名：望月小刀锹甲

分布	台湾
体长	19 ~ 41 mm（雄），16 ~ 22.5 mm（雌）
词源	拉丁学名源于标本采集者 A. Mochizuki；中文名源于其模式产地台湾

物种描述

雄虫

背面观： 上颚形状笔直，端部略弯曲。近端部具 1 枚三分叉状基齿，上颚内侧光滑，端部锐利。前胸背板形状呈梯形，前端明显宽于头长；头部唇基两侧略微隆起，中间凹陷。体泽黑色。

侧面观： 复眼缘不发达；前胸足胫节刺突不发达；中、后胸足胫节表面光滑无任何刺突。

腹面观： 后胸两侧呈黑色且略具鳞毛，胸足腿节呈黑色。

雌虫

背面观： 鞘翅表面具纵向刻点凹坑，身型纤细。前胸背板前端狭窄，表面具明显刻点状凹坑；复眼面积较大，上颚较长，前端锐利。

腹面观： 后胸两侧呈黑色且略具鳞毛，胸足腿节呈黑色。

图片展示

雄虫 - 侧面

雄虫 - 腹面

雌虫 - 背面

雌虫 - 腹面

尺寸展示

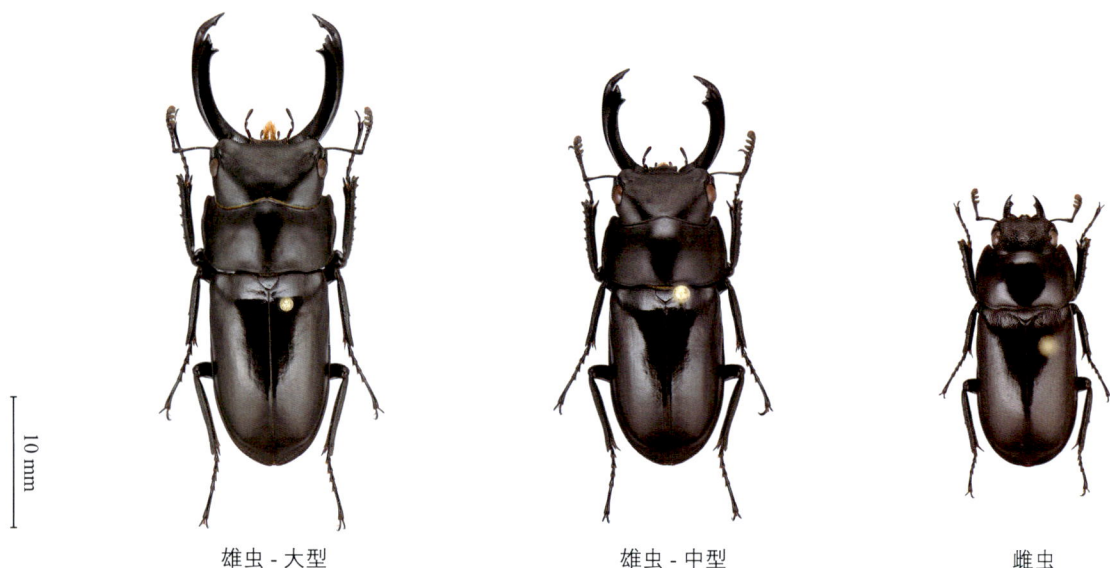

雄虫 - 大型　　　　　　　雄虫 - 中型　　　　　　　雌虫

越南小刀锹甲
Falcicornis itoi (Bomans, 1993)

分布	云南
体长	15 ~ 20.1 mm（雄），14 ~ 16 mm（雌）
词源	拉丁学名源于标本采集者 Ito；中文名源于其模式产地越南

物种描述

雄虫

背面观： 上颚形状弯曲，近等于头长。近端部具 1 枚基齿，上颚内侧光滑，基部具明显隆起。前胸背板形状呈半圆形，前端明显宽于头长；头部唇基明显凸起呈梯形，中间平坦。体泽棕色。

侧面观： 复眼缘不发达；前胸足胫节具明显刺突；中、后胸足胫节表面光滑无任何刺突。

腹面观： 腹面整体呈褐色，胸足基节窝、腿节下端和跗节表面处具较长簇状鳞毛。

雌虫

背面观： 鞘翅表面较为光滑，身型纤细。前胸背板呈圆形，表面具明显刻点状凹坑；复眼面积较大，上颚短小，前端锐利。

腹面观： 腹面整体呈褐色，中、后胸足基节窝处具较长簇状鳞毛。

图片展示

雄虫 - 侧面　　　　　　雄虫 - 腹面　　　　　　雌虫 - 背面　　　　　　雌虫 - 腹面

尺寸展示

10 mm

雄虫　　　　　　　　　　　雌虫

10 mm

莫氏小刀锹甲
Falcicornis moellenkampi (Nagel, 1924)

Falcicornis moellenkampi moellenkampi (Nagel, 1924)
原名亚种

分布	云南、贵州
体长	19 ~ 34 mm（雄），16 ~ 22.6 mm（雌）
词源	种名源于标本提供者 Moellenkamp

物种描述

雄虫

背面观： 上颚形状笔直，端部呈直角弯曲。近端部具 1 枚三分叉状基齿，上颚内侧光滑，端部锐利。前胸背板形状呈半圆形，前端明显宽于头部；头部唇基不发达。体泽棕色。

侧面观： 复眼缘不发达；前胸足胫节具数枚发达刺突，中、后胸足胫节表面各具 1 枚刺突。

腹面观： 后胸两侧呈褐色且略具鳞毛，胸足腿节呈褐色。

雌虫

背面观： 鞘翅表面光滑，两侧具明显棕色条带，身型纤细。前胸背板前端狭窄，表面光滑；复眼面积较大，上颚较长，前端锐利。

腹面观： 后胸两侧呈褐色且略具鳞毛，胸足腿节呈褐色。

图片展示

雄虫 - 侧面

雄虫 - 腹面

雌虫 - 背面

雌虫 - 腹面

其他态展示

黑色型雄虫

尺寸展示

雄虫 - 大型   雄虫 - 中型   雄虫 - 小型   雌虫

Falcicornis moellenkampi bomansi (Lacroix, 1981) 滇西亚种

分布	云南
体长	17 ~ 38 mm（雄），18 ~ 25 mm（雌）
词源	拉丁学名源于标本采集者 H. E. Bomans；中文名源于其模式产地云南西部

物种描述

雄虫

背面观： 上颚形状笔直，端部呈直角弯曲。近端部具 1 枚三分叉状基齿，上颚内侧光滑，端部锐利。前胸背板形状呈半圆形，前端明显宽于头部；头部唇基不发达。体泽黑色。

侧面观： 复眼缘不发达；前胸足胫节具数枚发达刺突，中胸足胫节表面具 1 枚刺突，后胸足胫节光滑。

腹面观： 后胸两侧呈黑色且略具鳞毛，胸足腿节呈黑色。

雌虫

背面观： 鞘翅表面光滑，体泽黑色，身型纤细。前胸背板前端狭窄，表面光滑；复眼面积较大，上颚较长，前端锐利。

腹面观： 后胸两侧呈黑色且略具鳞毛，胸足腿节呈黑色。

图片展示

雄虫 - 侧面

雄虫 - 腹面

雌虫 - 背面

雌虫 - 腹面

尺寸展示

10 mm

雄虫 - 大型

雄虫 - 中型

雄虫 - 小型

雌虫

10 mm

红河小刀锹甲
Falcicornis ruficrus (de Lisle, 1970)

分布	云南
体长	18 ~ 32 mm（雄），12 ~ 20 mm（雌）
词源	拉丁学名源于成虫暗红色的腿节；中文名源于其主要分布于云南红河

物种描述

雄虫

背面观：上颚形状笔直，端部弯曲。近端部具 1 枚三分叉状基齿，上颚内侧光滑，端部锐利。前胸背板形状呈梯形，前端明显宽于头部；头部唇基不发达，两侧各具 1 枚尖锐凸起。体泽棕色。

侧面观：复眼缘不发达；前胸足胫节具数枚发达刺突，中胸足胫节表面具 1 枚刺突。

腹面观：后胸两侧呈橘色且略具鳞毛，胸足腿节呈橘色。

雌虫

背面观：鞘翅表面具刻点状凹坑，两侧具明显棕色条带，身型纤细。前胸背板呈半圆形，表面具刻点状凹坑；复眼面积较大，上颚较长，前端锐利。

腹面观：后胸两侧呈橘色且略具鳞毛，胸足腿节呈橘色。

图片展示

雄虫 - 侧面

雄虫 - 腹面

雌虫 - 背面

雌虫 - 腹面

尺寸展示

10 mm

| 雄虫 - 大型 | 雄虫 - 中型 | 雄虫 - 小型 | 雌虫 |

10 mm

比西纳小刀锹甲

Falcicornis bisignatus (Parry, 1862)

别名：束胸小刀锹甲

分布	云南、西藏
体长	22 ~ 45 mm（雄），17 ~ 28 mm（雌）
词源	拉丁学名源于拉丁文 "*bi-*" "*signatus*"，意为 "具有 2 个斑点的"，形容成虫鞘翅末端具 2 枚很小的黄色斑点；中文名源于音译拉丁学名

物种描述

雄虫

背面观： 上颚形状笔直，端部呈直角弯曲。近端部具 1 枚三分叉状基齿，上颚内侧光滑，端部锐利。前胸背板形状呈方形，前端凸起，中段略微凹陷；头部唇基不发达，两侧各 1 枚尖锐凸起。体泽黑色，鞘翅末端两侧各具 1 枚狭窄的黄色斑块。

侧面观： 复眼缘不发达；前胸足胫节具数枚发达刺突，中胸足胫节表面具 1 枚刺突。

腹面观： 后胸两侧呈黑色且略具鳞毛，胸足腿节具狭窄黄色斑块。

雌虫

背面观： 鞘翅表面较光滑，末端两侧各具 1 枚狭窄的黄色斑块，身型纤细。前胸背板前端狭窄，表面光滑；复眼面积较大，上颚较长，前端锐利。

腹面观： 后胸两侧呈黑色且略具鳞毛，胸足腿节具狭窄黄色斑块。

图片展示

雄虫 - 侧面　　　　雄虫 - 腹面　　　　雌虫 - 背面　　　　雌虫 - 腹面

尺寸展示

10 mm

雄虫 - 大型　　　　雄虫 - 中型　　　　雄虫 - 小型　　　　雌虫

10 mm

滇越小刀锹甲

Falcicornis rufonotatus (Pouillaude, 1913)

分布	云南
体长	19 ~ 39 mm（雄），18 ~ 23.5 mm（雌）
词源	拉丁学名源于拉丁文"*rufus*""*nostatus*"，意为"红色标记的"，形容成虫鞘翅末端具明显的色斑（但实际上为黄色）；中文名源于其主要分布于我国云南和越南

物种描述

雄虫

背面观： 上颚形状笔直，端部呈直角弯曲。近端部具 1 簇 3 ~ 5 枚齿突组成的基齿，上颚内侧光滑，端部锐利。前胸背板前端凹陷，后端侧角发达；头部唇基不发达，两侧各具 1 枚尖锐凸起。体泽黑色，鞘翅末端两侧具 1 枚明显的黄色斑块。

侧面观： 复眼缘不发达；前胸足胫节具数枚发达刺突，中胸足胫节表面具 1 枚刺突。

腹面观： 后胸两侧呈黑色且略具鳞毛，胸足腿节通常呈黑色。

雌虫

背面观： 鞘翅表面较光滑，末端两侧具 1 枚明显的黄色斑块，身型纤细。前胸背板前端狭窄，表面光滑；复眼面积较大，上颚较长，前端锐利。

腹面观： 后胸两侧呈黑色且略具鳞毛，胸足腿节通常呈黑色。

图片展示

雄虫 - 侧面

雄虫 - 腹面

雌虫 - 背面

雌虫 - 腹面

尺寸展示

雄虫 - 大型   雄虫 - 中型   雄虫 - 小型   雌虫

10 mm

华南小刀锹甲
Falcicornis songianus (Didier & Séguy, 1953)

分布	四川、重庆、广西、广东、江西、福建、贵州、云南
体长	19 ~ 37 mm（雄），18 ~ 23 mm（雌）
词源	拉丁学名来源原文未指明；中文名源于其分布于我国华南地区

物种描述

雄虫

背面观： 上颚形状笔直，端部呈直角弯曲。近端部具 1 簇 3 ~ 5 枚齿突组成的基齿，上颚内侧光滑，端部锐利。前胸背板前端略微凹陷，后端明显隆起；头部唇基不发达，两侧各具 1 枚尖锐凸起。体泽黑色，鞘翅表面偶尔呈棕色。

侧面观： 复眼缘不发达；前胸足胫节具数枚发达刺突，中胸足胫节表面具 1 枚刺突。

腹面观： 后胸两侧呈黑色且略具鳞毛，胸足腿节具明显黄色斑块。

雌虫

背面观： 鞘翅表面光滑，中线两侧各具 1 条刻点状沟纹，身型纤细。前胸背板形状呈梯形，表面光滑；复眼面积较大，上颚短小，前端锐利。

腹面观： 后胸两侧呈黑色且略具鳞毛，胸足腿节呈黑色，偶具黄色斑块。

10 mm

图片展示

雄虫 - 侧面　　　　　雄虫 - 腹面　　　　　雌虫 - 背面　　　　　雌虫 - 腹面

尺寸展示

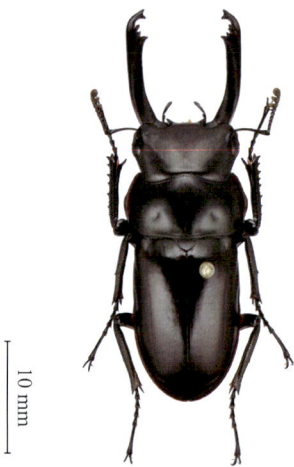

10 mm

雄虫 - 大型　　　　　雄虫 - 中型　　　　　雄虫 - 小型　　　　　雌虫

10 mm

宽胸小刀锹甲

Falcicornis himalayae (Schenk, 2009)

分布	西藏
体长	24 ~ 39 mm（雄），18 ~ 25 mm（雌）
词源	拉丁学名源于其主要分布于喜马拉雅山脉；中文名源于雄虫宽大的前胸背板结构

物种描述

雄虫

背面观：上颚形状笔直，端部呈直角弯曲。近端部具 1 簇 3 ~ 5 枚齿突组成的基齿，上颚内侧光滑，端部锐利。前胸背板前端明显宽大；头部唇基不发达，两侧微微凸起。体泽黑色或棕色，有时鞘翅末端两侧具 1 枚明显的黄色斑块。

侧面观：复眼缘不发达；前胸足胫节具数枚发达刺突，中胸足胫节表面具 1 枚刺突。

腹面观：后胸光滑，胸足腿节具明显的黄色斑块。

雌虫

背面观：鞘翅表面光滑，末端有时两侧具 1 枚明显的黄色斑块，身型纤细。前胸背板前端狭窄，表面光滑；复眼面积较大，上颚较长，前端锐利。

腹面观：后胸两侧呈黑色且略具鳞毛，胸足腿节具明显的黄色斑块。

图片展示

雄虫 - 侧面

雄虫 - 腹面

雌虫 - 背面

雌虫 - 腹面

尺寸展示

10 mm

| 雄虫 - 大型 | 雄虫 - 中型 | 雄虫 - 小型 | 雌虫 |

10 mm

藏红小刀锹甲
Falcicornis groulti Planet, 1894

分布	西藏、云南
体长	20 ～ 32.7 mm（雄），14 ～ 18 mm（雌）
词源	拉丁学名源于标本提供者 M. Groult；中文名源于其主要分布于西藏，且雄虫体色为红色

物种描述

雄虫

背面观： 上颚形状弯曲，端部尖锐。上颚底部具 1 枚双分叉状基齿。前胸背板形状呈方形；头部唇基凸起，中间略微凹陷。体泽棕色，鞘翅沿中线两侧各具 1 条明显的刻点状沟纹。

侧面观： 复眼缘不发达；胸足胫节无明显刺突，胫节末端，跗节表面具明显的黄色鳞毛。

腹面观： 后胸光滑，胸足跗节表面黄色鳞毛厚重。

雌虫

背面观： 鞘翅表面具明显刻点状沟纹，身型纤细。前胸背板呈梯形，表面具明显刻点状凹坑；复眼面积较大，上颚较长，前端锐利。

腹面观： 后胸光滑，胸足跗节表面黄色鳞毛厚重。

图片展示

雄虫 - 侧面　　　　　雄虫 - 腹面　　　　　雌虫 - 背面　　　　　雌虫 - 腹面

尺寸展示

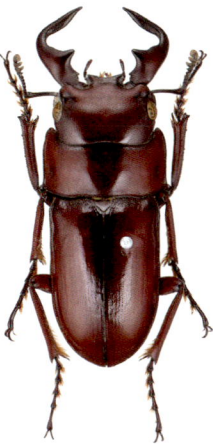

10 mm

雄虫 - 大型　　　　　雄虫 - 中型　　　　　雄虫 - 小型　　　　　雌虫

10 mm

斑胸小刀锹甲
Falcicornis fulvonotatus (Parry, 1862)

分布	西藏
体长	21 ~ 38 mm（雄），14 ~ 28 mm（雌）
词源	拉丁学名源于拉丁文 "*fulvus*" "*notatus*"，意为 "明显具黄褐色斑点的"；中文名源于成虫前胸背板上具 4 枚明显的黄褐色斑块

物种描述

雄虫

背面观： 上颚形状笔直，端部略呈直角弯曲。上颚近端部具 1 簇 3 ~ 5 枚齿突组成的基齿，上颚内侧光滑。前胸背板中部明显隆起；头部唇基略凸起，中间凹陷。体泽棕色，前胸背板两侧各具 1 ~ 2 枚黄色斑点，鞘翅末端两侧各具 1 枚黄色斑块。

侧面观： 复眼缘不发达；前胸足胫节刺突不发达，中、后胸足表面无明显刺突。

腹面观： 后胸光滑，胸足腿节略呈褐色。

雌虫

背面观： 鞘翅沿中线两侧各具 1 条明显的刻点状沟纹，身型纤细。前胸背板圆润，表面光滑；复眼面积较大，上颚较长，前端锐利；前胸背板两侧各具 2 枚黄色斑点，鞘翅末端两侧各具 1 枚黄色斑块。

腹面观： 后胸光滑，胸足腿节具狭窄黄色斑块。

图片展示

雄虫 - 侧面   雄虫 - 腹面   雌虫 - 背面   雌虫 - 腹面

尺寸展示

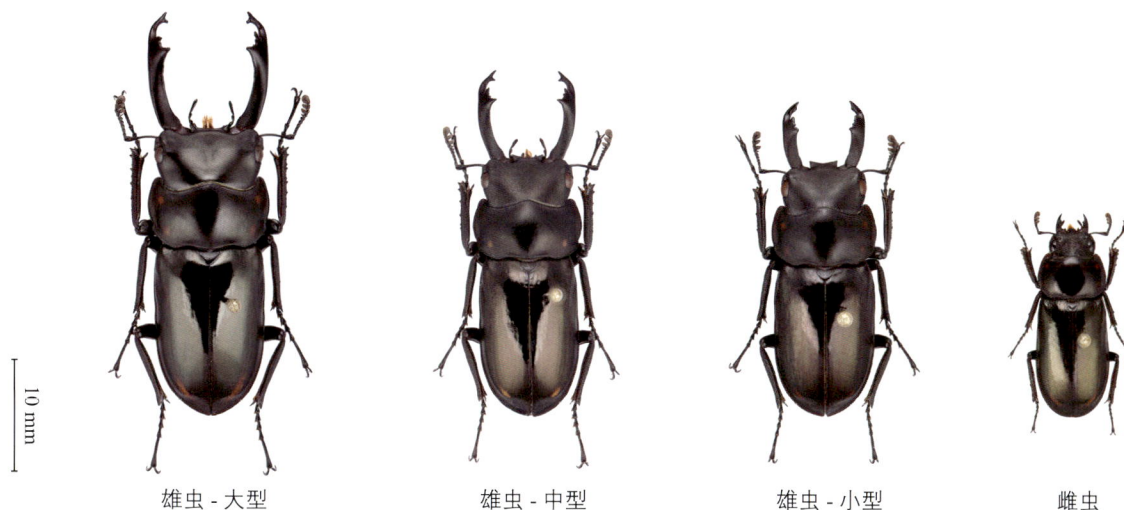

雄虫 - 大型   雄虫 - 中型   雄虫 - 小型   雌虫

10 mm

10 mm

圆翅小刀锹甲

手绘图

Falcicornis neolucanoides Huang & Chen, 2013

分布	云南
体长	19 ~ 27 mm（雄），17 mm（雌）
词源	种名源于其成虫外观近似于圆翅锹甲属的物种

物种描述

雄虫

背面观：上颚形状笔直，端部略呈直角弯曲。上颚底部具 1 枚片状的小齿结构，上颚内侧光滑。前胸背板中部明显隆起；头部唇基平坦。体泽黑色；复眼缘不发达；前胸足胫节具明显的刺突结构，中、后胸足表面无明显刺突。

阿锹甲属
Aulacostethus Waterhouse, 1869

华东阿锹甲
Aulacostethus tianmuxing Huang & Chen, 2013

本属简介

本属中文名又作"凹锹甲属",主要描述大型雄虫头部具明显凹陷,拉丁学名主要为描述成虫的体泽和头部形态。本书选择"阿锹甲属"作为本属的中文名:"阿"一字多用于形容身型圆润、体态娇小的锹甲,故此名最能够代表本属的外部形态特征。

本属主要分布于我国华中、华南地区,也有部分种类生活在云南、西藏地区。几乎所有的阿锹甲属成员都是典型的地行性物种:成虫多被发现在泥土、落叶层上爬行;也有的成虫会被发现于盘山公路旁的排水沟中。阿锹甲的野外发生季节多在每年的 5—7 月,最有效的观察方法便是仔细勘查土质较为坚硬的山坡或盘山公路。

本书记录阿锹甲属 3 种。

阿锹甲的外部形态特点

❶ 雄虫上颚通常不发达(有例外),基齿通常位于上颚基部。

❷ 不论雄雌,前足胫节端部都略微膨大。

❸ 成虫的鞘翅形状圆润,体泽黑色且非常光滑,通常在鞘翅顶端或边缘略具一些明显的刻点状凹坑。

10 mm

华东阿锹甲

Aulacostethus tianmuxing Huang & Chen, 2013

别名：天目星锹甲

分布	安徽、浙江、福建、江西、湖南、广东
体长	24.5 ~ 53 mm（雄），23 ~ 35 mm（雌）
词源	拉丁学名源于其模式产地浙江天目山；中文名源于其主要分布于我国华东地区

物种描述

雄虫

背面观： 上颚形状较直，基齿位于上颚基部；上颚内侧光滑无小齿。复眼后端至头部左右两侧具明显凹坑状结构；唇基呈点状凸起。

侧面观： 复眼缘完全覆盖眼部。前胸足胫节膨大，具明显刺突；前胸背板边缘光滑，形状呈方形。

腹面观： 后胸光滑；复眼较小。

雌虫

背面观： 体泽黑色且强烈反光。鞘翅形状圆润，近端部具明显的小凹坑结构，前胸背板表面光滑；头部表面具明显的凹坑；前胸足胫节顶端刺突膨大；复眼缘完全覆盖眼部；上颚短小尖锐。

腹面观： 后胸光滑。

图片展示

雄虫 - 侧面

雄虫 - 腹面

雌虫 - 背面

雌虫 - 腹面

其他态展示

单齿型雄虫

尺寸展示

雄虫 - 大型　　　　　　　雄虫 - 中型　　　　　　　雄虫 - 小型　　　　　　　雌虫

四川阿锹甲

Aulacostethus ruditemporalis (Houlbert, 1914)

分布	四川、湖南、广西
体长	28 ~ 45 mm（雄），30 ~ 35 mm（雌）
词源	拉丁学名源于拉丁文 "*rudi-*" "*-temporalis*"，意为"粗糙的"，形容本种成虫头部两侧具明显粗大的刻点结构；中文名源于其模式产地四川

物种描述

雄虫

背面观： 上颚形状弯曲，基齿位于上颚基部；上颚内侧光滑无小齿。复眼后端至头部左右两侧具明显凹坑状结构；唇基呈点状凸起。

侧面观： 复眼缘完全覆盖眼部。前胸足胫节膨大，具明显刺突；前胸背板边缘光滑，前端略宽于后端，形状呈方形。

腹面观： 后胸光滑；复眼较小。

雌虫

背面观： 体泽黑色且强烈反光。鞘翅形状圆润，近端部具明显的小凹坑结构，前胸背板表面光滑；头部表面具明显的凹坑；前胸足胫节顶端刺突膨大；复眼缘完全覆盖眼部；上颚较长，形状弯曲。

腹面观： 后胸光滑。

图片展示

雄虫 - 侧面　　　　　雄虫 - 腹面　　　　　雌虫 - 背面　　　　　雌虫 - 腹面

尺寸展示

10 mm

雄虫　　　　　　　　　　雌虫

10 mm

印度阿锹甲

Aulacostethus archeri Waterhouse, 1869

分布	西藏
体长	33 ~ 64.7 mm（雄），31 ~ 34 mm（雌）
词源	拉丁学名源于捐赠该标本的 S. Archer 军医；中文名源于其模式产地印度

物种描述

雄虫

背面观： 上颚形状笔直，明显长于头部，基齿位于上颚基部；上颚内侧光滑无小齿，端部具 1 枚明显端齿。复眼后端至头部左右两侧略微隆起并具明显凹坑状结构；唇基不发达。

侧面观： 复眼缘完全覆盖眼部。前胸足胫节端部膨大，具明显刺突；前胸背板边缘光滑，前端明显宽于后端，中间凹陷。

腹面观： 后胸、后胸足胫节具棕色鳞毛；复眼较小。

雌虫

背面观： 体泽黑色且强烈反光。鞘翅形状细长，近端部具明显的小凹坑结构，前胸背板表面光滑；头部表面具明显的凹坑；前胸足胫节顶端刺突膨大；复眼缘完全覆盖眼部；上颚形状弯曲。

腹面观： 后胸、后胸足胫节具棕色鳞毛。

图片展示

雄虫 - 侧面　　　　雄虫 - 腹面　　　　雌虫 - 背面　　　　雌虫 - 腹面

尺寸展示

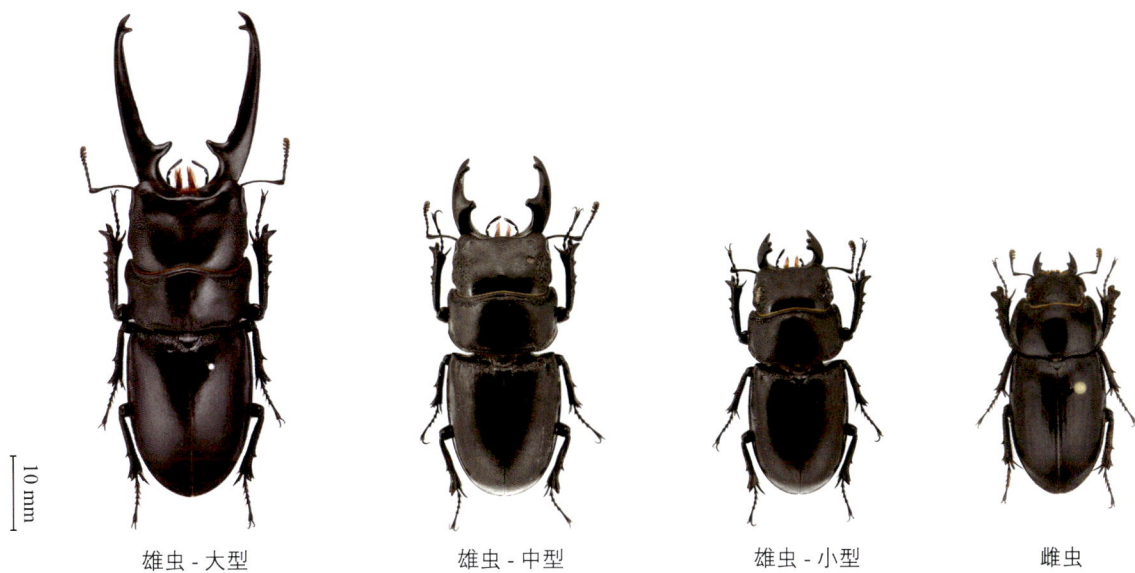

10 mm

雄虫 - 大型　　　　雄虫 - 中型　　　　雄虫 - 小型　　　　雌虫

大锹甲属

Dorcus MacLeay, 1819

安达大锹甲
Dorcus antaeus Hope, 1842

本属简介
大锹甲属
Dorcus MacLeay, 1819

　　本属准确的中文名应为"刀锹甲属"，因为"*Dorc-*"一词应译为"锋利的"，主要形容本属雄性成虫上颚锐利，酷似尖刀。但因为目前大部分锹甲爱好者都已经广泛接受"大锹甲"之名，所以尽管这并不准确（因为很多刀锹甲成员的体型娇小甚至微小，难以称得上是"大"锹），但为了遵从爱好者们的习惯，本书选用"大锹甲属"这一中文名称呼具有这一类特征的物种。

　　此外，仍然有部分大锹甲属物种的中文名被称为"刀锹甲"，这些种类的体型一般较为纤细，上颚锐利且笔直。

　　本属广泛分布于我国各地。大部分种类的成虫野外发生季节为 6—8 月。本属成虫白天多喜欢躲藏在较为狭窄的树缝中，主要集中在夜晚活动，也有部分种类喜爱在白天活动，还有部分种类主要在地面上爬行，攀援及飞行能力较弱。

本书记录大锹甲属 69 种。

大锹甲属的外部形态特点

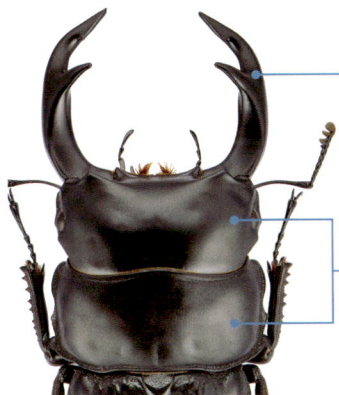

① 雄虫上颚内侧多半仅具 1 枚基齿，上颚弯曲且基齿与上颚略有重叠。

② 头部、前胸背板均较宽，身型宽阔。

③ 小个体雄虫鞘翅表面具明显的纵向刻点状结构或条状隆起。

① 部分雌虫体型细长，鞘翅非常光滑，头部具明显的 1～2 个角状凸起。

② 雌虫鞘翅表面常具明显的纵向刻点状结构或条状隆起。

10 mm

长角大锹甲

Dorcus schenklingi (Möllenkamp, 1913)

分布	台湾
体长	43 ~ 93 mm（雄），31 ~ 48 mm（雌）
词源	拉丁学名原文未明确说明，但可能源于德国昆虫学家 S. Schenkling；中文名源于雄虫修长的上颚

物种描述

雄虫

背面观： 上颚较直，基齿位于上颚近端部，端部具 1 枚齿突。头部、前胸背板呈磨砂质感；唇基中间向下凹陷。

侧面观： 复眼缘覆盖眼部约 2/3。前胸足胫节密布刺突；中、后胸足胫节仅具 1 枚刺突。

腹面观： 腹部光滑；胸足胫节末端与跗节具明显黄色鳞毛。

雌虫

背面观： 体泽黑色且反光。头部具密集刻点结构；前胸背板边缘呈磨砂质感，中央光滑；鞘翅左右两侧略具刻点状沟纹，边缘较粗糙。

腹面观： 腹部光滑；胸足胫节末端与跗节具明显黄色鳞毛。

图片展示

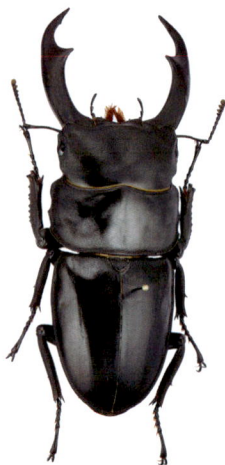

雄虫 - 侧面

雄虫 - 腹面

雌虫 - 背面

雌虫 - 腹面

尺寸展示

雄虫 - 大型　　　　　雄虫 - 中型　　　　　雄虫 - 小型　　　　　雌虫

安达大锹甲
Dorcus antaeus Hope, 1842

保护级别：国家二级保护动物

分布	四川、广西、贵州、海南、云南、西藏
体长	44 ~ 89 mm（雄），40 ~ 48 mm（雌）
词源	拉丁学名源于希腊神话中的巨人安泰俄斯；中文名源于音译拉丁学名

物种描述

雄虫

背面观：上颚弯曲，基齿位于上颚中部或中上部，端部光滑。头部、前胸背板光滑，无明显的刻点结构；唇基中间向下凹陷。

侧面观：复眼缘覆盖眼部约 2/3。前胸足胫节密布刺突；中、后胸足胫节仅具 1 枚刺突。

腹面观：腹部光滑；上颚基部至下唇具明显的红色鳞毛。

雌虫

背面观：体泽黑色且强烈反光。头部具密集刻点结构；前胸背板边缘较光滑；鞘翅光滑，无明显沟纹。

腹面观：腹部光滑；后胸具较薄黄色鳞毛。

图片展示

雄虫 - 侧面　　　　　　　雄虫 - 腹面　　　　　　　雌虫 - 背面　　　　　　　雌虫 - 腹面

尺寸展示

10 mm

雄虫 - 大型　　　　　　　雄虫 - 中型　　　　　　　雄虫 - 小型　　　　　　　雌虫

10 mm

天童大锹甲

Dorcus vicinus Saunders, 1854

别名：华东大锹甲

分布	上海、浙江、福建、江西、湖南、重庆、贵州、四川等
体长	28 ~ 52.5 mm（雄），25 ~ 32 mm（雌）
词源	拉丁学名意为"相似的"，可能形容本种与其他物种相似；中文名源于其模式产地浙江天童山

物种描述

雄虫

背面观： 上颚较直，基齿位于上颚近端部，后端略微隆起。头部、前胸背板呈磨砂质感；唇基较为平滑。

侧面观： 复眼缘覆盖眼部约 1/2。前胸足胫节密布刺突；前胸背板前端呈半圆形凹陷。

腹面观： 后胸具明显黄色鳞毛；胸足腿节与基节窝处具簇状黄色鳞毛。

雌虫

背面观： 体泽黑色且反光。头部具明显刻点结构；前胸背板边缘具刻点且较为光滑；鞘翅表面具刻点状纵向条带，鞘翅边缘较光滑。

腹面观： 后胸具明显黄色鳞毛；胸足腿节与基节窝处具簇状黄色鳞毛。

图片展示

雄虫 - 侧面

雄虫 - 腹面

雌虫 - 背面

雌虫 - 腹面

尺寸展示

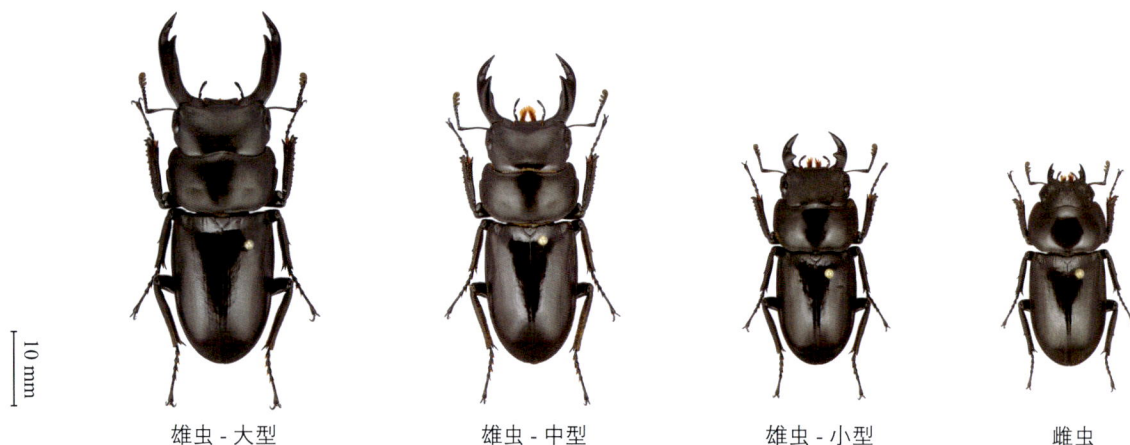

10 mm

| 雄虫 - 大型 | 雄虫 - 中型 | 雄虫 - 小型 | 雌虫 |

10 mm

单齿刀锹甲

Dorcus rectus (Motschulsky, [1858])

别名：日本小锹甲、直牙锹甲

分布	辽宁、吉林、黑龙江、宁夏、甘肃
体长	28 ~ 53.5 mm（雄），22 ~ 30 mm（雌）
词源	拉丁学名源于拉丁文 "*rectus*"，意为 "笔直的"，形容雄虫上颚的形状较直；中文名源于雄虫上颚仅具 1 枚基齿

物种描述

雄虫

背面观： 上颚在端部弯曲，基齿位于上颚近端部，内侧光滑。头部、前胸背板呈磨砂质感；唇基中央略微凸起。

侧面观： 复眼基本完整裸露，复眼缘覆盖复眼前端。前胸足胫节密布刺突；前胸背板前端仅略微凸起。

腹面观： 后胸具明显黄色鳞毛；胸足跗节上具黄色鳞毛。

雌虫

背面观： 体泽黑色。头部与前胸背板具明显刻点结构；前胸背板边缘具刻点，形状为梯形；鞘翅表面具明显刻点状纵向条带，鞘翅边缘略微粗糙。

腹面观： 后胸具明显黄色鳞毛；胸足跗节上具黄色鳞毛。

图片展示

雄虫 - 侧面

雄虫 - 腹面

雌虫 - 背面

雌虫 - 腹面

尺寸展示

雄虫 - 大型

雄虫 - 中型

雄虫 - 小型

雌虫

10 mm

10 mm

大卫大锹甲
Dorcus davidis (Fairmaire, 1887)

分布	辽宁、北京、天津、河北、内蒙古、吉林、陕西、甘肃、宁夏
体长	18 ~ 34 mm（雄），22 ~ 30 mm（雌）
词源	拉丁学名源于传教士 David；中文名源于翻译拉丁学名

物种描述

雄虫

背面观： 上颚在中段弯曲，基齿位于上颚中部，内侧光滑。头部、前胸背板具明显的刻点结构；唇基平坦。

侧面观： 复眼缘覆盖复眼前端约 1/2。前胸足胫节密布刺突；前胸背板前端明显凸起且边缘较平滑。

腹面观： 前胸背板前端较宽，后胸具明显黄色鳞毛；胸足跗节上具黄色鳞毛。

雌虫

背面观： 体泽黑色或棕色。头部与前胸背板具明显刻点结构；前胸背板边缘具刻点，边缘较粗糙；鞘翅表面具密集刻点结构，鞘翅边缘较光滑。

腹面观： 后胸具明显黄色鳞毛，胸足基节窝具簇状黄色鳞毛。

图片展示

雄虫 - 侧面

雄虫 - 腹面

雌虫 - 背面

雌虫 - 腹面

尺寸展示

| 雄虫 - 大型 | 雄虫 - 中型 | 雄虫 - 小型 | 雌虫 |

10 mm

10 mm

弯角大锹甲
Dorcus curvidens (Hope, 1840)

分布	广西、贵州、云南、海南、西藏
体长	34 ~ 88 mm（雄），32 ~ 50 mm（雌）
词源	种名源于雄虫弯曲的上颚

物种描述

雄虫

背面观： 上颚在中段弯曲，基齿位于上颚中上部，内侧光滑；上颚略呈方形。头部、前胸背板呈磨砂质感；唇基中间略微凹陷，两侧尖锐突起。

侧面观： 复眼缘约完全覆盖眼部。前胸足胫节密布刺突；前胸背板前端呈半圆形且边缘平滑。

腹面观： 前胸背板前端呈明显的半圆形，后胸具明显黄色鳞毛。

雌虫

背面观： 体泽黑色。头部具明显刻点结构；前胸背板边缘具刻点，中央区域非常光滑，边缘圆润；鞘翅表面具明显的纵向刻点状条带，鞘翅边缘光滑。

腹面观： 后胸具明显黄色鳞毛，胸足胫节下方具黄色鳞毛。

图片展示

雄虫 - 侧面　　　　　　雄虫 - 腹面　　　　　　雌虫 - 背面　　　　　　雌虫 - 腹面

尺寸展示

 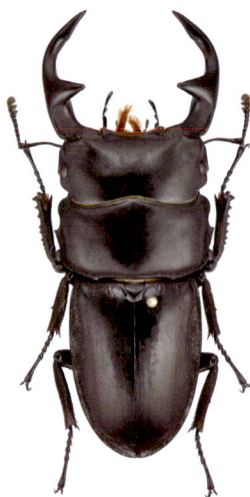  

雄虫 - 大型　　　　　　雄虫 - 中型　　　　　　雄虫 - 小型　　　　　　雌虫

10 mm

中国大锹甲

Dorcus hopei (Saunders, 1854)

Dorcus hopei hopei (Saunders, 1854) 原名亚种

别名：中华大锹甲

分布	辽宁、天津、北京、山东、湖南、湖北、河南、四川、重庆、贵州、广西、广东、江西、安徽、江苏、福建、浙江等
体长	31 ~ 78 mm（雄），29 ~ 43 mm（雌）
词源	拉丁学名原文未指出，但可能是源于英国昆虫学家 F. W. Hope；中文名源于其分布于我国各地

物种描述

雄虫

背面观： 上颚在端部弯曲，基齿位于上颚前端，内侧光滑；上颚形状通常较为圆润。头部、前胸背板呈磨砂质感；唇基中间略微凹陷，头部靠近上颚基部左右两侧各具 1 枚明显的角状凸起。

侧面观： 复眼缘几乎完全覆盖眼部。前胸足胫节刺突较为稀疏；前胸背板前端呈半圆形且边缘平滑。

腹面观： 下唇内侧具较清晰黄色毛刷，后胸、中胸足胫节具明显黄色鳞毛。

雌虫

背面观： 体泽黑色。头部具明显刻点结构；前胸背板边缘具刻点，中央区域非常光滑，边缘圆润；鞘翅表面具明显较深的纵向刻点状条带，鞘翅边缘光滑。

腹面观： 后胸具明显黄色鳞毛，胸足胫节下方具黄色鳞毛。

图片展示

雄虫 - 侧面

雄虫 - 腹面

雌虫 - 背面

雌虫 - 腹面

尺寸展示

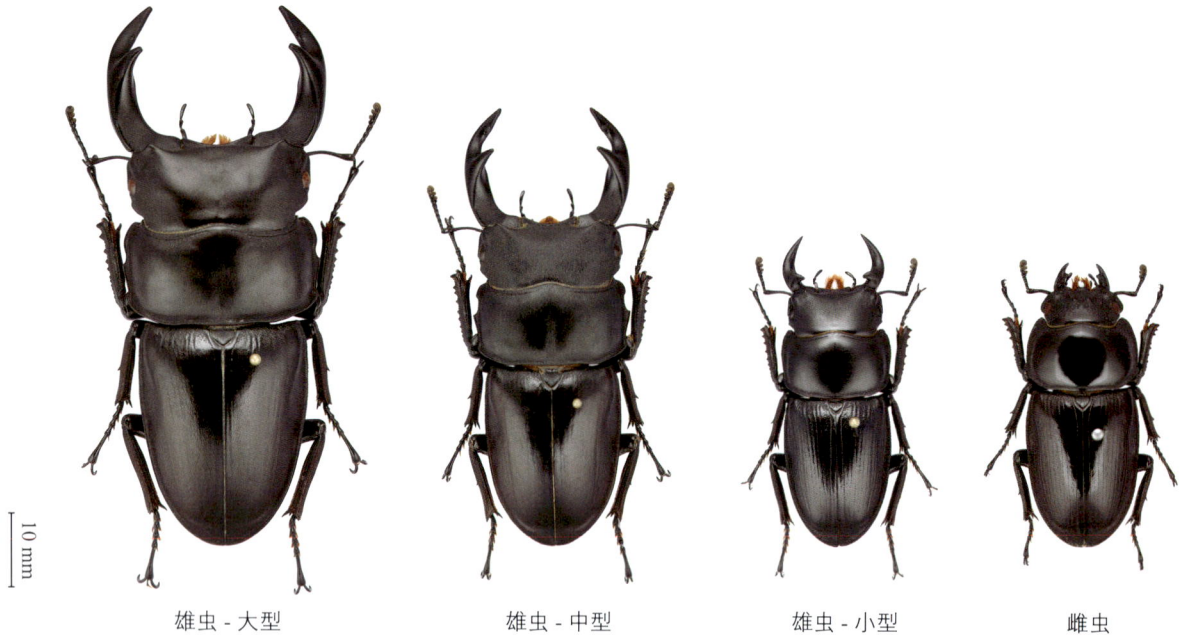

| 雄虫 - 大型 | 雄虫 - 中型 | 雄虫 - 小型 | 雌虫 |

Dorcus hopei formosanus Miwa, 1929 台湾亚种

分布	台湾
体长	32 ~ 85 mm（雄），32 ~ 49 mm（雌）
词源	种名源于其模式产地台湾

物种描述

雄虫

背面观： 上颚在端部弯曲，基齿位于上颚中部，内侧光滑；上颚较弯曲。头部、前胸背板呈磨砂质感；唇基中间呈"V"字形凹陷。

侧面观： 复眼缘约完全覆盖眼部。前胸足胫节密布刺突；前胸背板前端凸起，后端具明显凹陷。

腹面观： 前胸背板前端明显凹陷，后胸具明显黄色鳞毛。

雌虫

背面观： 体泽黑色。头部具明显刻点结构；前胸背板边缘具刻点，中央区域非常光滑，边缘圆润；鞘翅表面具明显较深的纵向刻点状条带，鞘翅边缘光滑。

腹面观： 后胸具明显黄色鳞毛，胸足胫节下方具黄色鳞毛。

图片展示

| 雄虫 - 侧面 | 雄虫 - 腹面 | 雌虫 - 背面 | 雌虫 - 腹面 |

尺寸展示

| 雄虫 - 大型 | 雄虫 - 中型 | 雄虫 - 小型 | 雌虫 |

10 mm

细角大锹甲

Dorcus yaksha Gravely, 1915

Dorcus yaksha yaksha Gravely, 1915 **原名亚种**

10 mm

分布	西藏、云南
体长	29 ~ 55 mm（雄），22 ~ 36 mm（雌）
词源	拉丁学名源于"夜叉"一词；中文名源于雄虫尖锐的上颚

物种描述

雄虫

背面观： 上颚在基部弯曲，基齿位于上颚中部，端部略具齿形凸起；上颚略呈方形。头部呈磨砂质感，前胸背板较光滑；唇基呈半圆形凹陷。

侧面观： 复眼缘覆盖眼部约 1/2。前胸足胫节较稀疏；前胸背板前端凸起，后端具小段明显凹陷。

腹面观： 前胸背板前端具小段凹陷，后胸具明显黄色鳞毛。

雌虫

背面观： 体泽黑色。头部具明显刻点结构；前胸背板边缘具刻点，中央区域光滑，边缘略粗糙；鞘翅表面左右两端具不连续刻点状条带。

腹面观： 腹部较光滑，具明显鳞毛。

图片展示

雄虫 - 侧面

雄虫 - 腹面

雌虫 - 背面

雌虫 - 腹面

尺寸展示

雄虫 - 大型	雄虫 - 中型	雄虫 - 小型	雌虫

10 mm

10 mm

Dorcus yaksha gracilicornis Benesh, 1950 东部亚种

分布	台湾、浙江、福建、广东、广西、贵州、重庆、四川等
体长	20 ~ 55 mm（雄），20 ~ 32 mm（雌）
词源	拉丁学名源于拉丁文 "*gracilis-*"，意为"纤细的"，"*cornis*" 意为"角"；中文名源于其主要分布于我国华东地区

物种描述

雄虫

背面观： 上颚在基部弯曲，基齿位于上颚中部，端部略具齿形凸起；上颚略呈方形。头部光滑或呈磨砂质感，前胸背板较光滑且前端较宽；唇基呈半圆形凹陷。

侧面观： 复眼缘覆盖眼部约 1/2。前胸足胫节较密集；前胸背板前端凸起，后端具小段明显凹陷。

腹面观： 前胸背板宽大，后胸具明显黄色鳞毛。

雌虫

背面观： 体泽黑色。头部具明显刻点结构；前胸背板边缘和中央区域均较为光滑；鞘翅表面左右两端具明显不连续刻点状条带。

腹面观： 腹部较光滑，无明显鳞毛。

图片展示

雄虫 - 侧面　　　　雄虫 - 腹面　　　　雌虫 - 背面　　　　雌虫 - 腹面

尺寸展示

10 mm

雄虫 - 大型　　　　雄虫 - 中型　　　　雄虫 - 小型　　　　雌虫

10 mm

扩胫大锹甲

Dorcus katsurai Ikeda, 2000

分布	浙江、江西、福建、重庆、湖南、湖北、广西、广东、贵州、四川等
体长	23 ~ 48 mm（雄），24 ~ 30 mm（雌）
词源	拉丁学名源于标本收藏者 Katsura；中文名源于成虫粗大的前足胫节

物种描述

雄虫

背面观： 上颚在基部弯曲，基齿位于上颚中部，内侧光滑；上颚弯曲。头部、前胸背板较为光滑；唇基较平坦。

侧面观： 复眼缘完全覆盖眼部。前胸足胫节前端膨大；前胸背板前端较宽，呈梯形。

腹面观： 前胸背板前端明显较宽，后胸具明显黄色鳞毛；胸足基节窝具簇状鳞毛。

雌虫

背面观： 体泽黑色。头部具明显刻点结构；前胸背板边缘具刻点，中央区域非常光滑，边缘圆润；鞘翅表面具明显较深的纵向刻点状条带且向左右扩张，鞘翅边缘光滑；前足胫节端部膨大。

腹面观： 后胸具明显黄色鳞毛；胸足基节窝具簇状鳞毛。

图片展示

雄虫 - 侧面

雄虫 - 腹面

雌虫 - 背面

雌虫 - 腹面

尺寸展示

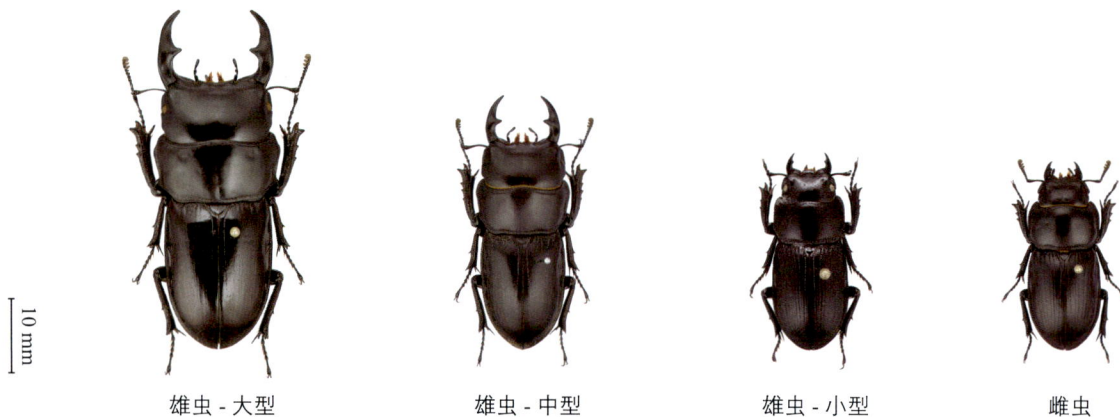

10 mm

雄虫 - 大型　　　　　　雄虫 - 中型　　　　　　雄虫 - 小型　　　　　　雌虫

10 mm

缅甸扩胫大锹甲
Dorcus sukkiti Fukinuki, 2004

分布	云南
体长	18 ~ 40 mm（雄），20 ~ 37 mm（雌）
词源	拉丁学名源于标本采集者 Sukkit；中文名源于其主要分布于缅甸

物种描述

雄虫

背面观：上颚在基部弯曲，基齿位于上颚端部，内侧光滑；上颚弯曲。头部、前胸背板表面较为光滑；唇基平坦。

侧面观：复眼缘完全覆盖眼部。前胸足胫节前端膨大；前胸背板前端较宽，呈梯形。

腹面观：后胸具明显黄色鳞毛；胸足基节窝具簇状鳞毛。

雌虫

背面观：体泽黑色。头部具刻点结构；前胸背板边缘刻点不明显，中央区域非常光滑，边缘圆润；鞘翅表面具明显较深的纵向刻点状条带，鞘翅边缘光滑；前足胫节端部膨大。

腹面观：后胸具明显黄色鳞毛；胸足基节窝具簇状鳞毛。

图片展示

雄虫 - 侧面   雄虫 - 腹面   雌虫 - 背面   雌虫 - 腹面

尺寸展示

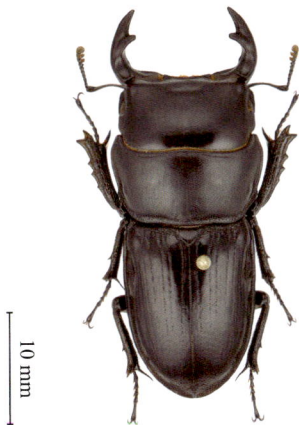   

10 mm

雄虫 - 大型   雄虫 - 中型   雄虫 - 小型   雌虫

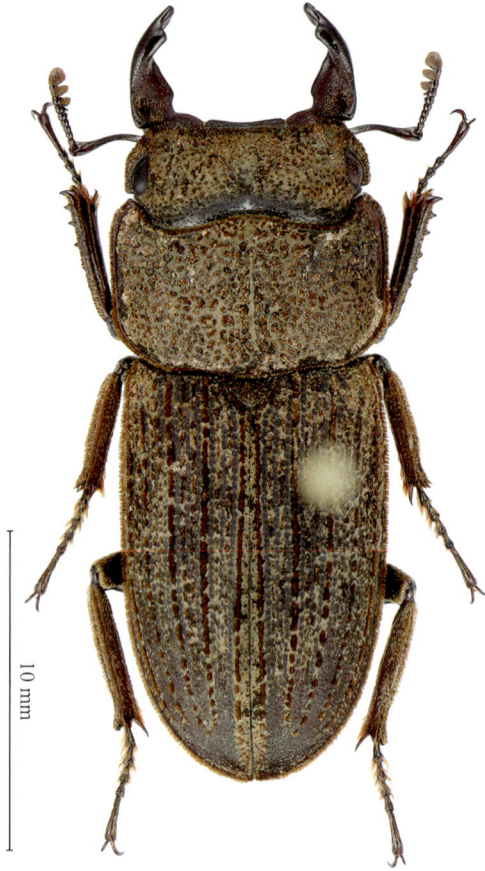

10 mm

锈色刀锹甲
Dorcus velutinus Thomson, 1862

分布	西藏、云南、贵州、广西、广东、福建、浙江、四川、海南等
体长	18 ~ 28 mm（雄），16 ~ 22 mm（雌）
词源	拉丁学名源于拉丁文"*velutum*"，意为"天鹅绒的"，形容成虫体表的鳞毛质感较细腻；中文名源于成虫体表鳞毛颜色类似铁锈

物种描述

雄虫

背面观： 体表密布 1 层褐色的鳞毛；上颚在基部弯曲，基齿位于上颚端部，内侧光滑；上颚弯曲。头部、前胸背板具点状褐色鳞毛；唇基平坦。

侧面观： 复眼缘覆盖眼部约 2/3，呈方形。前胸背板前端较宽，呈方形；前足胫节端部具 3 ~ 4 枚刺突，中、后胸足表面具明显的褐色短鳞毛。

腹面观： 头部、前胸非常光滑；后胸具明显黄色鳞毛；胸足基节窝具簇状鳞毛。

雌虫

背面观： 体表具 1 层明显的褐色鳞毛，前胸背板表面粗糙，具簇状鳞毛。头部粗糙，具刻点结构；鞘翅表面具明显凸起状鳞毛结构，边缘具鳞毛；前足胫节较直且刺突数量较多。

腹面观： 后胸具明显黄色鳞毛；胸足基节窝具簇状鳞毛。

图片展示

雄虫 - 侧面

雄虫 - 腹面

雌虫 - 背面

雌虫 - 腹面

尺寸展示

雄虫 - 大型　　　　雄虫 - 中型　　　　雄虫 - 小型　　　　雌虫

北方锈刀锹甲
Dorcus tenuihirsutus Kim & Kim, 2010

分布	北京、天津、甘肃、河南、陕西、山东
体长	17 ~ 24 mm（雄），18 ~ 20 mm（雌）
词源	拉丁学名源于拉丁文"*tenui-*"，意为"细的"，"*-hirsutus*"意为"长毛的"，形容成虫鞘翅鳞毛特征较为纤细；中文名源于其主要分布于我国华北地区

物种描述

雄虫

背面观： 上颚在端部弯曲，基齿位于上颚端部，内侧基部略微宽于端部。全身黑色且覆盖 1 层明显的铁锈色短鳞毛；唇基平坦。

侧面观： 复眼缘覆盖眼部约 2/3。前胸足胫节前端无明显黄色鳞毛簇；前胸背板边缘具鳞毛，呈方形。

腹面观： 后胸及中、后胸足胫节，腿节上鳞毛不发达。

雌虫

背面观： 体泽黑色。头部前端具刻点结构；前胸背板中央具簇状短鳞毛，边缘具明显的鳞毛；鞘翅表面具较细的凸起状鳞毛结构；前足胫节较直且刺突数量较多。

腹面观： 后胸及中、后胸足胫节，腿节上鳞毛不发达。

图片展示

雄虫 - 侧面　　　　　　雄虫 - 腹面　　　　　　雌虫 - 背面　　　　　　雌虫 - 腹面

尺寸展示

10 mm

雄虫 - 大型　　　　　　雄虫 - 中型　　　　　　雄虫 - 小型　　　　　　雌虫

宽胸锈刀锹甲
Dorcus ursulus Arrow, 1938

分布	西藏、云南
体长	22 ~ 27 mm（雄），17 ~ 22 mm（雌）
词源	拉丁学名原文未指出；中文名源于雄虫前胸背板前端较为宽大

物种描述

雄虫

背面观： 上颚在端部弯曲，基齿位于上颚端部，内侧基部略微宽于端部。全身黑色且覆盖 1 层明显的铁锈色鳞毛；唇基平坦。

侧面观： 复眼缘覆盖眼部约 2/3。前胸足胫节前端黄色鳞毛簇不发达；前胸背板前端明显宽大，呈倒梯形。

腹面观： 后胸、腹部及中、后胸足胫节，腿节上鳞毛厚重。

雌虫

背面观： 体泽棕色。头部前端及前胸背板具刻点结构；前胸背板边缘具明显的鳞毛且前端略宽；鞘翅表面具明显凸起状鳞毛结构，边缘具毛；前足胫节较直且刺突数量较多。

腹面观： 后胸及中、后胸足胫节，腿节上鳞毛不发达。

图片展示

雄虫 - 侧面　　　　　雄虫 - 腹面　　　　　雌虫 - 背面　　　　　雌虫 - 腹面

尺寸展示

| 雄虫 - 大型 | 雄虫 - 中型 | 雄虫 - 小型 | 雌虫 |

台湾锈刀锹甲
Dorcus taiwanicus Nakane & Makino, 1985

分布	台湾
体长	13 ~ 25 mm（雄），10 ~ 22 mm（雌）
词源	种名源于其模式产地台湾

物种描述

雄虫

背面观：上颚在端部弯曲，基齿不发达，内侧基部略微宽于端部。全身棕色且覆盖 1 层明显的铁锈色长鳞毛；唇基平坦呈凸起的方形。

侧面观：复眼缘完全覆盖眼部。前胸足胫节前端黄色鳞毛簇不发达；前胸背板呈方形。

腹面观：后胸、腹部及中、后胸足胫节，腿节上鳞毛厚重。

雌虫

背面观：体泽棕色。头部前端及前胸背板具刻点结构；前胸背板边缘具明显的鳞毛且前端略宽；鞘翅表面具明显凸起状鳞毛结构，边缘具毛；前足胫节较直且刺突数量较多。

腹面观：后胸及中、后胸足胫节，腿节上鳞毛不发达。

图片展示

雄虫 - 侧面　　　　　雄虫 - 腹面　　　　　雌虫 - 背面　　　　　雌虫 - 腹面

尺寸展示

雄虫 - 大型　　　　　雄虫 - 中型　　　　　雄虫 - 小型　　　　　雌虫

10 mm

直颚锈刀锹甲

Dorcus carinulatus Nagel, 1941

分布	台湾
体长	14 ~ 28 mm（雄），17 ~ 23 mm（雌）
词源	拉丁学名源于拉丁文 "*carina-*"，意为 "脊状的"，形容成虫鞘翅表面的鳞毛呈明显的脊状；中文名源于雄虫上颚形状较直

物种描述

雄虫

背面观： 上颚较直，基齿位于上颚中部，呈片状。全身棕色，前胸背板表面具点状褐色鳞毛簇；鞘翅表面具脊状褐色鳞毛；唇基中间隆起呈梯形。

侧面观： 复眼缘完全覆盖眼部。前胸足胫节前端黄色鳞毛簇不发达；前胸背板前端略宽，呈方形。

腹面观： 后胸、腹部及中、后胸足胫节，腿节上较光滑。

雌虫

背面观： 体泽棕色。头部前端及前胸背板具刻点结构；前胸背板边缘具明显的鳞毛且前端略宽；鞘翅表面具明显凸起状鳞毛结构，边缘具毛；前足胫节较直且刺突数量较多。

腹面观： 后胸及中、后胸足胫节，腿节上鳞毛不发达。

图片展示

雄虫 - 侧面

雄虫 - 腹面

雌虫 - 背面

雌虫 - 腹面

尺寸展示

10 mm

雄虫 - 大型　　　　雄虫 - 中型　　　　雄虫 - 小型　　　　雌虫

10 mm

错那锈刀锹甲

Dorcus cylindricus Thomson, 1862

分布	西藏
体长	14 ~ 28 mm（雄），雌虫未检视
词源	拉丁学名意为"圆柱状的"，形容本种成虫体型纤细，身型较小；中文名源于其分布于西藏错那

物种描述

雄虫

背面观：上颚不发达，内侧基齿仅呈点状，位于上颚端部。全身棕色，鳞毛较短；唇基中间略微隆起。

侧面观：复眼缘完全覆盖眼部。前胸足胫节前端无黄色鳞毛簇；前胸背板整体呈方形。

腹面观：后胸表面具黄色鳞毛；腹部及中、后胸足胫节，腿节表面光滑。

图片展示

雄虫 - 侧面

雄虫 - 腹面

平齿刀锹甲

Dorcus ursulae (Schenk, 1996)

分布	重庆、湖北、浙江
体长	25 ~ 46.5 mm（雄），20 ~ 24 mm（雌）
词源	拉丁学名原文未明确指出；中文名源于雄虫上颚基齿形状较为平坦

物种描述

雄虫

背面观：上颚较直，基齿位于上颚基部，向上延伸出一段台状结构，无小齿。体泽黑色且具磨砂质感；唇基突出呈梯形，中间略微凹陷。

侧面观：复眼缘覆盖眼部约 1/2。前胸足胫节刺突发达且密集；前胸背板前端略微向内收缩，中间隆起。

腹面观：前胸背板中段凸起明显，后胸具黄色鳞毛。

雌虫

背面观：体泽黑色。头部前端具刻点结构，前胸背板光滑；前胸背板边缘略具齿状结构，形状较圆润；鞘翅表面具明显下凹沟纹，沿中线第 3 条沟纹不完整，通常不触及鞘翅顶端；前足胫节略微弯曲且具刺突。

腹面观：后胸具黄色鳞毛，腹部及前胸背板均较为光滑。

图片展示

雄虫 - 侧面　　　　　雄虫 - 腹面　　　　　雌虫 - 背面　　　　　雌虫 - 腹面

尺寸展示

 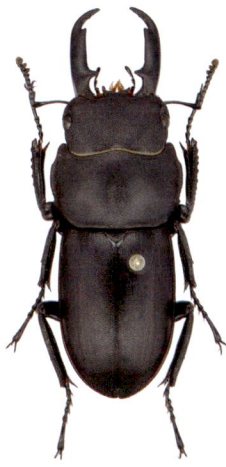  

雄虫 - 大型　　　　雄虫 - 中型　　　　雄虫 - 小型　　　　雌虫

10 mm

田中刀锹甲

Dorcus tanakai Nagai, 2002

分布	广西、广东、海南、福建、贵州、江西
体长	20 ~ 48 mm（雄），18 ~ 23 mm（雌）
词源	种名源于标本采集者 Tanaka

物种描述

雄虫

背面观： 上颚较直，基齿位于上颚前端约 1/3 处，基齿上方具尖锐分立的小齿状结构。全身棕色具磨砂质感；唇基呈梯形，中间略微凹陷。

侧面观： 复眼缘覆盖眼部约 1/2。前胸足胫节刺突发达且密集；前胸背板前端较宽，后端明显凹陷。

腹面观： 腹面呈棕色，后胸具明显黄色鳞毛。

雌虫

背面观： 体泽黑色。头部具刻点结构；前胸背板表面光滑，边缘具刻点结构；鞘翅表面沿中线左右两侧各具约 3 对下凹沟纹；前足胫节较弯，刺突不发达。

腹面观： 腹面较为光滑，后胸黄色鳞毛不明显。

图片展示

雄虫 - 侧面　　　　雄虫 - 腹面　　　　雌虫 - 背面　　　　雌虫 - 腹面

其他态展示

基齿型雄虫

尺寸展示

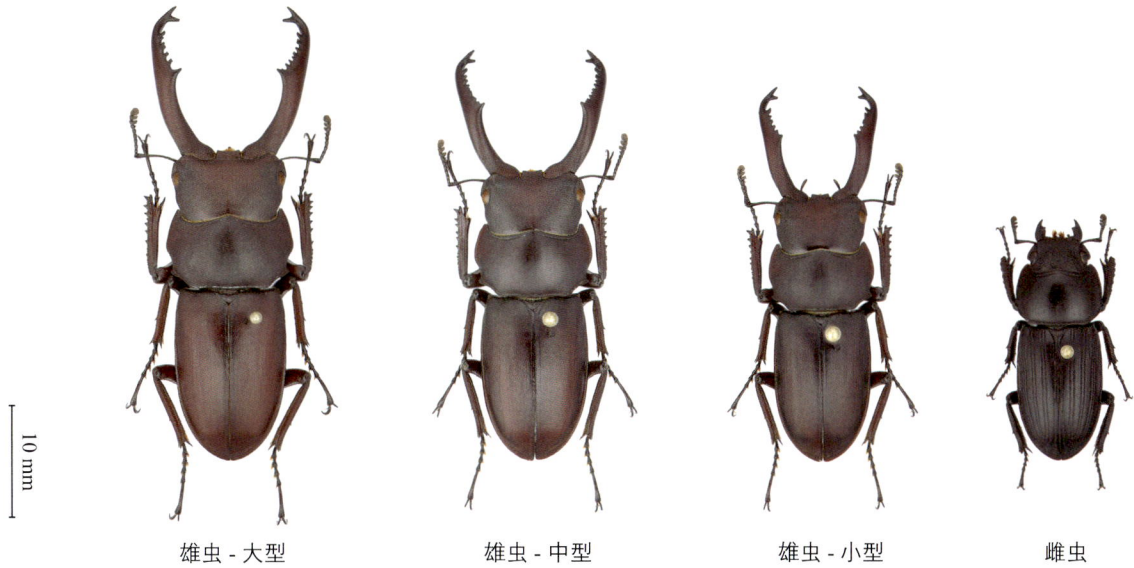

| 雄虫 - 大型 | 雄虫 - 中型 | 雄虫 - 小型 | 雌虫 |

10 mm

10 mm

双齿刀锹甲
Dorcus striatipennis (Motschulsky, 1861)

Dorcus striatipennis yushiroi Sakaino, 1997 台湾亚种

别名：条纹大锹甲

分布	台湾
体长	15 ~ 30 mm（雄），15 ~ 20 mm（雌）
词源	拉丁学名源于纪念日本昆虫学家三轮勇次郎；中文名源于雄虫上颚内齿具 2 枚基齿，且分布于台湾

物种描述

雄虫

背面观：上颚较直，基齿位于上颚端部，略呈双分叉隆起，上颚内侧光滑无小齿。全身黑色具磨砂质感；唇基平坦，呈长方形隆起。

侧面观：复眼缘覆盖眼部约 1/2。前胸足胫节前端刺突发达；前胸背板呈方形。

腹面观：后胸略具黄色鳞毛，胸足基节窝处具短簇状鳞毛。

雌虫

背面观：体泽黑色。头部与前胸背板表面具刻点结构；前胸背板边缘具明显的锯齿状结构；鞘翅表面具明显下凹沟纹，且接近鞘翅两侧的沟纹通常汇集在一起；前足胫节较弯，刺突发达。

腹面观：后胸具黄色鳞毛，胸足基节窝处具短簇状鳞毛。

图片展示

雄虫 - 侧面　　　　雄虫 - 腹面　　　　雌虫 - 背面　　　　雌虫 - 腹面

尺寸展示

10 mm

雄虫 - 大型　　　　　　雄虫 - 中型　　　　　　雌虫

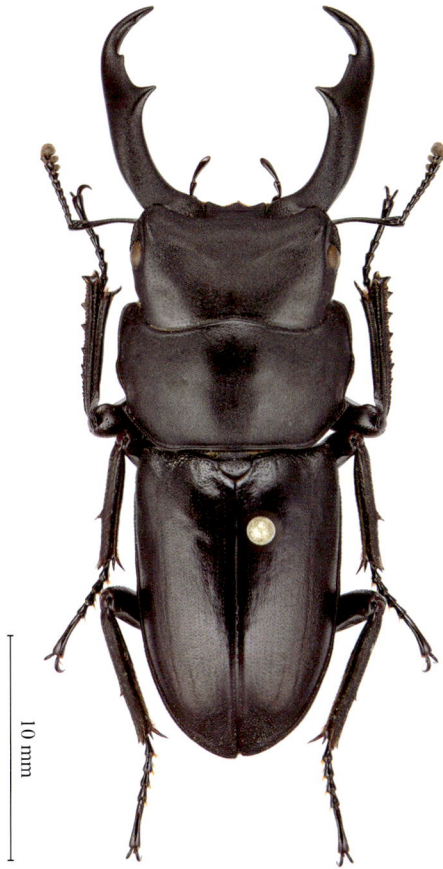

10 mm

Dorcus striatipennis davidi (Séguy, 1954) **大陆亚种**

分布	湖北、重庆、四川、贵州、江西、浙江、广西、广东、福建等
体长	18 ~ 42 mm（雄），17 ~ 26 mm（雌）
词源	拉丁学名原文未明确指出；中文名源于雄虫上颚具2枚基齿，且分布于中国大陆

物种描述

雄虫

背面观：上颚较直，基齿位于上颚端部，呈双分叉隆起，上颚内侧光滑无小齿。全身黑色具磨砂质感；唇基呈三角状凸起。

侧面观：复眼缘覆盖眼部约 1/2。前胸足胫节前端刺突发达且密集；前胸背板前端具 1 枚明显的凸起，后端较宽。

腹面观：后胸略具黄色鳞毛，胸足基节窝处具簇状鳞毛。

雌虫

背面观：体泽黑色。头部与前胸背板表面具刻点结构；前胸背板边缘具明显的锯齿状结构；鞘翅表面具明显下凹沟纹，且沟纹通常平行分布；前足胫节较弯，刺突发达。

腹面观：后胸具黄色鳞毛，胸足基节窝处具簇状鳞毛。

图片展示

雄虫 - 侧面

雄虫 - 腹面

雌虫 - 背面

雌虫 - 腹面

尺寸展示

10 mm

雄虫 - 大型　　　　雄虫 - 中型　　　　雄虫 - 小型　　　　雌虫

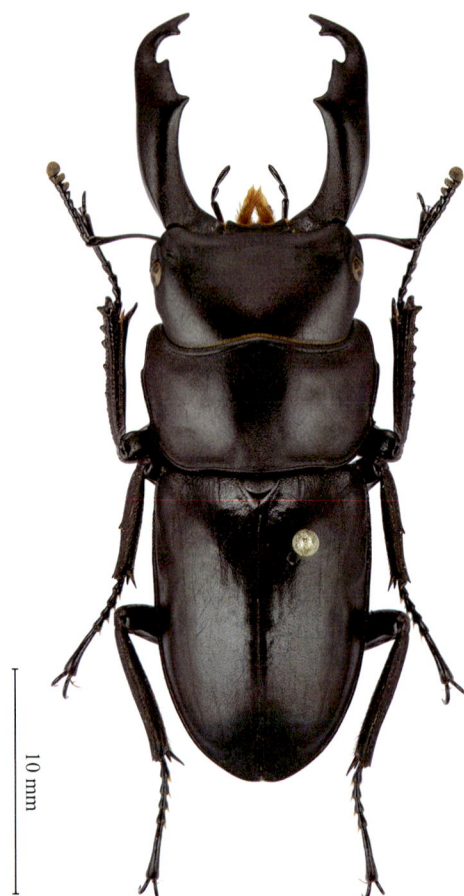

10 mm

吕布刀锹甲

Dorcus lvbu Huang & Chen, 2013

分布	河南、重庆、贵州、广西、广东
体长	19 ~ 39 mm（雄），16 ~ 25 mm（雌）
词源	种名源于大型雄虫上颚齿突强壮，酷似三国名将吕布所使用的方天化戟

物种描述

雄虫

背面观：上颚端部较为弯曲，基齿位于上颚端部，呈双分叉隆起，且上方齿突往往小于下方；上颚内侧光滑无小齿。全身黑色且较为光滑；唇基较为平坦，中间隆起不明显。

侧面观：复眼缘覆盖眼部约 1/2。前胸足胫节前端刺突发达；前胸背板前端较宽且中间具 1 枚明显的角状凸起，后端具斜切角结构。

腹面观：后胸略具黄色鳞毛，胸足基节窝处具簇状鳞毛。

雌虫

背面观：体泽黑色。头部与前胸背板表面具密集的刻点结构；前胸背板边缘具密集的锯齿状结构；鞘翅表面具密集明显的下凹沟纹，且中央第 1 ~ 3 条沟纹在鞘翅中下端融合；前足胫节较笔直，刺突发达。

腹面观：后胸具黄色鳞毛，胸足基节窝处具簇状鳞毛。

图片展示

雄虫 - 侧面　　　　　雄虫 - 腹面　　　　　雌虫 - 背面　　　　　雌虫 - 腹面

尺寸展示

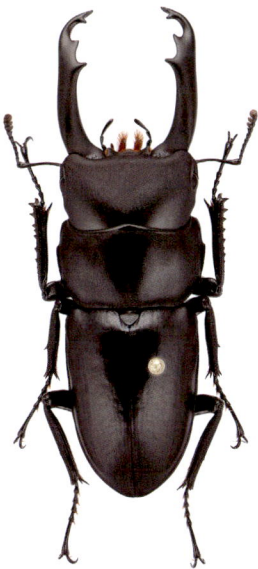

10 mm

雄虫 - 大型　　　　　雄虫 - 中型　　　　　雄虫 - 小型　　　　　雌虫

10 mm

贡山刀锹甲
Dorcus gongshanus Huang & Chen, 2013

分布	云南
体长	17 ~ 37 mm（雄），17 ~ 22 mm（雌）
词源	种名源于其模式产地云南贡山

物种描述

雄虫

背面观： 上颚在端部弯曲，基齿位于上颚中部，呈双分叉隆起，且上方齿突总是小于下方齿突；上颚内侧光滑。全身黑色且明显反光；唇基中部略往下凹陷。

侧面观： 复眼缘覆盖眼部约 1/2。前胸足胫节刺突发达且密集；前胸背板中段具明显凸起，后端较宽。

腹面观： 后胸略具黄色鳞毛，胸足基节窝处具簇状鳞毛。

雌虫

背面观： 体泽黑色。头部与前胸背板表面具刻点结构；前胸背板边缘具明显的锯齿状结构；鞘翅表面具明显的下凹沟纹；前足胫节较弯，刺突发达。

腹面观： 后胸具黄色鳞毛，胸足基节窝处具簇状鳞毛。

图片展示

雄虫 - 侧面

雄虫 - 腹面

雌虫 - 背面

雌虫 - 腹面

尺寸展示

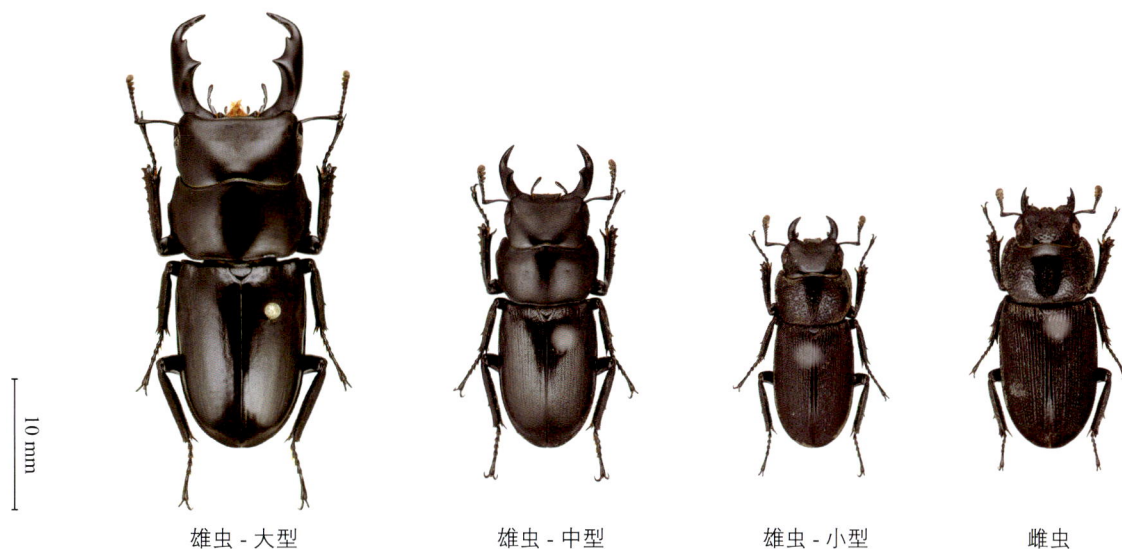

10 mm

雄虫 - 大型　　　　　　雄虫 - 中型　　　　　　雄虫 - 小型　　　　　　雌虫

10 mm

雅安刀锹甲
Dorcus intricatus (Lacroix, 1981)

分布	四川、湖北
体长	24 ~ 42 mm（雄），19 ~ 23 mm（雌）
词源	拉丁学名意为"复杂的"，但具体意义不明，可能是指其外部形态；中文名源于其模式产地四川雅安

物种描述

雄虫

背面观： 上颚在端部弯曲呈方形，基齿位于上颚中上部，呈双分叉隆起，且上方齿突总是小于下方齿突；上颚内侧光滑。全身黑色且反光；唇基中间略微凸起，两侧翘起位置明显高于中间。

侧面观： 复眼缘覆盖眼部约 1/2。前胸足胫节前端刺突不发达；前胸背板前段明显凸起，后端较宽。

腹面观： 后胸具黄色鳞毛，胸足基节窝、腿节处具簇状鳞毛。

雌虫

背面观： 体泽黑色。头部与前胸背板表面具刻点结构；前胸背板边缘较为光滑；鞘翅表面具密集的下凹沟纹；前足胫节较弯，刺突不发达。

腹面观： 后胸具黄色鳞毛，胸足基节窝、腿节处具簇状鳞毛。

图片展示

雄虫 - 侧面　　　　　雄虫 - 腹面　　　　　雌虫 - 背面　　　　　雌虫 - 腹面

尺寸展示

10 mm

雄虫 - 大型　　　　　雄虫 - 中型　　　　　雄虫 - 小型　　　　　雌虫

10 mm

林氏刀锹甲

Dorcus linwenhsini Huang & Chen, 2013

分布	云南
体长	43 mm（雄），雌虫未检视
词源	种名源于昆虫爱好者林文信

物种描述

雄虫

背面观： 上颚在端部弯曲呈方形，基齿位于上颚中部，呈双分叉隆起，上方齿突与下方齿突几乎等大；上颚内侧光滑。全身黑色且反光；唇基中间明显凹陷，两侧翘起且明显高于头部。

侧面观： 复眼缘覆盖眼部约 1/2。前胸足胫节前端具数枚刺突；前胸背板前段具明显凹陷，后端较宽。

腹面观： 后胸具不明显黄色鳞毛，胸足基节窝处具簇状鳞毛。

图片展示

雄虫 - 侧面

雄虫 - 腹面

10 mm

珞巴大锹甲

Dorcus lhoba Huang & Chen, 2013

分布	西藏
体长	22 ~ 30 mm（雄），21 ~ 25 mm（雌）
词源	种名源于其模式产地西藏察隅（当地珞巴族主要居住地）

物种描述

雄虫

背面观： 上颚明显短于头部，不发达，基齿位于上颚基部，仅呈 1 个点状凸起；上颚内侧光滑。前胸背板中央、头部表面具明显的刻点结构；唇基平坦，不发达。

侧面观： 复眼缘几乎完全覆盖眼部。前胸足胫节前端具明显刺突；前胸背板呈方形，无明显凹陷或凸起。

腹面观： 后胸具黄色鳞毛，胸足基节窝、腿节处具簇状鳞毛。

雌虫

背面观： 体泽黑色。头部与前胸背板表面具刻点结构；前胸背板边缘较为光滑；鞘翅表面具密集的下凹沟纹，且沟纹一般不触及鞘翅底端；前足胫节较弯，刺突明显。

腹面观： 后胸具黄色鳞毛，胸足基节窝、腿节处具簇状鳞毛。

图片展示

雄虫 - 侧面

雄虫 - 腹面

雌虫 - 背面

雌虫 - 腹面

尺寸展示

雄虫 - 大型　　　　　　雄虫 - 小型　　　　　　雌虫

察隅大锹甲
Dorcus chayuensis Huang & Chen, 2017

分布	西藏
体长	23 ~ 48 mm（雄），20 ~ 26 mm（雌）
词源	种名源于其模式产地西藏察隅

物种描述

雄虫

背面观： 上颚在近端部弯曲，顶端锐利，基齿位于上颚中上部，向上翘起；上颚内侧光滑。体泽光滑且略微反光；唇基中间明显凹陷，两侧翘起。

侧面观： 复眼缘覆盖眼部约 1/2。前胸足胫节前端具明显刺突；前胸背板前端凸起，后端较为宽大。

腹面观： 后胸具厚重黄色鳞毛，胸足基节窝、腿节处具簇状鳞毛。

雌虫

背面观： 体泽黑色。头部与前胸背板中央表面具刻点结构且反光；前胸背板边缘略粗糙；鞘翅表面具密集的下凹沟纹，且第 3 和第 6 条沟纹往往在鞘翅底端汇集；前足胫节较弯，具明显刺突。

腹面观： 后胸具黄色鳞毛，胸足基节窝、腿节处具簇状鳞毛。

图片展示

雄虫 - 侧面　　　　　　雄虫 - 腹面　　　　　　雌虫 - 背面　　　　　　雌虫 - 腹面

尺寸展示

10 mm

雄虫 - 大型　　　　　　雄虫 - 中型　　　　　　雄虫 - 小型　　　　　　雌虫

10 mm

错那大锹甲
Dorcus cuonaensis Huang & Chen, 2013

分布	西藏
体长	43.6 mm（雄），雌虫未检视
词源	种名源于其模式产地西藏错那

物种描述

雄虫

背面观： 上颚在端部弯曲，顶端锐利，基齿位于上颚基部，呈三角形；上颚内侧光滑，整个上颚形状较矮胖。体泽光滑且略微反光；唇基中间略微向下凹陷，两侧凸起。

侧面观： 复眼缘不发达。前胸足胫节前端具明显刺突；前胸背板前端凸起，后端较为宽大。

腹面观： 后胸具厚重黄色鳞毛，胸足基节窝、腿节处具簇状鳞毛。

图片展示

雄虫 - 侧面

雄虫 - 腹面

10 mm

缅北大锹甲
Dorcus nosei Nagai, 2000

分布	云南
体长	25 ~ 65.2 mm（雄），27 ~ 31 mm（雌）
词源	拉丁学名源于标本采集者野濑幸信；中文名源于其模式产地缅甸北部

物种描述

雄虫

背面观： 上颚在端部弯曲，前端锐利且具 1 ~ 2 枚齿突，基齿位于上颚近端部，不发达；上颚内侧光滑。鞘翅光滑且明显反光，头部、前胸背板略具磨砂质感；唇基中段凹陷。

侧面观： 复眼缘覆盖眼部约 1/3。前胸足胫节前端具明显刺突；前胸背板前端圆润，后端具 1 枚明显的角突。

腹面观： 后胸具黄色鳞毛，胸足基节窝、腿节处具簇状鳞毛。

雌虫

背面观： 体泽黑色。头部表面具刻点结构；前胸背板表面较为光滑且边缘略粗糙；鞘翅左右两侧表面各具 3 条明显隆起纹路，中间密布连续小刻点；前足胫节较弯，刺突明显且分立。

腹面观： 后胸具黄色鳞毛，胸足基节窝、腿节处具簇状鳞毛。

图片展示

雄虫 - 侧面

雄虫 - 腹面

雌虫 - 背面

雌虫 - 腹面

尺寸展示

10 mm

雄虫 - 大型   雄虫 - 中型   雄虫 - 小型   雌虫

10 mm

瑞奇大锹甲

Dorcus reichei Hope, 1842

分布	西藏、云南
体长	24 ~ 52 mm（雄），17 ~ 30 mm（雌）
词源	拉丁学名原文未明确指出，但可能源于法国昆虫学家 L. J. Reiche；中文名源于音译拉丁学名

物种描述

雄虫

背面观：上颚在端部弯曲呈方形，基齿位于上颚近端部，仅呈双分叉状；上颚内侧光滑。鞘翅光滑且明显反光，头部、前胸背板略具磨砂质感；唇基中段略微凹陷，两侧尖锐隆起。

侧面观：复眼缘覆盖眼部约 1/2。前胸足胫节前端具明显刺突；前胸背板前端角状突起位于前端，或无明显凸起，后端较光滑。

腹面观：后胸具黄色鳞毛，胸足腿节下端具较短鳞毛。

雌虫

背面观：体泽黑色，身型较细长。头部与前胸背板表面中央具刻点结构；前胸背板前端微隆起且边缘略粗糙；鞘翅左右两侧表面具明显刻点状下凹沟纹，且一般在近底部汇聚；前足胫节较直，刺突明显且分立。

腹面观：后胸具黄色鳞毛，胸足基节窝、腿节处具簇状鳞毛。

图片展示

雄虫 - 侧面　　　　雄虫 - 腹面　　　　雌虫 - 背面　　　　雌虫 - 腹面

尺寸展示

10 mm

雄虫 - 大型　　　　雄虫 - 中型　　　　雄虫 - 小型　　　　雌虫

10 mm

拟瑞奇大锹甲

Dorcus cervulus (Boileau, 1901)

分布	西藏、云南、广西、贵州、江西、四川、重庆
体长	22 ~ 56 mm（雄），20 ~ 33 mm（雌）
词源	拉丁学名意为"小鹿"，可能是形容雄虫的上颚；中文名源于其与瑞奇大锹形态接近

物种描述

雄虫

背面观： 上颚在近端部弯曲呈方形，基齿位于上颚近端部，仅呈并列 2 枚齿状凸起；上颚内侧光滑。鞘翅具不明显的小刻点结构，头部、前胸背板具磨砂质感；唇基形状较短，呈平坦状或稍向内凹陷。

侧面观： 复眼缘覆盖眼部约 1/2。前胸足胫节前端具明显刺突；前胸背板前端角状凸起位于中间，或明显靠后，后端具 1 枚角状凸起。

腹面观： 后胸具黄色鳞毛，胸足腿节与基节窝下端具较短鳞毛。

雌虫

背面观： 体泽黑色，身型较细长。头部与前胸背板中央具刻点结构；前胸背板后端略微隆起且边缘光滑；鞘翅左右两侧表面具明显刻点状下凹沟纹；前足胫节较直，刺突明显且分立。

腹面观： 后胸具黄色鳞毛，胸足基节窝、腿节处具簇状鳞毛。

图片展示

雄虫 - 侧面

雄虫 - 腹面

雌虫 - 背面

雌虫 - 腹面

尺寸展示

雄虫 - 大型　　　雄虫 - 中型　　　雄虫 - 小型　　　雌虫

10 mm

10 mm

毛角大锹甲

Dorcus hirticornis (Jakowlew, [1897])

Dorcus hirticornis hirticornis (Jakowlew, [1897]) **原名亚种**

分布	浙江、福建、江西、湖北、湖南、重庆、四川、广西、广东、贵州、云南等
体长	21 ~ 64.5 mm（雄），22 ~ 35 mm（雌）
词源	拉丁学名源于拉丁文"hirtus-"，意为"多毛的"，"cornu"意为"角"，形容雄虫上颚基部具明显的黄色鳞毛

物种描述

雄虫

背面观： 上颚在近端部弯曲呈方形，基齿位于上颚近端部，仅呈并列2枚齿状凸起，有时主齿仅呈坡状隆起；上颚内侧具明显黄色鳞毛。鞘翅具不明显的小刻点结构，头部、前胸背板具磨砂质感；唇基形状较短，中间明显凹陷，两侧呈尖锐凸起。

侧面观： 复眼缘覆盖眼部约2/3。前胸足胫节前端具明显刺突；前胸背板前端角位于中间，后端较宽。

腹面观： 后胸与上颚基部具黄色鳞毛，胸足腿节与基节窝下端具较短鳞毛；产自云南的个体上颚鳞毛显著减少，但依然可见。

雌虫

背面观： 体泽黑色，身型短粗。头部具刻点结构；前胸背板中间较为光滑，后端明显较宽，呈梯形；鞘翅左右两侧表面具明显刻点状下凹沟纹；前足胫节较直，刺突明显且分立。

腹面观： 后胸具黄色鳞毛，胸足基节窝、腿节处具簇状鳞毛。

图片展示

雄虫 - 侧面

雄虫 - 腹面

雌虫 - 背面

雌虫 - 腹面

尺寸展示

雄虫 - 大型

雄虫 - 中型

雄虫 - 小型

雌虫

10 mm

10 mm

Dorcus hirticornis clypeatus Benesh, 1950 台湾亚种

别名：条背大锹甲

分布	台湾
体长	17 ~ 45 mm（雄），16 ~ 30 mm（雌）
词源	拉丁学名意为"盾片的"，意为本亚种发表时与当时的已知近缘种在唇基形状上有稳定的区别；中文名源于其模式产地台湾

物种描述

雄虫

背面观： 上颚在中部弯曲呈圆形，基齿位于上颚中部，呈坡状凸起或仅呈单基齿凸起；上颚内侧较光滑。鞘翅具明显的小刻点结构，头部、前胸背板具磨砂质感；唇基形状较宽，两侧顶端呈点状凸起。

侧面观： 复眼缘几乎完全覆盖眼部。前胸足胫节前端具明显刺突；前胸背板前端较宽，无明显的角状凸起。

腹面观： 后胸具黄色鳞毛，胸足腿节与基节窝下端具较短鳞毛。

雌虫

背面观： 体泽黑色，身型短粗。头部具刻点结构；前胸背板中间较为光滑，前后宽度一致；鞘翅左右两侧表面具明显刻点状下凹沟纹；前足胫节较直，刺突明显且分立。

腹面观： 后胸具黄色鳞毛，胸足基节窝、腿节处具簇状鳞毛。

图片展示

雄虫 - 侧面　　　　雄虫 - 腹面　　　　雌虫 - 背面　　　　雌虫 - 腹面

尺寸展示

10 mm

雄虫 - 大型　　　　雄虫 - 中型　　　　雄虫 - 小型　　　　雌虫

10 mm

李氏大锹甲
Dorcus liyingbingi Huang & Chen, 2013

分布	云南
体长	31.3 ~ 42 mm（雄），18 ~ 26 mm（雌）
词源	种名源于标本采集者李映冰

物种描述

雄虫

背面观： 上颚在中部弯曲略呈方形，基齿位于上颚基部，呈三角形；上颚内侧较光滑。鞘翅具明显的纵向沟纹结构，头部、前胸背板具磨砂质感；唇基形状较宽，呈半圆形凹陷。

侧面观： 复眼缘覆盖眼部约 1/2。前胸足胫节前端具明显刺突；前胸背板前端较宽，具较圆润的半圆形凹陷。

腹面观： 后胸具较薄的黄色鳞毛，胸足腿节与基节窝下端具较长的黄色鳞毛刷。

雌虫

背面观： 体泽黑色，身型细长。全身具较粗糙的刻点结构；前胸背板较圆润；鞘翅左右两侧表面具明显刻点状下凹沟纹；前足胫节较直，刺突明显且分立。

腹面观： 后胸具黄色鳞毛，胸足基节窝、腿节处具较长的黄色鳞毛刷。

图片展示

雄虫 - 侧面　　　　　雄虫 - 腹面　　　　　雌虫 - 背面　　　　　雌虫 - 腹面

尺寸展示

10 mm

雄虫 - 大型　　　　雄虫 - 中型　　　　雄虫 - 小型　　　　雌虫

10 mm

天龙大锹甲
Dorcus tianlongi Wang & Zhou, 2019

分布	贵州、四川
体长	42 ~ 46 mm（雄），雌虫未检视
词源	种名源于昆虫爱好者贺天龙

物种描述

雄虫

背面观： 上颚在中上端弯曲呈方形，基齿位于上颚中部，略指向上方；上颚内侧较光滑。鞘翅具刻点结构，头部、前胸背板具磨砂质感；唇基较宽，呈半圆形凹陷。

侧面观： 复眼缘覆盖眼部约 1/2。前胸足胫节前端具明显刺突；前胸背板前端具块状凸起，后侧角上翘，前胸背板后侧较宽。

腹面观： 后胸鳞毛不明显，胸足腿节与基节窝下端具较短鳞毛。

图片展示

雄虫 - 侧面

雄虫 - 腹面

10 mm

孟子大锹甲
Dorcus mencius (Kriesche, 1935)

分布	四川、河南、云南、贵州
体长	24 ~ 48 mm（雄），21 ~ 28.5 mm（雌）
词源	种名源于拉丁文翻译为"孟子"

物种描述

雄虫

背面观： 上颚在中部弯曲呈方形，基齿位于上颚中部，上方具坡状凸起；上颚内侧光滑。鞘翅具明显小刻点结构，头部、前胸背板具磨砂质感；唇基较宽，中间略微凹陷。

侧面观： 复眼缘覆盖眼部约 1/2。前胸足胫节前端具明显刺突；前胸背板前端较宽，后端有时具明显尖锐的角突。

腹面观： 后胸稍具鳞毛，胸足腿节与基节窝下端具黄色鳞毛。

雌虫

背面观： 体泽黑色。头部与前胸背板两侧表面具较深的刻点结构，前胸背板边缘较粗糙，且前后宽度一致；鞘翅左右两侧表面具明显密集的刻点状下凹沟纹；前足胫节较直，刺突明显且分立。

腹面观： 后胸稍具鳞毛，胸足基节窝、腿节处具簇状黄色鳞毛。

图片展示

雄虫 - 侧面　　　雄虫 - 腹面　　　雌虫 - 背面　　　雌虫 - 腹面

其他态展示

前齿型雄虫

尺寸展示

雄虫 - 大型   雄虫 - 中型   雄虫 - 小型   雌虫

10 mm

10 mm

久氏大锹甲

Dorcus kyawi Nagai & Maeda, 2009

分布	云南、西藏
体长	20 ~ 31 mm（雄），19 ~ 28 mm（雌）
词源	种名源于标本采集者 K. N. Aung

物种描述

雄虫

背面观： 上颚在前端弯曲，较圆润，基齿位于上颚中部，呈点状凸起；上颚基部略具 1 枚齿突。鞘翅明显成对状沟纹，头部、前胸背板具刻点结构；唇基中间明显隆起。

侧面观： 复眼缘几乎完全覆盖眼部。前胸足胫节前端具明显刺突；前胸背板前端较宽，后端较光滑。

腹面观： 后胸黄色鳞毛较长，胸足腿节与基节窝下端具较短鳞毛。

雌虫

背面观： 体泽黑色。头部具刻点结构；前胸背板边缘具明显刻点，前端略宽于后端；鞘翅左右两侧表面具明显较宽的下凹沟纹；前足胫节较直，刺突明显且分立。

腹面观： 后胸黄色鳞毛较长，胸足基节窝、腿节处具簇状鳞毛。

图片展示

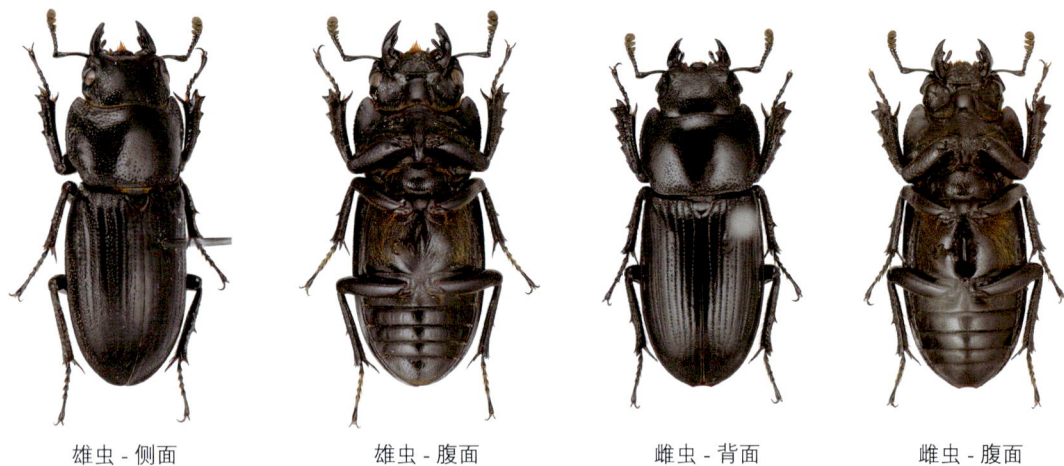

雄虫 - 侧面　　　　雄虫 - 腹面　　　　雌虫 - 背面　　　　雌虫 - 腹面

尺寸展示

10 mm

雄虫　　　　　　　　　雌虫

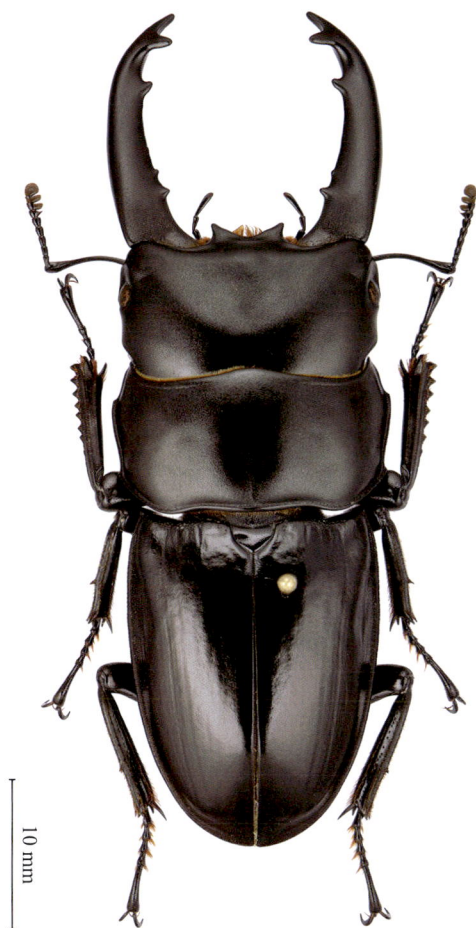

10 mm

尼泊尔大锹甲
Dorcus lineatopunctatus (Hope, 1831)

Dorcus lineatopunctatus lineatopunctatus (Hope, 1831)
原名亚种

分布	西藏
体长	40 ~ 75 mm（雄），32 ~ 35 mm（雌）
词源	拉丁学名源于拉丁文"*lineatus*""*punctatus*"，意为"具条纹和刻点状的"，形容本种雌虫前胸背板中央具明显的刻点状沟纹；中文名源于其模式产地尼泊尔

物种描述

雄虫

背面观：上颚在端部弯曲，形状笔直，基齿位于上颚端部，呈点状凸起；上颚基部具 1 ~ 2 枚或数枚小齿突。鞘翅较光滑，头部、前胸背板具磨砂质感；唇基形状较宽，两侧顶端尖锐凸起。

侧面观：复眼缘覆盖眼部约 1/2。前胸足胫节前端具明显刺突；前胸背板前端稍微凹陷，后端较宽。

腹面观：后胸具黄色鳞毛，胸足腿节与基节窝下端具较短鳞毛。

雌虫

背面观：体泽黑色，身型短粗。头部具刻点结构；前胸背板中间具较深点状凹坑，后端较宽；鞘翅左右两侧表面具明显隆起纹路；前足胫节较直，刺突明显且分立。

腹面观：后胸具黄色鳞毛，胸足基节窝、腿节处具簇状鳞毛。

图片展示

雄虫 - 侧面

雄虫 - 腹面

雌虫 - 背面

雌虫 - 腹面

尺寸展示

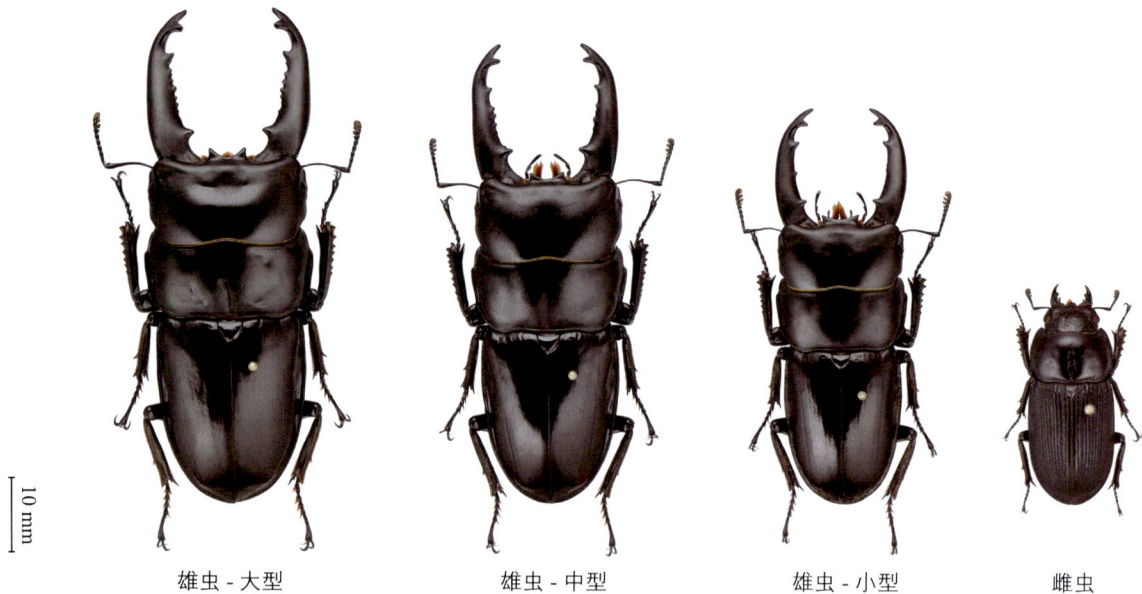

10 mm

雄虫 - 大型　　　　　雄虫 - 中型　　　　　雄虫 - 小型　　　　　雌虫

10 mm

Dorcus lineatopunctatus gaoligongshanus Huang & Chen, 2013
高黎贡山亚种

分布	云南
体长	40 ~ 78 mm（雄），26 ~ 38 mm（雌）
词源	亚种名源于其模式产地云南高黎贡山

物种描述

雄虫

背面观： 上颚在端部弯曲，形状笔直，基齿位于上颚端与中部，呈双凸起状；上颚内侧光滑。鞘翅较光滑，头部、前胸背板具磨砂质感；唇基形状较窄，两侧顶端呈点状凸起。

侧面观： 复眼缘覆盖眼部约 1/2。前胸足胫节前端具明显刺突；前胸背板前端较圆润，后端较宽。

腹面观： 后胸具黄色鳞毛，胸足腿节与基节窝下端具较短黄色鳞毛。

雌虫

背面观： 体泽黑色，身型细长。头部具刻点结构；前胸背板中间具较浅点状凹坑，前后宽度一致；鞘翅左右两侧表面具明显隆起纹路；前足胫节较直，刺突明显且分立。

腹面观： 后胸具黄色鳞毛，胸足基节窝、腿节处具簇状鳞毛。

图片展示

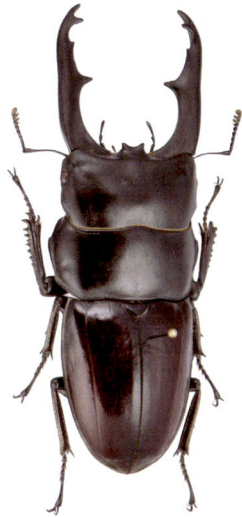   

雄虫 - 侧面　　　　雄虫 - 腹面　　　　雌虫 - 背面　　　　雌虫 - 腹面

尺寸展示

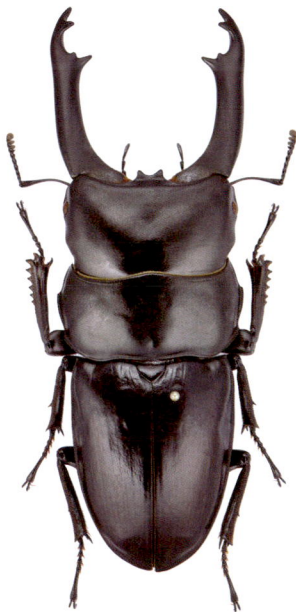  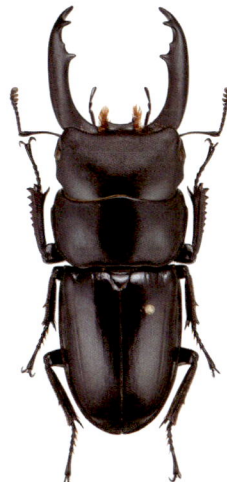 

10 mm

雄虫 - 大型　　　　雄虫 - 中型　　　　雄虫 - 小型　　　　雌虫

提提乌斯大锹甲

Dorcus tityus Hope, 1842

分布	西藏
体长	25 ～ 75 mm（雄），28 ～ 34 mm（雌）
词源	种名源于古希腊神话中的巨人 Tityus

物种描述

雄虫

背面观： 上颚在端部弯曲，形状笔直，基齿位于上颚端部或基部，下方齿总是明显大于上方齿；上颚内侧光滑。体泽光滑；唇基形状较窄，两侧顶端呈点状凸起，中间明显下凹。

侧面观： 复眼缘覆盖眼部约 1/2。前胸足胫节前端具明显刺突；前胸背板前端无凹陷，后端较宽。

腹面观： 后胸具黄色鳞毛，胸足腿节与基节窝下端具较短鳞毛。

雌虫

背面观： 体泽黑色，身型细长。头部具刻点结构；前胸背板中间具较深点状凹坑，前后宽度一致；鞘翅左右两侧表面具明显隆起条纹；前足胫节较弯，刺突明显且分立。

腹面观： 后胸具黄色鳞毛，胸足基节窝、腿节处具簇状鳞毛。

图片展示

雄虫 - 侧面

雄虫 - 腹面

雌虫 - 背面

雌虫 - 腹面

尺寸展示

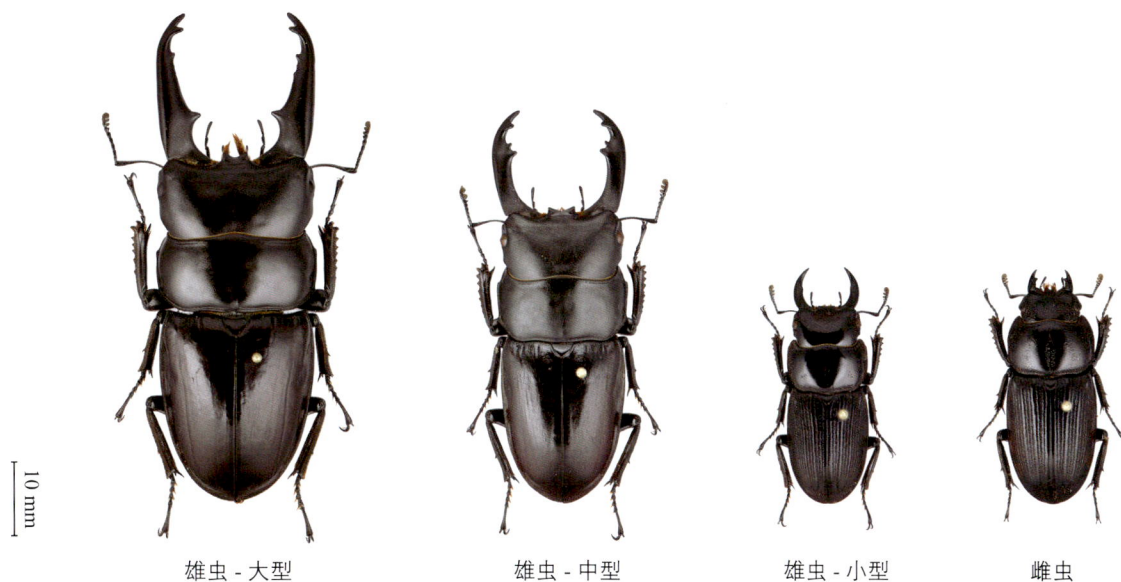

10 mm

雄虫 - 大型　　　　雄虫 - 中型　　　　雄虫 - 小型　　　　雌虫

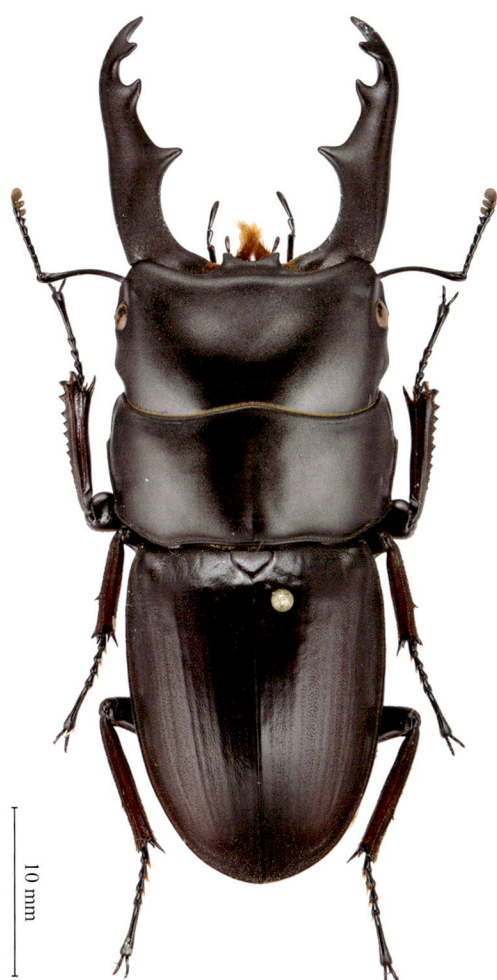

10 mm

白马岗大锹甲

Dorcus pemakoi Huang, Okuda, Maeda & Chen, 2017

分布	西藏、云南
体长	24 ~ 59 mm（雄），25 ~ 28 mm（雌）
词源	种名源于其模式产地西藏白马岗

物种描述

雄虫

背面观： 上颚在中部明显内凹，基齿位于上颚中部，上方齿突翘起；上颚内侧较光滑。鞘翅具明显的小刻点结构，头部、前胸背板较光滑；唇基形状较窄，两侧顶端呈三角形凸起。

侧面观： 复眼缘覆盖眼部约 2/3。前胸足胫节前端具明显刺突；前胸背板前端圆润，前后宽度一致。

腹面观： 后胸具黄色鳞毛，胸足腿节与基节窝下端具较短鳞毛。

雌虫

背面观： 体泽黑色，身型细长。头部具刻点结构；前胸背板中间明显下陷且具较深点状凹坑；鞘翅左右两侧表面具明显 2 ~ 3 条隆起条带；前足胫节较直，刺突明显且分立。

腹面观： 后胸具黄色鳞毛，胸足基节窝、腿节处具簇状鳞毛。

图片展示

雄虫 - 侧面   雄虫 - 腹面   雌虫 - 背面   雌虫 - 腹面

尺寸展示

10 mm

雄虫 - 大型   雄虫 - 中型   雄虫 - 小型   雌虫

华南大锹甲
Dorcus daedalion (Didier & Séguy, 1953)

分布	四川、重庆、贵州、云南、广西、广东、福建、江西、湖南等
体长	24 ~ 70 mm（雄），25 ~ 35 mm（雌）
词源	拉丁学名源于古希腊神话中的神"Daedalion"；中文名源于其广泛分布于我国华南地区

物种描述

雄虫

背面观： 上颚在端部弯曲，基齿位于上颚中部，呈双齿状凸起；下方基齿总是略大于上方。有时上颚呈单基齿凸起，上方具 1 枚不明显齿状凸起。鞘翅较光滑，头部、前胸背板呈磨砂质感；唇基形状较宽，中间明显下凹。

侧面观： 复眼缘几乎完全覆盖眼部。前胸足胫节前端具明显刺突；前胸背板前端平整，后端略宽于前端。

腹面观： 后胸具黄色鳞毛，胸足腿节与基节窝下端具黄色鳞毛。

雌虫

背面观： 体泽黑色，身型细长。头部具刻点结构；前胸背板中间光滑；鞘翅左右两侧表面具明显均匀隆起条带；前足胫节较弯，刺突明显且分立。

腹面观： 后胸黄色鳞毛不明显，胸足基节窝、腿节处具簇状鳞毛。

10 mm

图片展示

雄虫 - 侧面

雄虫 - 腹面

雌虫 - 背面

雌虫 - 腹面

其他态展示

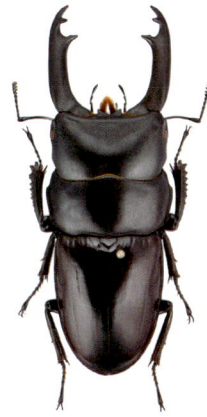
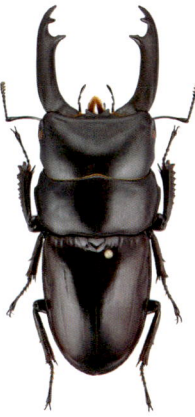

前齿型雄虫

尺寸展示

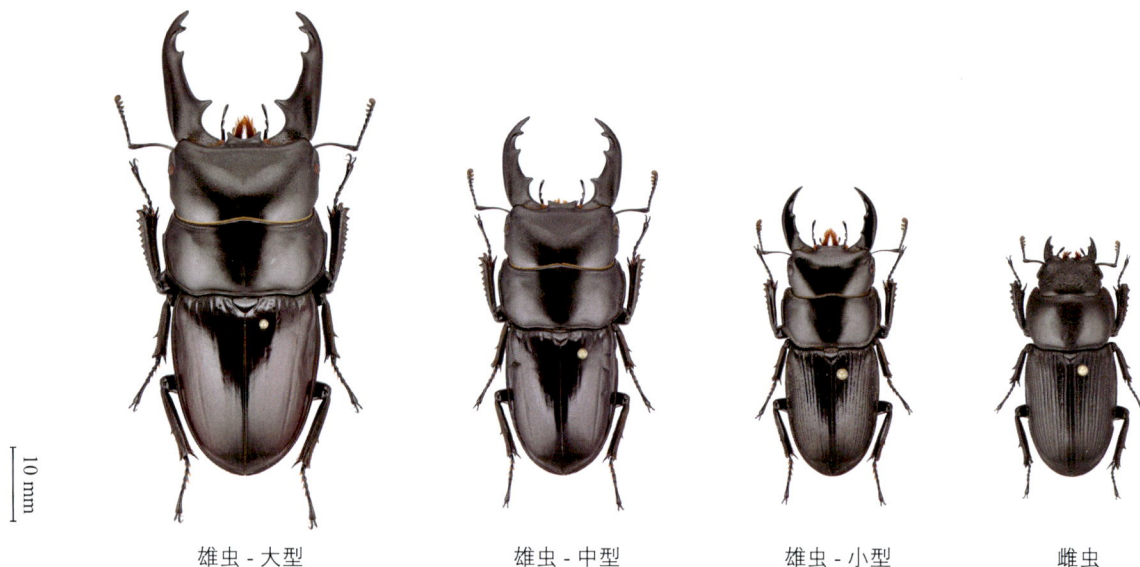

10 mm

雄虫 - 大型　　　　　雄虫 - 中型　　　　　雄虫 - 小型　　　　　雌虫

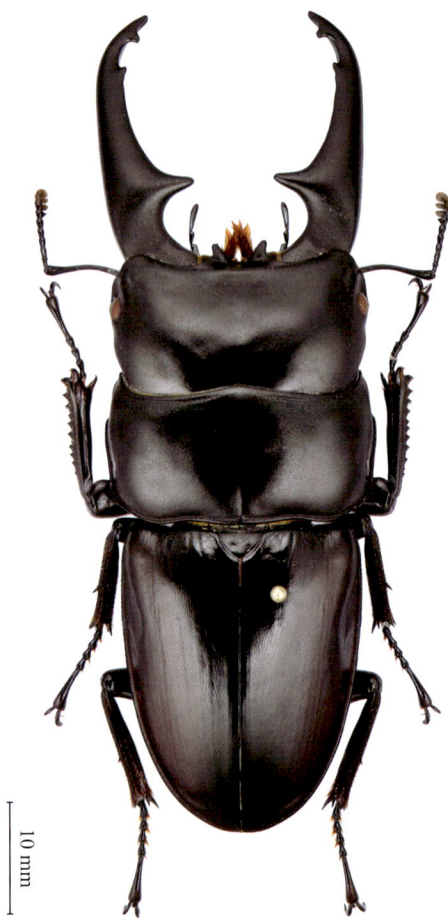

10 mm

滇越大锹甲

Dorcus laevidorsis Fairmaire, 1888

分布	四川、云南
体长	45 ~ 74.2 mm（雄），20 ~ 38 mm（雌）
词源	拉丁学名源于拉丁文"*laevis*"，意为"平滑的"；"*dorsum*"意为"背部"，形容本种雄虫鞘翅较光滑；中文名源于其主要分布于我国云南和越南

物种描述

雄虫

背面观：上颚较笔直，基齿位于上颚基部，端部具 1 枚小齿；上颚内侧较光滑。鞘翅具较光滑，头部、前胸背板呈磨砂质感；唇基形状狭窄，两侧顶端呈尖锐的三角形凸起。

侧面观：复眼缘覆盖眼部约 1/2。前胸足胫节前端具明显刺突；前胸背板前端较为圆润，前后宽度一致。

腹面观：后胸具黄色鳞毛，胸足腿节与基节窝下端具短黄色鳞毛。

雌虫

背面观：体泽黑色，身型细长。头部具刻点结构；前胸背板呈梯形，表面较光滑；鞘翅左右两侧表面均匀隆起条带，且靠近鞘翅中缝的条带呈刻点状分散；前足胫节较直，刺突明显且分立。

腹面观：后胸具黄色鳞毛，胸足基节窝、腿节处具簇状鳞毛。

图片展示

其他态展示

雄虫 - 侧面

雄虫 - 腹面

雌虫 - 背面

雌虫 - 腹面

前齿型雄虫

尺寸展示

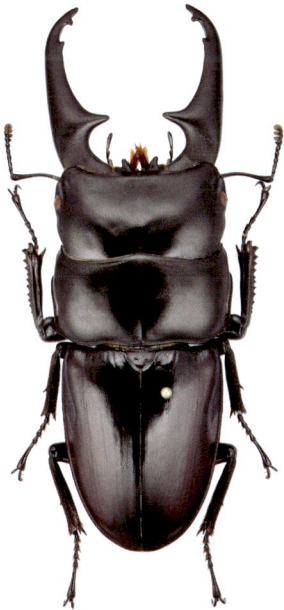

10 mm

雄虫 - 大型

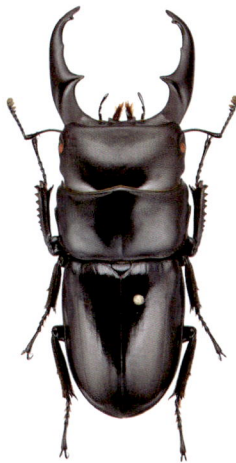

雄虫 - 中型

雄虫 - 小型

雌虫

10 mm

海波力昂大锹甲
Dorcus hyperion Bolieau, 1899

分布	云南、西藏
体长	28 ~ 72 mm（雄），28 ~ 40 mm（雌）
词源	种名源于古希腊神话中的神"Hyperion"

物种描述

雄虫

背面观： 上颚形状笔直，基齿位于上颚基部，呈双齿状凸起；上颚端部具 1 枚小齿突。体泽黑色，体表非常光滑；唇基不发达，仅呈点状凸起。

侧面观： 复眼缘覆盖眼约 1/2。前胸足胫节前端具明显刺突；前胸背板前端圆润，前后宽度一致。

腹面观： 后胸具黄色鳞毛，胸足胫节端部具黄色鳞毛。

雌虫

背面观： 体泽黑色，身型短粗。头部具刻点结构；前胸背板中间具较明显的纵向较浅刻点状凹坑；鞘翅左右两侧表面具明显隆起条带且靠近鞘翅中缝的第二条条带上端不完整；前足胫节较直，刺突明显且分立。

腹面观： 后胸具黄色鳞毛，中胸足基节窝、腿节处具明显黄色鳞毛。

图片展示

雄虫 - 侧面

雄虫 - 腹面

雌虫 - 背面

雌虫 - 腹面

尺寸展示

雄虫 - 大型　　　　雄虫 - 中型　　　　雄虫 - 小型　　　　雌虫

三牙大锹甲

Dorcus hansi Schenk, 2008

分布	广东、广西、贵州、海南
体长	24 ~ 65.5 mm（雄），28 ~ 38 mm（雌）
词源	拉丁学名源于标本提供者 Hans Kirchner；中文名源于雄虫上颚具明显的三齿突结构

物种描述

雄虫

背面观： 上颚笔直，基齿位于上颚基部，端部具 1 枚小齿突；上颚内侧较光滑。鞘翅光滑，头部、前胸背板呈磨砂质感；唇基不发达，向内侧凹陷。

侧面观： 复眼缘几乎完全覆盖眼部。前胸足胫节前端具明显刺突；前胸背板前后宽度一致，呈方形。

腹面观： 后胸光滑，中胸足腿节与基节窝下端具不明显鳞毛。

雌虫

背面观： 体泽黑色，身型细长。头部具刻点结构；前胸背板中间具纵向较浅刻点状凹坑；鞘翅左右两侧表面具均匀隆起条带，靠近鞘翅中缝的刻点状凹纹不完整且条带往往接触至鞘翅底部；前足胫节较直，刺突明显且分立。

腹面观： 后胸光滑，中胸足腿节与基节窝下端具不明显鳞毛。

图片展示

| 雄虫 - 侧面 | 雄虫 - 腹面 | 雌虫 - 背面 | 雌虫 - 腹面 |

尺寸展示

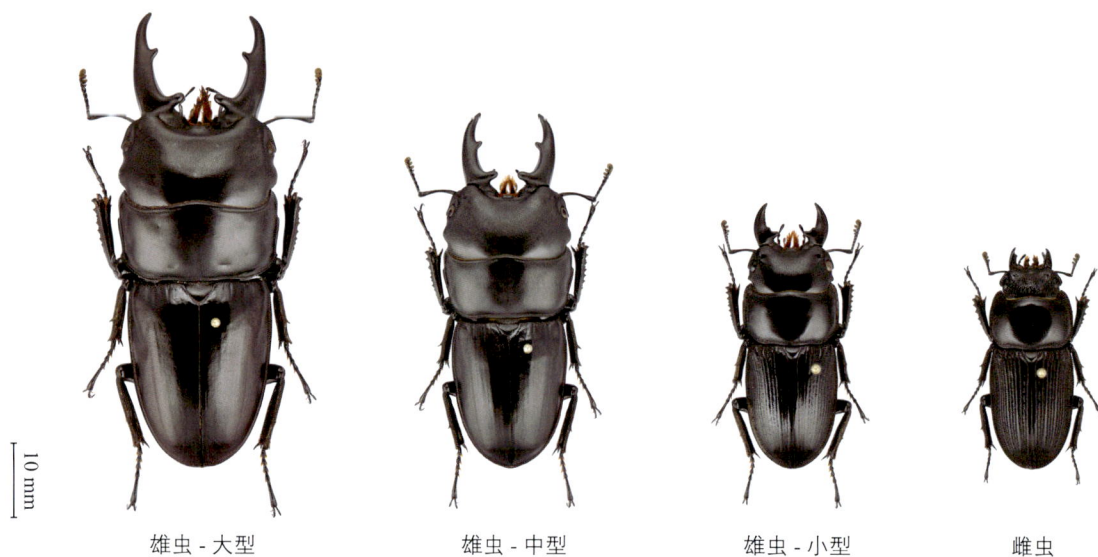

10 mm

| 雄虫 - 大型 | 雄虫 - 中型 | 雄虫 - 小型 | 雌虫 |

10 mm

平头大锹甲
Dorcus miwai Benesh,1936

分布	台湾
体长	34 ~ 72 mm（雄），18 ~ 37 mm（雌）
词源	拉丁学名源于日本昆虫学家三轮勇次郎；中文名源于雄虫头部较扁平

物种描述

雄虫

背面观： 上颚弯曲，基齿位于上颚中上部，端部具不发达的 1 枚齿突；上颚内侧光滑。鞘翅具明显光泽，头部、前胸背板呈磨砂质感；唇基形状较窄，呈梯形且中间略凹陷。

侧面观： 复眼缘覆盖眼部约 1/2，头部后端呈三角形凸起。前胸足胫节前端具明显刺突；前胸背板前端圆润，前后宽度一致。

腹面观： 后胸具黄色鳞毛，中胸足腿节与基节窝下端具较短鳞毛。

雌虫

背面观： 体泽黑色，身型细长。头部具刻点结构；前胸背板呈正方形，中间非常光滑；鞘翅左右两侧表面具密集的隆起条带；前足胫节较直，刺突明显且分立。

腹面观： 后胸具黄色鳞毛，中、后胸足基节窝、腿节处具簇状鳞毛。

图片展示

雄虫 - 侧面

雄虫 - 腹面

雌虫 - 背面

雌虫 - 腹面

尺寸展示

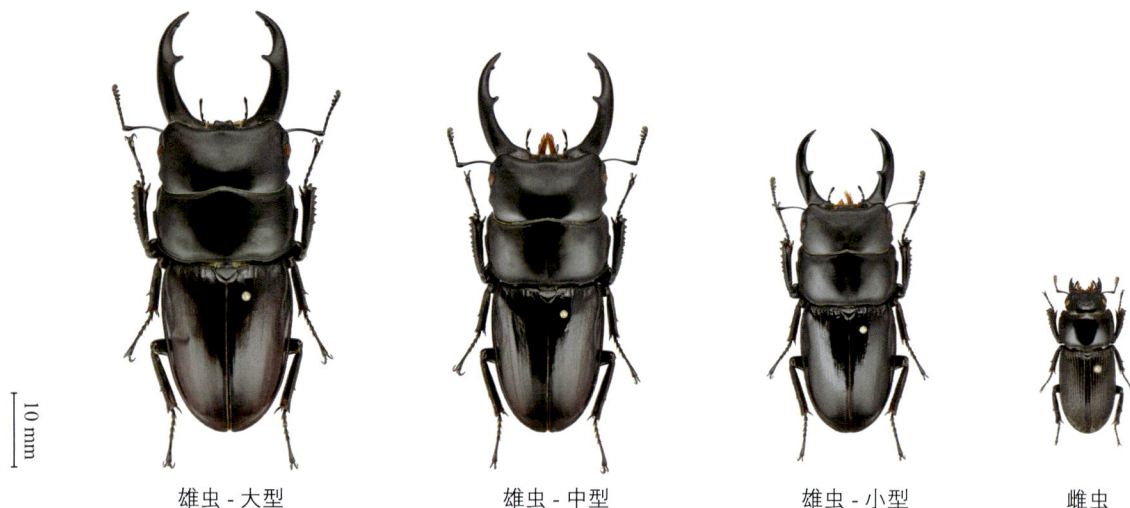

| 雄虫 - 大型 | 雄虫 - 中型 | 雄虫 - 小型 | 雌虫 |

樟木怪刀锹甲
Dorcus elegans (Parry, 1862)

分布	西藏
体长	28 ~ 38 mm（雄），17 ~ 19 mm（雌）
词源	拉丁学名意为"红色的"，意为雄虫体色呈红色；中文名源于其主要分布于西藏樟木

物种描述

雄虫

背面观： 上颚笔直，仅在端部弯曲，基齿位于上颚端部，齿突呈三分叉状；上颚内侧光滑。体泽红色，头部、前胸背板呈磨砂质感；唇基不发达，中间明显凹陷。

侧面观： 复眼缘仅覆盖眼部前端，头部呈倒梯形。前胸足胫节前端具 2 ~ 3 枚刺突；前胸背板呈梯形，后端较宽。

腹面观： 后胸具黄色鳞毛，后胸足胫节下方具明显黄色鳞毛。

雌虫

背面观： 体泽黑色，身型细长。头部具粗糙的刻点结构；前胸背板中间具较浅的纵向点状凹坑；鞘翅左右两侧表面具密集的隆起条带；前足胫节较直，刺突明显且分立。

腹面观： 腹面略呈棕色；后胸具黄色鳞毛，中、后胸足基节窝、腿节处非常光滑。

图片展示

雄虫 - 侧面　　　　雄虫 - 腹面　　　　雌虫 - 背面　　　　雌虫 - 腹面

尺寸展示

10 mm

雄虫 - 大型　　　　雄虫 - 中型　　　　雄虫 - 小型　　　　雌虫

张氏怪刀锹甲
Dorcus yongreni Huang & Chen, 2016

10 mm

分布	云南
体长	19 ~ 45 mm（雄），16 ~ 21.5 mm（雌）
词源	种名源于昆虫爱好者张永仁

物种描述

雄虫

背面观： 上颚笔直，仅在端部弯曲，基齿位于上颚端部，略向内弯曲；上颚基部具 1 枚内齿。体泽棕色，头部、前胸背板呈磨砂质感；唇基略隆起，中间明显凹陷。

侧面观： 复眼缘仅覆盖眼部前端，头部前后宽度一致。前胸足胫节前端具密集明显刺突；前胸背板前端较宽。

腹面观： 后胸具明显黄色鳞毛，胸足基节窝下方具微小黄色鳞毛。

雌虫

背面观： 体泽黑色，身型细长。头部与前胸背板具刻点结构；前胸背板前端圆润，边缘较粗糙；鞘翅左右两侧表面具密集的隆起条带，且在接近鞘翅末端汇集；前足胫节笔直，刺突明显且分立。

腹面观： 后胸较光滑，胸足基节窝下方具微小黄色鳞毛。

图片展示

雄虫 - 侧面　　　雄虫 - 腹面　　　雌虫 - 背面　　　雌虫 - 腹面

尺寸展示

雄虫 - 大型	雄虫 - 中型	雄虫 - 小型	雌虫

10 mm

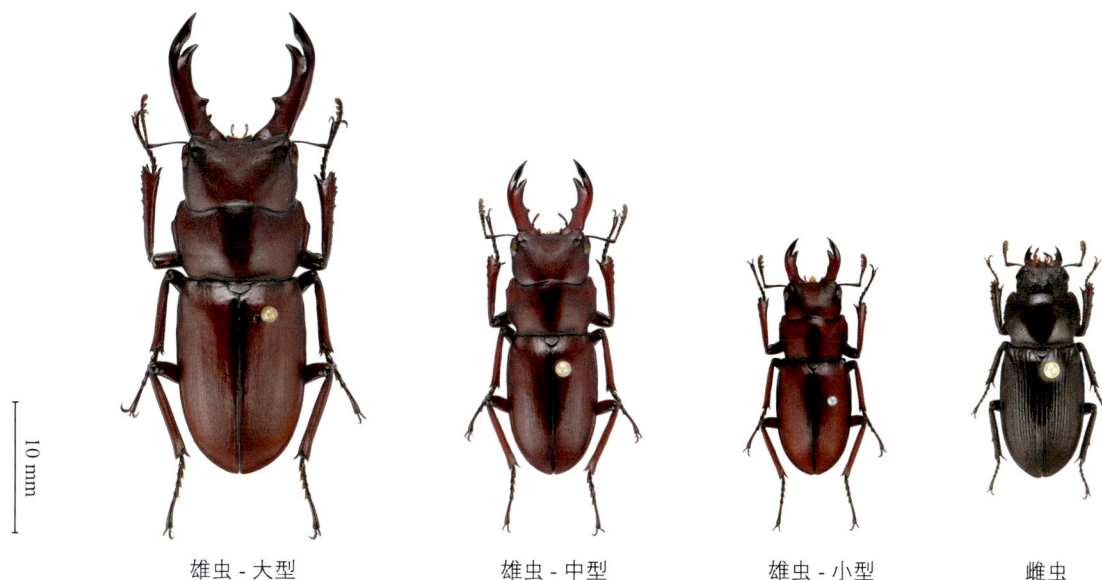

墨脱怪刀锹甲
Dorcus motuoensis Huang & Chen, 2013

分布	西藏
体长	23 ~ 35 mm（雄），19 ~ 23 mm（雌）
词源	种名源于其模式产地西藏墨脱

物种描述

雄虫

背面观： 上颚弯曲，基齿位于上颚端部，呈三分叉状凸起；上颚内侧非常光滑。体泽棕色且非常光滑；唇基呈"山"字形隆起，中间和两端等高。

侧面观： 复眼缘仅覆盖眼部前端，头部前端略宽。前胸足胫节前端刺突不发达；前胸背板前端较宽，后端收缩明显。

腹面观： 后胸具明显黄色鳞毛，中、后胸足胫节下方具密集黄色鳞毛。

雌虫

背面观： 体泽黑色，身型细长。头部与前胸背板具刻点结构；前胸背板中央具明显纵向凹陷；鞘翅左右两侧表面各具 3 条较粗的隆起条带，在接近鞘翅末端消失；前足胫节笔直，刺突明显且分立。

腹面观： 后胸光滑，胸足胫节下方无明显鳞毛。

10 mm

图片展示

雄虫 - 侧面　　　　　　雄虫 - 腹面　　　　　　雌虫 - 背面　　　　　　雌虫 - 腹面

尺寸展示

10 mm

雄虫 - 大型　　　　　　雄虫 - 中型　　　　　　雄虫 - 小型　　　　　　雌虫

10 mm

初氏怪刀锹甲
Dorcus chucheni Huang & Chen, 2013

分布	云南
体长	21 ~ 39 mm（雄），18.2 ~ 25 mm（雌）
词源	种名源于昆虫爱好者初晨

物种描述

雄虫

背面观：上颚弯曲，基齿位于上颚端部，呈三分叉状凸起；上颚内侧光滑。体泽黑色且明显反光；唇基呈"山"字形隆起，中间明显高于两端。

侧面观：复眼缘仅覆盖眼部前端，头部呈方形。前胸足胫节前端具明显刺突；前胸背板前端具尖锐角状凸起，后端明显宽于前端。

腹面观：后胸具明显黄色鳞毛，胸足基节窝处具簇状黄色鳞毛。

雌虫

背面观：体泽黑色，身型细长。头部与前胸背板两侧具刻点结构；前胸背板中央较光滑；鞘翅左右两侧表面各具明显下凹的刻点沟纹，在接近鞘翅末端消失；前足胫节笔直，刺突明显且分立。

腹面观：后胸具明显黄色鳞毛，胸足基节窝处具簇状黄色鳞毛。

图片展示

| 雄虫 - 侧面 | 雄虫 - 腹面 | 雌虫 - 背面 | 雌虫 - 腹面 |

尺寸展示

10 mm

雄虫 - 大型　　　　　　雄虫 - 中型　　　　　　雌虫

10 mm

短颚怪刀锹甲
Dorcus wemckeni (Schenk, 2008)

分布	西藏
体长	19 ~ 25 mm（雄），15 ~ 20 mm（雌）
词源	拉丁学名源于标本提供者 Wemcken；中文名源于雄虫上颚较短

物种描述

雄虫

背面观： 上颚与头部等长，基齿位于上颚中部，笔直指向前端；上颚内侧非常光滑。体泽黑色且反光；唇基呈"山"字形隆起，中间略微高于两端。

侧面观： 复眼缘仅覆盖眼部前端，头部后端略宽。前胸足胫节前端刺突不发达；前胸背板前端具角状凸起，明显宽于后端。

腹面观： 后胸具黄色鳞毛，中、后胸足胫节下方具密集黄色鳞毛。

雌虫

背面观： 体泽黑色，身型细长。头部与前胸背板两侧具刻点结构；前胸背板中央具较深的刻点状凹陷；鞘翅左右两侧表面各具明显下凹的刻点沟纹，在接近鞘翅基部 1/3 处消失；前足胫节笔直，刺突明显且分立。

腹面观： 后胸具不明显黄色鳞毛，胸足基节窝处光滑。

图片展示

雄虫 - 侧面 　　　　雄虫 - 腹面 　　　　雌虫 - 背面 　　　　雌虫 - 腹面

尺寸展示

10 mm

雄虫 - 大型 　　　　雄虫 - 中型 　　　　雄虫 - 小型 　　　　雌虫

10 mm

独龙江怪刀锹甲

Dorcus costipennis Nagai, 2000

分布	云南
体长	15 ~ 35 mm（雄），雌虫未检视
词源	拉丁学名源于拉丁文"*costa*"，意为"脊"，"*pennis*"，意为"翅膀"，形容该种雌虫鞘翅上具明显的脊状沟纹的特征；中文名源于其分布于云南独龙江

物种描述

雄虫

背面观： 上颚弯曲，基齿位于上颚端部，呈双分叉状凸起；上颚内侧非常光滑。体泽黑色且反光；唇基呈"山"字形隆起，中间略微高于两端。

侧面观： 复眼缘覆盖眼部约 1/2，头部前端略宽。前胸足胫节前端具明显刺突；前胸背板前端具角状凸起，略宽于后端。

腹面观： 后胸具黄色鳞毛，中、后胸足胫节下方具密集黄色鳞毛。

图片展示

雄虫 - 侧面

雄虫 - 腹面

尺寸展示

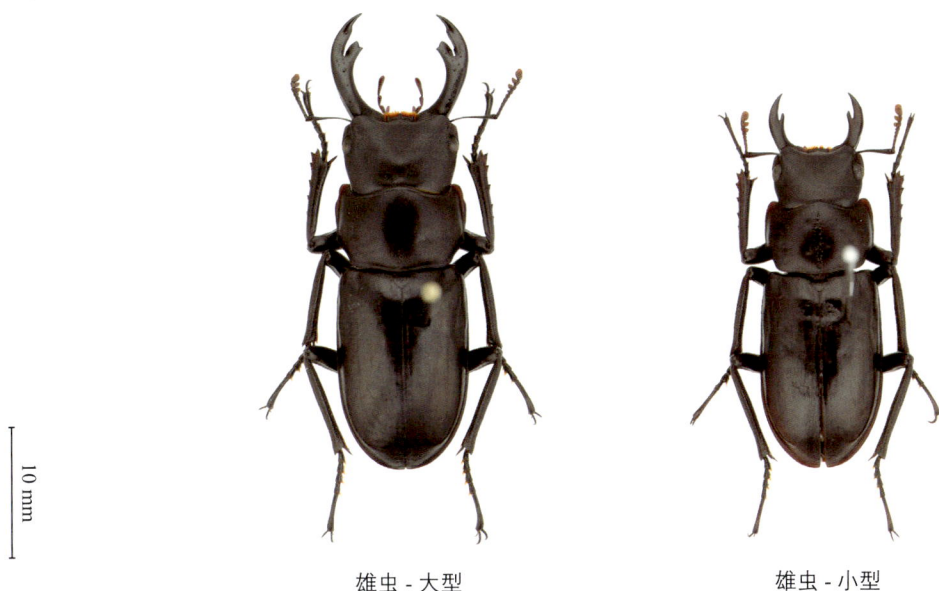

10 mm

雄虫 - 大型   雄虫 - 小型

滇缅怪刀锹甲

Dorcus rubrolateris Nagai, 2004

10 mm

分布	云南
体长	20 ~ 33.2 mm（雄），19.6 ~ 21.2 mm（雌）
词源	拉丁学名源于拉丁文 *"rubro-"*，意为"红色的"，*"later"* 意为"侧面的"，形容雄虫身体两侧具明显的红色条带；中文名源于其分布于我国云南和缅甸

物种描述

雄虫

背面观： 上颚与头部等长，基齿位于上颚中上部，略指向上端；上颚内侧光滑。身体两侧呈红色，中间为黑色；唇基不发达，略呈"山"字形隆起。

侧面观： 复眼缘仅覆盖眼部前端，头部呈方形。前胸足胫节前端刺突不发达；前胸背板前端明显宽于后端。

腹面观： 后胸具厚重黄色鳞毛，胸足基节窝，胫节、跗节处均具黄色鳞毛。

雌虫

背面观： 体泽黑色，身型细长。头部与前胸背板具刻点结构；前胸背板中央具明显纵向凹陷；鞘翅左右两侧表面各具 2 条较粗的隆起条带，在接近鞘翅末端消失；前足胫节笔直，刺突明显且分立。

腹面观： 后胸具厚重黄色鳞毛，胸足基节窝，胫节，跗节处均具黄色鳞毛。

图片展示

雄虫 - 侧面　　　　雄虫 - 腹面　　　　雌虫 - 背面　　　　雌虫 - 腹面

尺寸展示

10 mm

雄虫 - 大型　　　　雄虫 - 中型　　　　雌虫

10 mm

台湾刀锹甲
Dorcus yamadai (Miwa, 1937)

别名：山田刀锹甲

分布	台湾
体长	34 ~ 68 mm（雄），30 ~ 38 mm（雌）
词源	拉丁学名源于纪念山田信夫；中文名源于其模式产地台湾

物种描述

雄虫

背面观： 上颚较为笔直，基齿位于上颚端部，略指向上端；上颚仅端部具 2 枚分立明显的齿突。体泽黑色，反光明显；唇基不发达，两侧略宽且稍向上翘。

侧面观： 复眼缘仅覆盖眼部前端，头部前端较宽。前胸足胫节前端明显不发达刺突；前胸背板前端具笔直切角，后端呈梯形。

腹面观： 后胸非常光滑，胫节末端，跗节上具黄色鳞毛。

雌虫

背面观： 体泽黑色，身型细长。头部略具刻点结构，前胸背板十分光滑；鞘翅表面略具微小刻点状凹坑，在鞘翅中缝附近消失；前足胫节略向外翻，刺突明显且分立。

腹面观： 后胸具较薄黄色鳞毛。

图片展示

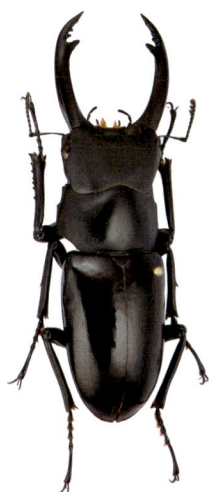

雄虫 - 侧面　　　　　雄虫 - 腹面　　　　　雌虫 - 背面　　　　　雌虫 - 腹面

尺寸展示

10 mm

雄虫 - 大型　　　　雄虫 - 中型　　　　雄虫 - 小型　　　　雌虫

10 mm

长齿刀锹甲
Dorcus haitschunus (Didier & Séguy, 1952)

分布	福建、湖南、江西、广东、广西、贵州、四川
体长	32 ~ 68.3 mm（雄），23 ~ 38 mm（雌）
词源	拉丁学名原文未明确指出；中文名源于雄虫上颚基齿较长

物种描述

雄虫

背面观：上颚端部较弯曲，基齿异常发达修长，位于上颚端部；上颚仅端部具 2 ~ 3 枚分立明显的齿突。鞘翅呈红色，反光明显；唇基不发达，中间呈明显凹陷。

侧面观：复眼缘仅覆盖眼部前端，头部前端较宽。前胸足胫节前端的刺突结构几乎完全消失；前胸背板前端具笔直切角，后端具 1 枚锐利的角突。

腹面观：后胸呈红色。后胸非常光滑，胫节末端、跗节上具黄色鳞毛。

雌虫

背面观：体泽黑色，身型细长。头部略具刻点结构，前胸背板十分光滑；鞘翅表面光滑且反光；前足胫节略向外翻，刺突明显且分立。

腹面观：后胸呈红色，非常光滑。

图片展示

雄虫 - 侧面   雄虫 - 腹面   雌虫 - 背面   雌虫 - 腹面

其他态展示

黑色型雄虫   弯颚型雄虫   直颚型雌虫

不同地域型之间的差异：

本种广泛分布于我国华东与华南地区。其中，产自贵州梵净山的雄虫上颚较笔直且粗壮；产自四川西部的雄虫体泽黑色，体型相对最小。

尺寸展示

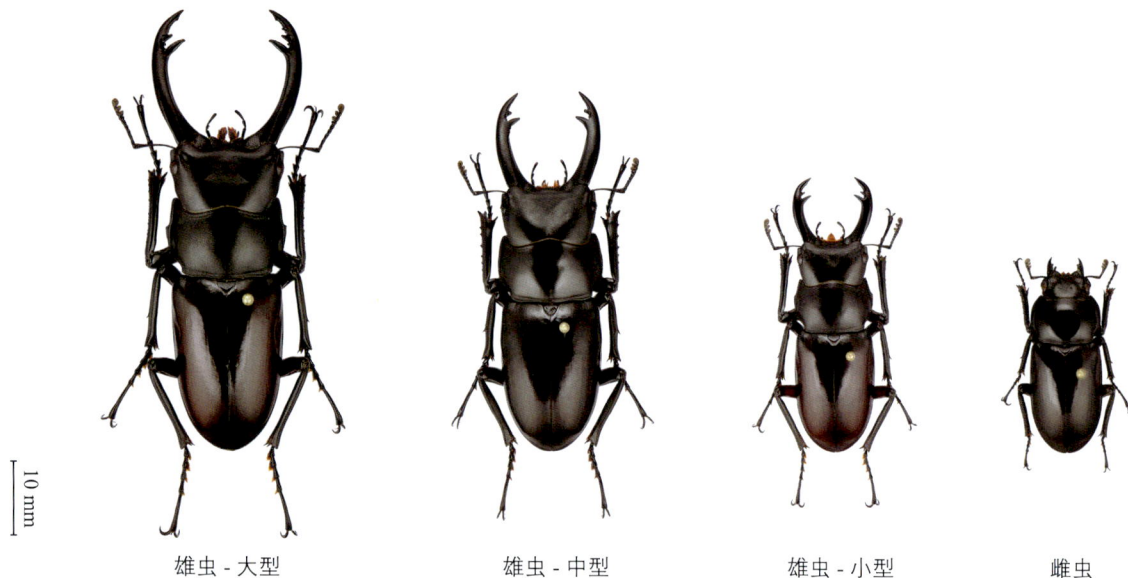

10 mm

雄虫 - 大型　　　　　　雄虫 - 中型　　　　　　雄虫 - 小型　　　　　　雌虫

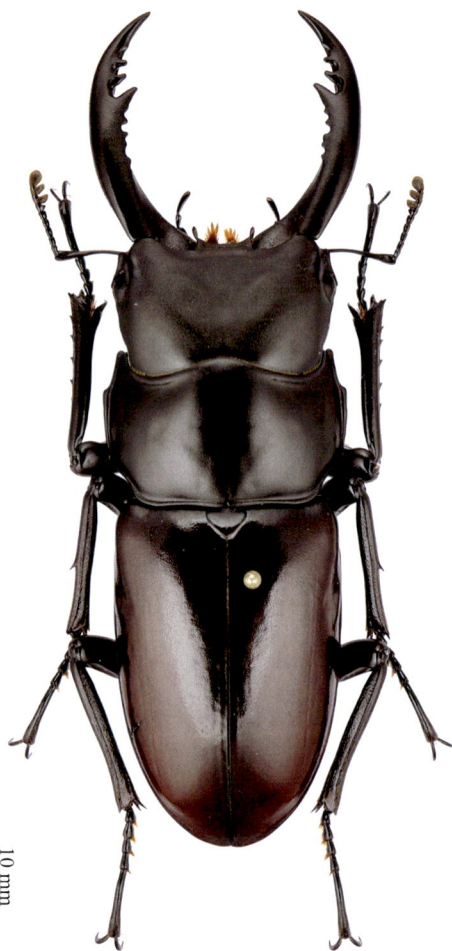

10 mm

红背刀锹甲

Dorcus arrowi (Boileau, 1911)

Dorcus arrowi arrowi (Boileau, 1911) 原名亚种

分布	云南
体长	25 ~ 65 mm（雄），30 ~ 35 mm（雌）
词源	拉丁学名源于本种在 Gilbert John Arrow 的收藏中被发现；中文名源于雄虫鞘翅表面呈红色

物种描述

雄虫

背面观： 上颚端部弯曲，基齿位于上颚端部；前端具 2 枚分立小齿突，后端具连续不发达的齿状凸起。鞘翅呈暗红色，反光明显；唇基不发达，中间呈明显凹陷。

侧面观： 复眼缘覆盖眼部约 1/2，头部与前胸背板前端较宽。前胸足胫节前端的刺突不发达；前胸背板前端具笔直切角，后端具 1 枚锐利角突。

腹面观： 后胸非常光滑，胸足基节窝处具三角形状黄色鳞毛簇。

雌虫

背面观： 鞘翅暗红色，身型粗壮。头部具 2 枚明显凸起，前胸背板十分光滑；鞘翅表面光滑且反光；前足胫节略向外翻，刺突不发达。

腹面观： 后胸略具黄色短鳞毛；胸足基节窝处具三角形状黄色鳞毛簇；胸足腿节呈暗红色。

图片展示

雄虫 - 侧面　　　　　雄虫 - 腹面　　　　　雌虫 - 背面　　　　　雌虫 - 腹面

尺寸展示

10 mm

雄虫 - 大型　　　　　雄虫 - 中型　　　　　雄虫 - 小型　　　　　雌虫

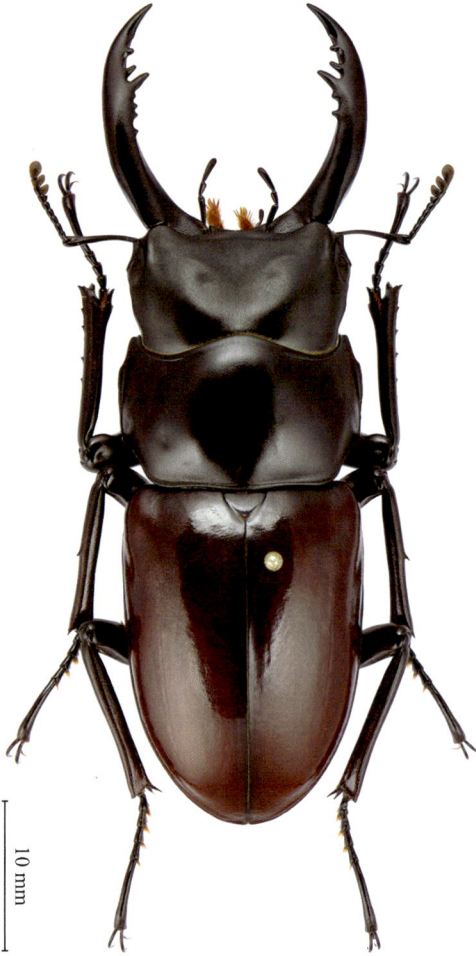

10 mm

Dorcus arrowi magdaleinae (Lacroix, 1972) 滇南亚种

分布	云南
体长	25 ~ 68 mm（雄），28 ~ 36 mm（雌）
词源	拉丁学名原文未明确指出；中文名源于其主要分布于云南南部

物种描述

雄虫

背面观：上颚端部弯曲，基齿位于上颚端部；前端具 2 枚分立小齿突，后端具独立的齿状凸起。鞘翅呈暗红色，反光明显；唇基不发达，中间呈明显凹陷。

侧面观：复眼缘覆盖眼部约 1/2，头部与前胸背板前端较宽。前胸足胫节前端的刺突不发达；前胸背板前端具笔直切角，后端具 1 枚锐利角突。

腹面观：后胸非常光滑，胸足基节窝处具三角形状黄色鳞毛簇。

雌虫

背面观：鞘翅暗红色，身型粗壮。头部具 2 枚明显凸起，前胸背板十分光滑；鞘翅表面光滑且反光；前足胫节略向外翻，刺突不发达。

腹面观：后胸略具黄色短鳞毛；胸足基节窝处具三角形状黄色鳞毛簇；胸足腿节呈暗红色。

图片展示

雄虫 - 侧面

雄虫 - 腹面

雌虫 - 背面

雌虫 - 腹面

尺寸展示

10 mm

雄虫 - 大型　　　　雄虫 - 中型　　　　雄虫 - 小型　　　　雌虫

10 mm

Dorcus arrowi ssp. 大围山亚种

分布	云南
体长	35 ~ 65 mm（雄），30 ~ 34 mm（雌）
词源	本种为未定名亚种；中文名源于其分布于云南大围山

物种描述

雄虫

背面观： 上颚形状笔直，基齿位于上颚端部；前端具 2 枚分立小齿突，后端非常光滑。鞘翅呈暗红色，反光明显；唇基不发达，中间呈明显凹陷。

侧面观： 复眼缘覆盖眼部约 1/2，头部与前胸背板前端较宽。前胸足胫节前端的刺突不发达；前胸背板前端具圆润切角，后端角突不发达。

腹面观： 后胸非常光滑，胸足基节窝处具三角形状黄色鳞毛簇，胸足腿节呈暗红色。

雌虫

背面观： 鞘翅暗红色，身型强壮。头部具 2 枚明显凸起，前胸背板十分光滑；鞘翅表面光滑且反光；前足胫节略向外翻，刺突不发达。

腹面观： 后胸略具黄色短鳞毛；胸足基节窝处具三角形状黄色鳞毛簇；胸足腿节呈暗红色。

图片展示

雄虫 - 侧面　　　　雄虫 - 腹面　　　　雌虫 - 背面　　　　雌虫 - 腹面

尺寸展示

10 mm

雄虫 - 大型　　　　雄虫 - 中型　　　　雄虫 - 小型　　　　雌虫

Dorcus arrowi katctinensis Nagai, 2000 独龙江亚种

分布	云南
体长	25 ~ 58 mm（雄），32 ~ 35 mm（雌）
词源	拉丁学名源于其模式产地缅甸克钦；中文名源于其分布于云南独龙江

物种描述

雄虫

背面观： 上颚形状笔直，基齿位于上颚端部；前端具 2 枚分立小齿突，后端非常光滑。体泽黑色，反光明显；唇基不发达，较平坦。

侧面观： 复眼缘覆盖眼部约 1/2。前胸足胫节前端的刺突不发达；前胸背板前端切角几乎消失，后端角突不发达。

腹面观： 后胸非常光滑，胸足基节窝处具三角形状黄色鳞毛簇，胸足腿节呈黑色。

雌虫

背面观： 体泽黑色，身型细长。头部具 2 枚明显凸起；前胸背板前端形状较为圆润且表面十分光滑；鞘翅表面光滑且反光；前足胫节略向外翻，刺突不发达。

腹面观： 后胸略具黄色短鳞毛；胸足基节窝处具三角形状黄色鳞毛簇；胸足腿节呈黑色。

图片展示

雄虫 - 侧面

雄虫 - 腹面

雌虫 - 背面

雌虫 - 腹面

尺寸展示

10 mm

雄虫 - 大型　　　雄虫 - 中型　　　雄虫 - 小型　　　雌虫

短颚刀锹甲
Dorcus derelictus Parry, 1862

分布	西藏
体长	25 ~ 48 mm（雄），22 ~ 38 mm（雌）
词源	拉丁学名原文未明确指出；中文名源于雄虫上颚较短

物种描述

雄虫

背面观： 上颚不发达，长度明显短于头部，基齿位于上颚基部；前端具密集的小齿。体泽黑色，头部与前胸背板呈磨砂质感；唇基不发达，中间稍稍凹陷。

侧面观： 复眼缘覆盖眼部约 1/2。前胸足胫节前端的刺突不发达；前胸背板前端圆润光滑，后端切角不明显。

腹面观： 后胸非常光滑，胸足基节窝处具三角形状黄色鳞毛簇。

雌虫

背面观： 体泽黑色，身型细长。头部具 2 枚明显凸起；前胸背板形状呈梯形；鞘翅较光滑；前足胫节略向外翻，刺突不发达。

腹面观： 后胸略具黄色短鳞毛；胸足基节窝处具三角形状黄色鳞毛簇。

10 mm

图片展示

雄虫 - 侧面　　　　　雄虫 - 腹面　　　　　雌虫 - 背面　　　　　雌虫 - 腹面

尺寸展示

10 mm

雄虫 - 大型　　　　　雄虫 - 中型　　　　　雄虫 - 小型　　　　　雌虫

10 mm

红腿刀锹甲

Dorcus rubrofemoratus (van Vollenhoven, 1865)

Dorcus rubrofemoratus chenpengi (Li, 1992) 北部亚种

分布	辽宁、河北、北京、河南、湖北、浙江
体长	20 ~ 58 mm（雄），22 ~ 32 mm（雌）
词源	拉丁学名意为"成虫腿节呈红色"；中文名源于其主要分布于我国华北地区

物种描述

雄虫

背面观： 上颚形状笔直，基齿位于上颚端部；上颚前端具 2 枚齿突，后端非常光滑。体泽黑色，头部与前胸背板呈磨砂质感；唇基不发达，中间略微向内凹陷呈半圆形。

侧面观： 复眼缘仅略覆盖眼部。胸足胫节前端的刺突不发达；前胸背板前端切角较小，后端切角平直。

腹面观： 后胸呈暗红色，略具鳞毛，胸足基节窝处具三角形状黄色鳞毛簇；胸足腿节为红色。

雌虫

背面观： 体泽黑色，身型细长。头部略具 2 枚不发达凸起；前胸背板表面较光滑；鞘翅较光滑；前足胫节略向外翻，刺突不发达。

腹面观： 后胸呈暗红色，略具鳞毛，胸足基节窝处具三角形状黄色鳞毛簇；胸足腿节为红色。

图片展示

| 雄虫 - 侧面 | 雄虫 - 腹面 | 雌虫 - 背面 | 雌虫 - 腹面 |

尺寸展示

10 mm

雄虫 - 大型　　　　雄虫 - 中型　　　　雄虫 - 小型　　　　雌虫

10 mm

中华刀锹甲
Dorcus sinensis (Boileau, 1899)

Dorcus sinensis sinensis (Boileau, 1899) 原名亚种

分布	云南
体长	27 ~ 54 mm（雄），22 ~ 30 mm（雌）
词源	拉丁学名源于"中华"的拉丁文

物种描述

雄虫

背面观： 上颚形状笔直，基齿位于上颚端部呈双分叉状；上颚内侧光滑。鞘翅呈黑色，头部与前胸背板呈磨砂质感；唇基平坦不发达。

侧面观： 复眼缘覆盖眼部约 1/2。前胸足胫节前端的刺突不发达；前胸背板前端切角较大，后端光滑。

腹面观： 后胸光滑，胸足跗节表面具明显的黄色鳞毛。

雌虫

背面观： 鞘翅黑色，身型细长。头部无明显凸起结构；前胸背板表面光滑；鞘翅表面具微小凹坑；前足胫节较直，刺突不发达。

腹面观： 后胸略具鳞毛，胸足基节窝处具三角形状黄色鳞毛簇；胸足跗节表面具明显的黄色鳞毛。

图片展示

雄虫 - 侧面　　　　　雄虫 - 腹面　　　　　雌虫 - 背面　　　　　雌虫 - 腹面

尺寸展示

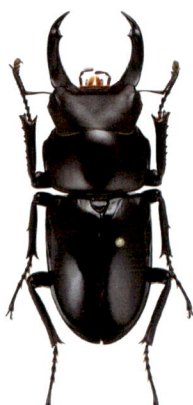

10 mm

雄虫 - 大型　　　　　雄虫 - 中型　　　　　雄虫 - 小型　　　　　雌虫

10 mm

Dorcus sinensis concolor (Bomans, 1971) 维西亚种

分布	云南
体长	25 ~ 58 mm（雄），24 ~ 31.2 mm（雌）
词源	拉丁学名源于其成虫的体色为单一的褐色；中文名源于其分布于云南维西

物种描述

雄虫

背面观：上颚形状笔直细长，基齿位于上颚端部呈双分叉状；上颚内侧光滑。鞘翅呈棕色，头部与前胸背板呈磨砂质感；唇基平坦不发达。

侧面观：复眼缘覆盖眼部约 1/2。前胸足胫节前端的刺突不发达；前胸背板前端切角不发达，后端光滑。

腹面观：后胸略具鳞毛，胸足基节窝处具三角形状黄色鳞毛簇；胸足跗节表面具明显的黄色鳞毛。

雌虫

背面观：鞘翅呈棕色，身型细长。头部无明显凸起结构；前胸背板表面光滑；鞘翅表面具微小凹坑；前足胫节较直，刺突不发达。

腹面观：后胸略具鳞毛，胸足基节窝处具三角形状黄色鳞毛簇；胸足跗节表面具明显的黄色鳞毛。

图片展示

雄虫 - 侧面

雄虫 - 腹面

雌虫 - 背面

雌虫 - 腹面

尺寸展示

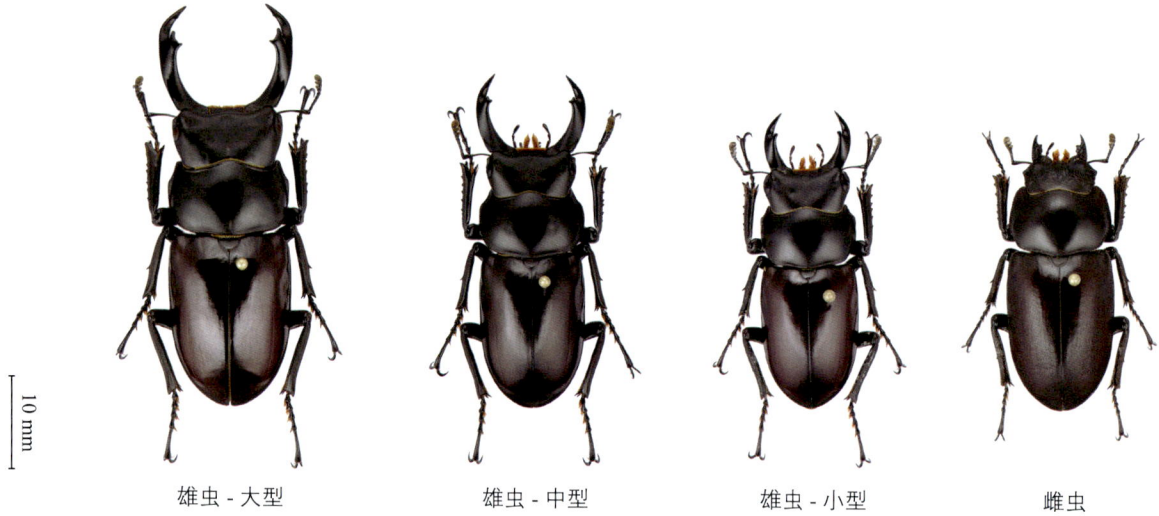

10 mm

| 雄虫 - 大型 | 雄虫 - 中型 | 雄虫 - 小型 | 雌虫 |

10 mm

Dorcus sinensis kentai Tsukawaki, 1999 金平亚种

分布	云南
体长	27 ~ 54 mm（雄），22 ~ 30 mm（雌）
词源	拉丁学名源于标本采集者 Kenta；中文名源于其分布于云南金平

物种描述

雄虫

背面观：上颚形状笔直且细长，基齿位于上颚端部，呈双分叉状；上颚内侧光滑。鞘翅呈黑色，头部与前胸背板呈磨砂质感；唇基平坦不发达。

侧面观：复眼缘覆盖眼部约 1/2。前胸足胫节前端的刺突不发达；前胸背板前端切角较小，后端光滑。

腹面观：后胸光滑，胸足跗节表面具明显的黄色鳞毛。

雌虫

背面观：鞘翅呈黑色，身型细长。头部无明显凸起结构；前胸背板表面光滑；鞘翅表面具微小凹坑；前足胫节较直，刺突不发达。

腹面观：后胸略具鳞毛，胸足基节窝处具三角形状黄色鳞毛簇；胸足跗节表面具明显的黄色鳞毛。

图片展示

雄虫 - 侧面　　　　雄虫 - 腹面　　　　雌虫 - 背面　　　　雌虫 - 腹面

尺寸展示

10 mm

雄虫 - 大型　　　　雄虫 - 中型　　　　雄虫 - 小型　　　　雌虫

10 mm

Dorcus sinensis ssp. 高黎贡山亚种

分布	云南
体长	34 ~ 62 mm（雄），28 ~ 34.3 mm（雌）
词源	本种为未定名亚种；中文名源于其分布于云南高黎贡山

物种描述

雄虫

背面观： 体型较大，上颚形状笔直，基齿位于上颚端部，呈双分叉状；上颚内侧光滑。鞘翅呈黑色，头部与前胸背板呈磨砂质感；唇基平坦不发达。

侧面观： 复眼缘覆盖眼部约 1/2。前胸足胫节前端的刺突不发达；前胸背板前端切角较小，后端光滑。

腹面观： 后胸光滑，胸足跗节表面具明显的黄色鳞毛。

雌虫

背面观： 鞘翅黑色，身型细长。头部无明显凸起结构；前胸背板表面光滑；鞘翅表面具微小凹坑；前足胫节较直，刺突不发达。

腹面观： 后胸略具鳞毛，胸足基节窝处具三角形状黄色鳞毛簇；胸足跗节表面具明显的黄色鳞毛。

图片展示

雄虫 - 侧面　　　　　雄虫 - 腹面　　　　　雌虫 - 背面　　　　　雌虫 - 腹面

尺寸展示

10 mm

雄虫 - 大型   雄虫 - 中型   雄虫 - 小型   雌虫

10 mm

谢氏刀锹甲

Dorcus semenowi (Jakowlew, 1900)

分布	四川、贵州、云南、甘肃
体长	25 ~ 53 mm（雄），26 ~ 37 mm（雌）
词源	拉丁学名源于 M. A. Semenow；中文名源于音译拉丁学名

物种描述

雄虫

背面观： 上颚在中段弯曲，基齿位于上颚端部，呈双分叉状，分叉较小；上颚内侧光滑。鞘翅呈黑色，头部与前胸背板呈磨砂质感；唇基平坦不发达。

侧面观： 复眼缘覆盖眼部约 1/2。前胸足胫节前端的刺突不发达；前胸背板前端切角微小，后端光滑。

腹面观： 后胸光滑，中、后胸足跗节表面具明显的黄色鳞毛。

雌虫

背面观： 鞘翅呈黑色，身型细长。头部无明显凸起结构；眼缘片较长呈明显的三角形。前胸背板表面光滑；鞘翅表面具微小凹坑；前足胫节较直，刺突不发达。

腹面观： 后胸光滑，无明显鳞毛结构。

图片展示

其他态展示

雄虫 - 侧面　　　雄虫 - 腹面　　　雌虫 - 背面　　　雌虫 - 腹面

过渡型雄虫

不同地域型之间的差异：

本种在四川凉山的种群外观较为近似中华刀锹甲，体型也明显更大。

尺寸展示

10 mm

雄虫 - 大型　　　　雄虫 - 中型　　　　雄虫 - 小型　　　　雌虫

10 mm

错那刀锹甲
Dorcus kikunoae Hosoguchi, 2004

分布	西藏
体长	35 ~ 48.5 mm（雄），23 ~ 40 mm（雌）
词源	拉丁学名原文中未明确指出；中文名源于其分布于西藏错那

物种描述

雄虫

背面观： 上颚在中段弯曲，基齿位于上颚端部，呈双分叉状，分叉较小；上颚内侧光滑。鞘翅呈黑色，头部与前胸背板呈磨砂质感；唇基平坦不发达。

侧面观： 复眼缘覆盖眼部约 1/2。前胸足胫节前端的刺突不发达；前胸背板前端无明显切角，后端具明显内切角。

腹面观： 后胸光滑，中、后胸足跗节表面具少量黄色鳞毛。

雌虫

背面观： 鞘翅呈黑色，身型细长。头部无明显凸起结构；眼缘片不发达。前胸背板前端较窄；鞘翅表面具微小凹坑；前足胫节较直，刺突不发达。

腹面观： 后胸光滑，胸足基节窝具明显鳞毛结构。

图片展示

雄虫 - 侧面

雄虫 - 腹面

雌虫 - 背面

雌虫 - 腹面

尺寸展示

10 mm

雄虫 - 大型　　　　　　雄虫 - 中型　　　　　　雌虫

10 mm

林芝刀锹甲

Dorcus linzhiensis Huang, Chen, Tao & Xiao, 2020

分布	西藏
体长	32 ~ 50 mm（雄），30 ~ 33 mm（雌）
词源	拉丁学名源于其模式产地西藏林芝

物种描述

雄虫

背面观： 上颚形状笔直，基齿位于上颚端部，呈双分叉状；上颚内侧光滑。鞘翅呈黑色，头部与前胸背板呈磨砂质感；唇基较为平坦。

侧面观： 复眼缘覆盖眼部约 1/2。前胸足胫节前端的刺突不发达；前胸背板前端无明显切角，后端较圆润。

腹面观： 后胸具黄色鳞毛，中、后胸足跗节表面具明显黄色鳞毛。

雌虫

背面观： 鞘翅呈黑色，身型细长。头部具 2 枚微小的凸起结构；眼缘片不发达。前胸背板前端较窄；鞘翅表面具微小凹坑；前足胫节较直，刺突不发达。

腹面观： 后胸光滑，无明显鳞毛结构。

图片展示

雄虫 - 侧面　　　　　雄虫 - 腹面　　　　　雌虫 - 背面　　　　　雌虫 - 腹面

尺寸展示

10 mm

雄虫 - 大型　　　　　雄虫 - 中型　　　　　雄虫 - 小型　　　　　雌虫

吴氏刀锹甲
Dorcu wui Huang & Chen, 2013

10 mm

分布	陕西、河南
体长	28 ~ 42 mm（雄），20 ~ 32 mm（雌）
词源	种名源于标本采集者吴传晖

物种描述

雄虫

背面观： 上颚在中段弯曲，基齿位于上颚端部，基本呈单齿突；上颚内侧光滑。鞘翅呈黑色，头部与前胸背板呈磨砂质感；唇基较为平坦。

侧面观： 复眼缘覆盖眼部约 1/2。前胸足胫节前端具密集发达的刺突；前胸背板前端较宽，后端较光滑。

腹面观： 后胸具黄色鳞毛，中、后胸足跗节表面具明显黄色鳞毛。

雌虫

背面观： 鞘翅呈棕色或黑色，身型细长。头部中间略具 1 枚凸起；眼缘片不发达。前胸背板形状前端较圆润；鞘翅表面具微小凹坑；前足胫节较直且具密集刺突。

腹面观： 后胸具黄色鳞毛，中、后胸足跗节表面具明显黄色鳞毛。

图片展示

雄虫 - 侧面　　　　雄虫 - 腹面　　　　雌虫 - 背面　　　　雌虫 - 腹面

尺寸展示

10 mm

雄虫 - 大型

雄虫 - 中型

雌虫

10 mm

弯颚刀锹甲

Dorcus ratiocinativus Westwood, 1871

分布	西藏
体长	23 ~ 42 mm（雄），24 ~ 28 mm（雌）
词源	拉丁学名原文未明确指出；中文名源于雄虫上颚极度弯曲的特征

物种描述

雄虫

背面观： 上颚在中段弯曲，与头部等长；基齿位于上颚中段；上颚内侧光滑。鞘翅呈黑色或棕色，头部与前胸背板呈磨砂质感；唇基较为平坦。

侧面观： 复眼缘覆盖眼部约 1/2。前胸足胫节前端具密集发达的刺突；前胸背板前端较宽，后端较光滑。

腹面观： 后胸具黄色鳞毛，胸足基节窝具明显簇状鳞毛。

雌虫

背面观： 鞘翅呈黑色或棕色，身型细长。头部表面具刻点状凹坑；眼缘片不发达。前胸背板形状呈梯形；鞘翅表面具微小凹坑；前足胫节较直且具密集刺突。

腹面观： 后胸较为光滑，胸足基节窝具明显簇状鳞毛。

图片展示

雄虫 - 侧面　　　　　雄虫 - 腹面　　　　　雌虫 - 背面　　　　　雌虫 - 腹面

尺寸展示

10 mm

雄虫 - 大型　　　　　雄虫 - 中型　　　　　雄虫 - 小型　　　　　雌虫

10 mm

沃德刀锹甲
Dorcus wardi Arrow, 1943

分布	西藏
体长	28 ~ 51 mm（雄），26 ~ 32 mm（雌）
词源	种名源于标本采集者 Ward

物种描述

雄虫

背面观： 上颚形状笔直；基齿靠近上颚端部，呈单齿状；上颚内侧光滑。鞘翅呈黑色或棕色，头部与前胸背板较光滑；唇基平坦。

侧面观： 复眼缘覆盖眼部约 1/2。前胸足胫节前端具密集发达的刺突；前胸背板前端较宽，后端略具切角结构。

腹面观： 后胸鳞毛不明显，胸足基节窝具明显簇状鳞毛。

雌虫

背面观： 鞘翅呈棕色，身型细长。头部表面具刻点状凹坑；眼缘片不发达。前胸背板形状呈梯形；鞘翅表面较光滑；前足胫节较直且具密集刺突。

腹面观： 后胸光滑，胸足基节窝具明显簇状鳞毛。

图片展示

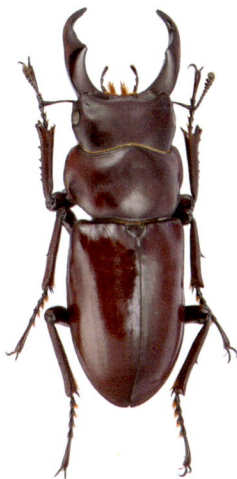

雄虫 - 侧面

雄虫 - 腹面

雌虫 - 背面

雌虫 - 腹面

尺寸展示

10 mm

雄虫 - 大型　　　　雄虫 - 中型　　　　雄虫 - 小型　　　　雌虫

10 mm

麦氏刀锹甲
Dorcus macleayii (Hope, 1845)

分布	云南、西藏
体长	27 ~ 76.5 mm（雄），32 ~ 40 mm（雌）
词源	拉丁学名源于英国昆虫学家 William Sharp Macleay；中文名源于音译拉丁学名

物种描述

雄虫

背面观： 上颚形状笔直；基齿靠近上颚端部，呈单齿状；上颚内侧光滑。鞘翅呈棕色，头部两端明显宽于前胸背板与鞘翅；唇基中间略微隆起。

侧面观： 复眼缘仅略微覆盖眼部。前胸足胫节前端具密集发达的刺突；前胸背板前端形状非常圆润。

腹面观： 后胸鳞毛不明显，胸足基节窝具明显簇状鳞毛。

雌虫

背面观： 鞘翅呈棕色，身型细长。头部表面非常光滑；上颚前端尖锐。前胸背板形状细长；鞘翅表面较光滑；前足胫节较直且具密集刺突。

腹面观： 后胸光滑，胸足基节窝具明显簇状鳞毛。

图片展示

| 雄虫 - 侧面 | 雄虫 - 腹面 | 雌虫 - 背面 | 雌虫 - 腹面 |

尺寸展示

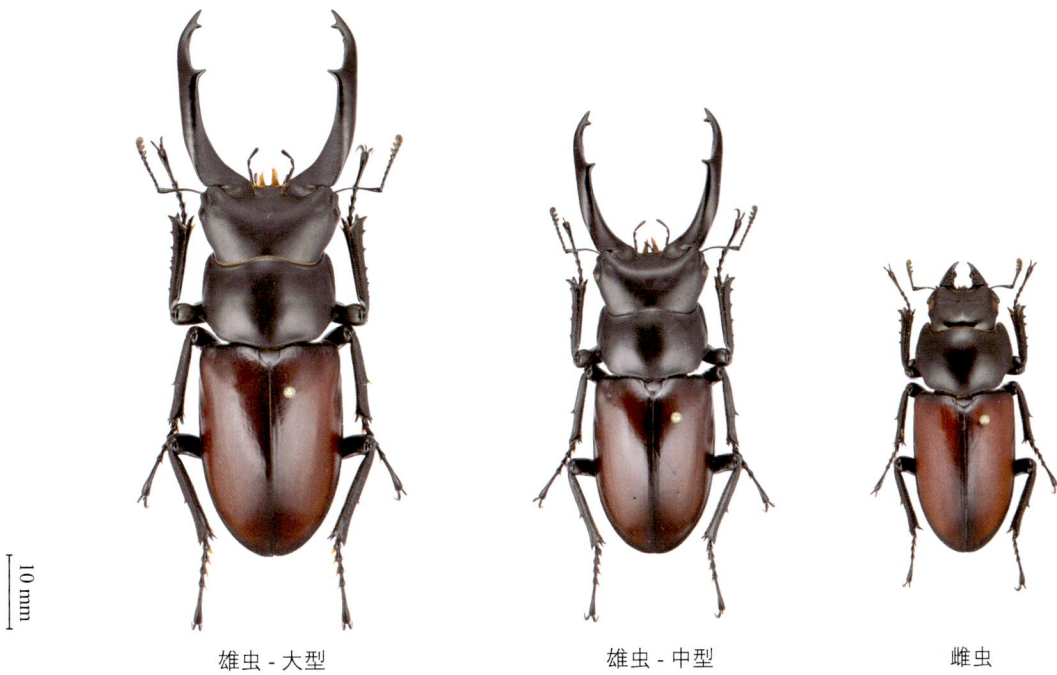

| 雄虫 - 大型 | 雄虫 - 中型 | 雌虫 |

10 mm

10 mm

布朗刀锹甲

Dorcus branaungi Nagai, 2000

分布	云南
体长	38 ~ 68 mm（雄），30 ~ 42 mm（雌）
词源	种名源于标本采集人 Branaung

物种描述

雄虫

背面观： 基齿靠近上颚端部，呈单齿状；基齿上端略有 1 ~ 2 枚不明显的齿突。鞘翅呈黑色且非常光滑，头部两端和前胸背板与鞘翅等宽；唇基较平坦，中间略微隆起。

侧面观： 复眼缘仅略微覆盖眼部。前胸足胫节前端具密集发达的刺突；前胸背板前端呈方形，后端具不明显的切角。

腹面观： 后胸鳞毛不明显，胸足基节窝具明显簇状鳞毛。

雌虫

背面观： 鞘翅呈黑色，身型细长。头部表面粗糙；上颚前端尖锐。前胸背板形状呈梯形；鞘翅中段明显宽于前胸背板；前足胫节较直且具密集刺突。

腹面观： 后胸光滑，胸足基节窝具明显簇状鳞毛。

图片展示

雄虫 - 侧面

雄虫 - 腹面

雌虫 - 背面

雌虫 - 腹面

尺寸展示

| 雄虫 - 大型 | 雄虫 - 中型 | 雄虫 - 小型 | 雌虫 |

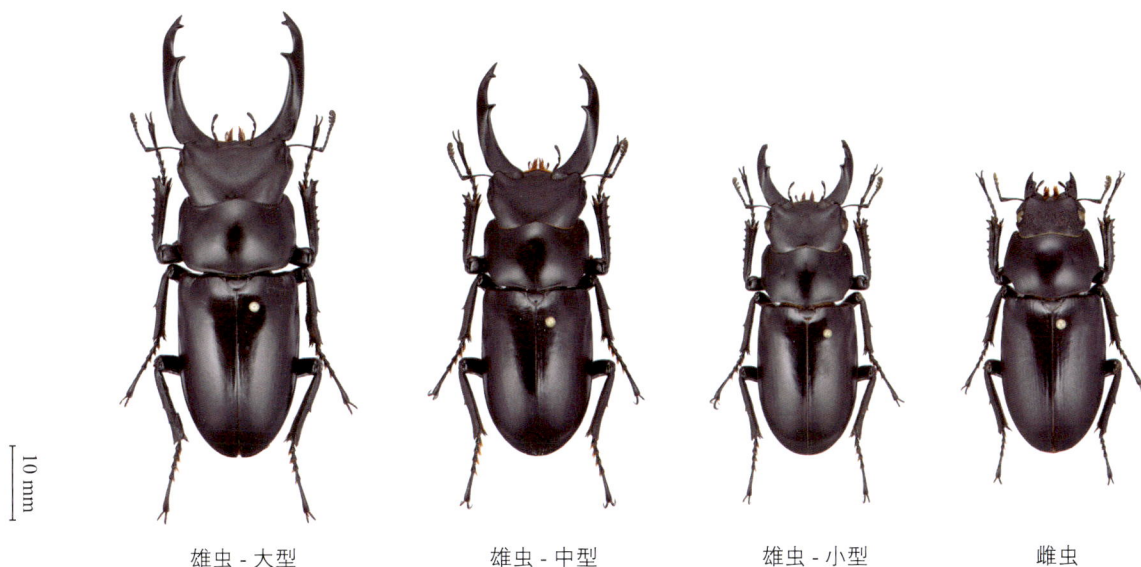

尼泊尔刀锹甲
Dorcus nepalensis (Hope, 1831)

分布	西藏、云南
体长	45 ~ 76 mm（雄），38 ~ 44.3 mm（雌）
词源	种名源于其模式产地尼泊尔

物种描述

雄虫

背面观: 上颚在端部弯折；基齿靠近上颚中部，呈单齿状；基齿上端具明显连续的齿突。鞘翅呈黑色且非常光滑，头部两端略宽于前胸背板与鞘翅；唇基中间明显凸起。

侧面观: 复眼缘仅略微覆盖眼部。前胸足胫节前端具密集发达的刺突；前胸背板前端平滑，后端较宽。

腹面观: 后胸鳞毛不明显，胸足基节窝具明显簇状鳞毛。

雌虫

背面观: 鞘翅呈黑色，身型粗壮。头部具 1 枚明显角突；上颚前端尖锐。前胸背板形状呈梯形；前足胫节较直且具密集刺突。

腹面观: 后胸光滑，胸足基节窝具明显簇状鳞毛。

图片展示

雄虫 - 侧面　　　　　　雄虫 - 腹面　　　　　　雌虫 - 背面　　　　　　雌虫 - 腹面

尺寸展示

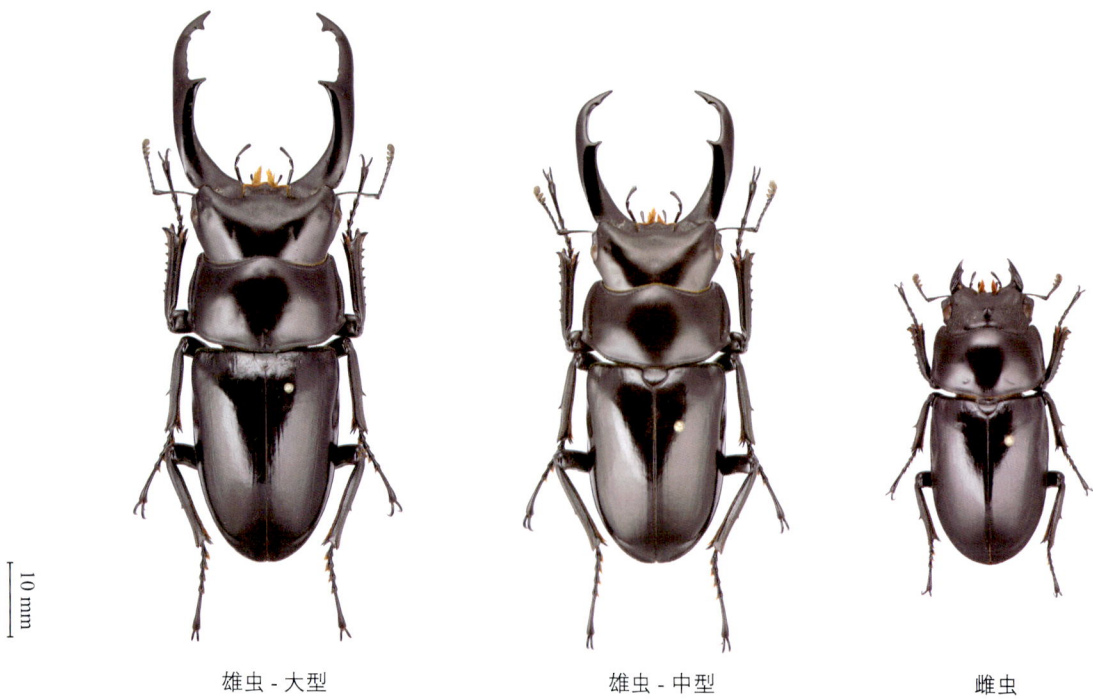

10 mm

雄虫 - 大型　　　　　　　　雄虫 - 中型　　　　　　　　雌虫

10 mm

登氏刀锹甲
Dorcus donckieri (Boileau, 1898)

分布	西藏、云南
体长	45 ~ 82.3 mm（雄），34 ~ 48 mm（雌）
词源	拉丁学名源于标本提供者 H. Donckier

物种描述

雄虫

背面观： 上颚形状笔直；基齿靠近上颚中部，呈单齿状；基齿上端具 1 ~ 2 枚齿突。鞘翅呈棕色或黑色，头部两端略窄于前胸背板和鞘翅；唇基形状呈三角形。

侧面观： 复眼缘仅略微覆盖眼部。前胸足胫节前端具密集发达的刺突；前胸背板形状呈半圆形，后端明显较宽。

腹面观： 后胸较光滑。

雌虫

背面观： 鞘翅呈棕色，身型粗壮。头部表面粗糙；上颚前端尖锐。前胸背板形状呈梯形；前足胫节较直且具密集刺突。

腹面观： 后胸光滑，胸足基节窝具明显簇状鳞毛。

图片展示

雄虫 - 侧面

雄虫 - 腹面

雌虫 - 背面

雌虫 - 腹面

其他态展示

黑色型雄虫　　　　　　　　　　　黑色型雌虫

尺寸展示

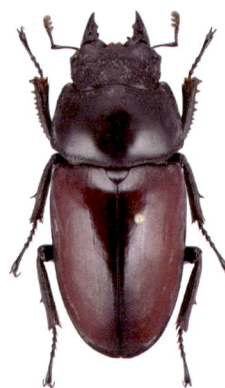

10 mm

雄虫 - 大型　　　　　雄虫 - 中型　　　　　雄虫 - 小型　　　　　雌虫

10 mm

陶氏刀锹甲
Dorcus taoi Huang & Chen, 2020

分布	四川
体长	25 ~ 34 mm（雄），26 ~ 28.3 mm（雌）
词源	种名源于昆虫爱好者陶容川

物种描述

雄虫

背面观： 上颚形状弯曲，长度与头部等长；基齿位于上颚中部，呈双齿状；上颚内侧光滑。鞘翅呈棕色，头部两端显著窄于前胸背板和鞘翅；唇基中间略微隆起。

侧面观： 复眼缘覆盖眼部约 1/2。前胸足胫节前端刺突间隔较为分散；前胸背板形状呈方形，后端具明显切角。

腹面观： 后胸较光滑，中、后胸足腿节下端具明显鳞毛。

雌虫

背面观： 鞘翅呈黑色，身型细长。头部表面粗糙；上颚前端尖锐。前胸背板前端呈方形；前足胫节较直且具密集刺突。

腹面观： 后胸较光滑，中、后胸足腿节下端具明显鳞毛。

图片展示

雄虫 - 侧面

雄虫 - 腹面

雌虫 - 背面

雌虫 - 腹面

尺寸展示

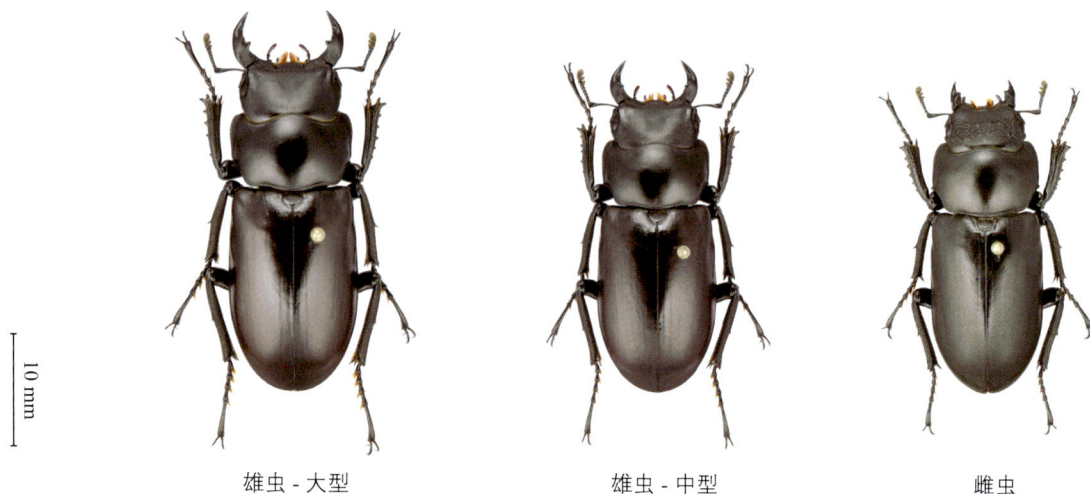

雄虫 - 大型   雄虫 - 中型   雌虫

敏氏刀锹甲
Dorcus myinti Nagai & Maeda, 2009

分布	云南
体长	16 ~ 20 mm（雄），18 ~ 20.4 mm（雌）
词源	种名源于标本采集者 Myint

物种描述

雄虫

背面观： 上颚形状弯曲，长度与头部等长；基齿位于上颚中部，呈三角形；上颚内侧光滑。鞘翅呈棕色或黑色，左右两侧各具 3 条明显的脊状隆起；头部两端显著窄于前胸背板和鞘翅；唇基中间略微隆起。

侧面观： 复眼缘覆盖眼部约 1/2。前胸足胫节前端刺突间隔较为分散；前胸背板形状呈方形。

腹面观： 后胸具明显鳞毛，中、后胸足腿节下端具明显鳞毛。

雌虫

背面观： 鞘翅呈棕色或黑色，左右两侧各具 3 条明显的脊状隆起；身型细长。头部及前胸背板两侧表面粗糙；上颚前端尖锐。前胸背板前端呈方形，中央具较密集的刻点状凹坑；前足胫节较直且具密集刺突。

腹面观： 后胸具明显鳞毛，中、后胸足腿节下端具明显鳞毛。

图片展示

雄虫 - 侧面   雄虫 - 腹面   雌虫 - 背面   雌虫 - 腹面

尺寸展示

10 mm

雄虫   雌虫

10 mm

泽井刀锹甲
Dorcus sawaii Tsukawaki, 1999

分布	浙江、福建、贵州、四川
体长	30.2 ~ 45 mm（雄），27 ~ 35 mm（雌）
词源	种名源于标本采集者 Sawai

物种描述

雄虫

背面观： 上颚形状弯曲，长度与头部等长；基齿位于上颚中部，呈切片状；上颚内侧光滑。鞘翅呈黑色，头部两端显著窄于前胸背板和鞘翅；唇基中间略微隆起。

侧面观： 复眼缘覆盖眼部约 1/2。前胸足胫节前端刺突间隔较为分散；前胸背板形状呈方形，后端具明显切角。

腹面观： 后胸较光滑，中、后胸足腿节下端具明显鳞毛。

雌虫

背面观： 鞘翅呈黑色，身型细长。头部表面粗糙；上颚前端尖锐。前胸背板前端呈方形；前足胫节较直且具密集刺突。

腹面观： 后胸较光滑，中、后胸足腿节下端具不明显鳞毛。

图片展示

雄虫 - 侧面

雄虫 - 腹面

雌虫 - 背面

雌虫 - 腹面

尺寸展示

10 mm

雄虫 - 大型　　　　　　　雄虫 - 中型　　　　　　　雌虫

10 mm

樟木大锹甲

手绘图

Dorcus zhangmuensis Huang & Chen, 2013

分布	西藏
体长	24.5 ~ 36 mm（雄），20 ~ 21.7 mm（雌）
词源	种名源于其模式产地西藏樟木

物种描述

雄虫

背面观： 上颚形状弯曲，长度与头部等长；基齿位于上颚端部，呈单齿状；上颚内侧光滑。鞘翅呈黑色，前胸背板显著宽于头部与鞘翅；唇基较为平坦，两侧略微凸起。

环锹甲属
Cyclommatus Parry, 1863

鸡冠环锹甲
Cyclommatus mniszechi (Thomson, 1856)

环锹甲属
Cyclommatus Parry, 1863 **本属简介**

本属拉丁学名"*Cyclo-*"，意为"环状的"，主要形容本属雄虫上颚形状较为圆润，合拢的形状略呈环形。本属也因雄虫体色多为赤色且身型纤细，被称为"细身赤锹甲"。

本属主要分布于我国华东、华南、西南山地地区。本属对海拔无苛刻要求，因此在野外较容易被观察和记录。

本书记录环锹甲属 13 种。

环锹甲属的外部形态特点

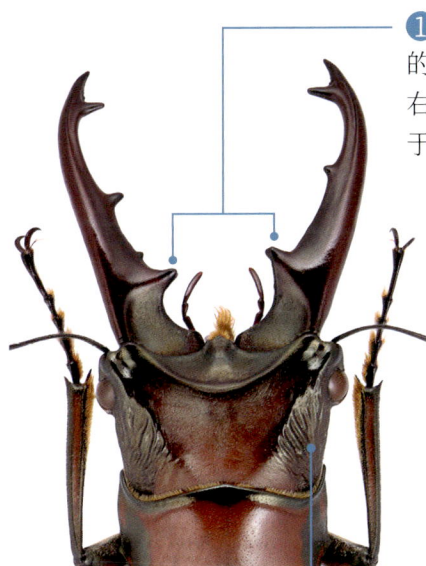

❶ 大部分中国物种的雄虫上颚笔直，右侧基齿总是略高于左侧基齿。

❶ 雌虫身型较小，鞘翅两侧表面大多各具 1 条醒目的黑色条带。

❷ 雄虫一般身体色泽艳丽，多为赤色或黄色，绝大部分雄虫头部复眼两侧会出现数条波纹状隆起。

鸡冠环锹甲

Cyclommatus mniszechi (Thomson, 1856)

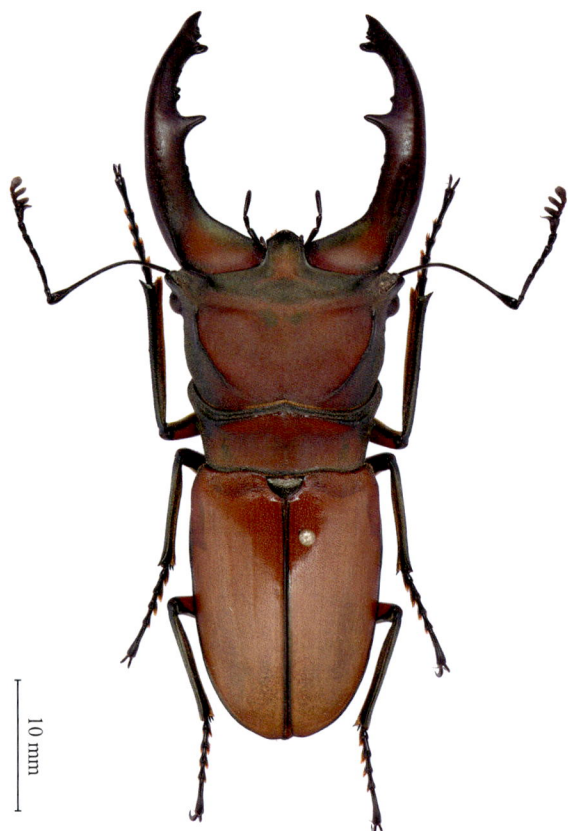

10 mm

分布	安徽、浙江、福建、台湾、江西、湖南、广东、广西、贵州
体长	26.3 ~ 63 mm（雄），18 ~ 24.6 mm（雌）
词源	拉丁学名源于标本收藏者 M. Mniszech 伯爵；中文名源于雄虫高昂的头部类似雄鸡

物种描述

雄虫

背面观：上颚形状方直。基齿位于上颚中上部，内侧具不发达内齿突；端齿发达，中间具 2 ~ 3 枚连续分立的小齿状凸起；唇基呈三角形。头部宽大，中间明显凹陷且具 3 枚明显的黑色斑块；前胸背板后端收缩明显；两侧具清晰的黑色斑块。体泽基本呈黄色，头部、前胸背板表面具金属光泽；鞘翅表面光滑。

侧面观：复眼缘不发达，复眼较小。前胸足胫节表面具 1 枚不明显的刺突；中、后胸足胫节表面光滑。头部两侧隆起状明显。

腹面观：腹部表面具点状微小黄色鳞毛，且具明显金属光泽。胸足腿节表面具黄色斑块，跗节表面覆厚重黄色鳞毛。

雌虫

背面观：上颚弯曲，基齿位于上颚近端部，形状尖锐。前胸背板前端宽大，体表可见明显刻点状结构；复眼缘不发达，复眼背面观较大。头部表面具 2 枚清晰的黑色斑块；前胸背板两侧各具 1 条较宽的黑色条带。鞘翅中线黑色较粗；前胸足胫节前端具 2 ~ 3 枚尖锐的刺突；中、后胸足胫节表面各具 1 枚刺突。

腹面观：腹部表面光滑，具明显金属光泽。胸足腿节表面具黄色斑块，跗节表面覆厚重黄色鳞毛。

图片展示

雄虫 - 侧面

雄虫 - 腹面

雌虫 - 背面

雌虫 - 腹面

其他态展示

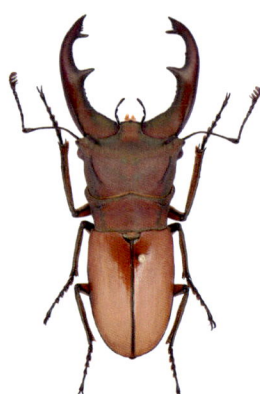

基齿型雄虫

尺寸展示

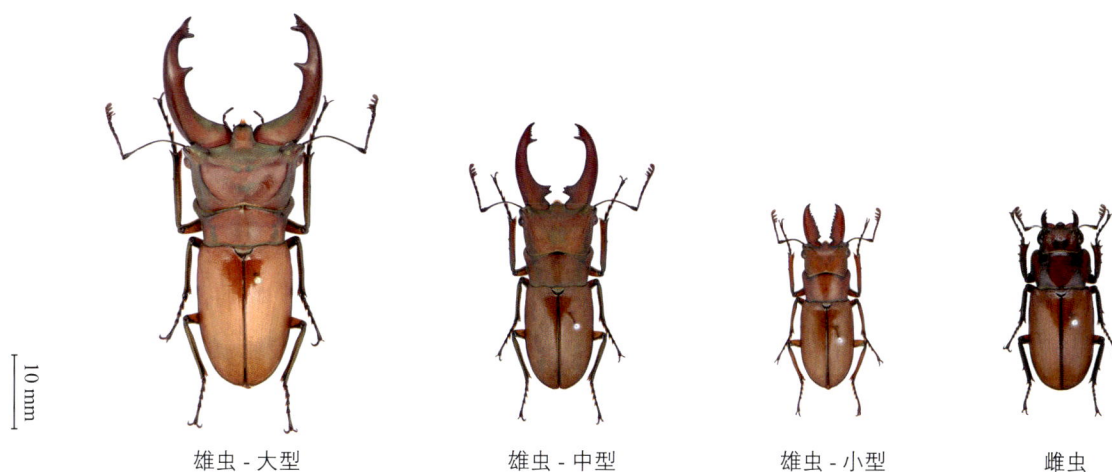

雄虫 - 大型　　　　　雄虫 - 中型　　　　　雄虫 - 小型　　　　　雌虫

双色环锹甲
Cyclommatus bicolor (Bomans, 1991)

分布	云南
体长	25 ~ 38.4 mm（雄），雌虫未检视
词源	种名源于拉丁文 "*bi-*" "*color*"，意为雄虫头胸和鞘翅呈两种不同的颜色

物种描述

雄虫

背面观： 上颚在端部弯曲。基齿位于上颚基部，上方具 1 枚小内齿；端齿尖锐；唇基呈三角形。头部与前胸背板等宽，均呈鲜红色；前胸背板前、中缘呈方形；后缘明显收缩。鞘翅为亮黄色。

侧面观： 复眼缘不发达，复眼较小。前胸足胫节内侧具明显黄色鳞毛；中、后胸足胫节末端内侧具较短黄色鳞毛。

腹面观： 腹部呈棕色，胸足腿节表面具点状黄色鳞毛。

图片展示

雄虫 - 侧面   雄虫 - 腹面

尺寸展示

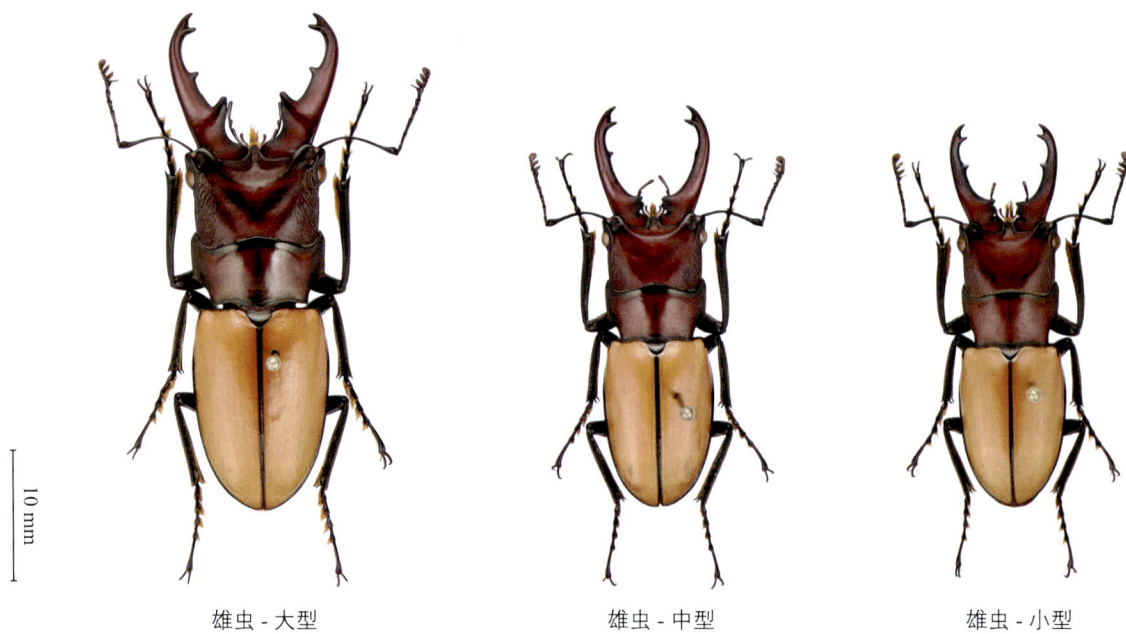

10 mm

雄虫 - 大型   雄虫 - 中型   雄虫 - 小型

印度环锹甲

Cyclommatus strigiceps (Westwood, 1848)

10 mm

分布	西藏
体长	24 ~ 38 mm（雄），20 ~ 21.3 mm（雌）
词源	本种名原文未明确指出；中文名源于其模式产地印度

物种描述

雄虫

背面观： 上颚形状笔直。基齿位于上颚基部，上方具 1 枚小内齿；端齿尖锐；唇基略呈三角形。头部两侧具数条波纹状隆起，与前胸背板等宽。前胸背板前端略宽；后端明显收缩。鞘翅呈亮黄色，全身具金属光泽。

侧面观： 复眼缘不发达，复眼较小。前胸足胫节前端内侧具明显黄色鳞毛；中、后胸足胫节末端内侧具较短黄色鳞毛。

腹面观： 腹部呈棕色，胸足腿节表面具点状黄色鳞毛。

雌虫

背面观： 上颚弯曲，基齿不发达。前胸背板呈方形，中间无任何黑色斑块；复眼缘不发达，复眼背面观较大。头部顶端两侧具 2 枚清晰黑色斑块；前胸背板表面具明显刻点状结构。鞘翅中线黑色较细；前胸足胫节前端具 3 ~ 4 枚尖锐的刺突；中、后胸足胫节表面具 1 枚刺突。

腹面观： 腹部表面光滑，具明显金属光泽。胸足腿节呈黄色。

图片展示

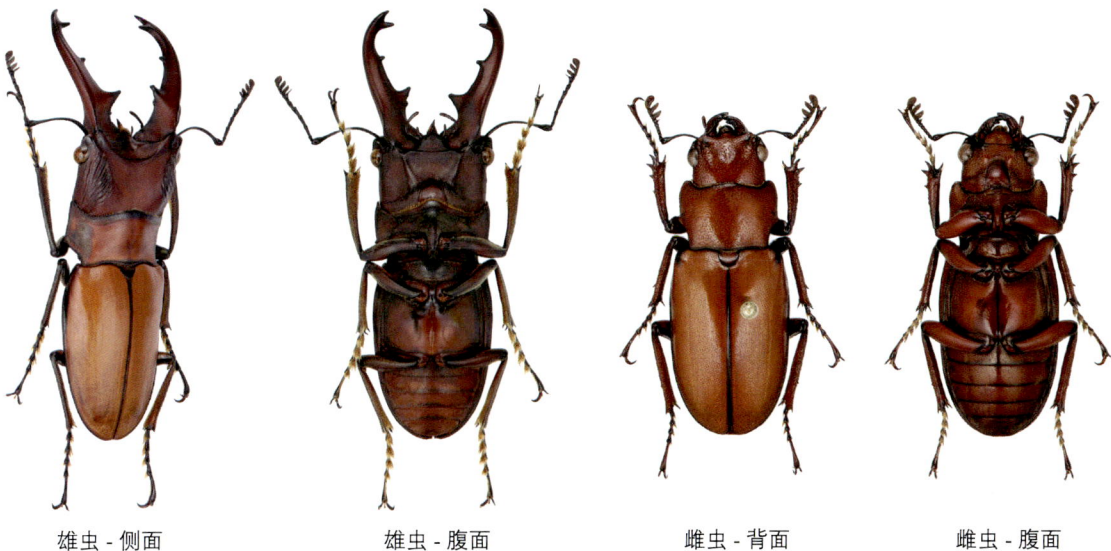

雄虫 - 侧面　　　　雄虫 - 腹面　　　　雌虫 - 背面　　　　雌虫 - 腹面

尺寸展示

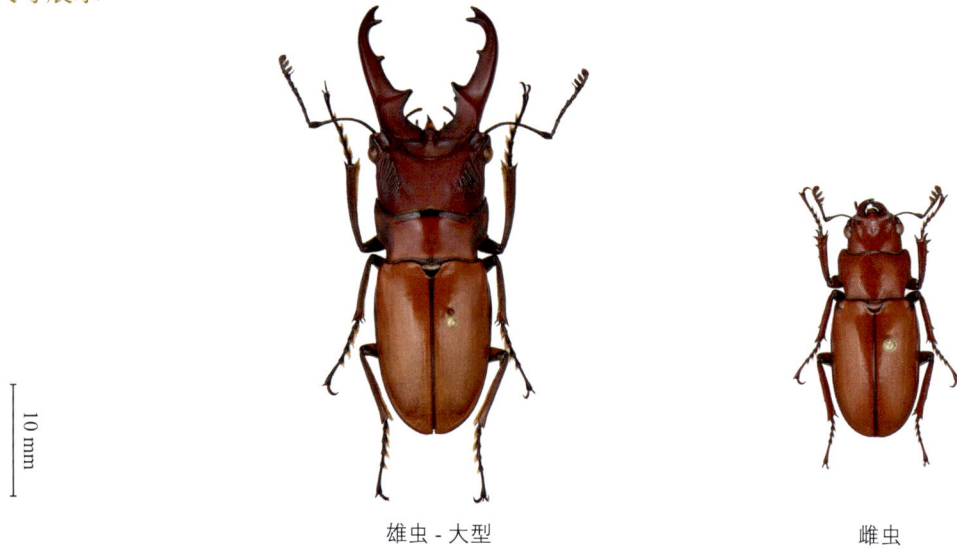

雄虫 - 大型

雌虫

10 mm

橙环锹甲
Cyclommatus kusakabei Fujita, 2010

10 mm

分布	云南、西藏
体长	21 ~ 46 mm（雄），17 ~ 26 mm（雌）
词源	拉丁学名源于标本采集者 Kusakabe；中文名源于成虫橙黄的体色

物种描述

雄虫

背面观： 上颚端部弯曲。基齿呈双分叉状，位于上颚基部；上方具 1 枚小内齿；端齿尖锐；唇基略呈三角形。头部两侧具数条不明显的波纹状隆起。前胸背板呈方形。体泽橘色，头部前端，前胸背板两侧均具 1 枚不清晰的黑色斑块。

侧面观： 复眼缘不发达，复眼较小。前胸足胫节前端内侧具较短黄色鳞毛；中、后胸足胫节末端内侧光滑。

腹面观： 腹部光滑，胸足跗节表面具厚重黄色鳞毛。

雌虫

背面观： 上颚弯曲，基齿不发达。前胸背板前端略宽，两侧各具 1 枚黑色斑块；复眼缘不发达，复眼背面观较大。头部顶端两侧具 2 枚清晰黑色斑块；前胸背板表面具明显刻点状结构。鞘翅中线黑色较细；前胸足胫节前端具 3 ~ 4 枚尖锐的刺突；中胸足胫节表面具 1 枚刺突，后胸足胫节表面光滑。

腹面观： 腹部表面光滑，具明显金属光泽。胸足腿节呈褐色。

图片展示

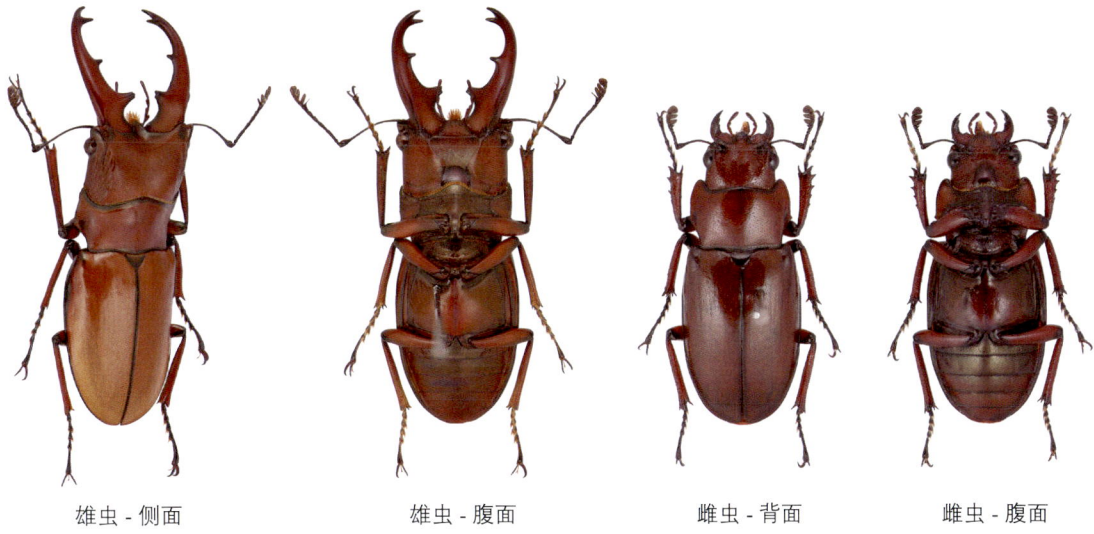

雄虫 - 侧面　　　　雄虫 - 腹面　　　　雌虫 - 背面　　　　雌虫 - 腹面

尺寸展示

10 mm

雄虫 - 大型　　　　雄虫 - 中型　　　　雄虫 - 小型　　　　雌虫

10 mm

亮环锹甲

Cyclommatus nagaii Fujita, 2010

分布	云南
体长	25 ~ 37 mm（雄），16 ~ 22 mm（雌）
词源	拉丁学名源于标本采集者 Nagai；中文名源于成虫体色成金属般光亮的色泽

物种描述

雄虫

背面观： 上颚形状呈笔直。基齿略呈双分叉状，位于上颚基部；上方具 1 枚小内齿；端齿尖锐；唇基呈三角形。头部两侧具数条的波纹状隆起。前胸背板呈方形。体泽橘色，前胸背板两侧各具 1 枚黑色斑块。

侧面观： 复眼缘不发达，复眼较小。前胸足胫节前端内侧具较短黄色鳞毛；中、后胸足胫节末端内侧光滑。

腹面观： 腹部光滑，具金属光泽；胸足跗节表面具厚重黄色鳞毛。

雌虫

背面观： 上颚弯曲，基齿位于上颚顶端。前胸背板呈方形，表面具密集刻点状凹坑；复眼缘不发达，复眼背面观较大。头部顶端两侧各具 1 枚清晰黑色斑块。鞘翅中线黑色较粗，顶端两侧具黑色斑块；前胸足胫节前端具 3 ~ 4 枚尖锐的刺突；中、后胸足胫节表面具 1 枚刺突。

腹面观： 腹部表面光滑，具明显金属光泽。胸足腿节、胫节呈橘色。

图片展示

雄虫 - 侧面   雄虫 - 腹面   雌虫 - 背面   雌虫 - 腹面

尺寸展示

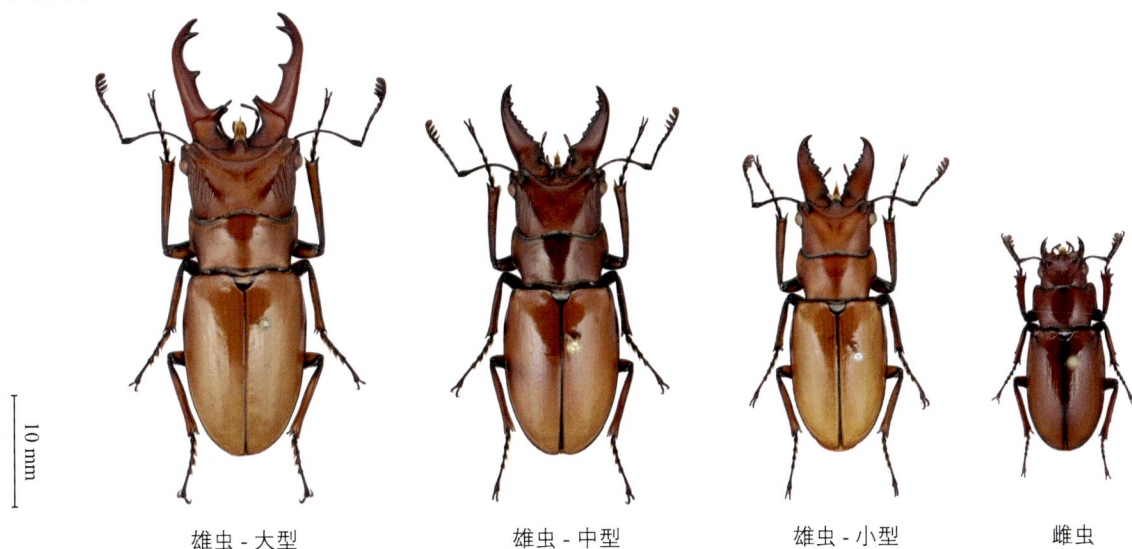

10 mm

| 雄虫 - 大型 | 雄虫 - 中型 | 雄虫 - 小型 | 雌虫 |

红环锹甲

Cyclommatus katsurai Fujita, 2010

10 mm

分布	云南、西藏
体长	23.2 ~ 45 mm（雄），19 ~ 23.4 mm（雌）
词源	拉丁学名源于标本收藏者 Katsura；中文名源于成虫暗红的体色

物种描述

雄虫

背面观： 上颚纤细，于端部弯曲。基齿位于上颚基部；上方具 1 枚小内齿；端齿上端长度明显超过下端；唇基呈三角形。头部两侧具数条的波纹状隆起。前胸背板呈方形。体泽暗红色，头部顶端两侧具清晰的黑色斑块。

侧面观： 复眼缘不发达，复眼较小。前胸足胫节前端内侧具较短黄色鳞毛；中、后胸足胫节末端内侧光滑。

腹面观： 腹部光滑，具金属光泽；胸足跗节表面具厚重黄色鳞毛。

雌虫

背面观： 上颚弯曲，基齿纤细锐利，位于上颚顶端。前胸背板窄于鞘翅宽；呈方形，表面具密集刻点状凹坑；复眼缘不发达，复眼背面观较大。头部顶端两侧各具 1 枚清晰黑色斑块。鞘翅中线黑色较细，顶端两侧具黑色斑块；前胸足胫节前端具 3 ~ 4 枚尖锐的刺突；中、后胸足胫节表面具 1 枚刺突。体泽暗红色。

腹面观： 腹部表面光滑，具明显金属光泽。胸足腿节、胫节呈红色。

图片展示

雄虫 - 侧面　　　　雄虫 - 腹面　　　　雌虫 - 背面　　　　雌虫 - 腹面

尺寸展示

10 mm

雄虫 - 大型　　　　雄虫 - 中型　　　　雄虫 - 小型　　　　雌虫

10 mm

何氏环锹甲
Cyclommatus heyangi Huang & Chen, 2017

分布	西藏
体长	28 ~ 42 mm（雄），22.2 ~ 24.6 mm（雌）
词源	种名源于昆虫爱好者何洋

物种描述

雄虫

背面观： 上颚纤细，于端部弯曲。基齿双分叉状，位于上颚基部；上方具 1 枚小内齿；端齿上端长度明显超过下端；唇基呈三角形。头部两侧的波纹状隆起不发达。前胸背板呈方形。体泽红色，头部顶端两侧具清晰的黑色斑块。

侧面观： 复眼缘不发达，复眼较小。前胸足胫节前端内侧具较长黄色鳞毛；中、后胸足胫节末端内侧光滑。

腹面观： 腹部光滑，具金属光泽；胸足跗节表面具厚重黄色鳞毛。

雌虫

背面观： 上颚弯曲，基齿纤细锐利，位于上颚顶端。前胸背板窄于鞘翅，呈方形，表面具密集刻点状凹坑；复眼缘不发达，复眼背面观较大。头部顶端两侧各具 1 枚清晰黑色斑块。鞘翅中线黑色较细；前胸足胫节前端具 3 ~ 4 枚尖锐的刺突；中胸足胫节表面具 1 枚刺突，后胸足表面光滑。体泽红色。

腹面观： 腹部表面光滑，具明显金属光泽。胸足腿节、胫节呈红色。

图片展示

雄虫 - 侧面　　　　雄虫 - 腹面　　　　雌虫 - 背面　　　　雌虫 - 腹面

尺寸展示

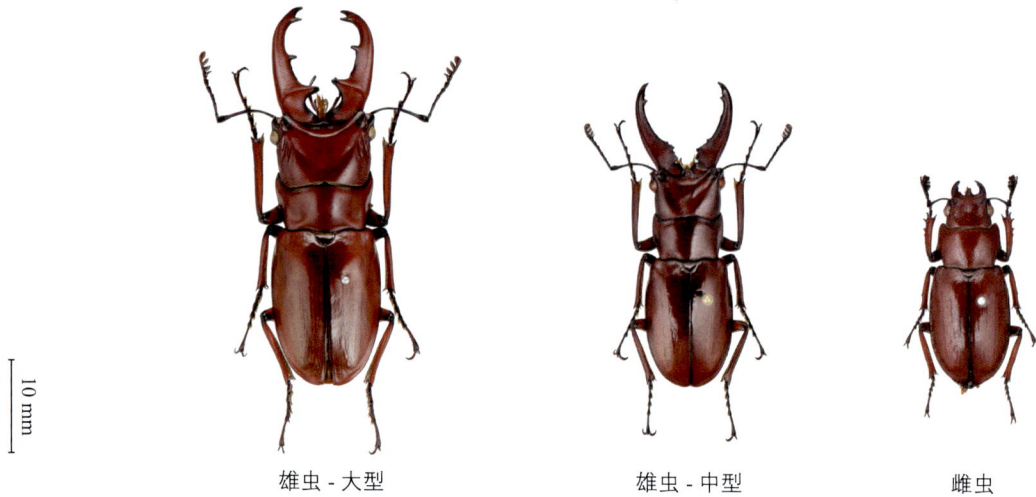

10 mm

雄虫 - 大型　　　　　　　雄虫 - 中型　　　　　　　雌虫

10 mm

黯环锹甲

Cyclommatus scutellaris Möllenkamp, 1912

Cyclommatus scutellaris scutellaris Möllenkamp, 1912 **原名亚种**

别名：细身赤锹甲

分布	台湾
体长	17.2 ~ 48.5 mm（雄），15 ~ 23.3 mm（雌）
词源	拉丁学名源于拉丁文"*scutellum*"（小盾片），指的是该物种独特的小盾片颜色特征；中文名源于雄虫体色较为暗淡

物种描述

雄虫

背面观： 上颚纤细，于端部弯曲。基齿略呈分叉状，位于上颚基部；上方具 1 枚小内齿；端齿发达，呈分叉状；唇基呈四边形。头部两侧具数条清晰的波纹状隆起。前胸背板前端较宽，后端明显收缩。体泽黄色，头部顶端两侧具清晰的黑色斑块；前胸背板和鞘翅顶端两侧各具 1 枚清晰的黑色斑块。

侧面观： 复眼缘不发达，复眼较小。前胸足胫节前端内侧具较长黄色鳞毛；中、后胸足胫节末端内侧具较短黄色鳞毛。

腹面观： 腹部光滑，具金属光泽；胸足跗节表面着厚重黄色鳞毛。中胸两侧、胸足腿节表面具黄色斑块。

雌虫

背面观： 上颚弯曲，基齿纤细锐利，位于上颚顶端。前胸背板与鞘翅等宽，呈方形，中间与两侧各具明显的黑色条带；复眼缘不发达，复眼背面观较大。头部顶端两侧具 2 枚清晰黑色斑块。鞘翅中线黑色较细；前胸足胫节前端具 3 ~ 4 枚尖锐的刺突；中、后胸足胫节表面具 1 枚刺突。体泽黄色。

腹面观： 腹部光滑，具金属光泽；胸足跗节表面具厚重黄色鳞毛。中胸两侧、胸足腿节表面具黄色斑块。

图片展示

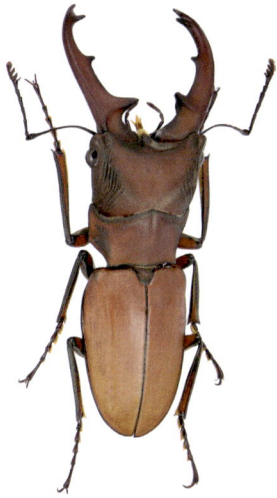

雄虫 - 侧面

雄虫 - 腹面

雌虫 - 背面

雌虫 - 腹面

尺寸展示

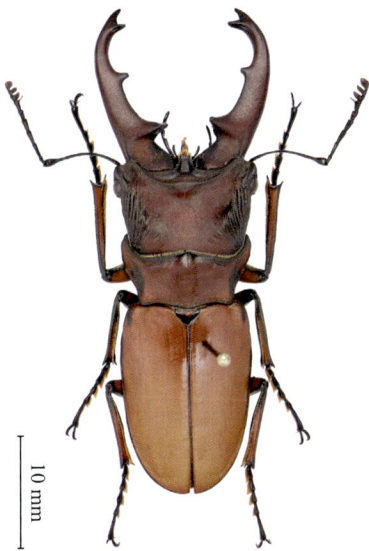

雄虫 - 大型

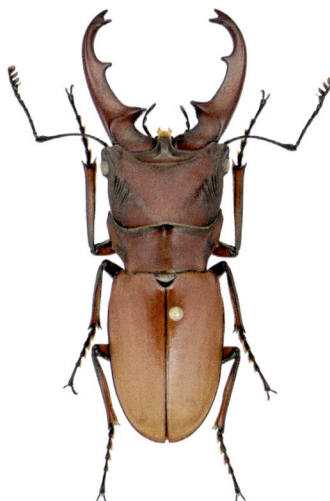

雄虫 - 中型

雄虫 - 小型

雌虫

10 mm

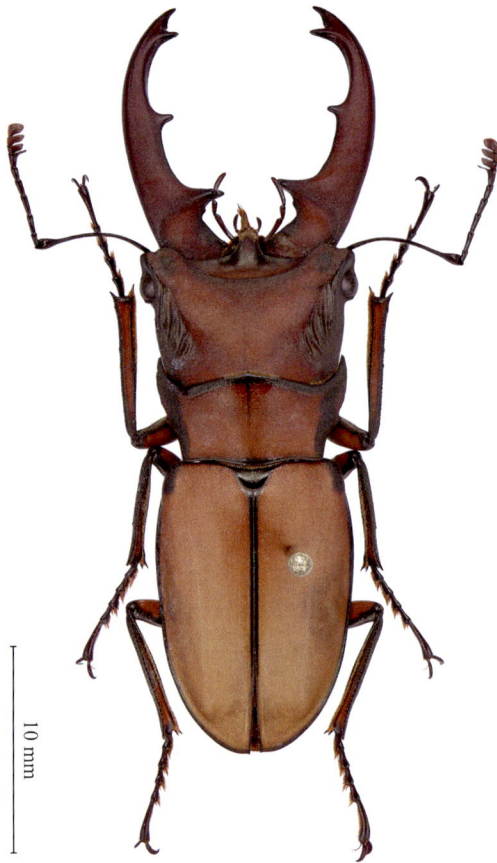

10 mm

Cyclommatus scutellaris elsae Kriesche, 1921 大陆亚种

别名：鱼尾纹鸡冠锹甲

分布	广东、广西、贵州、福建、浙江、江西、湖北、湖南、重庆、四川
体长	18.2 ~ 48 mm（雄），16 ~ 23.2 mm（雌）
词源	拉丁学名原文未明确指出；中文名源于其广泛分布于我国大陆地区

物种描述

雄虫

背面观： 上颚纤细，于端部弯曲。基齿略呈分叉状，位于上颚基部；上方具 1 枚小内齿；端齿发达，呈分叉状；唇基呈四边形。头部两侧具数条清晰的波纹状隆起。前胸背板前端较宽，后端明显收缩。体泽黄色；前胸背板和鞘翅顶端两侧各具 1 枚清晰的黑色斑块。

侧面观： 复眼缘不发达，复眼较小。前胸足胫节前端内侧具较长黄色鳞毛；中、后胸足胫节末端内侧具较短黄色鳞毛。

腹面观： 腹部光滑，具金属光泽；胸足跗节表面具厚重黄色鳞毛。中胸两侧、胸足腿节表面具黄色斑块。

雌虫

背面观： 上颚弯曲，基齿纤细锐利，位于上颚顶端。前胸背板与鞘翅等宽，呈方形，中间与两侧各具 1 条明显较宽的黑色条带；复眼缘不发达，复眼背面观较大。鞘翅中线黑色较粗，顶端两侧各具 1 枚狭长的黑色斑块；前胸足胫节前端具 3 ~ 4 枚尖锐的刺突；中、后胸足胫节表面具 1 枚刺突。体泽黄色。

腹面观： 腹部光滑，金属光泽较浅；胸足跗节表面具厚重黄色鳞毛。胸足腿节表面具黄色斑块。

图片展示

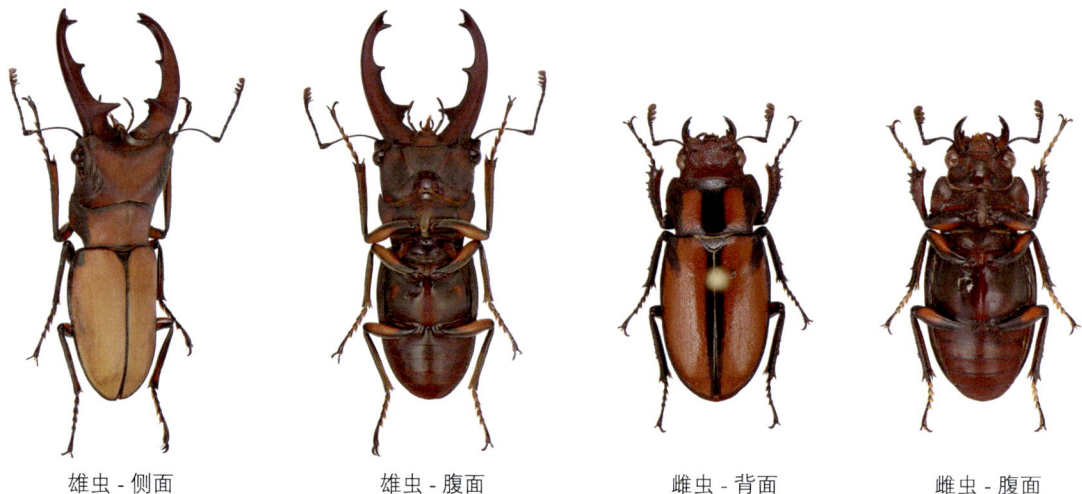

雄虫 - 侧面　　　　雄虫 - 腹面　　　　雌虫 - 背面　　　　雌虫 - 腹面

尺寸展示

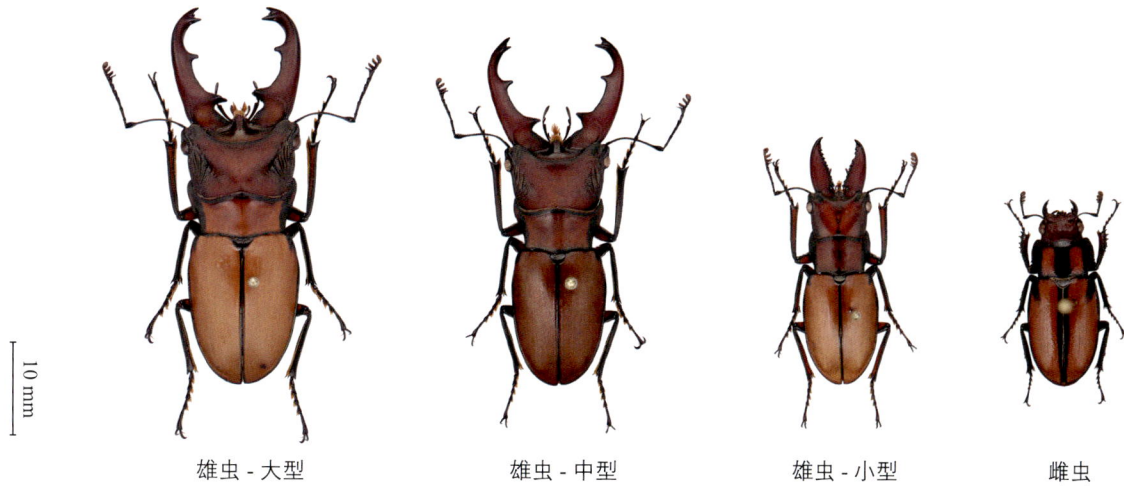

10 mm

雄虫 - 大型   雄虫 - 中型   雄虫 - 小型   雌虫

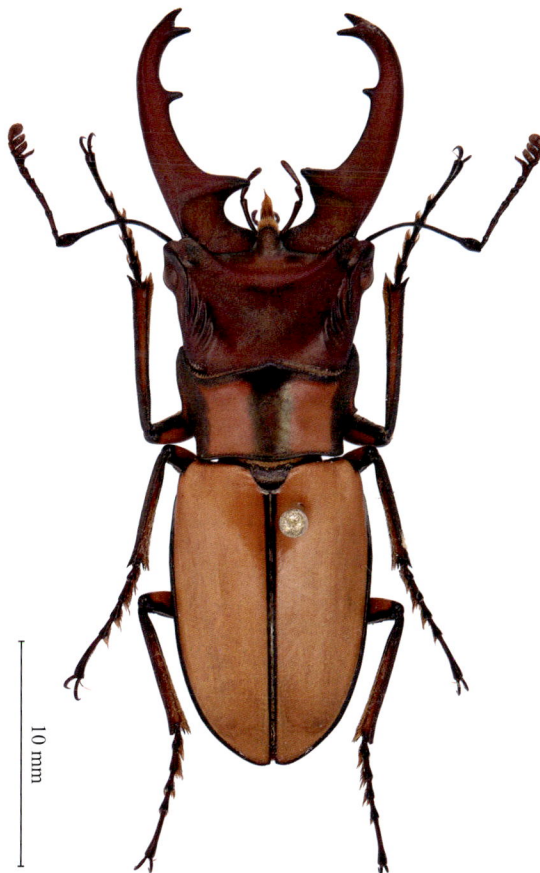

10 mm

三带环锹甲

Cyclommatus albersi Kraatz, 1894

分布	云南
体长	22 ~ 45 mm（雄），16 ~ 22.3 mm（雌）
词源	拉丁学名源于标本鉴定者 H. S. Albers；中文名源于雄虫前胸背板表面具明显的 3 条黑色条带

物种描述

雄虫

背面观： 上颚纤细，在中部弯曲。基齿略呈分叉状，位于上颚基部；上方具 1 枚小内齿；端齿发达，呈分叉状；唇基呈三角形。头部两侧具较深的波纹状隆起。前胸背板前端较宽，后端明显收缩；表面具 3 条明显的黑色条带。体泽黄色；头部与前胸背板表面呈墨绿色的金属质感。

侧面观： 复眼缘不发达，复眼较小。胸足胫节前端内侧具端部较短黄色鳞毛。

腹面观： 腹部光滑，具金属光泽；胸足跗节表面具厚重黄色鳞毛。

雌虫

背面观： 上颚弯曲，基齿纤细锐利，位于上颚顶端。前胸背板与鞘翅等宽，呈方形，表面具 3 条宽大的黑色条带；复眼缘不发达，复眼背面观较大。鞘翅中线黑色较粗，并在末端收缩，顶端两侧各具 1 枚清晰的黑色斑块；前胸足胫节前端具 3 ~ 4 枚尖锐的刺突；中、后胸足胫节表面具 1 枚刺突。体泽黄色。

腹面观： 腹部光滑，具明显金属光泽。胸足腿节表面具黄色斑块。

图片展示

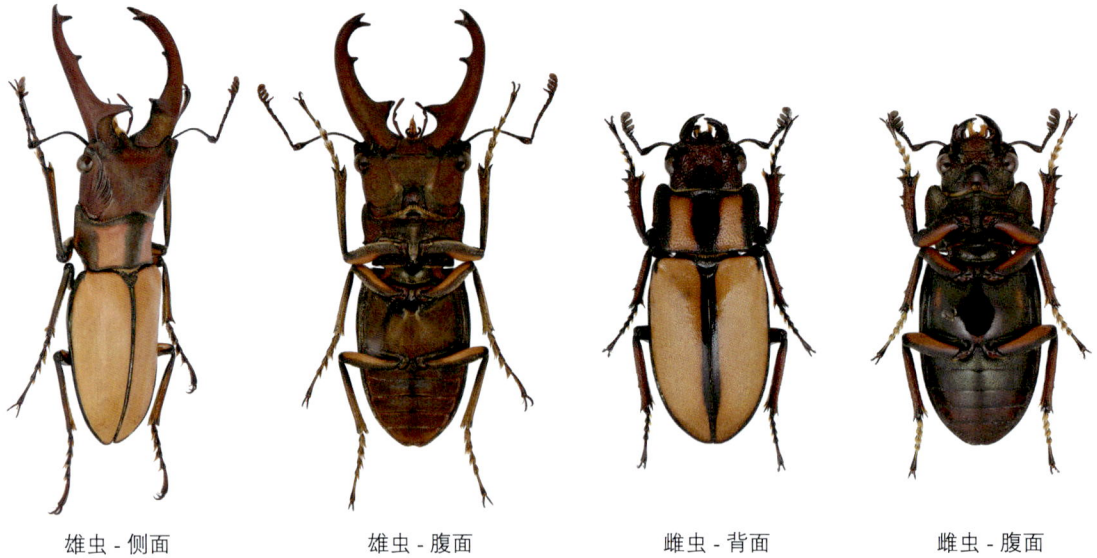

雄虫 - 侧面   雄虫 - 腹面   雌虫 - 背面   雌虫 - 腹面

尺寸展示

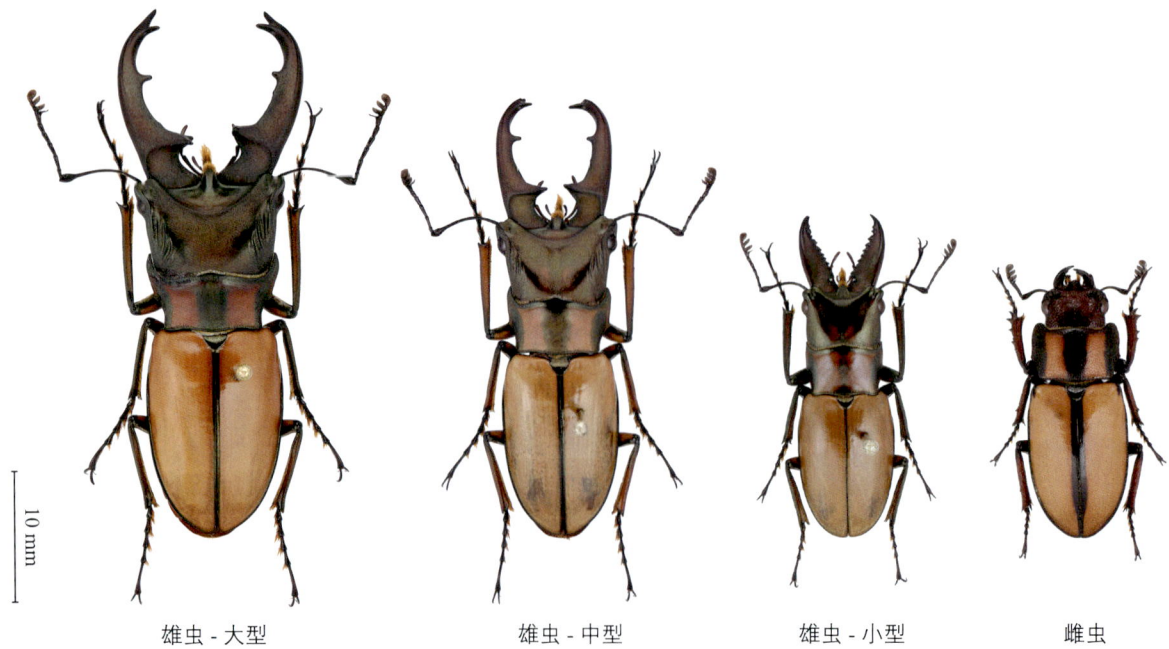

10 mm

雄虫 - 大型   雄虫 - 中型   雄虫 - 小型   雌虫

10 mm

无皱环锹甲
Cyclommatus vitalisi Pouillaude, 1913

分布	福建、广东、广西、云南
体长	22 ～ 37.2 mm（雄），16 ～ 19.2 mm（雌）
词源	拉丁学名源于标本采集者 R. Vitalis de Salvaza；中文名源于雄虫复眼侧缘光滑，无明显的褶皱

物种描述

雄虫

背面观： 上颚纤细，形状笔直。基齿略呈分叉状，位于上颚基部；上方具 1 枚小内齿；端齿发达，呈分叉状；唇基呈四边形。头部两侧光滑。前胸背板呈方形。体泽黄色；头部与前胸背板表面呈墨绿色的金属质感。

侧面观： 复眼缘不发达，复眼较小。前胸足胫节前端内侧具较短黄色鳞毛；中、后胸足胫节末端内侧表面光滑。

腹面观： 腹部光滑，具金属光泽；胸足跗节表面具厚重黄色鳞毛。

雌虫

背面观： 上颚弯曲，基齿纤细锐利，位于上颚顶端。前胸背板与鞘翅等宽，呈方形，中间具 1 条宽大的黑色条带；复眼缘不发达，复眼背面观较大。鞘翅中线黑色较细，顶端两侧各具 1 枚清晰的黑色斑块；前胸足胫节前端具 3 ～ 4 枚尖锐的刺突；中、后胸足胫节表面具 1 枚刺突。体泽黄色。

腹面观： 腹部光滑，具明显金属光泽。胸足腿节表面具黄色斑块。

图片展示

雄虫 - 侧面　　　　　　雄虫 - 腹面　　　　　　雌虫 - 背面　　　　　　雌虫 - 腹面

尺寸展示

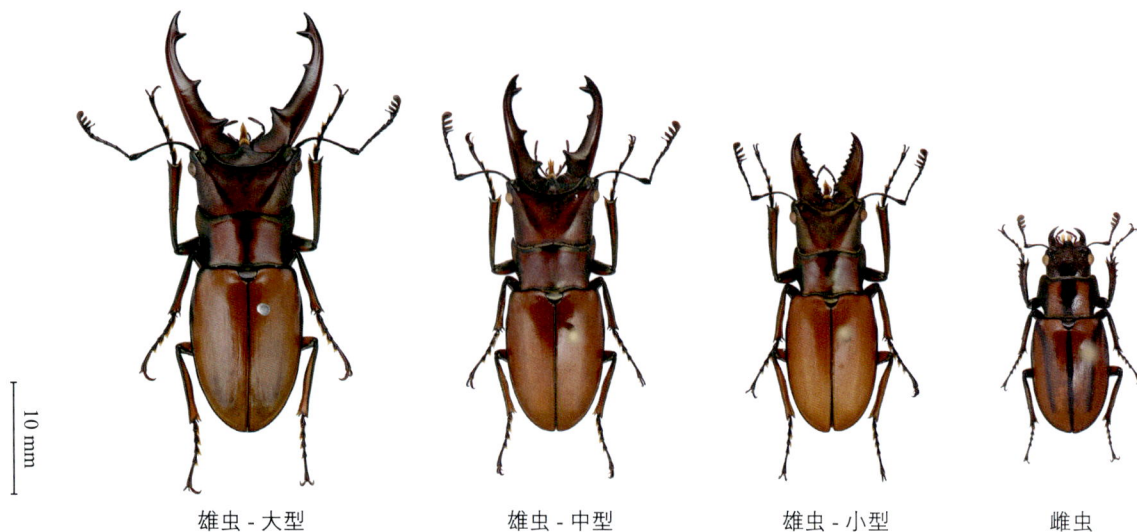

| 雄虫 - 大型 | 雄虫 - 中型 | 雄虫 - 小型 | 雌虫 |

10 mm

阿萨姆环锹甲
Cyclommatus assamensis (Séguy, 1955)

Cyclommatus assamensis assamensis (Séguy, 1955) **原名亚种**

10 mm

分布	西藏、云南
体长	22 ~ 38.3 mm（雄），15 ~ 19.4 mm（雌）
词源	种名源于其模式产地印度阿萨姆

物种描述

雄虫

背面观： 上颚纤细，在端部弯曲。基齿位于上颚基部；上方具 1 枚小内齿；端齿发达，呈分叉状；唇基呈三角形。头部两侧具较深的波纹状隆起。前胸背板前端略宽。体泽黄色；具金属质感。

侧面观： 复眼缘不发达，复眼较小。前胸足胫节前端内侧具较短黄色鳞毛；中、后胸足胫节末端内侧表面光滑。

腹面观： 腹部光滑，具金属光泽；胸足跗节表面具厚重黄色鳞毛。

雌虫

背面观： 上颚较短，基齿不发达，位于上颚近端部。前胸背板与鞘翅等宽，呈方形，中间具 1 条宽大的黑色条带；复眼缘不发达，复眼背面观较大。鞘翅中线黑色较细，表面两侧各具 1 枚清晰的黑色条带；前胸足胫节前端具 3 ~ 4 枚尖锐的刺突；中、后胸足胫节表面具 1 枚刺突。体泽黄色。

腹面观： 腹部光滑，具明显金属光泽。胸足腿节表面具黄色斑块。

图片展示

雄虫 - 侧面　　　雄虫 - 腹面　　　雌虫 - 背面　　　雌虫 - 腹面

尺寸展示

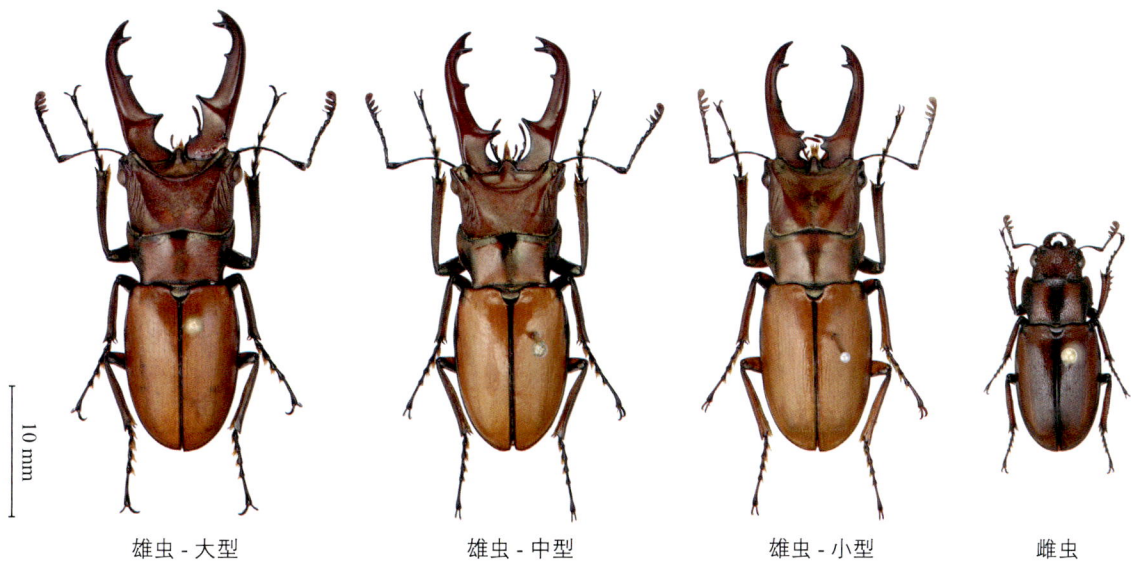

10 mm

雄虫 - 大型　　　雄虫 - 中型　　　雄虫 - 小型　　　雌虫

10 mm

Cyclommatus assamensis yingjiangensis Huang & Chen, 2017

盈江亚种

分布	云南
体长	21.2 ~ 37.3 mm（雄），15 ~ 19.8 mm（雌）
词源	种名源于其模式产地云南盈江

物种描述

雄虫

背面观： 上颚纤细，形状较直。基齿位于上颚基部；上方具 1 枚小内齿；端齿发达，呈分叉状；唇基不发达，略呈三角形。头部两侧具较深的"V"字形波纹状隆起。前胸背板前端略宽。体泽黄色；头部与前胸背板具明显的金属质感。

侧面观： 复眼缘不发达，复眼较小。前胸足胫节前端内侧具较长黄色鳞毛；中、后胸足胫节末端内侧表面光滑。

腹面观： 腹部光滑，具金属光泽；胸足跗节表面具厚重黄色鳞毛。

雌虫

背面观： 上颚较短，基齿不发达，位于上颚近端部。前胸背板与鞘翅等宽，呈方形，表面具 1 条宽大的黑色条带；复眼缘不发达，复眼背面观较大。鞘翅中线黑色较细，表面两侧的黑色条带消失或不明显；前胸足胫节前端具 3 ~ 4 枚尖锐的刺突；中、后胸足胫节表面具 1 枚刺突。体泽黄色。

腹面观： 腹部光滑，具明显金属光泽。胸足腿节表面具黄色斑块。

图片展示

雄虫 - 侧面

雄虫 - 腹面

雌虫 - 背面

雌虫 - 腹面

尺寸展示

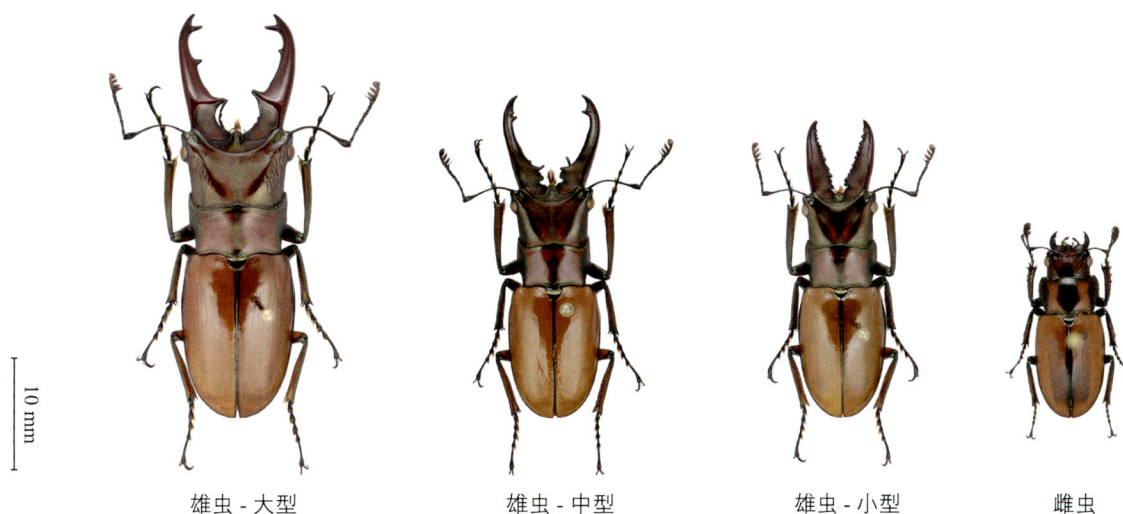

10 mm

雄虫 - 大型　　　　雄虫 - 中型　　　　雄虫 - 小型　　　　雌虫

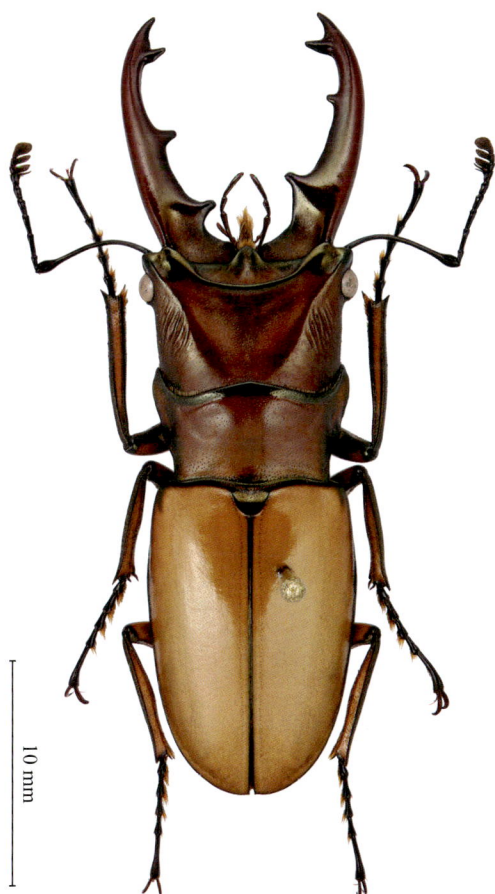

10 mm

老挝环锹甲
Cyclommatus laoticus Bomans, 1970

分布	云南
体长	23.2 ~ 38 mm（雄），15 ~ 22.3 mm（雌）
词源	种名源于其模式产地老挝

物种描述

雄虫

背面观： 上颚纤细，形状较直。基齿位于上颚基部；上方具 1 枚小内齿；端齿发达，呈分叉状；唇基略呈三角形。头部两侧具明显波纹状隆起。前胸背板呈方形，表面黑色斑块消失或不明显。体泽黄色；头部略有金属质感。

侧面观： 复眼缘不发达，复眼较小。前胸足胫节前端内侧具较短黄色鳞毛；中、后胸足胫节末端内侧表面较光滑。

腹面观： 腹部光滑；胸足跗节表面具厚重黄色鳞毛。

雌虫

背面观： 上颚较短，基齿不发达。前胸背板与鞘翅等宽，呈方形，表面具 1 条宽大的黑色条带；复眼缘不发达，复眼背面观较大。鞘翅中线黑色较细，端部具 2 枚清晰的黑色斑块，或呈 2 条狭长的黑色条带；前胸足胫节前端具 3 ~ 4 枚尖锐的刺突；中、后胸足胫节表面具 1 枚刺突。体泽黄色。

腹面观： 腹部光滑，具明显金属光泽。胸足腿节表面具黄色斑块。

图片展示

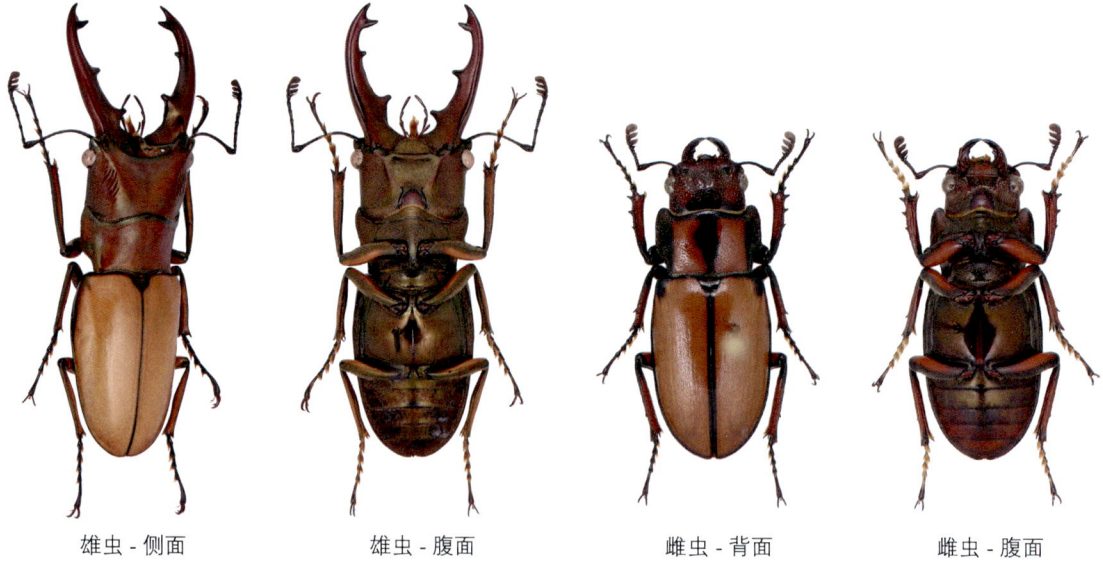

雄虫 - 侧面 雄虫 - 腹面 雌虫 - 背面 雌虫 - 腹面

尺寸展示

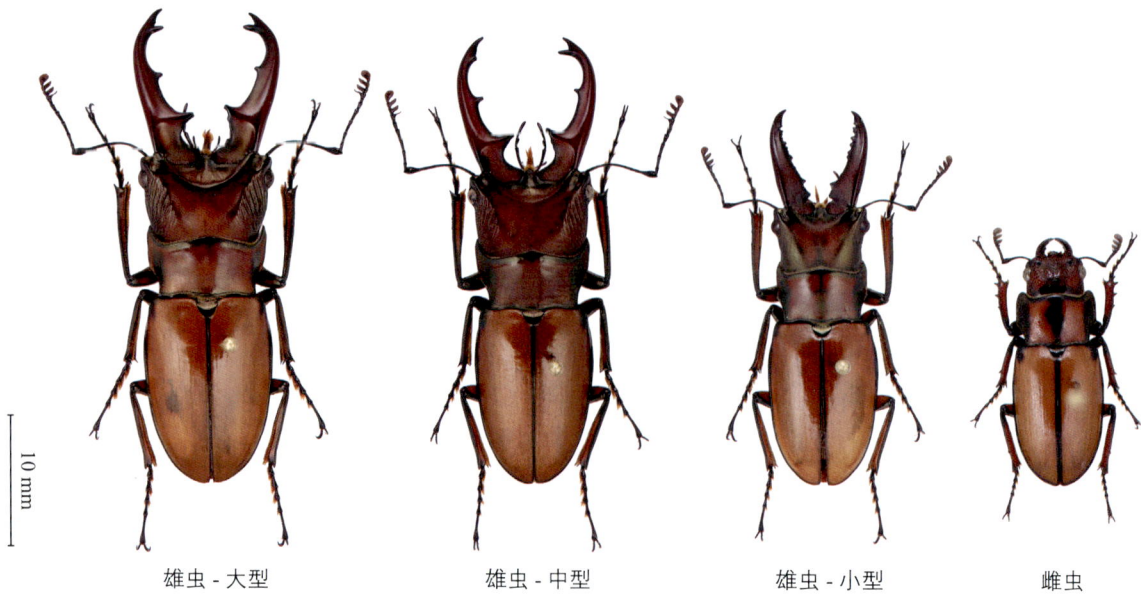

10 mm

雄虫 - 大型 雄虫 - 中型 雄虫 - 小型 雌虫

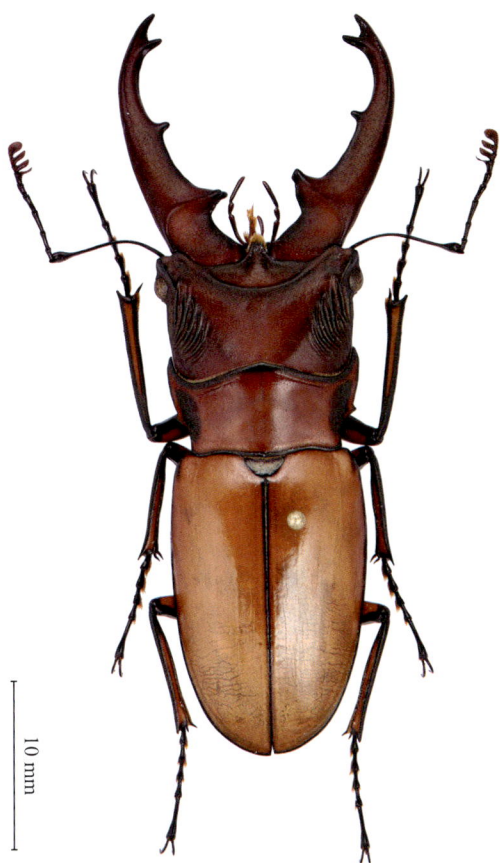

10 mm

短刷环锹甲

Cyclommatus asahinai Kurosawa, 1974

Cyclommatus asahinai asahinai Kurosawa, 1974 **原名亚种**

别名：艳细身赤锹甲

分布	台湾
体长	24 ~ 49 mm（雄），15 ~ 26 mm（雌）
词源	拉丁学名源于日本蜻蜓专家朝比奈正二郎；中文名源于雄虫前足胫节端部无明显毛簇

物种描述

雄虫

背面观：上颚纤细，形状笔直。基齿位于上颚基部；上方具 1 枚小内齿；端齿发达，呈分叉状；唇基略呈方形。头部两侧具较深波纹状隆起。前胸背板呈方形，后端收缩明显；两侧各具 1 枚明显的黑色斑块。体泽黄色；身型细长。

侧面观：复眼缘不发达，复眼较小。前胸足胫节前端内侧黄色鳞毛几乎消失；中、后胸足胫节末端内侧表面较光滑。

腹面观：腹部光滑；胸足腿节具黄色斑块；跗节表面具厚重黄色鳞毛。

雌虫

背面观：上颚弯曲，基齿尖锐。前胸背板略窄于鞘翅，呈方形，表面具 3 条宽大的黑色条带；复眼缘不发达，复眼背面观较大。鞘翅中线黑色较细，表面具 2 条较粗的黑色条带；前胸足胫节前端具 3 ~ 4 枚尖锐的刺突；中、后胸足胫节表面具 1 枚刺突。体泽黄色。

腹面观：腹部光滑，无明显金属光泽。胸足腿节表面具黄色斑块。

图片展示

雄虫 - 侧面　　　雄虫 - 腹面　　　雌虫 - 背面　　　雌虫 - 腹面

其他态展示

褐色型雄虫

尺寸展示

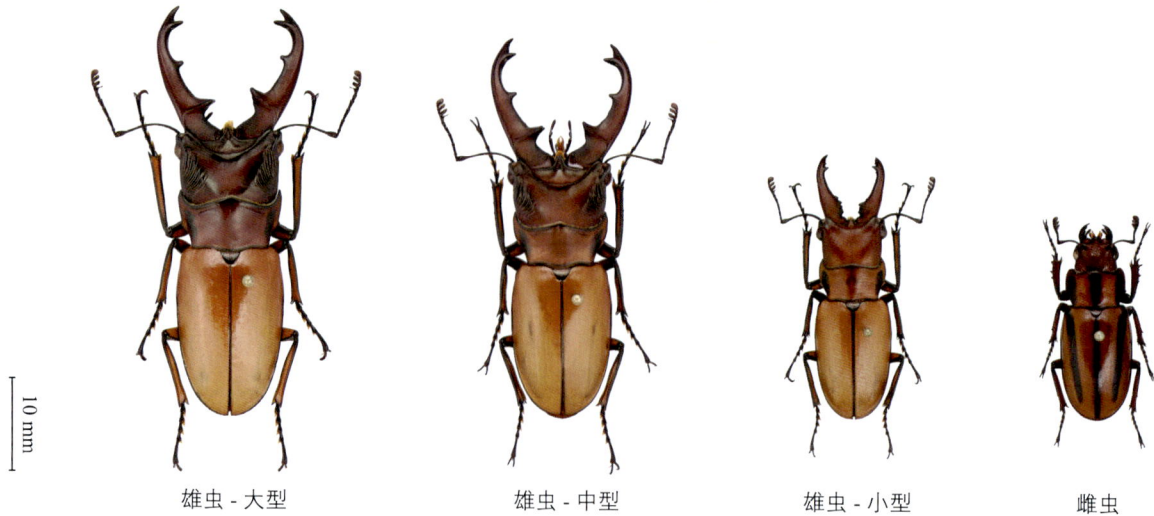

| 雄虫 - 大型 | 雄虫 - 中型 | 雄虫 - 小型 | 雌虫 |

10 mm

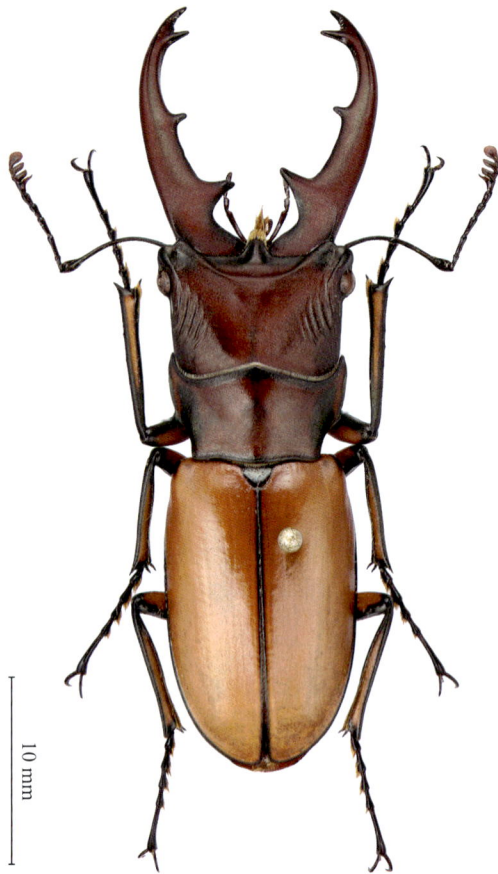

10 mm

Cyclommatus asahinai nanlingensis Schenk, 2016 大陆亚种

分布	福建、广东、广西、贵州
体长	21.2 ~ 48 mm（雄），17 ~ 28 mm（雌）
词源	拉丁种名源于其模式产地广东南岭；中文名源于其广泛分布于我国大陆地区

物种描述

雄虫

背面观：上颚纤细，形状笔直。基齿位于上颚基部；上方具 1 枚小内齿；端齿发达，呈分叉状；唇基略呈方形。头部两侧具较深波纹状隆起。前胸背板呈方形，后端收缩明显；两侧各具 1 枚明显的较长黑色斑块。体泽黄色；身型细长。

侧面观：复眼缘不发达，复眼较小。前胸足胫节前端内侧黄色鳞毛几乎消失；中、后胸足胫节末端内侧表面较光滑。

腹面观：腹部光滑；胸足腿节具黄色斑块；跗节表面具厚重黄色鳞毛。

雌虫

背面观：上颚弯曲，基齿尖锐。前胸背板略窄于鞘翅，呈方形，表面具 3 条宽大的黑色条带；复眼缘不发达，复眼背面观较大。鞘翅中线黑色较细，表面具 2 条较粗的黑色条带；前胸足胫节前端具 3 ~ 4 枚尖锐的刺突；中、后胸足胫节表面具 1 枚刺突。体泽黄色。

腹面观：腹部光滑，无明显金属光泽。胸足腿节表面具黄色斑块。

图片展示

雄虫 - 侧面　　　　雄虫 - 腹面　　　　雌虫 - 背面　　　　雌虫 - 腹面

尺寸展示

10 mm

雄虫 - 大型　　　　雄虫 - 中型　　　　雌虫

10 mm

Cyclommatus asahinai ssp. **大围山亚种**

分布	云南
体长	25 ~ 38.4 mm（雄），15 ~ 25 mm（雌）
词源	本种为未定名亚种；中文名源于其种群分布于云南大围山

物种描述

雄虫

背面观： 上颚纤细，形状笔直。基齿位于上颚基部；上方具 1 枚小内齿；端齿发达，呈分叉状；唇基略呈方形。头部两侧具较深波纹状隆起。前胸背板呈方形，后端收缩明显，表面无明显黑色条带或斑块。体泽黄色；身型细长且具明显金属光泽。

侧面观： 复眼缘不发达，复眼较小。前胸足胫节前端内侧黄色鳞毛几乎消失；中、后胸足胫节末端内侧表面较光滑。

腹面观： 腹部光滑；胸足腿节具黄色斑块；跗节表面具厚重黄色鳞毛。

雌虫

背面观： 上颚弯曲，基齿尖锐。前胸背板略窄于鞘翅，呈方形，表面具 3 条宽大的黑色条带；复眼缘不发达，复眼背面观较大。鞘翅中线黑色较细，表面具大面积黑色或具 2 条较粗的黑色条带；前胸足胫节前端具 3 ~ 4 枚尖锐的刺突；中、后胸足胫节表面具 1 枚刺突。体泽黄色。

腹面观： 腹部光滑，无明显金属光泽。胸足腿节表面具黄色斑块。

图片展示

雄虫 - 侧面　　　　雄虫 - 腹面　　　　雌虫 - 背面　　　　雌虫 - 腹面

尺寸展示

10 mm

雄虫   雌虫

锹甲亚科 矮锹甲族

普通矮锹甲
Figulus binodulus Waterhouse, 1873

矮锹甲属
Figulus MacLeay, 1819

本属简介

本属拉丁学名"*Figulus*"，意为"小的带状物"，用以形容该属成虫身型狭小细长的特征。我国学者曾译为"狭锹甲属"。本属更广泛的中文名是"矮锹甲"，也是主要形容本属成虫体型较小的形态特征。本书选用"矮锹甲属"作为本属的中文名。

本属主要分布于我国华东、华南地区；成虫多半被发现于直径较粗的倒木之中，具有群聚现象。本属飞行能力较差，一般被观察于朽木上缓慢爬行。本属成虫具有一定的肉食性，会以小昆虫的蛹或者幼虫为食。

本属大部分种类的成虫雌雄外观上区分困难，故本书将本属物种雌雄形态特征合并介绍。

本书记录矮锹甲属 8 种。

矮锹甲属的外部形态特点

❶ 成虫眼缘片厚且发达，完全覆盖复眼。

❷ 成虫前胸背板表面具密集的刻点状凹坑；中央具纵向较深凹陷。

❸ 成虫前跗节较发达。

❹ 成虫上颚较短，端部明显向上弯曲。

10 mm

尖颏矮锹甲
Figulus caviceps Boileau, 1902

分布	云南、西藏
体长	6 ~ 10 mm
词源	种名源于本种成虫头部两侧具尖锐且明显的凹陷

物种描述

成虫

背面观： 上颚明显短于头部，内侧各具 1 枚明显的小内齿。前胸背板呈方形，前后宽度一致；复眼背面观较大且狭长；前胸背板前端具 1 枚不发达的角状凸起；中央及两侧具较大的刻点状凹坑。

侧面观： 复眼缘呈半圆形；完全包裹住复眼。前胸足胫节顶端内侧具 1 枚尖锐刺突，表面具数枚分立尖锐的小刺突；中胸足胫节表面具 3 枚刺突，后胸足胫节表面具 1 ~ 2 枚刺突。

腹面观： 后胸两侧表面具明显刻点状凹坑。

图片展示

雄虫 - 侧面

雄虫 - 腹面

雌虫 - 背面

雌虫 - 腹面

尺寸展示

雄虫   雌虫

普通矮锹甲

Figulus binodulus Waterhouse, 1873

别名：矮锹甲

分布	台湾、福建、江西、广东、广西、云南、贵州、四川、重庆、湖北、海南等
体长	12 ~ 17.4 mm
词源	拉丁学名源丁拉丁文 "*bi-*" 和 "*nodulus*"，意为"具有 2 个小点状结构"，形容雄虫上颚每侧各具 2 枚小齿；中文名源于其广泛分布于我国各地

物种描述

成虫

背面观： 上颚与头部等长，左、右两侧各具 2 枚不对称齿突。前胸背板呈方形；复眼背面观较小；前胸背板前端具 1 枚明显的角状凸起；中央具 1 条较浅的纵向刻点状凹坑。

侧面观： 复眼缘略呈方形；完全包裹住复眼。前胸足胫节顶端内侧具 1 枚尖锐刺突，表面具数枚分立尖锐的刺突；中胸足胫节表面具 3 ~ 4 枚刺突，后胸足胫节表面具 2 ~ 3 枚刺突。

腹面观： 中胸两侧表面具明显刻点状凹坑。

图片展示

雄虫 - 侧面

雄虫 - 腹面

菲律宾矮锹甲

Figulus curvicornis Benesh, 1950

别名： 兰屿豆锹甲

分布	台湾
体长	9 ~ 14.3 mm
词源	拉丁学名源于拉丁文 "*curvus*" 和 "*-cornis*"，意为雄虫上颚较为弯曲；中文名源于其模式产地菲律宾

物种描述

成虫

背面观： 上颚与头部等长，左右各具 1 枚清晰的齿突。前胸背板呈方形，前端较尖；复眼背面观较小；前胸背板前端具 1 枚明显的角状凸起；中央具 1 条纤细较浅的纵向刻点状凹坑。

侧面观： 复眼缘略呈半圆形；完全包裹住复眼。前胸足胫节顶内侧具数枚分立尖锐的刺突；中胸足胫节表面具数枚刺突，后胸足胫节表面具 2 ~ 3 枚刺突。

腹面观： 中胸两侧表面具明显刻点状凹坑。

10 mm

图片展示

雄虫 - 侧面

雄虫 - 腹面

10 mm

日本矮锹甲

Figulus punctatus Waterhouse, 1873

别名：豆锹甲

分布	台湾
体长	9 ~ 12.8 mm
词源	拉丁学名源于拉丁文 "*punct-*"，形容成虫前胸背板表面具明显刻点状凹坑；中文名源于其模式产地日本

物种描述

成虫

背面观： 上颚略短于头部，左、右两侧各具 1 枚对称的齿突。前胸背板略呈方形，边缘具清晰的锯齿状结构；复眼背面观较小；前胸背板前端具 1 枚明显的角状凸起；中央具 1 条纤细较深的纵向刻点状结构；头部顶端两侧各具 1 枚刻点状凹坑。

侧面观： 复眼缘呈方形；完全包裹住复眼。前胸足胫节顶端内侧具 1 枚尖锐刺突，表面具数枚分立尖锐的刺突；中胸足胫节表面具 2 枚刺突，后胸足胫节表面具 2 枚刺突。

腹面观： 中胸两侧表面具明显刻点状凹坑。

图片展示

雄虫 - 侧面

雄虫 - 腹面

10 mm

徐氏矮锹甲
Figulus hsui Huang & Chen, 2016

别名：高山豆锹甲

分布	台湾
体长	8 ~ 9.8 mm
词源	种名源于标本采集者徐焕之

物种描述

成虫

背面观： 上颚与头部等长，左内侧具 2 枚分立的齿突；右内侧具 1 枚清晰的齿突。前胸背板呈方形，前后宽度一致；复眼背面观较小；前胸背板前端具 1 枚明显的角状凸起；中央具 1 条较粗的纵向刻点状结构，且表面密布刻点状凹坑。

侧面观： 复眼缘呈方形；完全包裹住复眼。前胸足胫节顶端内侧具 1 枚尖锐刺突，表面具数枚分立尖锐的刺突；中胸足胫节表面具 2 ~ 3 枚刺突，后胸足胫节表面具 1 ~ 2 枚刺突。

腹面观： 中胸两侧表面具明显刻点状凹坑。

图片展示

雄虫 - 侧面

雄虫 - 腹面

10 mm

方额矮锹甲

Figulus napu Kriesche, 1922

分布	云南
体长	9 ~ 16.3 mm
词源	拉丁学名原文未明确指出；中文名源于雄虫前胸背板形状为方形

物种描述

成虫

背面观： 上颚与头部等长，左内侧具 2 枚分立的齿突；右内侧具 1 枚清晰的齿突。前胸背板中部明显隆起；复眼背面观较小；前胸背板前端具 1 枚明显的角状凸起；中央具 1 条较深的纵向刻点状凹坑。

侧面观： 复眼缘呈方形，中间略凹陷；完全包裹住复眼。前胸足胫节顶端内侧具 1 枚尖锐刺突，表面具数枚分立尖锐的刺突；中胸足胫节表面具 3 ~ 4 枚刺突，后胸足胫节表面具 2 枚刺突。

腹面观： 中胸两侧表面具明显刻点状凹坑。

图片展示

雄虫 - 侧面

雄虫 - 腹面

10 mm

太平洋矮锹甲

Figulus fissicollis Fairmaire, 1849

别名：兰屿矮锹甲

分布	台湾
体长	6 ~ 7.3 mm
词源	拉丁学名源于拉丁文 "*fissi-*"，意为 "分裂的"，形容成虫前胸背板中央具明显的凹陷；中文名源于其主要分布于太平洋的岛屿上

物种描述

成虫

背面观：上颚短于头部，上颚内侧各具 1 枚基齿。前胸背板呈方形，中后端略宽；复眼背面观较小；前胸背板前端无明显的角状凸起；中央具 1 条较纤细的双排纵向刻点状凹陷。

侧面观：复眼缘较薄，呈半圆形；完全包裹住复眼。前胸足胫节表面具数枚分立尖锐的刺突；中胸足胫节表面具 2 ~ 4 枚刺突，后胸足胫节表面具 1 ~ 2 枚刺突。

腹面观：中胸两侧表面具明显刻点状凹坑。

图片展示

雄虫 - 侧面

雄虫 - 腹面

10 mm

双色矮锹甲

Figulus bicolor Bomans, 1986

手绘图

分布	云南
体长	9.8 mm
词源	种名源于成虫前胸背板后端呈褐色，而身体其余部位呈黑色

物种描述

成虫

背面观： 上颚短于头部，上颚内侧各具 1 枚基齿。前胸背板呈方形，中后端略宽；复眼背面观较小；前胸背板前端具明显的角状凸起；中央具 1 条较纤细的双排纵向刻点状凹陷；前胸背板后端呈明显的褐色。

角葫芦锹甲属
Nigidius MacLeay, 1819

中华角葫芦锹甲
Nigidius sinicus Schenk, 2011

本属简介

本属拉丁学名 "*Nig-*" 意为 "黑色的"；我国学者曾译为 "磷锹甲属"。因本属成虫外部形态较为近似 "葫芦锹"，但其成虫的上颚基部多具 1 枚夸张弯角状背齿，故也被称为 "角葫芦锹甲"。本书选用被广泛采纳的 "角葫芦锹甲" 作为本属的中文名。

本属主要分布于我国华东、华南地区；成虫多半被发现于有白蚁栖身的倒木之中，但它们与白蚁具体的生活方式目前暂不得而知。本属飞行能力较差，一般被观察于地上或者在朽木上缓慢爬行。本属成虫具有一定的肉食性，会以小昆虫的蛹或者幼虫为食。

本属成虫雌雄外观上区分困难，故本书将本属物种雌雄形态特征合并介绍。

本书记录角葫芦锹甲属 11 种。

角葫芦锹甲属的外部形态特点

❸ 成虫眼缘片形态多样，通常中间明显凹陷。

❶ 成虫上颚长度较短，通常短于头部或与头部等长，上颚内侧尤明显基齿；上颚基部具 1 枚夸张外扩的背齿。

❷ 成虫前胸背板前端凸起形态多样，通常为三角形或半圆形。

绿岛角葫芦锹甲

Nigidius wushuae Lin, 2022

分布	台湾
体长	12.0 ~ 19 mm
词源	拉丁学名源于论文发表者的祖母；中文名源于其模式产地台湾绿岛

物种描述

成虫

背面观： 上颚与头部等长，左内侧具 2 枚分立的齿突；右内侧具 1 枚清晰的齿突。前胸背板前端凸起呈半圆形；表面具明显刻点状凹坑；复眼背面观较小，体泽黑色；前胸背板中央表面具 2 排纵向的刻点排列。

侧面观： 复眼缘后端显著长于前端，中间明显凹陷；完全包裹住复眼。前胸足胫节表面具数枚分立尖锐的刺突；中、后胸足胫节表面具 2 枚刺突。

腹面观： 后胸两侧表面具明显刻点状凹坑。

图片展示

雄虫 - 侧面

雄虫 - 腹面

尺寸展示

雄虫 - 大型

雄虫 - 中型

中华角葫芦锹甲
Nigidius sinicus Schenk, 2011

分布	福建、广东、香港、广西、海南
体长	13.0 ~ 22 mm
词源	种名源于"中华"的拉丁文

物种描述

成虫

背面观： 上颚略短于头部，左内侧具 2 枚分立的齿突；右内侧具 1 枚清晰的齿突。前胸背板前端凸起略呈方形；两侧具明显刻点状凹坑；复眼背面观较小，体泽黑色；前胸背板中央表面具清晰刻点凹坑。

侧面观： 复眼缘后端与前端等长，中间明显凹陷；完全包裹住复眼。前胸足胫节表面具数枚分立尖锐的刺突；中、后胸足胫节表面具 2 枚刺突。

腹面观： 后胸两侧表面具明显刻点状凹坑。

图片展示

雄虫 - 侧面

雄虫 - 腹面

雌虫 - 侧面

雌虫 - 背面

雌虫 - 腹面

尺寸展示

雄虫 - 大型

雄虫 - 小型

雌虫

10 mm

10 mm

两广角葫芦锹甲

Nigidius lemeei Bomans, 1993

分布	河南、安徽、浙江、福建、湖北、湖南、广东、广西、海南
体长	15.0 ~ 22.4 mm
词源	拉丁学名原文未指出；中文名源于其主要分布于广东和广西

物种描述

成虫

背面观：上颚短于头部，左内侧具 2 枚分立的齿突；右内侧具 1 枚清晰的齿突。前胸背板前端凸起，呈方形；表面具明显刻点状凹坑；复眼背面观较小，体泽黑色；前胸背板中央表面具清晰刻点凹坑或较深的纵向凹陷。

侧面观：复眼缘呈半圆形，完全包裹住复眼。前胸足胫节表面具数枚分立尖锐的刺突；中、后胸足胫节表面具 2 枚刺突。

腹面观：后胸两侧表面具明显刻点状凹坑。

图片展示

雄虫 - 侧面

雄虫 - 腹面

10 mm

台湾角葫芦锹甲
Nigidius formosanus Bates, 1866

别名：角葫芦锹甲

分布	台湾
体长	16 ~ 24.3 mm
词源	种名源于其模式产地台湾

物种描述

成虫

背面观： 上颚短于头部，左内侧具 2 枚分立的齿突；右内侧具 1 枚清晰的齿突。前胸背板前端凸起，呈方形；表面较光滑；复眼背面观较小，体泽黑色；前胸背板顶端略具 1 条横向隆起。

侧面观： 复眼缘呈半圆形，完全包裹住复眼。前胸足胫节表面具数枚分立尖锐的刺突；中、后胸足胫节表面具 3 枚刺突。

腹面观： 后胸两侧表面具明显刻点状凹坑。

图片展示

雄虫 - 侧面

雄虫 - 腹面

10 mm

缅甸角葫芦锹甲

Nigidius elongatus Boileau, 1902

分布	云南
体长	18.2 ~ 23.1 mm
词源	拉丁学名意为成虫身型较为细长；中文名源于其模式产地缅甸

物种描述

成虫

背面观：身型细长，上颚短于头部，左内侧具 2 枚分立的齿突；右内侧具 1 枚清晰的齿突。前胸背板前端凸起呈方形，表面较光滑；复眼背面观较小，体泽黑色；前胸背板顶端略具 1 条横向隆起；头部顶端两侧各具 1 处明显凹坑。

侧面观：复眼缘呈半圆形，完全包裹住复眼。前胸足胫节表面具数枚分立尖锐的刺突；中、后胸足胫节表面具 2 枚刺突。

腹面观：后胸两侧表面具明显刻点状凹坑。

图片展示

| 雄虫 - 侧面 | 雄虫 - 腹面 | 雌虫 - 侧面 | 雌虫 - 背面 | 雌虫 - 腹面 |

尺寸展示

10 mm

雄虫   雌虫

10 mm

西格玛角葫芦锹甲
Nigidius distinctus Parry, 1873

分布	云南
体长	13.3 ~ 20.1 mm
词源	拉丁学名源于拉丁文"*distinct*",意为本种头部侧缘呈凹缺状而非圆形,与当时发现的其他已知种都显著不同;中文名源于本种头部侧缘的形状酷似希腊字母 Σ(sigma)

物种描述

成虫

背面观: 上颚短于头部,左内侧具 2 枚分立的齿突;右内侧具 1 枚清晰的齿突。前胸背板前端向前凸起;表面具清晰刻点状凹坑;复眼背面观较小,体泽黑色;前胸背板顶端略具 1 条横向隆起,并在中间弯折;头部顶端两侧各具 1 处明显凹坑。

侧面观: 复眼缘中间凹陷,但未接触眼部;完全包裹住复眼。前胸足胫节表面具数枚分立尖锐的刺突;中、后胸足胫节表面具 2 枚刺突。

腹面观: 后胸两侧表面具明显刻点状凹坑。

图片展示

雄虫 - 侧面　　　雄虫 - 腹面　　　雌虫 - 侧面　　　雌虫 - 背面　　　雌虫 - 腹面

尺寸展示

10 mm

雄虫　　　　　　　　　　　　雌虫

10 mm

姬角葫芦锹甲

Nigidius acutangulus Heller, 1917

分布	台湾、海南
体长	10.8 ~ 13.2 mm
词源	拉丁学名源于成虫前胸背板前端较为尖锐；中文名源于其成虫体型较小

物种描述

成虫

背面观： 上颚短于头部，左内侧具 2 枚分立的齿突；右内侧具 1 枚清晰的齿突。前胸背板前端呈尖锐三角形；表面较光滑；复眼背面观较小，体泽黑色；前胸背板顶端略具 1 条横向隆起，并在中间弯折；头部顶端两侧各具 1 处明显凹坑。

侧面观： 复眼缘后端明显增厚，前端较薄；完全包裹住复眼。前胸足胫节表面具数枚分立尖锐的刺突；中胸足胫节表面具 2 ~ 3 枚刺突；后胸足胫节表面具 2 枚刺突。

腹面观： 后胸两侧表面具明显刻点状凹坑。

图片展示

雄虫 - 侧面

雄虫 - 腹面

10 mm

兰屿角葫芦锹甲
Nigidius baeri Boileau, 1905

分布	台湾
体长	19.2 ~ 23.4 mm
词源	拉丁学名源于标本采集者 M. Baer；中文名源于其模式产地台湾兰屿

物种描述

成虫

背面观： 上颚短于头部，左内侧具 2 枚分立的齿突；右内侧具 1 枚清晰的齿突。前胸背板前端呈点状凸起；表面光滑；复眼背面观较小，体泽黑色；前胸背板顶端略具 1 条横向隆起，并在中间弯折；头部顶端两侧各具 1 处明显凹坑。

侧面观： 复眼缘在中间凹陷，后端较圆润；完全包裹住复眼。前胸足胫节顶端表面具数枚分立尖锐的刺突；中、后胸足胫节表面具 2 ~ 3 枚刺突。

腹面观： 后胸两侧表面具明显刻点状凹坑。

图片展示

| 雄虫 - 侧面 | 雄虫 - 腹面 | 雌虫 - 侧面 | 雌虫 - 背面 | 雌虫 - 腹面 |

尺寸展示

10 mm

雄虫　　　　　　　　　　　雌虫

10 mm

刘氏角葫芦锹甲
Nigidius liui Huang & Chen, 2017

分布	云南
体长	19 ~ 24.3 mm
词源	种名源于标本采集者刘鹏宇

物种描述

成虫

背面观：上颚约与头部等长，左内侧具 1 枚三角形的齿突；右内侧具 1 枚点状的齿突。前胸背板前端呈点状凸起；表面具两条纵向隆起；复眼背面观较小，体泽黑色；前胸背板顶端略具 1 条横向隆起，并在中间弯折；中央具 1 处短粗的纵向凹坑。

侧面观：复眼缘后端明显增厚；完全包裹住复眼。前胸足胫节表面具数枚分立尖锐的刺突；中、后胸足胫节表面具 2 ~ 3 枚刺突。

腹面观：后胸两侧表面具明显刻点状凹坑。

图片展示

雄虫 - 侧面

雄虫 - 腹面

尺寸展示

10 mm

雄虫 - 大型

雄虫 - 中型

雄虫 - 小型

10 mm

切额角葫芦锹甲

Nigidius impressicollis Boileau, 1905

分布	西藏
体长	15 ~ 18 mm
词源	种名源于本种前胸背板侧缘具明显的凹陷结构

物种描述

成虫

背面观： 上颚约与头部等长，左内侧具 2 枚分立的齿突；右内侧具 1 枚清晰的齿突。前胸背板前端呈短小方形；表面具两条纵向隆起；复眼背面观较小；前胸背板顶端略具 1 条发达横向隆起，并在中间强烈弯折；中央具 1 处短粗的纵向刻点状凹坑。

侧面观： 复眼缘呈方形；完全包裹住复眼。前胸足胫节表面具数枚分立尖锐的刺突；中、后胸足胫节表面具 1 枚刺突。

腹面观： 后胸两侧表面具明显刻点状凹坑。

图片展示

雄虫 - 侧面

雄虫 - 腹面

10 mm

罗氏角葫芦锹甲
Nigidius lohi Ochi, Kawahara & Toguchi, 2019

分布	台湾
体长	15 ~ 22.3 mm
词源	种名源于标本采集人罗锦吉

物种描述

成虫

背面观： 上颚约与头部等长，左内侧具 2 枚分立的齿突；右内侧具 1 枚清晰的齿突。前胸背板前端呈半圆形；复眼背面观较小，体泽黑色；前胸背板顶端具 1 条发达横向隆起，在中间略微内凹；中央具 1 处纤细的纵向刻点状凹坑。

侧面观： 复眼缘后端明显宽于前端，呈三角形；完全包裹住复眼。前胸足胫节表面具数枚分立尖锐的刺突；中胸足胫节表面具 2 ~ 3 枚刺突，后胸足胫节表面具 2 枚刺突。

腹面观： 后胸两侧表面具明显刻点状凹坑。

图片展示

雄虫 - 侧面

雄虫 - 腹面

葫芦锹甲
Nigidionus parryi (Bates, 1866)

葫芦锹甲属

Nigidionus Kriesche, 1926

本属简介

本属拉丁学名"*Nig-*"意为"黑色的"，"*idion-*"意为"清楚的"。我国学者也曾译为"颚锹甲属"，主要形容本属上颚形状较为单一，且明显向上翘起。本属也因身型酷似"葫芦"被锹甲爱好者冠以"葫芦锹"之名。本书选用较被广泛接纳的"葫芦锹甲"一词作为本属的中文名。

本属广泛分布于我国华东、华南地区。成虫多被观察于朽木中，为杂食性。本属的飞行能力较低，迁徙能力较弱。

本属成虫暂无法根据外部形态分辨雌雄，故本书将雌雄合并介绍。

本书记录葫芦锹甲属 1 种。

葫芦锹甲属的外部形态特点

❶ 成虫眼缘片呈半圆状，完全覆盖眼部。

❷ 成虫胸足跗节较短，前跗节不发达。

❸ 成虫鞘翅表面具密集的沟纹状隆起。

❹ 成虫上颚形状单一，侧面观向上翘起。

10 mm

葫芦锹甲
Nigidionus parryi (Bates, 1866)

Nigidionus parryi parryi (Bates, 1866) 原名亚种

分布	安徽、浙江、福建、台湾、江西、广东、广西、湖南、贵州等
体长	25 ～ 34.3 mm（雄），25 ～ 34.3 mm（雌）
词源	拉丁学名来源于英国昆虫学家 Frederic Parry；中文名源于成虫身型酷似葫芦

物种描述

成虫

背面观：上颚笔直，端部较钝。上颚无基齿，内侧具 3 ～ 4 枚不发达的小齿。前胸背板呈方形；前端两侧各具 1 枚方形凸起；复眼背面观较小，前胸背板的中央表面具较深的横向凹坑。

侧面观：复眼缘半圆形，完全包裹住复眼。前胸足胫节顶端表面具 5 ～ 6 枚分立尖锐的刺突；中胸足胫节表面具 3 ～ 4 枚刺突，后胸足胫节表面通常具 2 ～ 3 枚刺突。

腹面观：腹部光滑。

图片展示

侧面

腹面

Nigidionus parryi gigas (Möllenkamp, 1903) **云南亚种**

分布	云南
体长	25 ~ 34.3 mm（雄），25 ~ 34.3 mm（雌）
词源	拉丁学名意为"巨大的"，意为相比于原名亚种，成虫体型明显更大；中文名源于其主要分布于云南

物种描述

成虫

背面观： 上颚笔直，端部较钝。上颚无基齿，内侧具 3 ~ 4 枚不发达的小齿。前胸背板呈方形；前端两侧各具 1 枚方形凸起；复眼背面观较小，体泽黑色；前胸背板的中央表面的横向凹坑较浅，或仅呈刻点状排列。

侧面观： 复眼缘半圆形，完全包裹住复眼。前胸足胫节表面具 5 ~ 6 枚分立尖锐的刺突；中胸足胫节表面具 3 ~ 4 枚刺突，后胸足胫节表面通常具 2 ~ 3 枚刺突。

腹面观： 腹部光滑。

图片展示

侧面

腹面

锈矮锹甲属
Cardanus Westwood, 1834

锈矮锹甲
Cardanus variolosus Arrow, 1935

本属简介

　　本属外部形态近似矮锹甲属，且身体呈铁锈色，故被称为"锈矮锹甲"。本属成虫多被发现于直径较粗的倒木之中，习性与矮锹甲属物种类似。本属成虫无法通过外部形态特征区分雌雄，故本书将雌雄合并介绍。

本书记录锈矮锹甲属1种。

10 mm

锈矮锹甲

Cardanus variolosus Arrow, 1935

分布	西藏、云南
体长	12.8 ~ 14.8 mm
词源	拉丁学名源于拉丁文"*variolus*"，意为"小的，点状的"，形容成虫体表密布明显的小刻点状凹坑；中文名源于成虫体表具明显的铁锈色刻点状凹坑

物种描述

成虫

背面观： 上颚与头部等长，两端内侧各具 1 枚基齿，且上颚基部具明显黄色鳞毛。前胸背板呈橄榄形，后端显著膨大；复眼背面观较小；前胸背板、鞘翅表面具密集刻点状凹坑；前胸背板中央具 1 处明显的纵向凹坑。

侧面观： 复眼缘较薄，呈方形；覆盖住眼部约 2/3。前胸足胫节表面具数枚分立尖锐的刺突；中胸足胫节表面具 4 ~ 5 枚刺突，后胸足胫节表面具 3 ~ 4 枚刺突。

腹面观： 腹部表面具明显刻点状凹坑。

图片展示

雄虫 - 侧面

雄虫 - 腹面

雌虫 - 背面

雌虫 - 腹面

尺寸展示

10 mm

雄虫

雌虫

锹甲亚科 隐爪锹甲族

中华蚁锹甲属
Sinolucanus Wang & He, 2024

邱氏中华蚁锹甲
Sinolucanus qiuae (Huang & Chen, 2022)

本属简介

　　本属成虫形态极为奇特，其成虫头部前端极为宽大，且胸足明显退化。本属在野外主要生活在蚁巢中，是锹甲中为数不多具蚁栖习性的物种。本属无法通过外观区分雌雄，加之采集难度极高，因此本书采用手绘图的形式展现。

本书记录中华蚁锹甲属 1 种。

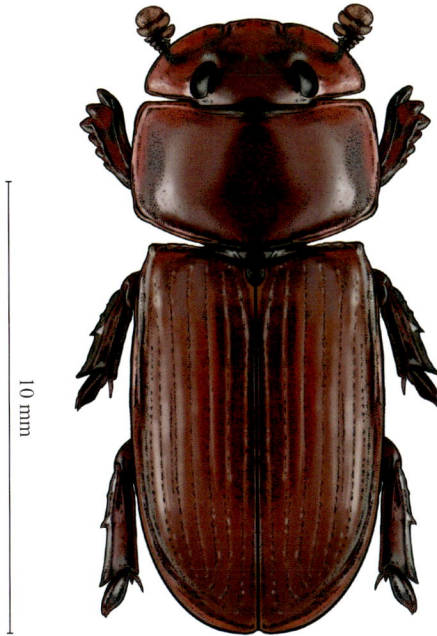

10 mm

邱氏中华蚁锹甲

Sinolucanus qiuae (Huang & Chen, 2022)

手绘图

分布	云南
体长	13.6 mm
词源	种名源于标本采集者邱见玥

物种描述

成虫

背面观： 上颚被头部的眦片所遮盖；头部眦片极为发达，呈半圆形，完整覆盖复眼。前胸背板呈方形，后端明显收缩；复眼背面观较小；前胸背板两侧各具 1 处明显的黑色斑块；体泽褐色，鞘翅表面具明显的纵向沟纹。

锹甲亚科 狍锹甲族

狍锹甲属
Capreolucanus Didier, 1928

狍锹甲
Capreolucanus sicardi Didier, 1928

本属简介

本属因拉丁学名"*Capreo-*"意为"狍",而被称为"狍锹甲"。"*Capreo*"一词主要形容本属成员奇特的上颚形状,酷似狍角,因此本书采用"狍锹甲"作为本属中文名。

狍锹甲外观较为近似于鬼锹甲属,但雌虫的上颚非常细长且尖锐。本属主要分布于我国西南海拔较高的地区以及中南半岛。目前其成虫的具体习性未知。

本书记录狍锹属 3 种。

10 mm

狍锹甲

Capreolucanus sicardi Didier, 1928

别名：鹿角鬼锹甲

分布	云南、西藏
体长	14 ~ 21 mm（雄），14 ~ 19.8 mm（雌）
词源	拉丁学名源于法国昆虫学家 Simeon Albert Sicard；中文名源于属名"狍"

物种描述

雄虫

背面观： 上颚形状笔直。上颚中部具 1 枚发达基齿，端部具 1 枚尖锐端齿。前胸背板前端较宽，整体呈方形；复眼凸起，体泽黑色且表面密布清晰的刻点状凹坑。

侧面观： 复眼缘不发达。前胸足胫节表面具数枚刺突；中、后胸足胫节表面光滑。

腹面观： 腹部光滑。

雌虫

背面观： 上颚笔直尖锐，长度超过头长。前胸背板呈梯形，体表可见明显刻点状结构；复眼缘不发达，复眼背面观较小但明显凸起。鞘翅表面具清晰刻点状凹坑；前胸足胫节前端具 1 枚尖锐的刺突；中、后胸足胫节表面光滑。

腹面观： 腹部光滑。

图片展示

雄虫 - 侧面

雄虫 - 腹面

雌虫 - 背面

雌虫 - 腹面

尺寸展示

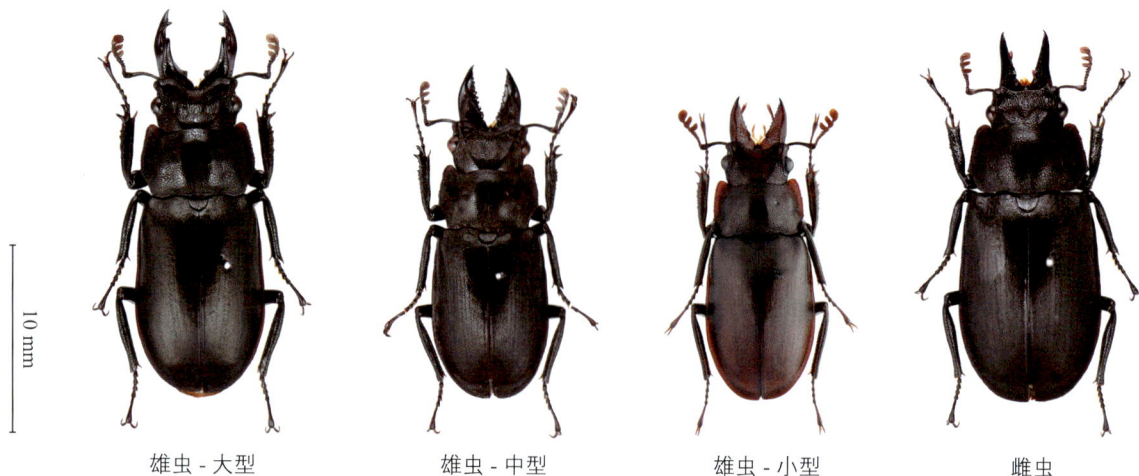

| 雄虫 - 大型 | 雄虫 - 中型 | 雄虫 - 小型 | 雌虫 |

10 mm

颜氏狍锹甲
Capreolucanus yanxui Qi & Zhou, 2024

10 mm

分布	云南
体长	14.2 ~ 19 mm（雄），17.6 ~ 20 mm（雌）
词源	种名源于标本采集者颜旭

物种描述

雄虫

背面观： 上颚形状笔直。上颚内侧具连续的小齿。前胸背板前端较宽，整体呈方形；复眼凸起，复眼缘片向前突出，体泽黑色且表面密布清晰的刻点状凹坑。

侧面观： 复眼缘不发达。前胸足胫节表面具数枚刺突；中、后胸足胫节表面光滑。

腹面观： 腹部光滑。

雌虫

背面观： 上颚笔直尖锐，长度超过头长。前胸背板呈方形，体表可见明显刻点状结构；复眼缘不发达，复眼背面观较小但明显凸起。鞘翅表面具清晰刻点状凹坑；前胸足胫节前端具 1 枚尖锐的刺突；中、后胸足胫节表面光滑。

腹面观： 腹部光滑。

图片展示

雄虫 - 侧面   雄虫 - 腹面   雌虫 - 背面   雌虫 - 腹面

尺寸展示

10 mm

雄虫 - 大型   雄虫 - 中型   雄虫 - 小型   雌虫

10 mm

朱氏狍锹甲

Capreolucanus zhuchuangi Wang, 2020

分布	云南
体长	14 ~ 15 mm（雄），16.8 ~ 19.5 mm（雌）
词源	种名源于昆虫爱好者朱创

物种描述

雄虫

背面观： 上颚形状笔直。上颚内侧无明显基齿，内侧具密集连续的小齿。前胸背板前端较宽，整体呈方形，中间具 2 处对称的橘色火焰状斑块；复眼凸起，体泽黑色且表面密布清晰的刻点状凹坑。

侧面观： 复眼缘不发达，基齿向上翘起。前胸足胫节表面具数枚不发达刺突；中、后胸足胫节表面光滑。

腹面观： 腹部光滑，腿节末端具明显的褐色斑块。

雌虫

背面观： 上颚笔直尖锐，长度超过头长。前胸背板前端呈方形，体表可见明显的褐色大面积斑块；复眼缘不发达，复眼背面观较小但明显凸起。鞘翅表面具清晰刻点状凹坑；前胸足胫节前端具 3 枚尖锐的刺突；中、后胸足胫节表面光滑。

腹面观： 腹部光滑，腿节末端具明显的褐色斑块。

图片展示

雄虫 - 侧面

雄虫 - 腹面

雌虫 - 背面

雌虫 - 腹面

尺寸展示

10 mm

雄虫

雌虫

拟锹甲属
Sinodendron Hellwig, 1792

云南拟锹甲
Sinodendron yunnanense Král, 1994

拟锹甲属 **本属简介**
Sinodendron Hellwig, 1792

　　本属拉丁学名"*Sino-*"意为"中国"，"*-derndron*"一词意为"树"，形容本属成虫的鞘翅上有清晰的瘤状凸起物，似中国特有的树状结晶石。本属与"传统"的锹甲模样相差甚远，中文名则源于成虫奇特的形态特征，故称"拟锹甲"。

　　本属成员主要分布于我国内蒙古、华中和华南地区。成虫主要生活于较粗大的倒木之中。本属飞行能力较弱，很少能在野外观察到其成虫飞行的记录。但本属成虫似乎对光线具一定的敏感性，偶有在人造光源下观察到的记录。

本书记录拟锹甲属 2 种。

拟锹甲属的外部形态特点

1 雌虫上颚短小锐利，头部中间具 1 枚不发达的角突。

1 雄虫前胸背板前端明显宽大，前胸背板中间具 1 条横向隆起，后端高度高于前端。

2 雄虫无发达的上颚结构，头部顶端具 1 枚明显角突，表面具明显黄色鳞毛。

★ 雌雄鞘翅表面均具明显瘤突。

★ 雌、雄虫无眼缘片，复眼背面观较小。

10 mm

欧洲拟锹甲

Sinodendron cylindricum (Linnaeus, 1758)

分布	内蒙古、新疆
体长	11.3 ~ 15 mm（雄），10.1 ~ 15 mm（雌）
词源	拉丁学名源于成虫身体呈筒状；中文名源于其主要分布于欧洲

物种描述

雄虫

背面观： 头部顶端具 1 枚明显角突，表面覆较长黄色鳞毛。前胸背板呈半圆形，前后宽度一致；复眼背面观较小，前胸背板前端约 1/3 处具 1 条横向切线，前端高度明显低于后端。鞘翅、前胸背板表面具明显的刻点和瘤状凸起。

侧面观： 无眼缘片，头部后端略被前胸背板前端遮盖。前胸足胫节表面具密集发达的刺突；中、后胸足胫节自中端至末端表面具发达尖锐的刺突。

腹面观： 腹面密布短小黄色鳞毛；腹部圆润，身型呈椭圆形。

雌虫

背面观： 上颚短小。前胸背板呈梯形；无眼缘片。鞘翅、前胸背板表面具明显的刻点、瘤状凸起；前胸足胫节表面具密集发达的刺突；中、后胸足胫节自中端至末端表面具发达尖锐的刺突。

腹面观： 腹面密布短小黄色鳞毛；腹部圆润，身型呈椭圆形。

图片展示

雄虫 - 侧面　　　　雄虫 - 腹面　　　　雌虫 - 背面　　　　雌虫 - 腹面

尺寸展示

10 mm

雄虫

雌虫

云南拟锹甲
Sinodendron yunnanense Král, 1994

10 mm

分布	云南、四川、甘肃、陕西、河南
体长	11.3 ~ 19.2 mm（雄），10.1 ~ 16.5 mm（雌）
词源	种名源于其模式产地云南

物种描述

雄虫

背面观：头部顶端具 1 枚较大角突，表面覆较长黄色鳞毛。前胸背板呈倒梯形，前端明显宽于后端；复眼背面观较小，前胸背板前端约 1/3 处具 1 条横向切线，前端表面具黄色鳞毛，高度明显低于后端。鞘翅、前胸背板表面具明显的刻点和瘤状凸起。

侧面观：无眼缘片，头部后端略被前胸背板前端遮盖。前胸足胫节表面具密集发达的刺突；中、后胸足胫节自中端至末端表面具明显刺突。

腹面观：腹面较光滑；腹部圆润，身型呈椭圆形。

雌虫

背面观：上颚短小。前胸背板呈方形，前端略宽于后端；无眼缘片。鞘翅、前胸背板表面具明显的刻点、瘤状凸起；前胸足胫节表面具密集发达的刺突；中、后胸足胫节自中端至末端表面具发达尖锐的刺突。

腹面观：腹面较光滑；腹部圆润，身型呈椭圆形。

图片展示

雄虫 - 侧面　　　　雄虫 - 腹面　　　　雌虫 - 背面　　　　雌虫 - 腹面

尺寸展示

10 mm

雄虫 - 大型　　　　雄虫 - 中型　　　　雄虫 - 小型　　　　雌虫

黑铠锹甲
Ceruchus niger Boucher & Král, 1997

铠锹甲属
Ceruchus MacLeay, 1819

本属简介

本属拉丁学名"*Cer-*"意为"角"，形容本属雄性成虫的上颚较为发达尖锐，故曾被译为"角锹甲属"。本属也因成虫体泽光亮，被称为"黑艳锹形虫"，然而因部分种类成虫体泽不为黑色，故此名并不恰当。本书选用被广泛接纳的"铠锹甲"作为本属的中文名。

铠锹甲主要分布于我国华中和华南地区。成虫主要生活于较粗大的红色朽木之中。本属成虫似乎对光线具一定的敏感性，偶尔会有人造光源下观察到的记录。

本书记录铠锹甲属 6 种。

铠锹甲属的外部形态特点

❶ 雄虫具发达的上颚，内侧具明显黄色鳞毛。

❷ 雄虫无眼缘片，复眼背面观较小，头部两侧具波纹状隆起。

❸ 雄虫前胸背板与头部等宽，形状呈方形，表面较光滑。

❶ 雌虫上颚锐利，基部较宽。

❷ 雌虫无眼缘片，复眼背面观较小；前胸背板中间具 1 条明显的横向隆起。

⭐ 雌雄鞘翅表面均具明显纵向沟纹。

川南铠锹甲

Ceruchus tabanai Okuda, 2008

分布	四川
体长	10.7 ~ 18.5 mm（雄），雌虫未检视
词源	拉丁学名源于日本琉璃锹甲研究者田花雅一，中文名源于其分布于四川南部

物种描述

雄虫

背面观：上颚纤细，于端部弯曲。基齿位于上颚中部，下方具 1 枚明显的小齿。前胸背板呈方形；复眼背面观较小，两侧具波纹状隆起。体泽褐色。

侧面观：无眼缘片。前胸足胫节表面具数枚尖锐刺突；中、后胸足胫节表面具 3 ~ 5 枚刺突。上颚前端明显向下弯折。

腹面观：腹部光滑，中胸足腿节表面具明显黄色鳞毛。

图片展示

雄虫 - 侧面

雄虫 - 腹面

10 mm

丽江绒腿铠锹甲

Ceruchus reginae Boucher & Král, 1997

分布	云南
体长	14.8 ~ 18.5 mm（雄），14.0 ~ 15.0 mm（雌）
词源	拉丁学名原文未指出；中文名源于其模式产地云南丽江

物种描述

雄虫

背面观： 上颚粗壮，端部尖锐；基齿位于上颚中部偏下，基部具 1 枚清晰的小齿。前胸背板呈方形，前端略宽于后端；复眼背面观较小，两侧具波纹状隆起。体泽红色。

侧面观： 前胸足胫节表面具数枚尖锐刺突；中、后胸足胫节表面具 3 ~ 5 枚刺突。上颚前端略向下弯折。

腹面观： 腹部光滑，中胸足腿节表面具明显黄色鳞毛。

雌虫

背面观： 上颚弯曲，基部较宽；端部具 1 枚明显的小齿。前胸背板呈梯形；无眼缘片，复眼两侧具明显的波纹状隆起；前胸足胫节表面具数枚发达尖锐的刺突；中、后胸足胫节中端具尖锐的刺突。

腹面观： 腹部光滑，中胸足腿节表面具明显黄色鳞毛。

图片展示

雄虫 - 侧面　　　雄虫 - 腹面　　　雌虫 - 侧面　　　雌虫 - 背面　　　雌虫 - 腹面

尺寸展示

雄虫　　　　　　　　　　　　　　　雌虫

陕甘铠锹甲

Ceruchus minor Tanikado & Okuda, 1994

分布	陕西、甘肃、重庆、河南、四川
体长	9.5 ～ 15.8 mm（雄），9.2 ～ 15 mm（雌）
词源	拉丁学名源于本种体型较小；中文学名源于其主要分布于陕西和甘肃

物种描述

雄虫

背面观： 体型较小。上颚粗壮，端部弯曲；基齿位于上颚中部，基部具1枚清晰的小齿。前胸背板呈方形，略窄于头部；复眼背面观较小，两侧具波纹状隆起。体泽黑色。

侧面观： 胸足胫节呈褐色。前胸足胫节表面具数枚尖锐刺突；中、后胸足胫节表面具3～5枚刺突。上颚前端略向下弯折。

腹面观： 腹部光滑，胸足腿节呈褐色。

雌虫

背面观： 体型矮胖。上颚弯曲，长度较小；端部具1枚明显的小内齿。前胸背板呈方形；无眼缘片，复眼两侧光滑；前胸足胫节形状弯曲，表面具3～4枚发达尖锐的刺突；中、后胸足胫节自中端具3～5枚尖锐的刺突。

腹面观： 腹部光滑，胸足腿节呈黑色。

图片展示

 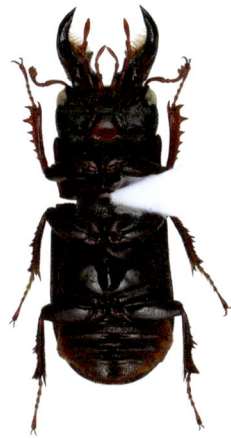   

雄虫 - 侧面　　　　　雄虫 - 腹面　　　　　雌虫 - 侧面　　　　　雌虫 - 背面　　　　　雌虫 - 腹面

尺寸展示

10 mm

雄虫　　　　　　　　　　　雌虫

10 mm

黑铠锹甲

Ceruchus niger Boucher & Král, 1997

分布	云南、西藏、四川
体长	10.5 ~ 19.5 mm（雄），10.3 ~ 16.0 mm（雌）
词源	种名源于成虫黑色的体泽

物种描述

雄虫

背面观： 上颚粗壮，于端部弯曲；基齿位于上颚中部偏下，下端具 1 枚清晰的小齿。前胸背板呈方形，前端明显向外扩展；复眼背面观较小，两侧具波纹状隆起。体泽黑色。

侧面观： 胸足胫节呈黑色。前胸足胫节表面具 5 ~ 6 枚尖锐发达的刺突；中、后胸足胫节表面具 4 ~ 5 枚刺突。上颚前端强烈向下弯折。

腹面观： 腹部光滑，整个腹面呈黑色。

雌虫

背面观： 上颚弯曲；前端具 2 枚明显的小内齿。前胸背板呈梯形，后端明显宽于前端，且表面中部具 1 条明显隆起，后端略呈三角形。无眼缘片，复眼两侧光滑；前胸足胫节形状弯曲，表面具 5 ~ 7 枚发达尖锐的刺突；中、后胸足胫节自中端具数枚尖锐的刺突。

腹面观： 腹部光滑，整个腹面呈黑色。

图片展示

雄虫 - 侧面　　　雄虫 - 腹面　　　雌虫 - 侧面　　　雌虫 - 背面　　　雌虫 - 腹面

尺寸展示

雄虫

雌虫

杨氏铠锹甲
Ceruchus yangi Huang, Imura & Chen, 2011

分布	贵州、四川、云南
体长	12.0 ~ 20.8 mm（雄），11.7 ~ 16.4 mm（雌）
词源	种名源于标本采集人杨晓东

物种描述

雄虫

背面观： 上颚纤细，于端部弯曲；基齿位于上颚中部，下端具 1 枚清晰的小齿。前胸背板呈方形，中部明显凸起；复眼背面观较小，两侧具波纹状隆起。体泽黑色。

侧面观： 胸足胫节呈黑色。前胸足胫节表面具 5 ~ 6 枚尖锐发达的刺突；中胸足胫节表面具 4 ~ 5 枚刺突，后胸足表面具 2 ~ 3 枚刺突。上颚前端明显向下弯折。

腹面观： 腹部光滑，整个腹面呈黑色。

雌虫

背面观： 上颚弯曲；前端具 1 枚明显的小齿。前胸背板呈梯形，后端明显宽于前端，表面中部具 1 条明显隆起。无眼缘片，复眼两侧光滑；前胸足胫节形状弯曲，表面具 5 ~ 7 枚发达尖锐的刺突；中、后胸足胫节自中端具 3 ~ 4 枚尖锐的刺突。

腹面观： 腹部光滑，整个腹面呈黑色。

图片展示

雄虫 - 侧面　　　　雄虫 - 腹面　　　　雌虫 - 侧面　　　　雌虫 - 背面　　　　雌虫 - 腹面

尺寸展示

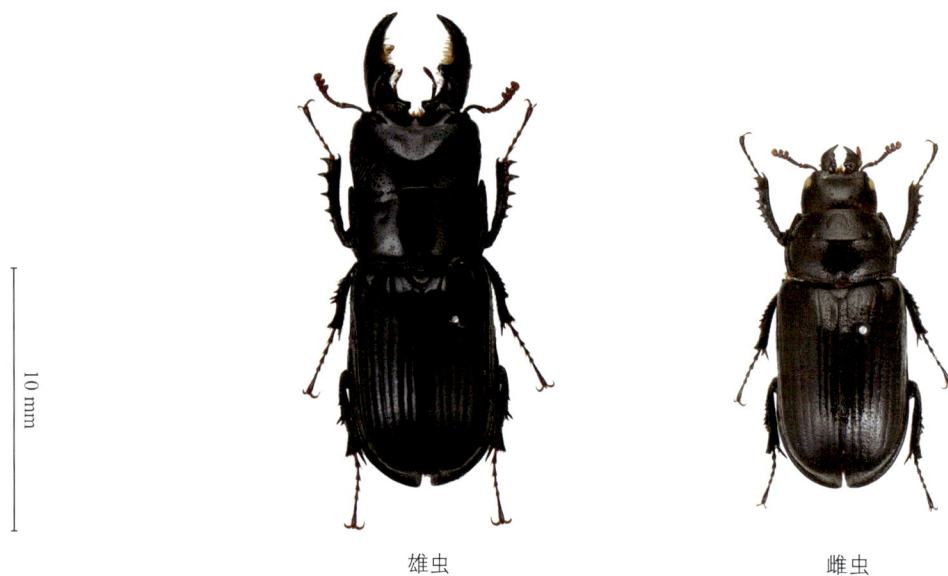

10 mm

雄虫　　　　　　　　　　　雌虫

10 mm

墨脱铠锹甲

Ceruchus motuoensis Huang, Chen, Tao & Xiao, 2020

分布	西藏
体长	12 ~ 15.2 mm（雄），11.2 ~ 13.4 mm（雌）
词源	种名源于其模式产地西藏墨脱

物种描述

雄虫

背面观： 上颚纤细，端部强烈弯曲；基齿位于上颚中部，上端具 1 枚尖锐端齿，基部具 1 枚清晰的小内齿。前胸背板于中后部明显凸起；复眼背面观较小，两侧具波纹状隆起。体泽黑色。

侧面观： 胸足胫节呈黑色。前胸足胫节表面具数枚尖锐发达的刺突；中胸足胫节表面具 4 ~ 5 枚刺突，后胸足表面具 2 ~ 3 枚刺突。上颚前端略向下弯折。

腹面观： 腹部光滑，整个腹面呈黑色。

雌虫

背面观： 上颚弯曲；前端具 1 枚明显的小内齿。前胸背板呈半圆形，前端较尖锐，表面中部具 1 条明显隆起。无眼缘片，复眼两侧光滑；前胸足胫节形状弯曲，表面具 7 ~ 8 枚发达尖锐的刺突；中、后胸足胫节自中端具 3 ~ 5 枚尖锐的刺突。

腹面观： 腹部光滑，整个腹面呈黑色。

图片展示

| 雄虫 - 侧面 | 雄虫 - 腹面 | 雌虫 - 侧面 | 雌虫 - 背面 | 雌虫 - 腹面 |

尺寸展示

10 mm

雄虫

雌虫

短斑锹甲属
Echinoaesalus Zelenka, 1993

钟氏短斑锹甲
Echinoaesalus chungi Huang & Chen, 2015

本属简介

本属拉丁学名"*Echino-*"意为"较短的"；"*-aesalus*"则为"斑纹锹甲"的拉丁学名。本属形态特征较为近似斑纹锹甲属，但成虫体表的鳞毛更密集也更短，故用"短斑锹甲属"作为本属的中文名。

本属目前仅分布于我国台湾的岛屿上。成虫主要生活在直径较粗的朽木之中。本属习性与斑锹甲属成员类似，终生很少离开其栖息的微环境。故在野外进行观察时也应当尽量不去破坏其栖息的朽木环境。

本书记录短斑锹甲属 1 种。

钟氏短斑锹甲

Echinoaesalus chungi Huang & Chen, 2015

1 mm

别名：钟氏热带斑纹锹甲

分布	台湾
体长	3.1 ~ 3.7 mm
词源	种名源于标本采集者钟奕霆

物种描述

成虫

背面观： 头部背面观不明显；上颚不发达，内侧仅具 1 枚基齿。前胸背板前端宽阔呈方形，后端呈"V"状，明显收缩；体表具密集刻点状凹坑和清晰的短棍状鳞毛；体泽棕色或黑色。

侧面观： 眼缘片不发达；仅遮盖复眼前端约 1/3。前、中胸足胫节基部纤细，端部显著膨大；前胸足胫节表面具明显刺突；中、后胸足表面较为光滑。

腹面观： 腹面体表具黄色短粗棍状鳞毛；中、后胸足下端具分立密集的黄色短鳞毛。

图片展示

侧面

腹面

斑纹锹甲属
Aesalus Fabricius, 1801

河南斑纹锹甲
Aesalus qiaoweipengi Huang, Yang & Chen, 2022

本属简介

　　本属成虫体表具清晰的斑点状鳞毛纹路，故中文名为"斑纹锹甲"。本属锹甲体型微小，外部形态特征极为近似金龟科成员，但依据其成虫触角和幼虫形态等分类学特征，仍然属于锹甲科的物种。

　　本属目前已知分布于我国华中和台湾地区。成虫飞行能力较弱，多数被发现在栖息的朽木表面活动，可能终生不会离开栖息的朽木环境。幼虫经常被发现群聚于直径较大的朽木中。

本书记录斑纹锹属 2 种。

1 mm

台湾斑纹锹甲

Aesalus imanishii Inahara & Ratti, 1981

别名：斑纹锹甲

分布	台湾
体长	4.2 ~ 6.3 mm
词源	拉丁学名源于日本昆虫学家今西锦司；中文名源于其模式产地台湾

物种描述

成虫

背面观： 头部背面观不明显；上颚不发达，内侧仅具 1 枚基齿。前胸背板前端圆润，后端宽大略呈方形；体表具明显的簇状黑、褐色斑点状短鳞毛结构；体泽棕色；体形椭圆形。

侧面观： 无眼缘片结构；复眼几乎完全暴露在外。前、中胸足胫节基部纤细，端部显著膨大；胸足胫节表面具明显刺突，胫节较长。

腹面观： 腹面体表具明显密集的刻点状凹坑；中、后胸足下端具分立清晰的黄色短鳞毛。

图片展示

侧面

腹面

1 mm

河南斑纹锹甲
Aesalus qiaoweipengi Huang, Yang & Chen, 2022

分布	河南
体长	4.0 ~ 4.3 mm
词源	拉丁学名源于标本采集者乔伟鹏；中文名源于其模式产地河南

物种描述

成虫

背面观： 头部背面观不明显；上颚不发达，内侧仅具 1 枚基齿。前胸背板前端圆润，后端宽大略呈方形；体表具明显的簇状黑、褐色的簇状短鳞毛结构；体泽棕色；体型椭圆形。

侧面观： 无眼缘片结构；复眼几乎完全暴露在外。前、中胸足胫节基部纤细，端部显著膨大；胸足胫节表面具明显刺突，胫节较长。

腹面观： 腹面体表具明显密集的刻点状凹坑；中、后胸足下端具分立清晰的黄色短鳞毛。

图片展示

侧面

腹面

喜马拉雅斑锹甲属
Himaloaesalus Huang & Chen, 2013

佐藤氏斑锹甲
Himaloaesalus satoi (Araya & Yoshitomi, 2003)

本属简介

　　本属拉丁学名"*Himalo-*"意为"喜马拉雅的"，"*-aesalus*"则为"斑纹锹甲属"的拉丁学名。本属形态特征较为近似斑纹锹甲属，故选用"喜马拉雅斑锹甲"作为本属中文名。

　　本属广泛分布于我国华中、华东、华南地区和喜马拉雅地区。本属习性与斑锹属成员类似，终生很少离开其栖息的微环境。故在野外进行观察时尽量不要破坏其栖息的朽木环境。

　　本书记录喜马拉雅斑锹属 4 种。

1 mm

佐藤氏斑锹甲

Himaloaesalus satoi (Araya & Yoshitomi, 2003)

分布	云南、广西、贵州、重庆、湖北、福建、浙江
体长	4.0 ~ 5.9 mm
词源	种名源于标本采集者 Sato

物种描述

成虫

背面观： 头部背面观不明显；上颚不发达，内侧仅具 1 枚基齿。前胸背板前端较窄，后端宽大略呈半圆形或方形；体表鳞毛长度极短，密集覆盖整个鞘翅与前胸背板表面；体泽棕色；体型椭圆形。

侧面观： 眼缘片不发达，遮盖复眼前端约 1/3。前、中胸足胫节基部纤细，端部显著膨大；前、中胸足胫节表面具 3 ~ 5 枚刺突，后胸足胫节表面具 1 枚刺突；胸足胫节较短。

腹面观： 腹面体表具明显密集的刻点状凹坑；后胸足基节窝处具 1 根较长黄色鳞毛。

图片展示

侧面

腹面

1 mm

藏南斑锹甲
Himaloaesalus himalayicus (Kurosawa, 1985)

分布	西藏
体长	5.1 ~ 7.5 mm
词源	种名源于其主要分布于我国西藏南部地区

物种描述

成虫

背面观： 头部背面观不明显；上颚不发达，内侧仅具 1 枚基齿。前胸背板前端较窄，后端宽大略呈半圆形或方形；鞘翅表面具纵向斑点状鳞毛；前胸背板表面具较短棍状鳞毛；体泽棕色；体呈椭圆形。

侧面观： 眼缘片不发达；遮盖复眼前端约 1/3；复眼较小。前、中胸足胫节基部纤细，端部显著膨大；前、中胸足胫节表面具 3 ~ 5 枚刺突，后胸足胫节表面具 3 ~ 5 枚刺突，但明显不如前、中胸足表面的刺突发达；胸足胫节较短。

腹面观： 腹部表面具密集纵向短刻点状凹坑，体表无鳞毛结构。

图片展示

侧面

腹面

1 mm

高黎贡斑锹甲
Himaloaesalus gaoligongshanus Huang & Chen, 2016

分布	云南、西藏
体长	5.3 ~ 7.0 mm
词源	种名源于其模式产地云南高黎贡山

物种描述

成虫

背面观： 头部背面观不明显；上颚不发达，内侧仅具 1 枚基齿。前胸背板前端较窄，后端宽大略呈半圆形或方形；鞘翅表面具纵向斑点状鳞毛，且鳞毛在末端较为密集；前胸背板表面具较短棍状鳞毛；体泽棕色；体呈椭圆形。

侧面观： 眼缘片不发达，遮盖复眼前端约 1/3。前、中胸足胫节基部纤细，端部显著膨大；前、中胸足胫节表面具 3 ~ 5 枚刺突，后胸足胫节表面具 2 ~ 3 枚刺突；胸足胫节较短。

腹面观： 腹部表面具密集纵向短刻点状凹坑，体表无鳞毛结构。

图片展示

侧面

腹面

泸水斑锹甲

Himaloaesalus lushuiensis Huang & Chen, 2017

分布	云南
体长	5.0 ~ 6.2 mm
词源	种名源于其模式产地云南泸水

物种描述

成虫

背面观： 头部背面观不明显；上颚不发达，内侧仅具 1 枚基齿。前胸背板前端较窄，后端宽大略呈半圆形或方形；鞘翅表面具纵向密集的斑点状鳞毛；前胸背板表面具较密集的棍状鳞毛；体泽棕色；体呈椭圆形。

侧面观： 眼缘片不发达；遮盖复眼前端约 1/3。前、中胸足胫节基部纤细，端部显著膨大；前、中胸足胫节表面具 3 ~ 5 枚刺突，后胸足胫节表面具 2 ~ 3 枚刺突；胸足胫节较短。

腹面观： 腹部表面具密集纵向短刻点状凹坑，体表无鳞毛结构。

图片展示

侧面

腹面

拉丁学名索引
INDEX OF THE SCIENTIFIC NAME

R

S

中文名索引
INDEX OF THE CHINESE NAME

参考文献
REFERENCE CITED

[1] 陈树椿. 中国珍稀昆虫图集 [M]. 北京：科学出版社，1999.

[2] 吴鸿，潘承文. 天目山昆虫 [M]. 北京：科学出版社，2001.

[3] 黄邦侃. 福建昆虫志 第六卷 [M]. 福州：福建科学技术出版社，2002.

[4] 杨星科. 秦岭西段及甘南地区昆虫 [M]. 北京：科学出版社，2005.

[5] ARAYA K. An account of a visit to European Museums. 1. Type specimens of lucanid beetles of the Natural History Museum, London [J]. *Gekkan-Mushi*, 1999, 340: 6-15.

[6] ARAYA K. An account of a visit to European Museums. 2. The lucanid specimens in the van Roon and Siebold collections deposited in the Rijksmuseum van Natuurlijke Histotie, Leiden [J]. *Gekkan-Mushi*, 2000, 350: 4-16.

[7] ARAYA K. Notes on some type specimens of the genus *Lucanus* (Coleoptera, Lucanidae) from Asia stored in Several European Museums (1) [J]. *Gekkan-Mushi*, 2001, 362: 8-22.

[8] ARAYA K. Notes on some type specimens of the genus *Ceruchus* (Coleoptera, Lucanidae) from mainland China storcd in several European museums [J]. *Gekkan-Mushi*, 2002, 378: 24-33.

[9] ARAYA K. Notes on some type specimens of the genus *Nigidius* (Coleoptera, Lucanidae) from Asia stored in several European Museums [J]. *Gekkan-Mushi*, 2003, 390: 31-40.

[10] ARAYA K, KON M, TANAKA M. Notes on the genus *Eulucanus* Didier, 1927, a junior synonym of the genus *Prosopocoilus* Hope and Westwood, 1845 [J]. *Kogane,* 2001, 2: 28-32.

[11] BARTOLOZZI L, SPRECHER U E. Family Lucanidae. In Lobl I. & A. Smetana (ed.) Catalogue of Palacarctic Coleoptera [J]. *Apollo Books Stenstrup*, 2006, 3: 63-77.

[12] FUKINUKI K. Descriptions of new species for Lucanidae [J]. *Insect Field*, 2004, 39: 28-33.

[13] HOLLOWAY B A. Lucanidae (Insecta: Coleoptera) [J]. *Fauna of New Zealand*, 2007, 61: 1-254.

[14] HUANG H, BI W X, LI L Z. Discovery of a second species of Aesalini from continental China, with description of the new species and its third instar larva (Coleoptera: Scarabaeoidea: Lucanidae) [J]. *Zootaxa*, 2009, 2069: 18-42.

[15] HUANG H, CHEN C C. Notes on the morphology, taxonomy, and natural history of the genus *Platycerus* Geoffroy from China, with description of a new species (Coleoptera: Scarabaeoidea: Lucanidae) [J]. *Zootaxa*, 2009, 2087: 1-36.

[16] HUANG H, CHEN C C. Notes on *Prosopocoilus* Hope (Coleoptera: Scarabacoidea: Lucanidae) from China, with the description of two new species [J]. *Zootaxa*, 2011, 3126: 39-54.

[17] HUANG H, CHEN C C. A review of the genera *Prismognathus* Motschulsky and *Cladophyllus* Houlbert (Coleoptera: Scarabacoidea: Lucanidae) from China, with the description of two new species [J]. *Zootaxa*, 2012, 3255: 1-36.

[18] NAGAI S. Twelve new species, three new subspecies, two new status and with the check list of the family Lucanidae of northern Myanmar [J]. *Note on Eurasian Insects*, 2000, 3: 73-108.

[19] NAGAI S. Notes on some SE. Asian Stag-beetles (Coleoptera, Lucanidae), with descriptions of several new taxa (3) [J]. *Gekkan-Mushi*, 2002, 372: 11-14.

[20] NAGAI S. Notes on some SE Asian stag-beetles (Coleoptera, Lucanidae), with descriptions of several new taxa (4) [J]. *Gekkan-Mushi*, 2005, 414: 32-38.

[21] NAGAI S. Notes on some SE. Asian Stag-beetles (Coleoptera, Lucanidae) with descriptions of several new taxa (5)

[J]. *Gekkan-Mushi*, 2005, 415: 20-25.

[22] OKUDA N. Two new species of the genus *Ceruchus* Macleay (Coleoptera, Lucanidae) from Mt. Luojishan, Sichuan Province, China [J]. *Gekkan-Mushi*, 2008, 450: 33-37.

[23] SCHENK K D. Beschreibung einer neuen Art der Gattung *Lucanus* und einer neuen Unterart des *Prosopocoilus forficula* aus China [J]. *Entomologische Zeitschrift*, 1999, 109(3): 114-118.

[24] SCHENK K D. Lucanidae vom Arunachal Pradesh, Indien und Beschreibung von zwei neuen Arten (Coleoptera: Lucanidae) [J]. *Entomologische Zeitschrift, Stuttgart*, 2008, 118(4): 175-178.

[25] SCHENK K D. Contribution to the knowledge of the Stag beetles of Asia (Coleoptera, Lucanidae) ano description of several new taxa [J]. *Beetles world*, 2008, 1: 1-13.

[26] SCHENK K D. Comparison of some recently described taxa of *Lucanus* of the *Lucanus fortunei* group from Southeast-China (Coleoptera, Lucanidae) [J]. *Beetles World*, 2009, 2: 1-6.

[27] SCHENK K D. Contribution to the knowledge of the stag beetles of Asia (Coleoptera, Lucanidae) and description of several new taxa (2) [J]. *Beetles world*, 2009, 4: 2-16.

[28] SCHENK K D. Notes on the stag beetles of Asia and description of two new taxa (Coleoptera, Lucanidae) [J]. *Beetles world*, 2011, 5: 1-10.

[29] SCHENK K D. Taxonomical notes to the family Lucanidae (Coleoptera, Lucanidae) [J]. *Beetles world*, 2012, 6: 9-15.

[30] SCHENK K D. Notes on Asian stag beetles and description of new taxa (Coleoptera, Lucanidae) [J]. *Beetles world*, 2013, 8: 1-12.

[31] WAN X, BAI M, CUI J Z, et al. Six new record species of Lucanidae (Coleoptera) from China [J]. *Acta Zootaxonomica Sinica*, 2010, 35(1): 247-250.

[32] WAN X, BARTOLOZZI L, YANG X K. Taxonomic notes on some Chinese species of *Neolucanus* Thomson and *Prismognathus* Motschulsky (Coleoptera: Lucanidae) [J]. *Zootaxa*, 2007, 1510: 51-56.

[33] ZILIOLI M. Note on some new stag-beetles *Lucanus* from Vietnam and China [J]. *Coleopteres*, 1998, 4(11): 137-147.

[34] ZLIOLI M. Notes on new stag-beetles of the genus *Lucanus* from China [J]. *Coleopteres*, 1999, 5(5): 84-91.

[35] ZLIOLI M. Contribution to the Knowledge of the stag beetles of the genus *Lucanus* from Southeastern Asia [J]. *Annali del Museo Civico di Storia Naturale di Ferrara*, 2000, 2: 41-55.

致 谢

　　本书的编写和完成，离不开众多好友、亲人、老师的鼓励、支持和帮助。在此，我们向以下好友、亲人和老师表达最真挚的谢意。

　　首先，感谢所有为本书编纂而付出生命的锹甲们。如果没有它们的牺牲，本书不可能编写成功，读者们也无法从空白的页面中获得宝贵的鉴定依据。

　　在学术方面，我们感谢中国昆虫分类区系委员会主任、中国科学院动物研究所朱朝东研究员，中国科学院动物研究所国家动物博物馆馆长张劲硕研究员对我们工作的大力支持，感谢他们为本书作序。感谢安徽大学万霞教授对我们工作的充分肯定。

　　在图片编辑方面，感谢牧野虫社设计师杨瑞先生对本书所有的物种图片进行后期处理及初步的排版，图鉴中的每一张图片都是杨瑞先生仔细处理后再正式放入的。

　　在标本帮助方面，北京的卞承智先生为本书提供了大量珍贵的锹甲标本以助我们进行研究。辽宁大连的张任之先生惠借了不少他亲自采集的锹甲标本以供我们拍摄。四川雅安的陶荣川先生提供了众多产自四川盆地的锹甲种类，并慷慨地将四川阿锹甲赠予我们进行研究。云南玉溪的许云川先生提供了他所采集的云南锹甲种类以供我们进行研究和拍摄。云南昆明的颜旭先生数次前往滇东南地区开展科考活动，并将他所采集到的标本与我们交流研究。云南昆明的陈尽先生赠予了他所采集到的欧氏拟深山锹甲标本，并拍摄了不少珍贵的锹甲生态照以供我们使用。江苏苏州的王一凡先生多次前往华中、华南采集琉璃锹甲，并赠予了众多珍贵的标本以供我们进行研究。江苏南通的郑徐弘毅先生赠送了毛刷锯锹甲标本。福建福州的齐志浩先生拍摄了他发表的轿子深山锹甲与颜氏狓锹甲，并允许我们在书中使用他的图片。广东深圳的戴万明先生慷慨借予我们不少他亲自采集的深山锹甲，并允许我们将标本图放于本书中。

　　除了我国大陆地区，宝岛台湾的朋友们得知我们的图鉴出版计划后，也提供了众多帮助。我们特别感谢林敬智先生提供了珍贵的台湾锹甲标本与信息，帮助我们专门梳理核对分布在台湾的锹甲种类体长、学名由来及近缘种的区分介绍，并提供他拍摄发表的宇老深山锹甲和泰雅圆翅锹甲图片以供我们使用。我们也由衷地感谢胡致翰先生为我们提供了众多的样本进行研究。同时，我们感谢这些为我们提供宝贵宝岛锹甲标本的朋友们：李两传、洪翊智、陈建安、吴宪志、许嘉宏、李国勤、陈孟伦、余时均、范智凯、周扬文、侯宗宪、张嘉元、李长恩、蔡有方、杨福临、魏欣杰、苏锦平、蓝禀尧、詹凯翔、刘家承。

我们还要感谢在本书编写过程中给予我们帮助的朋友们：阿银、陈兆祥、陈常卿、陈福星、陈尽、陈阳阳、崔宁杰、杜思凯、方帅、冯祯皓、李明阳、李月龙、李阳晨、李泊言、李泽川、李奕腾、刘如达、陆元涛、陆海杰、敬凯翔、胡凯宇、何锦义、沈磊、高凡、辛斐奕、钟晓天、高加俊、陈阳阳、王法磊、王子童、王成斌、王小雷、杨峤志、杨焕、吴珑、林强、刘正阳、莫贤杰、牟晨、黄赛、黄宇辀、袁凌峰、许俊强、李飞、肖泓越、詹澄辉、张婧、张毅锋、周利阳、张鹤望、郑以理、苏荣翔、张书瑜、古玖林、孙一凡、金圣桐、鲁墨林、彭政、任胤睿、肖云思、邹亚轩、徐晗、Wuttipon Pathomwattananurak（Chiang Rai, Thailand）等。感谢大家对中国锹甲物种的研究与科普作出的重要的贡献。

此外，第一作者还要感谢他的博士生导师南京农业大学昆虫系张峰教授对他工作的理解、肯定及帮助；感谢他的研究生导师丹尼尔·K. 杨（Dr. Daniel K. Young）教授在六年时光里孜孜不倦的教诲，让他始终对分类研究充满热情，并不断深钻、探索；感谢他的夫人张艺女士多年如一日的陪伴和鼓励，一如既往地支持他的工作和事业。第二作者特此感谢家人长期以来的陪伴与支持，在学业与生活上给予的无限耐心与信任；感谢郭佳佳女士克服自身对昆虫的恐惧，陪伴他完成标本采集工作及给予他的支持与鼓励。

最后，我们感谢所有奋斗在科研第一线、怀揣着理想、为中国昆虫学前进不断努力的青年科研工作者们：未来属于你！

詹志鸿　杨子豪

2025 年 5 月